U0248411

现代电子通信技术系列教材

计算机网络技术与设计

张守祥 周全明 编著

清华大学出版社

北京

内 容 简 介

本书在介绍一般计算机网络基本原理基础上,强调以下三个方面:首先,在以局域网为主的计算机网络原理基础上,增加了电子电气类专业在实际工作中所用到的现场总线、嵌入式和无线移动等网络知识;其次,介绍了基本的网络编程知识,提供了部分程序源代码;最后,注重学生实践应用能力的培养,每章都编写了实验指导,强调了实践性和实用性,与相关网络技术的基本原理结合紧密。

全书分 8 章,介绍了网络体系结构,物理层,数据链路层,网络层,传输层,表示层(安全加密),应用层,嵌入式技术、移动和物联网等新的网络技术内容,每一章除了基础内容外,还介绍了较多的网络新技术。

本书可作为高等院校电气与电子信息类本、专科专业的计算机网络或网络技术的教材,也可以作为其他专业学生、教师和网络技术人员的参考书。

版权所有,侵权必究。侵权举报电话:010-62782989 13701121933

图书在版编目(CIP)数据

计算机网络技术与设计/张守祥,周全明编著.--北京:清华大学出版社,2014
现代电子通信技术系列教材
ISBN 978-7-302-35046-0

Ⅰ.①计… Ⅱ.①张… ②周… Ⅲ.①计算机网络—教材 Ⅳ.①TP393

中国版本图书馆 CIP 数据核字(2014)第 003983 号

责任编辑:邹开颜 赵从棉
封面设计:常雪影
责任校对:赵丽敏
责任印制:何 芊

出版发行:清华大学出版社
 网 址:http://www.tup.com.cn,http://www.wqbook.com
 地 址:北京清华大学学研大厦 A 座 邮 编:100084
 社 总 机:010-62770175 邮 购:010-62786544
 投稿与读者服务:010-62776969,c-service@tup.tsinghua.edu.cn
 质量反馈:010-62772015,zhiliang@tup.tsinghua.edu.cn
印 装 者:北京鑫海金澳胶印有限公司
经 销:全国新华书店
开 本:185mm×260mm 印 张:21.5 字 数:518 千字
版 次:2014 年 4 月第 1 版 印 次:2014 年 4 月第 1 次印刷
印 数:1~3000
定 价:36.00 元

产品编号:054825-01

前　言

编写本书的目的是使电气与电子类专业学生在掌握一般计算机网络原理的基础上，更注重对工业自动化监控网络、嵌入式网络和无线网络的知识掌握，引导学生进行网络设计和编程，培养学生的网络技术综合实践能力，使其成为高层次的面向网络技术设计的应用人才。

本书适用于课堂教学 32~48 学时，实验学时 16~24 学时。

高等院校电气与电子信息类专业的计算机网络课程一直延续计算机专业的"计算机网络"的教学内容和教材，但从理论和实践中来看，所学的网络知识没有体现出电气与电子信息类的专业特点，与专业实践是脱节的。通俗一点说，现有网络教材偏"软"，对网络设计、编程和应用的介绍不够，更多的是讲一些网络原理和概念；而电气与电子信息类专业对计算机网络知识的需求偏"硬"，不仅要掌握原理、设计和编程，更多的是应用于嵌入式网络、工业现场总线和无线通信等方面，而物理层和数据链路层协议的学习和应用对他们尤其重要(现有教材把重点放在了网络层和传输层)。例如在嵌入式系统中的计算机网络原理、设计和应用，一般要对 OSI 和 TCP/IP 体系结构进行精简；现场总线适用于工业控制网络，不同于基于 PC 的局域网技术；无线、移动和传感器网络也有别于局域网技术；而嵌入、现场总线和无线移动越来越多地应用于信息系统，这些方面的应用应该是电气与电子信息类专业学生未来在计算机网络方面主要从事的领域。现有的教材更适用于计算机专业学生，以讲授局域网络和互联网为核心内容。因此，特编写本书以适应针对电气与电子类专业的网络课程教学要求。

本书除了介绍网络技术外，还有不少篇幅引入了网络设计，目的是让学生不但学习网络原理，还要掌握网络管理、调试和设计的能力。其主要特色如下：

嵌入式网络。嵌入式网络通信应时而生、迅速发展，成了嵌入式应用系统设计的关键性技术。本书在传统计算机网络的基础上重点增加了这部分内容，简要介绍了一些嵌入式网络通信体系开发的硬件、软件及通信的基础知识，汇总了现在常见的有/无线通信形式及其实现，说明了嵌入式网络通信体系软/硬件设计的核心思想。

协议编程。由于电气与电子类专业没有后续课程"网络编程"，因此在教程中增加了网络编程的内容。对于局域网，增加以 Socket 技术为主的 TCP/IP 编程技术；对于现场总线，增加以数据链路层协议为主的通信编程。

网络设计。除了对网络的"软件编程"外，还增加了网络硬件电路设计内容。叙述软/硬件设计实现的方法步骤，重点阐述了接口通信器件或模块的选择与使用、基本配置，数据收发等底层驱动软件的开发，通信协议的简化与实现，应用程序的调用等。在内容安排上，精简了局域网和互联网技术，突出嵌入、工业和无线应用的关键细节。例如，第 2 章介绍了工业控制网络中常用的光纤模块接口，据此可以了解工业控制光纤网络的基本设计；第 3 章介绍了工业现场总线常用的 Modbus 和 CAN 协议帧格式；第 7 章介绍了嵌入式 Web 网络技术；第 8 章介绍了 ZigBee 无线传感器网络。

实践操作。每章的后面大都有几个实验指导，如第 1 章有两个实验，内容涵盖网络原理、网络应用和网络管理几个方面，实验选题考虑融合当今网络工程的主流技术，适应基础与验证性、综合和设计性两种不同层次的要求。实验指导共列出了 22 个实验项目，可以选做，有的实验内容比较简单，可以在 2 学时的一次实验中做两个实验项目。对于有一定编程难度的实验给出了参考代码，可将其作为源代码加入编程项目，这些代码已经过调试和验证，可以直接使用。但有的嵌入式程序因 CPU 和开发工具软件的不同，所定义的宏和接口函数会有所不同；PC/Windows 平台也有可能因软件版本不同会有所差别。

网络仿真。利用网络协议仿真软件，辅助实验教学系统，帮助理解计算机网络协议概念。通过网络协议仿真和分析工具，来模拟网络通信与实验教学环境，特别是 TCP/IP 协议簇，可以完整地在网络仿真软件上实现分析。通过实验仿真，掌握网络程序设计、网络安全和故障性能分析等相关知识，实现对各种数据报的仿真发送、捕获解析和会话分析，直观地看到网络协议的行为，将抽象的网络概念形象化，把枯燥的网络原理具体化，从而深入地理解和掌握网络协议的内部原理和运行机制。

加密安全。数据加密安全相关协议放在了 TCP/IP 体系结构的传输层（第 5 章）和应用层（第 7 章）之间，可以认为相当于 OSI 体系结构的表示层，解决了原来讲述网络安全加密协议游离于网络体系结构外的问题，放在应用层前一章是为了强调加密安全对网络的重要性。

在本书的编写过程中，参考了国内外计算机网络和现场总线相关领域的优秀教材，对于这些书籍的作者表示诚挚的感谢和敬意。

读者如需要实验程序的完整项目代码，请与编者联系，邮箱地址：zhangsx@sdibt.edu.cn。

因编者水平有限，书中定有不妥甚至错误之处，欢迎批评指正。

编　者

2013 年 12 月

目 录

第1章

网络体系结构（Network Architecture）

物质、能量和信息是构成客观物质世界的三大要素，如图 1-1 所示它们之间的关系如图 1-2 所示。

图 1-1　物质、能量和信息是构成世界的三大要素

图 1-2　物质、能量和信息之间的关系

信息是物质在空间和时间上分布的不均匀程度，或者说信息是关于物质运动的状态和规律的形式化标识。通过采集物质的能量得到信息，对信息的处理和加工也需要能量。

对信息的研究包括信息的获取、传输、存储和处理等，计算机网络或数字网络主要研究的是信息传输这个环节，就是利用通信设备和线路将地理位置不同的、功能独立的多个计算机系统互连起来，以功能完善的网络软件（即网络通信协议、信息交换方式和网络操作系统等）实现网络中的资源共享和信息传递。

网络的基础是通信，通信就是在信源和信宿之间传递信息，双方的正确通信需要有一定的规程来约束，即协议（protocol）。由于协议越来越复杂，因而被分成不同的层次，每一层协议以数据单元形式出现，称为协议数据单元（protocol data unit，PDU）。

1.1　信息传输单位（Information Transfer Unit）

正确理解掌握信号、数据和信息这几个术语的含义，才能理解数据通信系统的实质问题（如信源、信道和编码等），从而把网络通信抽象成一个模型，统一研究。

1.1.1　信息、数据和信号（Information，Data and Signal）

信息是对数据进行加工以后所得到的，有助于人们消除对某一方面的不确定性，计算机网络是一种信息网络。

对收信者来说，一条消息所包含信息的多少，与其收到该消息前对某事件存在的不确定性程度有关。1948 年，美国数学家和工程师、信息论的主要奠基人香农（Claude E. Shannon）在《贝尔系统技术》杂志上发表了一篇著名论文"通信的数学理论"。在这篇文章中，香农并没有直接从文字上来表示信息的定义，他把信息定义为熵的减少。换句话说，他把信息定义为"用来消除不确定性的东西"，因为熵是不确定性的度量，熵的减少就是不确定性的减少。

信息网络的目的是交换信息，信息的载体可以是数字、文字、语音、图形或图像等，转换成数据后就可以用计算机来处理和传输。

数据是任何描述物体、概念、情况和形势的事实、数字、字母和符号等。数据可以在物理介质上记录或传输，并通过外围设备被计算机接收，经过处理而获得结果。数据中包含着信息，信息是通过解释数据而产生的。所谓交换信息，就是访问数据及传输数据。

在计算机系统中，各种字母、数字、符号的组合和语音、图形、图像等统称为数据，以二进制代码表示，即以"0"和"1"比特序列构成。

数据在通信线路中进行传输时必定要表现为一定物理量的变化，这些变化的物理量称为信号。例如，电路中电压的大小和正负，电流的大小和方向，电压的波形，电磁场的大小、方向以及光波的幅度变化和颜色变化（频率或波长的变化）等。

信号是数据的具体表示形式。通信系统中所使用的信号可以是电信号，即随时间变化的电压或电流；也可以是光信号。在通信中，传输的主体是信号，各种电路、设备则是为实施这种传输对信号进行各种处理而设置的。因此，对电路及设备的设计和制造，必然要取决于信号的特性，因而了解信号的特性是十分必要的。图 1-3、图 1-4 和图 1-5 分别表示信息、数据和信号，信号和数据的关系如图 1-6 和图 1-7 所示。

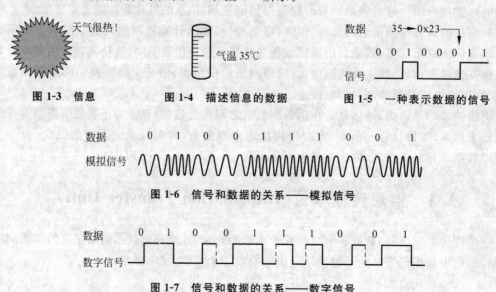

图 1-3　信息　　　　图 1-4　描述信息的数据　　　图 1-5　一种表示数据的信号

图 1-6　信号和数据的关系——模拟信号

图 1-7　信号和数据的关系——数字信号

下面是信号在数据通信中的几种分类。

（1）连续信号与离散信号

连续信号与离散信号是确定的时间函数。

如果在某一时间间隔内，对于一切时间值，除了若干不连续点以外都给出确定的函数值，这种信号就称为连续信号。

代表离散信号的时间函数只在某些不连续的瞬时给出函数值。

（2）随机信号与确定信号

随机信号是指在它实际出现以前，总是有某一种程度不确定性的信号，这种信号不能用单一时间函数表达。由于随机信号的不规则性，对这类信号的分析，要从概率和统计着手。这种信号的一个例子是，信号在传输媒质中受干扰和噪声的作用，使得接收机的输入信号时断时通。随机信号的一般特性包括平均值、最大值与最小值、均方值、平均功率值以及平均频谱等，每一项数值都能描述出随机信号的一部分内在性质。对信号的处理有时从时域转换到频域会更方便。

除了实验室产生的有规律信号外，一般的信号都是随机的。因为对于接收者来说，信号如果是完全确定的时间函数，就不可能由它得到任何新的信息，因而也就失去了通信的目的。尽管确定信号是一种理论上的抽象，它却和随机信号的特性之间有一定联系。利用确定信号来分析系统，能使问题大为简化，在工程上有实际应用意义。

（3）周期信号与非周期信号

用确定的时间函数表示的信号，又可分为周期信号与非周期信号。严格数学意义的周期信号，是无始无终地重复着某一变化规律的信号。显然，这样的信号实际上是不存在的。所以，周期信号只是指在一定时间内按照某一规律重复变化的信号。

1.1.2　码元和比特（Symbol and Bit）

信号怎么表示数据？其方法是进行编码。

信号的表现形式是码元，进行编码后成为比特数据。比特和码元之间的关系如图 1-8 所示。

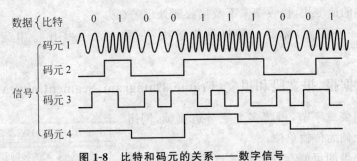

图 1-8　比特和码元的关系——数字信号

1. 码元（symbol）

码元是承载信息量的基本信号单位。

在使用时间域（时域）的波形表示数字信号时，代表不同离散数值的基本波形，是通信网络中表示信号变化的最小单位。

对于正弦波形的模拟信号,码元的数学表达式为

$$f(x) = A\sin(xt + \theta) \tag{1-1}$$

式中,x 为数字,t 为时间,A 为信号幅值,θ 为正弦波形相位。本例中,x 为不同的两种频率,代表两种数字,如图 1-8 中的码元 1。

对于脉冲波形的数字信号,码元的数学表达式为

$$(y_1 \sim y_m) = (x_1 \sim x_n) \tag{1-2}$$

如图 1-8 中的码元 2 可以表示为

$$y = x, \quad m = n = 1 \tag{1-3}$$

码元 3 可以表示为

$$y = (x_1, x_2), \quad m = 1, n = 2 \tag{1-4}$$

码元 4 可以表示为

$$(y_1, y_2) = x, \quad m = 2, n = 1 \tag{1-5}$$

式中 y 为比特数据,取值为 $(0,1)$。m/n 为对应的比特数量/码元数量,m 和 n 取值均为 2 的幂次方。x 为码元信号,取值为 $(0, 2^m - 1)$,x 可以为不同的电平值序号,比如 0V、2V、4V 和 6V 等,代表数字 0、1、2 和 3,此时 $m = 2, n = 1$。

2. 比特(bit)

数字通信中,经过对信号的码元编码后表示成一位二进制数字,称为比特。比特是数据,而码元是信号。比特的数学表达式 $f(x)$ 为

$$f(x) = \begin{cases} 1, & x \text{ 为高电平或高频} \\ 0, & x \text{ 为低电平或低频} \end{cases} \tag{1-6}$$

x 为码元的值,信号周期称为比特长度。1 个码元可以携带 n 个比特的信息量,也可以 m 个码元携带 1 个比特的信息量。

作为数字网络,编码后的数据表示为一串比特流。但直接使用比特串流会有许多问题:

(1)比特串流就像计算机上的机器码一样,难以辨识。

(2)接收端收到比特串流后,怎么判断比特串流的每一位是正确的?怎么检测错误?

(3)比特串流在传输过程中丢失了怎么办?怎么检测和通知?

(4)发送端的速度快,接收端来不及接收或处理怎么办?

还有其他一些问题,需要一种机制来解决,一种方法是将比特串流分组,组成帧(frame)。

1.1.3 帧、数据报、报文段和报文(Frame,Datagram,Segment and Message)

把比特先组装成字节,再将多个字节组成帧,网络传输时将以单个帧为传输单位。

在物理层提供的可能存在差错的比特流传输基础上,增加适当的控制功能,就可以使通信变得比较可靠。

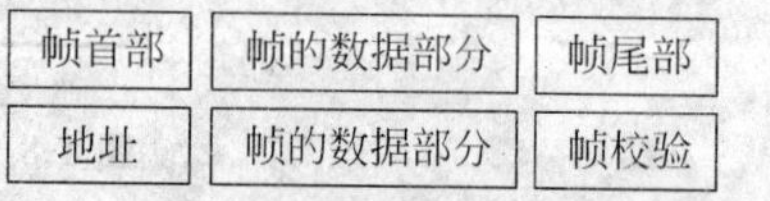

帧首部	帧的数据部分	帧尾部
地址	帧的数据部分	帧校验

图 1-9 帧的结构

例如,一个帧的结构如图 1-9 所示。

一般帧的数学表达式为

$$f(x) = \{\text{同步字段,首部字段,地址字段,数据字段,校验字段,尾部字段}\} \tag{1-7}$$

而每一字段都是比特的集合。对帧的控制有如下功能:

(1) 帧定界和帧同步。链路层的数据传输单元是帧,协议不同,帧的长短和界面也有差别,但无论如何必须对帧进行定界。

(2) 顺序控制,指对帧的收发顺序控制。

(3) 差错检测、恢复和流量控制等。

帧适合于网络内部传输,当需要在网络之间互联时,因为帧并不携带有关网络的信息,所以还需要能够解决网络之间传输和路由的协议数据单元,这就是数据报。

一般数据报的数学表达式为

$$f(x) = \{首部字段,数据字段,报文校验字段,尾部字段\} \tag{1-8}$$

数据报一般用于网络层,网络层属于网络体系结构中的较高层次,从命名可以看出,网络层解决的是网络与网络之间,即网际通信问题,而不是同一网段内部的问题。网络层的主要功能是提供路由,即选择到达目标主机的最佳路径,并沿该路径传送数据包。

在网络上可以直接传递报文,但实际使用时不同用户的报文长短不一,同一用户的不同报文也长短不一。为了提高传输效率,用户的信息(报文)在现代交换技术(分组交换)中,还要分成一个个大小不等或相等的“报文分组”,称为报文段,这样更有利于网络传输。

一般报文段的数学表达式为

$$f(x) = \{首部字段,端口信息字段,数据字段,报文校验字段,尾部字段\} \tag{1-9}$$

每个报文分组的数据量多少不一样,有的报文还要求如果一个分组内的数据量不够则用无关数据补足。即分组交换的前提,先对报文进行分组,有时还要求达到一定的分组长度。

报文就是用户从网络上直接接触的信息,比如,用户收发一封邮件,就是一个典型的报文;一次上网浏览一个网页也可以看作一个报文。

一次通信所要传输的所有数据是一个报文,不论长短,都是指其整体。

一般报文段的数学表达式为

$$f(x) = \{首部字段,数据字段,报文校验字段,尾部字段\} \tag{1-10}$$

在网络系统中一个报文是通信内容加上源地址(信源地址)、目的地址(信宿地址)和控制信息,按照相应规定要求的格式打成一个分组或“包”。

所以报文就像一个包裹,连封皮带内容就是一个“包”,更像一封信,包括信封等,是一个完整的信息单位。

综上所述,网络中的信息传输单元在不同的网络层次有不同的名称,其组成和功能不同,分别有着各自的特点,组成了各种计算机网络,如图 1-10 所示。在以下的章节中将以这些信息传输单元为单位,逐步剖析展开网络的组成原理。

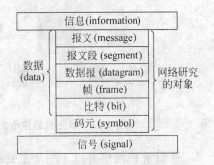

图 1-10　不同网络层次的信息传输单元

1.1.4　信道、信源与信宿(Information Channel,Source and Destination)

通信网络上的信息具有发出、传输和接收过程,每个过程都有专门的名词:信源、信道和信宿。

（1）信源是产生消息的源。

（2）信道是信息传输和存储的媒介。

（3）信宿是消息的接收者。

编码器是将信息变成适合于信道传送的信号设备，译码器是编码的逆变换，分为信源译码和信道译码。信源编码器，可以提高传输效率；信道编码器，可以提高传输可靠性。信息系统传输模型如图 1-11 所示。

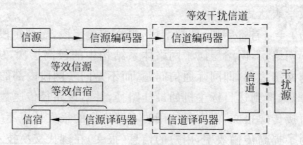

图 1-11　信息传输系统模型

1.2　网络和协议（Network and Protocol）

1.2.1　网络定义（Definition of Network）

计算机网络的简单定义是：一些互连的、自治的计算机集合（图 1-12(b)）。互连是指计算机之间有通信信道相连，并且相互之间能够交换信息。自治是指计算机之间没有主从关系，所有计算机都是平等独立的，因此以单计算机为中心的联机系统不是计算机网络（图 1-12(a)）。

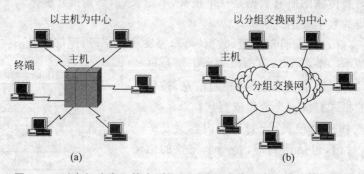

图 1-12　以主机为中心的大型机和以分组交换为中心的计算机网络

一个计算机网络有以下三个主要组成部分：

（1）若干主机，它们向各用户提供服务。

（2）一个通信子网，它由一些专用通信处理机（即通信子网中的节点交换机）和连接这些节点的通信链路所组成。

（3）一系列协议，这些协议是为在主机和主机之间或主机和子网之间或子网中各节点之间的通信所设计的。协议是通信双方事先约定好且必须遵守的规则。

早期的数据通信与现代的计算机通信显然是有区别的。随着技术的进步，数据通信的含义也在发生变化，有时认为计算机通信与数据通信是可以混用的名词。不过在许多情况下，数据通信网往往指的是计算机网络中的通信子网，也就是在分层的网络体系结构中比较低层的部分。

　　计算机网络与分布式计算机系统虽然有相同之处，但二者并不等同。分布式系统的最主要特点是整个系统中的各计算机对用户都是透明的，也就是对用户来说，这种分布式计算机系统就好像一台计算机一样。用户通过输入命令就可以运行程序，但并不知道是哪一台计算机在运行程序。由此可见，计算机网络并不等同于分布式计算机系统。一般来说，分布式系统是计算机网络的一个特例。当然，也有一些分布式系统根本就不是计算机网络，例如分布式计算机。

1.2.2　网络协议（Protocol）

　　一个计算机网络有许多互相连接的节点，在这些节点之间要不断地进行数据和网络控制信息的交换。要做到有条不紊地交换数据，每个节点就必须遵守一些事先约定的规则，这些规则明确规定了所交换数据的格式以及有关的同步问题。这些为进行网络中的数据交换而建立的规则、标准或约定即网络协议。

　　协议的概念与人与人之间交流的比较如图 1-13 所示。

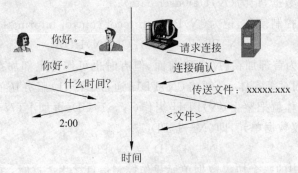

图 1-13　人与人之间的交流和通信协议的对比

1. 协议组成要素

　　一个网络协议主要由以下三个要素组成：①语法，即数据与控制信息的结构或格式；②语义，即需要发出何种控制信息，完成何种动作以及做出何种应答；③同步，即事件实现顺序的说明。

2. 协议分层

　　对于非常复杂的计算机网络协议，最好采用层次结构，如图 1-14。分层带来的好处是：每一层实现一种相对独立的功能，因而可将一个难以处理的复杂问题分解为若干个比较容易处理的小问题。

　　（1）各层之间是独立的。某一层并不需要知道它的下一层是如何实现的，而仅仅需要知道该层通过层间接口（即界面）所提供的服务。

　　（2）灵活性好。当任何一层发生变化时（例如由于技术的变化），只要接口关系保持不变，则在这层以

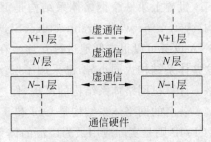

图 1-14　协议的分层

上或以下的各层均不受影响。此外,某一层提供的服务还可以修改,当某层提供的服务不再需要时,甚至可以将这层取消。

(3) 结构可分割。各层都可以采用最合适的技术来实现。

(4) 易于实现和维护。这种结构使得实现和调试一个庞大而又复杂的系统变得容易,因为整个系统已被分解为若干个易于处理而范围更小的部分了。

(5) 促进标准化工作。这主要是由于每一层的功能和所提供的服务都已有了精确的说明。

1.2.3 协议数据单元(Protocol Data Unit)

在网络协议中,信息传递的单位(即各种数据单元)可分为三种,即:协议数据单元(protocol data unit, PDU)、接口数据单元(interface data unit, IDU)和服务数据单元(service data unit, SDU)。

协议数据单元就是在不同站点的各层对等实体之间,为实现该层协议所交换的信息单元。考虑到协议的要求,如时延、效率等因素,对协议数据单元的大小一般有一定的要求。通常将第 N 层的协议数据单元记为 (N)PDU。(N)PDU 由两部分组成,即:

(1) 本层的用户数据,记为 (N)UD(user data);

(2) 本层的协议控制信息,记为 (N)PCI(protocol control information)。

$$(N)PDU = \{(N)PCI, (N)UD\} \tag{1-11}$$

(N)PCI 一般作为首部加在 (N)UD 前面,但有时也可作为尾部加在 (N)UD 后面。为了将 (N)PDU 传送到对等实体,必须将 (N)PDU 通过 $(N-1)$ 服务访问点交给 $(N-1)$ 实体。这时,$(N-1)$ 实体就把整个 (N)PDU 当作 $(N-1)$UD,再加上 $(N-1)$ 层的 PCI,就组成了 $(N-1)$ 层的协议数据单元,即 $(N-1)$PDU。

$$(N-1)UD = (N)PDU \tag{1-12}$$

有时,在某一层中的一个协议数据单元只作控制信息之用。这时,在该协议数据单元中就只有该层的 PCI 而没有用户数据这一项了。

1.3 OSI 网络体系结构(OSI Architecture)

将计算机网络的各层及其协议的集合称为网络的体系结构,就是计算机网络及其部件所应完成的功能。这些功能究竟是用何种硬件或软件完成的,则是一个遵循这种体系结构的实现问题。体系结构是抽象的,而实现则是具体的,是真正在运行的计算机硬件和软件。

世界上第一个网络体系结构是 IBM 公司于 1971 年提出的,它取名为系统网络体系结构(system network architecture, SNA)。凡是遵循 SNA 的设备就称为 SNA 设备,这些 SNA 设备可以很方便地进行互连。在此之后,许多公司也纷纷建立自己的网络体系结构。这些体系结构大同小异,都采用了层次技术,但各有特点以适合本公司生产的计算机组成网络。计算机网络体系结构的出现,促进了计算机网络的发展。

著名的网络体系结构是 OSI 和 TCP/IP。OSI 可以作为学习、研究的理论参照模型,而 TCP/IP 则是实际应用最为广泛的体系结构,如用于 Internet 中。

1.3.1　OSI 参考模型的制定(Design OSI Reference Model)

具有一定体系结构的各种计算机网络在 20 世纪 70 年代中期已经获得了相当规模的发展。但是,一个公司的计算机却很难和另一个公司的计算机互相通信,因为它们的网络体系结构不一样。然而要更加充分地发挥计算机网络的效益,就应当使不同厂家生产的计算机能够互相通信。十分明显,这就需要制定一个网络互联的国际标准。

国际标准化组织(International Standard Organization,ISO)于 1978 年发布了一个使各种计算机能够互联的标准框架——开放式系统互联参考模型(open system interconnection/reference model,OSI/RM),简称 OSI。所谓开放,就是指任何不同的计算机系统,只要遵循 OSI 标准,就可以和同样遵循这一标准的任何计算机系统通信。这是一个计算机互联的国际标准,它描述了网络硬件和软件是如何在一种分层模式下协同工作来完成通信的,但在实际的互联网络中并没有严格遵守这一标准。

OSI 参考模型把网络通信分成 7 层,每一层覆盖了不同的网络活动、设备和协议,如表 1-1 所示。OSI 每一层均提供某种服务或操作,为把数据通过网络发布给另外一台计算机。最低两层定义了网络的物理介质和一些相关任务,例如把数据位放置到网卡和电缆上等;最高的几层定义应用程序访问通信服务的方式。层与层之间彼此是通过接口分隔的。

表 1-1　OSI 参考模型

7. 应用层	application layer	3. 网络层	network layer
6. 表示层	presentation layer	2. 数据链路层	data link layer
5. 会话层	session layer	1. 物理层	physical layer
4. 传输层	transport layer		

OSI 实际上并非实用型网络协议,仅仅是划分了网络层次的一种参考模型,为设计真正实用的网络协议提供了指导,简化了协议设计,方便了网络互联。此外,通信设备也是分层次的,例如后面介绍的集线器、网桥、路由器与网关,就分别属于物理层、数据链路层、网络层与应用层,它们各自使用相应层次的网络协议。

分层的主要原则如下:

(1) 当需要有一个不同等级的抽象时,就应当有一个相应的层次。

(2) 每一层的功能应当是非常明确的。

(3) 层与层的边界应选择得使通过这些边界的信息量尽可能少,否则层与层之间的信息传递会不方便。

(4) 层数太少,会使每一层的协议太复杂。但层数太多,又会在描述和综合各层功能的系统工程任务时遇到较多困难。

1.3.2　OSI 各层的主要功能(Functions of all OSI Layers)

网络体系结构分层数量需要权衡功能划分和协议复杂性,在 OSI 参考模型中采用了 7 个层次的体系结构,以下是各层的主要功能。

为了更深刻地理解 ISO/OSI 参考模型,表 1-2 给出了两个主机用户 A 与 B 对应各层之间的通信联系的简单含义。

表 1-2　主机间通信及各层操作的简单含义

主　机	对等层协议规定的通信联系	数据单位
应用层	用户进程之间的用户信息交换	用户数据
表示层	用户数据编辑、交换、扩展、加密、压缩或重组为会话信息	会话报文
会话层	建议和撤出会话，如会话失败应有秩序地恢复或关闭	会话报文
传输层	会话信息经过传输系统发送，保持会话信息的完整	报文段
网络层	通过逻辑链路发送报文组，会话信息可以分为几个分组发送	数据报
数据链路层	在物理链路上发送帧及应答	帧
物理层	建立物理线路，以便在线路上发送位串	比特

第一层：物理层(physical layer)

该层规定通信设备的机械的、电气的、功能的和规程的特性，用以建立、维护和拆除物理链路连接。具体地讲，机械特性规定了网络连接时所需接插件的规格尺寸、引脚数量和排列情况等；电气特性规定了在物理连接上传输比特流时线路上信号电平的大小、阻抗匹配、传输速率和距离限制等；功能特性是指对各个信号分配确切的信号含义，即定义了通信双方之间各个线路的功能；规程特性定义了利用信号线进行比特流传输的一组操作规程，是指物理连接的建立、维护和交换信息，是双方在各电路上的动作系列。在这一层，数据的单位称为比特或码元。属于物理层定义的典型规范代表包括：EIA/TIA RS-232、EIA/TIA RS-485、RJ-45、10Base-T、100Base-F 和 1000Base-T 等。

第二层：数据链路层(datalink layer)

数据链路层最基本的服务是将源计算机网络层传来的数据可靠地传输到相邻节点的目标计算机的网络层。为达到这一目的，数据链路层必须具备一系列相应的功能，主要有：

如何将数据组合成数据块(帧，帧是数据链路层的传送单位)？

如何控制帧在物理信道上的传输，包括如何处理传输差错？

如何调节发送速率以使之与接收方相匹配？

如何在两个网络实体之间提供数据链路通路的建立、维持和释放管理？

链路层是为网络层提供数据传送服务的，在不可靠的物理介质上提供可靠的传输。该层的作用包括：物理地址寻址、数据成帧、流量控制、数据的检错、重发等。在这一层，数据的单位称为帧。数据链路层协议的代表包括：HDLC、PPP、CSMA/CD、Modbus 和 CAN 等。

第三层：网络层(network layer)

在计算机网络中进行通信的两个计算机之间可能会经过很多个数据链路，也可能还要经过很多通信子网。网络层的任务就是选择合适的网间路由和交换节点，确保数据及时传送。网络层将数据链路层提供的帧组成数据包，包中封装有网络层包头，其中含有逻辑地址信息：源站点和目的站点地址的网络地址。如果谈论一个 IP 地址，那么是在处理第三层网络的问题，这是"数据报"问题，而不是第二层网络的"帧"。IP 是第三层网络的一部分，有关路由的一切事情都在这第三层网络处理，地址解析和路由是第三层网络的重要目的。网络层还可以实现拥塞控制、网际互连等功能。在这一层，数据的单位称为数据报(datagram)，网络层协议的代表包括：IP、ARP、ICMP、IGMP、RIP 和 OSPF 等，这一层最重要的协议是 IP 协议。

第四层：传输层(transport layer)

第四层即传输层的数据单元也称做数据报(datagrams)、分组(packets)或者段(segments)。例如当谈论具体协议时，TCP的数据单元称为"段"，而 UDP 协议的数据单元称为"数据报"。该层负责获取信息的可靠传输，因此，它必须跟踪数据单元碎片、乱序到达的数据包和其他在传输过程中可能发生的危险。第四层为上层提供端到端(最终用户到最终用户)的透明的、可靠的数据传输服务。所谓透明的传输是指在通信过程中，传输层对上层屏蔽了通信传输系统的具体细节。传输层协议主要为 TCP 和 UDP，重点是 TCP 协议。

第五层：会话层(session layer)

会话层也可以称为会晤层或对话层，在会话层及以上的高层次中，数据传送的单位不再另外命名，而是统称为报文(message)。会话层不参与具体的传输，它提供包括访问验证和会话管理在内的建立和维护应用之间通信的机制。如服务器验证用户登录便是由会话层完成的。在实际网络中，这一层一般未得到实现。

第六层：表示层(presentation layer)

表示层主要解决用户信息的语法表示问题。它将欲交换的数据从适合于某一用户的抽象语法，转换为适合于 OSI 系统内部使用的传送语法，即提供格式化的表示和转换数据服务。在实际网络中，数据的压缩和解压缩、加密和解密等工作都由表示层负责，可以认为网络安全的主要功能是在这一层实现。

第七层：应用层(application layer)

应用层为操作系统或网络应用程序提供访问网络服务的接口，应用层协议的代表包括：Telnet、FTP、HTTP、SNMP 和 SMTP 等。

可以把以上所述的各层的最主要的功能归纳如下：

应用层——与用户应用进程的接口，即相当于：做什么？

表示层——数据格式的转换，即相当于：对方看起来像什么？

会话层——会话的管理与数据传输的同步，即相当于：轮到谁讲话和从何处讲？

传输层——从端到端经网络透明地传送报文，即相当于：对方在何处？

网络层——分组传送和路由选择，即相当于：走哪条路可到达该处？

链路层——在链路上无差错地传送帧，即相当于：每一步应该怎样走？

物理层——将比特流送到物理媒体上传送，即相当于：对上一层的每一步应怎样利用物理媒体。

为方便起见，常把这 7 个层次分为低层与高层，低层为 1～4 层，是面向通信的；高层为 5～7 层，是面向信息处理的。

1.4　TCP/IP 网络体系结构(TCP/IP Architecture)

OSI 虽然是国际标准，但由于分层过细和过于复杂，在实际网络中并没有得到普及应用，而作为商业网络协议推出的 TCP/IP 协议反而大行其道，成了互联网的互联通信标准。

OSI 模型最基本的技术就是分层，TCP/IP 也采用分层体系结构，每一层提供特定的功能，层与层间相对独立，因此改变某一层的功能不会影响其他层。这种分层技术简化了系统的设计和实现，提高了系统的可靠性及灵活性。

　　TCP/IP 共分四层,即网络接口层、网络互联层、传输层和应用层。每一层提供特定功能,层与层之间相对独立,与 OSI 七层模型相比,TCP/IP 没有表示层和会话层,这两层的功能由应用层提供,OSI 的物理层和数据链路层功能由网络接口层完成。TCP/IP 参考模型及协议簇如图 1-15 所示,TCP/IP 与 OSI 参考模型的比较如表 1-3 所示。

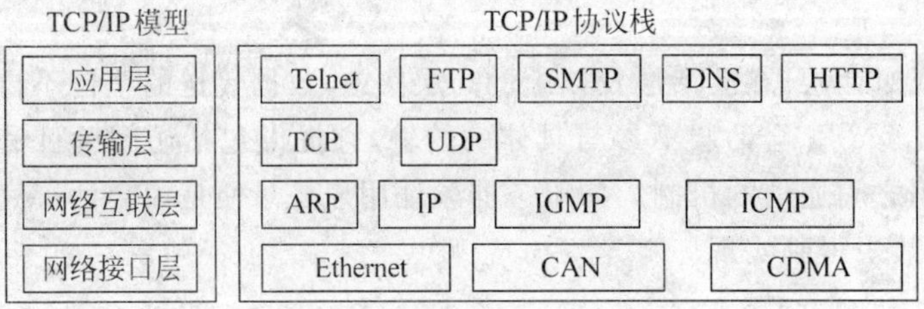

表 1-3　网络参考模型比较

TCP/IP 网络	OSI 网络
应用层	应用层
	表示层
	会话层
传输层	传输层
网络层	网络层
数据链路层	数据链路层
物理层	物理层

图 1-15　TCP/IP 参考模型

1. 网络接口层

　　网络接口层是 TCP/IP 参考模型的最低层,它负责通过网络发送和接收 IP 数据报,相当于 OSI 参考模型中的物理层(第一层)和数据链路层(第二层)。TCP/IP 参考模型允许主机连入网络时使用多种现成的与流行的协议,例如局域网协议或其他一些协议。网络接口层是 ICP/IP 协议的最底层,负责网络层与硬件设备间的联系。这一层的协议非常多,包括各种逻辑链路控制和媒体访问。任何用于 IP 数据报交换的分组传输协议均可包含在这一层中。

2. 网络互联层

　　网络互联层是 TCP/IP 参考模型的第二层,相当于 OSI 参考模型的网络层的无连接网络服务。网络互联层负责将源主机的报文分组发送到目的主机,源主机与目的主机可以在同一个网上,也可以在不同的网上。网络层解决的是计算机到计算机间的通信问题,它包括以下三方面的功能:

　　(1) 处理来自传输层的分组发送请求,收到请求后将分组装入 IP 数据报,填充报头,选择路径,然后将数据报发往适当的网络接口;

　　(2) 处理数据报;

　　(3) 处理网络控制报文协议,即处理路径、流量控制、阻塞等。

3. 传输层

　　传输层是 TCP/IP 参考模型的第三层,它负责应用进程之间的"端-端"通信。传输层的主要目的是:在互联网中源主机与目的主机的对等实体间建立用于会话的"端-端"连接。从这一点上看,TCP/IP 参考模型的传输层与 OSI 参考模型的传输层功能是相似的。传输层解决的是计算机程序到计算机程序之间的通信问题,即通常所说的"端到端"通信。传输层对信息流具有调节作用,提供可靠传输,确保数据到达无误。

4. 应用层

　　应用层是 TCP/IP 参考模型的最高层,它包括所有的高层协议,并且不断有新的协议加入,应用层提供一组常用的应用程序给用户。在应用层,用户调节访问网络的应用程序,应用程序与传输层协议相配合,发送或接收数据。每个应用程序都有自己的数据形式,它可以是一系列报文或字节流,但不管采用哪种形式,都要将数据传送给传输层以便交换。应用层是一般网络用户直接看到的网络层次。

实际上,TCP/IP 网络体系结构中的网络接口层在 OSI 中分成了数据链路层和物理层,因此,比较公认的网络体系结构是融合了 TCP/IP 和 OSI,以 TCP/IP 为主,即分为 5 层的网络协议结构:物理层、数据链路层、网络层、传输层和应用层。目前的互联网技术就是基于 TCP/IP 协议的。

1.5　现场总线网络(Field Bus)

1.5.1　总线定义及分类(Bus Definition and Classes)

1. 定义

总线(bus)是一种描述电子信号传输线路的结构形式,是一类信号线的集合,是子系统间传输信息的公共通道。通过总线能实现整个系统内各部件之间的信息进行传输、交换、共享和逻辑控制等功能。如在计算机系统中,它是 CPU、内存、输入/输出设备传递信息的公用通道,主机的各个部件通过总线相连接,外部设备通过相应的接口电路再与总线相连接。

2. 分类

总线分类方式有很多,如总线可分为外部和内部总线、系统总线和数据控制总线等,下面介绍几种最常用的分类方法。

(1) 按功能分

最常见的是从功能上来对数据总线进行划分,可以分为地址总线、数据总线和控制总线。在有的系统中,数据总线和地址总线可以在地址锁存器控制下被共享,即复用。

地址总线是专门用来传送地址的。在设计过程中,甲得最多的应该是从 CPU 地址总线来选用外部存储器的存储地址。地址总线的位数往往决定了存储器存储空间的大小,比如地址总线为 16 位,则其最大可存储空间为 2^{16}(64KB)。

数据总线用于传送数据信息,有单向传输和双向传输数据总线之分,双向传输数据总线通常采用双向三态形式的总线。数据总线的位数通常与微处理的字长相一致,例如 Intel 8086 微处理器字长 16 位,其数据总线宽度也是 16 位。在实际工作中,数据总线上传送的并不一定是完全意义上的数据。

控制总线用于传送控制信号和时序信号。如微处理器对外部存储器进行操作时要先通过控制总线发出读/写信号、片选信号和读入中断响应信号等。控制总线一般是双向的,其传送方向由具体控制信号而定,其位数根据系统的实际控制需要而定。

(2) 按传输方式分

按照数据传输的方式划分,总线可分为串行总线和并行总线。从原理来看,并行传输方式优于串行传输方式,但其成本会有所增加。通俗地讲,并行传输的通路犹如一条多车道公路,而串行传输则像只允许一辆汽车通过单线公路。目前常见的串行总线有 SPI、I2C、USB、IEEE1394、RS-232、RS-485 和 CAN 等;而并行总线相对来说种类要少,常见的如 IEEE1284、ISA、PCI 等。

（3）按时钟信号方式分

按照时钟信号是否独立，可以分为同步总线和异步总线。同步总线的时钟信号独立于数据，也就是说要用一根单独的线来作为时钟信号线；而异步总线的时钟信号是从数据中提取出来的，通常利用数据信号的边沿来作为时钟同步信号。

1.5.2 现场总线定义和分类（Definition and Classes of Field Bus）

随着控制、计算机、通信、网络等技术的发展，信息交换沟通的领域正在迅速覆盖从工厂的现场设备层到控制、管理的各个层次，覆盖从工段、车间、工厂、企业乃至世界各地的市场，形成了分布式控制系统（distributed control system，DCS）。

信息技术的飞速发展，引起了自动化系统结构的变革，逐步形成以网络集成自动化系统为基础的企业信息系统。现场总线就是顺应这一形势发展起来的新技术。

现场总线是应用在生产现场，在微型计算机化测量控制设备之间实现双向串行多节点数字通信的系统，也称为开放式、数字化、多点通信的底层控制网络，它在制造业、交通、楼宇等方面的自动化系统中具有广泛的应用背景。

现场总线的一种定义是连接智能现场设备和自动化系统的数字式、双向传输、多分支结构的通信网络，形成现场总线控制系统（fieldbus control system，FCS）。

现场总线技术将专用微处理器置入传统的测量控制仪表，使它们各自具有数字计算和通信能力，采用可进行简单连接的双绞线等作为总线，把多个测量控制仪表连接成网络系统，并按公开、规范的通信协议，在位于现场的多个微型计算机化测量控制设备之间以及现场仪表与远程监控计算机之间，实现数据传输与信息交换，形成各种适应实际需要的自动控制系统。简而言之，它把单个分散的测量控制设备变成网络节点，以现场总线为纽带，连接成可以相互沟通信息、共同完成自控任务的网络系统与控制系统。它给自动化领域带来的变化正如众多分散的计算机被网络连接在一起，使计算机的功能加入到信息网络的行列。图 1-16 是用于汽车自动控制的一种现场总线结构。

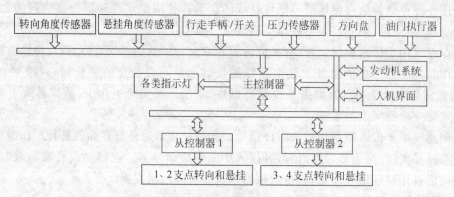

图 1-16 典型的现场总线应用于汽车电子

较流行的现场总线产品有：RS-485、CAN（Controller Area Network）、LonWorks（Local Operation Network）、Profibus（Profess FieldBus）、DeviceNet 和 ControlNet 等，它们都在不同的工业现场获得了应用，对现场总线技术的发展和促进发挥了重要的作用。由于工业自动化现场的环境和需求千差万别，使得现场总线未能统一成为一种公认的国际标准。因此现场总线可以说是处于百花齐放的研究应用局面,本书只列举几种常用的现场总线。

现场总线可以有不同的分类方法,下面是几种典型的现场总线。

1. RS-485

RS-485 作为现场总线的鼻祖,还有许多设备继续沿用这种通信协议,它是在 RS-232 的基础上进行了差分改进,将 RS-232 的点到点结构改造成了多点总线结构,在传输速率、传输距离和可靠性上较 RS-232 都有了较大的提高。采用 RS-485 通信具有设备简单、低成本等优势,在工业现场总线控制网络中仍有一定的生命力。

2. CAN

CAN 是控制网络(control area network)的简称,最初用于汽车内部测量与执行部件之间的数据通信,其总线规范已被 ISO 国际标准组织制订为国际标准,现已广泛应用于各种工业离散控制领域。

CAN 协议也是建立在国际标准组织的开放系统互连模型基础上的,不过其模型结构只有 3 层,取 OSI 底层的物理层、链路层和最上层的应用层。其信号传输介质为双绞线,通信速率最高可达 1Mbps/40m,直接传输距离最远可达 10km/5kbps,可挂接设备最多可达 110 个。

CAN 的信号传输采用短帧结构,每一帧的有效字节数最多为 8 个,因而传输时间短,受干扰概率低,短帧也是现场总线普遍采用的结构。当节点严重错误时,具有自动关闭的功能以切断该节点与总线的联系,使总线上的其他节点及其通信不受影响,具有较强的抗干扰能力。

CAN 支持多主方式工作,网络上任何节点均在任意时刻主动向其他节点发送信息,支持点对点、一点对多点和全局广播方式接收/发送数据。它采用总线仲裁技术,当出现几个节点同时在网络上传输信息时,优先级高的节点可继续传输数据,而优先级低的节点则主动停止发送,从而避免了总线冲突。

3. Profibus

Profibus 遵从 ISO/OSI 参考模型,由 Profibus-DP、Profibus-FMS、Profibus-PA 组成了 Profibus 系列。DP 型用于分散外设间的高速传输,适合于加工自动化领域的应用;FMS 意为现场信息规范,适用于纺织、楼宇自动化、可编程控制器、低压开关等一般自动化;而 PA 型则是用于过程自动化的总线类型,它遵从 IEC1158-2 标准。

Porfibus 支持主从系统、纯主站系统、多主多从混合系统等几种传输方式,以适应不同的工业现场控制需要。主站具有对总线的控制权,可主动发送信息。对多主站系统来说,主站之间采用令牌方式传递信息,得到令牌的站点可在一个事先规定的时间内拥有总线控制权,事先规定好的令牌在各主站中拥有循环一周的最长时间。按 Profibus 通信规范,令牌在主站之间按地址编号顺序,沿上行方向进行传递。主站在得到控制权时,可以按主/从方式,向从站发送或索取信息,实现点对点通信。主站可采取对所有站点广播(不要求应答),或有选择地向一组站点广播。

Profibus 的传输速率为 9.6kbps～12Mbps,最大传输距离在 9.6～187.5kbps 时为 1000m,500kbps 时为 400m,1500kbps 时为 200m,3000～12000kbps 时为 100m,可用中继器延长至 10km。其传输介质可以是双绞线,也可以是光缆,最多可挂接 127 个站点,这在一般的工业控制现场是够用的。

4. 基金会现场总线

基金会现场总线,即 foundation field bus,简称 FF,这是在过程自动化领域得到广泛支持和具有良好发展前景的技术。它以 ISO/OSI 开放系统互连模型为基础,取其物理层、数据链路层、应用层为 FF 通信模型的相应层次,并在应用层上增加了用户层。层数的减少有利于提高现场总线的效率。

基金会现场总线分低速 H1 和高速 H2 两种通信速率。H1 的传输速率为 31.25kbps,通信距离可达 1900m(可加中继器延长),支持总线供电,支持本质安全防爆环境。H2 的传输速率为 1Mbps 和 2.5Mbps 两种,其通信距离为 750m 和 500m。物理传输介质可支持双绞线、光缆和无线信号,协议符合 IEC1158-2 标准。

1.5.3 现场总线的功能和体系结构(Function and Architecture of Field Bus)

现场总线的实质含义表现在以下 6 个方面。

(1) 现场通信网络

用于过程以及制造自动化的现场设备或现场仪表互联的通信网络。

(2) 现场设备互联

现场设备或现场仪表是指传感器、变速器和执行器等,这些设备通过传输线路互连,传输线可以使用双绞线、同轴电缆、光纤和电源线等,可根据需要因地制宜地选择不同类型的传输介质。

(3) 互操作性

现场设备或现场仪表种类繁多,没有任何一家制造商可以提供一个工厂所需要的全部现场设备,所以互相连接不同制造商的产品是不可避免的。用户希望对不同品牌的现场设备统一组态,构成所需的控制回路,这些就是现场总线设备互操作性的含义。现场设备互连是基本的要求,只有实现互操作性,用户才能自由地集成 FCS。

(4) 分散功能块

FCS 废弃了 DCS 的输入/输出单元和控制站,把 DCS 控制站的功能块分散地分配给现场仪表,从而构成虚拟控制站。由于功能块分散在多台仪表中,并可统一组态,因而可供用户灵活选用各种功能,构成所需的控制系统,彻底地实现分散控制。

(5) 通信线供电

通信线供电方式允许现场仪表直接从通信线上摄取能量,对于要求本质安全环境的低功耗现场仪表,可以采用这种供电方式,与其配套的还有安全栅。

(6) 开放式互联网络

现场总线为开放式互联网络,它既可以与同层网络互联,也可与不同层网络互联,实现网络数据库的共享。不同制造商的网络互联十分简便,用户不必在硬件或软件上花太多气力。通过网络对现场设备和功能模块统一组态,把不同厂商的网络及设备融为一体,构成统一的 FCS。

从物理结构来看,现场总线系统有两个主要组成部分:一是现场设备;二是形成系统的传输介质。现场设备由现场 CPU 芯片以及外围电路构成,现场传输介质使用最多的是双绞线。

现场总线网络结构是按照国际标准化组织(ISO)制定的开放系统互联 OSI 参考模型建立的。从 OSI 模式的角度来看,现场总线将 OSI 的 7 层简化为 3 层,分别由 OSI 参考模式的第一层物理层、第二层数据链路层、第七层应用层组成。有的现场总线在应用层之上增加了用户层,因此可以划分为 4 层,即物理层、数据链路层、应用层和用户层。两种网络体系结构的对比见表 1-4。4 个层次的任务概括如下:

(1) 物理层

物理层规定了传输媒介(铜导线、无线电和光缆 3 种)的传输速率、每条线路可接仪器数量、最大传输距离、电源以及连接方式和信号类型等。

(2) 数据链路层

数据链路层规定了物理层和应用层之间的接口,如数据结构、从总线上存取数据的规则、传输差错识别处理、噪声检测、多主站使用的规范化等。

(3) 应用层

应用层提供设备之间以及网络要求的数据服务,对现场过程控制进行支持,为用户提供一个简单的接口,定义如何读、写、解释和执行一条信息或命令。

(4) 用户层

应用层把数据规范为特定的数据结构,用户层标准功能块由基本功能块如模拟量输入输出、开关量输入输出、PID 控制等组成,各厂商必须采用标准的输入输出和基本参数以保证现场仪表的互操作性。

表 1-4 两种体系结构

OSI	现 场 总 线
应用层	用户层
表达层	应用层
会话层	
传输层	
网络层	
数据链路层	数据链路层
物理层	物理层

1.6 网络分类、历史和发展(Networks Classes, History and Future Development)

1.6.1 网络分类(Networks Classes)

1. 交换方式(switching mode)

交换是现代网络的基本特征,可分为 3 种,如图 1-17 所示,分别说明如下:

(1) 电路交换(circuit switching)

电路交换也可称为线路交换。从通信资源的分配方面来看,电路交换是预先分配传输带宽。用户在开始通话之前,先要申请(例如通过拨号)建立一条从发端到收端的物理通路,只有在此物理通路建立之后(即用户占有了一定的传输带宽),双方才能互相通话。在通话的全部时间里,用户始终占用端到端的固定传输带宽。

(2) 报文交换(message switch)

采用存储转发(store-and-forward)的报文,实质上是采用了断续(或动态)分配传输带宽的策略。这对传送突发式的计算机数据是非常合适的,因为这样就可以大大提高通信线路的利用率。

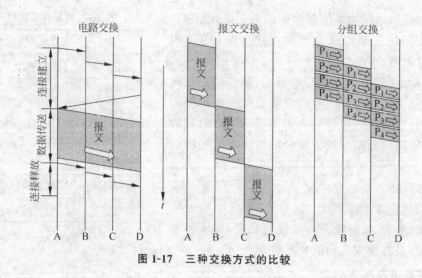

图 1-17　三种交换方式的比较

（3）分组交换（packet switch）

将较长的报文划分成较短的、固定或不固定长度的数据段，既可以实现存储转发的功能，也有利于报文的检验和传输路线优化，是现在计算机通信网络的主要交换技术，也称做包交换。

以上三种交换方式的比较如图 1-17 所示。

（4）混合交换（mixed switch）

在一个数据网中同时采用电路交换和分组交换，如对实时性要求高的多媒体通信可以用电路交换来保证性能要求。

2. 网络结构（network structure）

（1）集中式网络

在一个集中式网络中，所有信息流必须经过中央处理设备（即交换节点）。链路都从中央交换节点向外辐射，这个中心节点的可靠性基本上决定了整个网络的可靠性。集中式网络又称为星型网，有时为增加可靠性可采用双中心节点。若很多个终端集中配置在某处时，可采用集中器或复用器。集中器有存储功能，因而其输入链路容量的总和可超过输出链路的容量，而复用器的输入链路容量的总和则不能超过其输出链路的容量。

（2）分散式网络

分散式网络是集中式网络的扩展，又称为非集中式网络。其特点是它的某些集中器或复用器具有一定的交换功能，因此网络变为星型网与格状网的混合物。分散式网络的可靠性提高了。

（3）分布式网络

分布式网络是格状网。也就是说，其中任何一个节点都至少和其他两个节点直接相连，因而分布式网络的可靠性是最高的。现在一些网络常把主干网络做成分布式的，而非主干网络则做成集中式的。

3. 网络地理范围（network geography scope）

（1）广域网（wide area network，WAN）

作用范围通常为几十到几千千米，广域网有时也称为远程网（long haul network）。

（2）局域网（local area network，LAN）

一般用微型计算机通过高速通信线路相连（速率一般在 10Mb/s 以上），但在地理上则局限在较小的范围（几十米至几千米范围内，如 1km 左右），一般是一幢楼房或一个单位内部。

（3）城域网（metropolitan area network，MAN）

作用范围是一个城市，城域网的传送速率也在 1Mb/s 以上，但其作用距离在几千米至几十千米的范围。

（4）个人区域网（personnel area network，PAN）

一般用于一个家庭内部或一个房间内，几米至十几米的范围。

4．网络使用对象（using network users）

（1）公用网（public network）

公用网又称为公用数据通信网，一般是国家的电信部门建造的网络。"公用"的意思就是所有愿意按电信部门规定交纳费用的人都可以使用，公用网也可称为公众网。

（2）专用网（private network）

专用网是某个部门或单位为本系统的特殊业务工作需要而建造的网络，这种网络一般不向本系统以外的人提供服务。例如，军队、铁路、电力等系统均有本系统的专用网。它可分为部门网络、企业网络和校园网络等。

5．网络拓扑结构（network topology structure）

计算机网络的拓扑结构是指抛开网络中的具体设备，把网络中的计算机抽象为点，把两点间的网络连接抽象为线，用相对简单的拓扑图形式画出网络上的计算机连接方式。常见的网络拓扑结构有以下几种。

（1）总线拓扑结构

总线拓扑结构是以一根电缆作为传输介质（称为总线），在一条总线上装置多个 T 型头，每个 T 型头连接一个节点机系统，总线两端用端接器防止信号反射，如图 1-18 所示。节点之间按广播方式进行通信，一个节点发送的信息其他节点均可接收。

总线拓扑结构的优点是结构简单，节点增减方便，连线总长度小于星型结构。缺点是总线任何一处出现故障，都可能引起整个网络的瘫痪。

（2）星型拓扑结构

星型拓扑结构是以一台设备作为中央节点，其他外围节点都单独连接在中央节点上，如图 1-19 所示。各外围节点之间不能直接通信，必须通过中央节点进行通信。

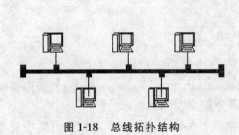

图 1-18　总线拓扑结构

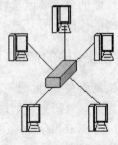

图 1-19　星型拓扑结构

星型拓扑结构的优点是结构简单,任何一个连接只涉及中央节点和一个站点;站点故障容易检测和隔离,单个站点故障只影响一个设备,不会影响全网。缺点是网络性能依赖于中央节点,一旦中央节点出现故障,就会危及全网,故对中央节点机要求高;每个站点都需要有一个专用线路,连线费用大,利用率低;当网络需要扩展时,必须增加到中央节点的连线,因而网络扩展较困难。

(3) 环型拓扑结构

环型拓扑结构是把各个相邻节点相互连接起来以构成环状,如图 1-20 所示。各节点通过中继器连接到闭环上,对于任意两个节点之间的数据传送,其信息是单向、沿环、逐点通过转发传送到下一站点,并最终到达目标站点。

环型拓扑结构的优点是传输速率高,传输距离远;环路中各节点的地位和作用是相同的,因此容易实现分布式控制;在环型拓扑结构的网络中,传输信息的时间是固定的,从而便于实时控制。缺点是一个站点的故障会引起整个网络的崩溃,另外节点的增加和删除也比较复杂。可以采用双环来提高网络的可靠性。

(4) 树型拓扑结构

树型拓扑结构是一种分级结构,节点按层次进行连接,如图 1-21 所示。在树型拓扑结构中,信息交换主要在上下节点之间进行,同层节点之间一般不进行数据交换。树型结构的优点是通信线路连接简单,网络管理软件也不复杂,维护方便。缺点是资源共享能力差,可靠性低,任何一个工作站或链路的故障都可能影响所在网络分支的运行。

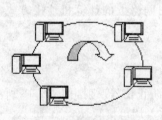

图 1-20　环型拓扑结构

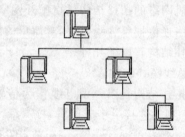

图 1-21　树型拓扑结构

在实际应用中一般将多种拓扑结构连在一起而形成混合拓扑结构,其具有不同拓扑结构的特点,例如主干网采用环型、局域网采用星型等。

一般而言,网络拓扑结构会影响网络传输介质的选择和控制方法的确定,因而会影响网上节点的运行速度和网络软、硬件接口的复杂度。网络的拓扑结构和介质访问控制方法是影响网络性能的最重要因素,因此应根据实际情况,选择最适合的拓扑结构,确保组建的网络具有较高的性能。

1.6.2　分组交换的产生(Packet Switching)

计算机网络是 20 世纪 60 年代美国和苏联冷战时期的产物。20 世纪 60 年代初,美国国防部领导的远景研究规划局(Advanced Research Project Agency,ARPA) 提出要研制一种生存性(survivability)很强的网络,就采用了分组交换网络技术。

传统的电路交换(circuit switching)的电信网有一个缺点:正在通信的电路中只要有一个交换机或一条链路被破坏,整个通信电路就会中断,如要改用其他迂回电路,必须重新拨号建立连接，这将要延误一些时间。

新型网络的基本特点如下：

（1）不同于电信网，其目的不是为了打电话，而是用于计算机之间的数据传送。

（2）网络能够连接不同类型的计算机，不局限于单一类型的计算机。

（3）所有的网络节点都同等重要，因而大大提高了网络的生存性。

（4）计算机在进行通信时，必须有冗余路由。

（5）网络结构应当尽可能地简单，同时还能够非常可靠地传送数据。

电路交换的特点：两部电话机只需要用一对电线就能够互相连接起来。5 部电话机两两相连，需 10 对电线，如图 1-22 所示。N 部电话机两两相连，需

$$N(N-1)/2 \qquad\qquad (1-13)$$

对电线，当电话机的数量很大时，这种连接方法需要的电线对的数量与电话机数的平方成正比。

1．使用交换机

当电话机的数量增多时，就要使用交换机来完成全网的交换任务。

"交换"的含义：转接，把一条电话线转接到另一条电话线，使它们连通起来。从通信资源的分配角度来看，就是按照某种方式动态地分配传输线路的资源。一种简单的交换机连接电话机的网络结构如图 1-23 所示。

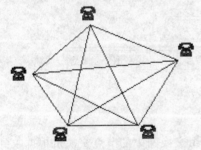

图 1-22　点到点的 N 部电话连接

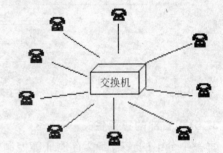

图 1-23　采用交换机的电话连接

电路交换必定是面向连接的，电路交换分三个阶段：建立连接、通信和释放连接。如图 1-24 所示，A 和 B 通话经过四个交换机，通话在 A 到 B 的连接上进行，而 C 和 D 通话只经过一个本地交换机，通话在 C 到 D 的连接上进行。

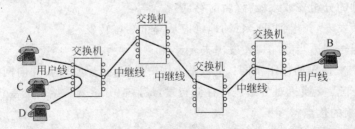

图 1-24　多级交换机结构

由于计算机数据具有突发性，采用电路交换传送计算机数据，将导致通信线路的利用率很低。

2．分组交换的原理

直接面向用户的信息单位是报文，如图 1-25 所示。但报文有长有短，一般不直接发送报文，而是将报文分组再传输，步骤如下：

假定这个报文较长不便于传输

图 1-25　报文结构

（1）在发送端，先把较长的报文划分成较短的、固定长度的数据段。

（2）每一个数据段前面添加首部构成分组。

（3）分组交换网以"分组"作为数据传输单元，依次把各分组发送到接收端。

（4）接收端收到分组后剥去首部还原成报文。

（5）在接收端把收到的数据恢复成原来的报文。

报文分组如图 1-26 所示。

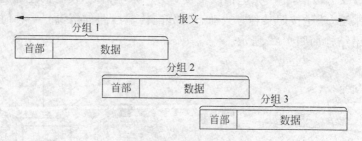

图 1-26　报文分组

3．分组首部的重要性

每一个分组的首部都含有地址等控制信息。分组交换网中的节点交换机根据收到的分组的首部中的地址信息，把分组转发到下一个节点交换机。用这样的存储转发方式，分组就能传送到最终目的地。

4．节点交换机

在节点交换机中的输入和输出端口之间没有直接连线。其处理分组的过程是：

（1）把收到的分组先放入缓存（暂时存储）；

（2）查找转发表，找出到某个目的地址应从哪个端口转发；

（3）把分组送到适当的端口转发出去。

主机和节点交换机的作用不同：主机是为用户进行信息处理的，并向网络发送分组，从网络接收分组；节点交换机对分组进行存储转发，最后把分组交付给目的主机。

5．分组交换的优点

高效：动态分配传输带宽，对通信链路逐段占用。

灵活：以分组为传送单位和查找路由。

迅速：不必先建立连接就能向其他主机发送分组，充分使用链路的带宽。

可靠：完善的网络协议，自适应路由选择协议使网络有很好的生存性。

6. 分组交换带来的问题

分组在各节点存储转发时需要排队,这就会造成一定的时延。分组必须携带的首部(内含必不可少的控制信息)也造成了一定的开销。

在 20 世纪 40 年代,电报通信也采用了基于存储转发原理的报文交换(message switching)。报文交换的时延较长,从几分钟到几小时不等,现在已经很少有人使用报文交换了。

1.6.3　计算机网络的发展(Development of Computer Network)

计算机网络是通信技术与计算机紧密结合的产物,已成为计算机应用的一个重要领域。计算机与通信的相互结合主要有两个方面:一方面,通信网络为计算机之间的数据传递和交换提供了必要的手段;另一方面,数字计算技术的发展渗透到通信技术中,又提高了通信网络的各种性能。当然,这两方面的进展都离不开人们在半导体光电技术(超大规模集成电路 VLSI、光纤传输等)上取得的辉煌成就。

1. 早期的计算机通信

在 1946 年世界上第一台数字电子计算机刚问世后的几年里,计算机和通信并没有什么关系。那时电子计算机数量很少,且非常昂贵,用户只能前往计算机房去使用机器。这显然是很不方便的。1954 年,一种叫做收发器(transceiver)的终端制作出来了,人们使用这种终端首次实现了将穿孔卡片上的数据通过电话线路发送到远地计算机。此后,电传打字机也作为远程终端和计算机相连了,用户可在远地的电传打字机上输入自己的程序,而计算机算出的结果又可从计算机传送到远地的电传打字机打印出来。计算机与通信的结合就这样开始了。

远程联机系统中,随着所连接的远程终端个数的增多,计算机与远程终端的通信对以成批处理为主要任务的计算机构成了相当大的额外开销。人们终于认识到应当设计另一种不同硬件结构的设备来完成数据通信任务,这导致了通信处理机的出现。通信处理机也称为前端处理机,前端处理机分工完成全部通信任务,而让主机(即原来的计算机)专门进行数据处理,这样就大大减小了主机的额外开销,因而显著地提高了主机的数据处理效率。由于可以采用比较便宜的小型计算机充当大型计算机的前端处理机,因此从 20 世纪 60 年代初期起,前端处理机就已广泛使用。至今,前端处理机仍然在计算机网络中发挥着重要作用。

2. 传统的电路交换技术不适合计算机数据的传输

一百多年来,电话交换机经过多次更新换代,从人工接续、步进制、纵横制以至现代的程序控制交换机(private branch exchange,PBX),其本质始终未变,都是采用电路交换(circuit switching),电路交换也可称为线路交换。从通信资源的分配来看,电路交换是预先分配传输带宽。用户在开始通话之前,先要申请(例如通过拨号)建立一条从发端到收端的物理通路,只有在此物理通路建立之后(即用户占有了一定的传输带宽),双方才能互相通话。在通话的全部时间里,用户始终占用端到端的固定传输带宽。然而,当这种通信系统用来传送计算机或终端的数据时,出现了新的问题。这是因为计算机的数据是突发式地和间歇性地出现在传输线路上,而用户应支付的通信线路费用是按占用线路的时间(对长途线路还要考虑距离因素)计算的。和打电话传送连续的语音信号不同,在计算机通信中,线路上真正用来传送数据的时间往往不到 10% 甚至 1%。在绝大部分时间里,通信线路实际上是空闲的(但对电信公司来说,通信线路已被用户占用因而要收费)。例如,当用户正在阅读终端屏幕上的信息或正在用键盘输入和编辑一份文件时,或计算机正在进行处理而结果尚未得出时,宝贵的通信线路资源实际上并未被利用而是白白浪费了。

不仅如此,电路交换建立通路的呼叫过程对计算机通信也嫌太长。电路交换本来是为打电话而设计的,打电话的平均持续时间约为几分钟,因此其呼叫过程(10~20s)就不算太长。但是,1000 比特的计算机数据在 2400b/s 的线路上传送时,只需不到半秒的时间。相比之下,呼叫过程占用的时间就相对太多了。

由此可见,必须寻找出新的适合于计算机通信的交换技术。

3. 分组交换网的试验成功

1962—1965 年,美国国防高级研究计划局(Defense Advanced Research Project Agency,DARPA)和英国的国家物理实验室 NPL 都在对新型计算机通信网进行研究。1966 年 6 月,NPL 的戴维斯(Davies)首次提出"分组"(packet)这一名词。1969 年 12 月,美国的分组交换网 ARPANET 投入运行。从此,计算机网络的发展进入了分组交换网时代。

在传送分组的过程中,由于采取了专门措施,因而保证了数据的传送具有非常高的可靠性。采用存储转发的分组交换,实质上是采用了断续(或动态)分配传输带宽的策略。这对传送突发式的计算机数据是非常合适的,因为这样可以大大提高通信线路利用率。

当然,分组交换也带来一些新的问题。例如,分组在各节点存储转发时因要排队总会造成一定的时延。当网络业务量过大时,这种时延可能会很大。此外,各分组必须携带的控制信息也造成了一定的额外开销,整个分组交换网的管理与控制也比较复杂。

在 20 世纪 40 年代,电报通信采用了基于存储转发原理的报文交换。分组交换虽然采用了某些古老的交换原理,但它实际上已变成了一种新式交换技术。分组交换网以通信子网为中心,主机和终端都处在网络外围,这些主机和终端构成了用户资源子网,用户不仅共享通信子网的资源,而且还可共享用户资源子网的许多硬件和各种丰富的软件资源。这种以通信子网为中心的计算机网络常称为第二代的计算机网络,比第一代面向终端的计算机网络的功能扩大了很多。

4. 计算机网络体系结构的形成

计算机网络是个非常复杂的系统。相互通信的两个计算机系统必须高度协调工作才行,而这种"协调"是相当复杂的。为了设计这种复杂的计算机网络,早在最初的 ARPANET 设计时即提出了分层的方法,"分层"可将庞大而复杂的问题转化为若干较小的局部问题,而这些较小的局部问题就比较易于研究和处理。

1974 年,IBM 公司宣布了它研制的系统网络体系结构(System Network Architecture, SNA),这个著名的网络标准就是按照分层的方法制订的。

网络体系结构出现后,使得一个公司所生产的各种设备都能够很容易地互连成网,这种情况当然有利于一个公司垄断自己的产品。用户一旦购买了某个公司的网络,当需要扩大容量时,就只能再购买原公司的产品。如果同时购买了其他公司的产品,那么由于网络体系结构的不同,就很难互相连通。然而社会的发展使得不同网络体系结构的用户迫切要求能够互相交换信息。为了使不同体系结构的计算机网络都能互连,国际标准化组织 ISO 于 1977 年成立了专门机构研究该问题。不久,他们就提出了一个试图使各种计算机在世界范围内互连成网的标准框架,这就是著名的开放系统互连基本参考模型 OSI/RM,简称为

OSI。从这以后，就开始了所谓的第三代计算机网络。

5. 互联网（Internet）

进入 20 世纪 80 年代中期以来，在计算机网络领域最引人注目的事就是 Internet 飞速发展。现在 Internet 已成为世界上最大的国际性计算机互联网，下面简单介绍 Internet 的发展过程。

到 1983 年，ARPANET 已连接了 300 多台计算机，供美国各研究机构和政府部门使用。1984 年 ARPANET 分解成两个网络，一个仍称为 ARPANET，是民用科研网；另一个是军用计算机网络 MILNET。由于这两个网络都是由许多网络互联而成，因此它们都称为 Internet。后来 ARPANET 就成为 Internet 的主干网。

美国国家科学基金会 NSF 认识到计算机网络对科学研究的重要性。因此从 1985 年起，NSF 就围绕其 6 个大型计算机中心建设计算机网络。1986 年，NSF 建立了国家科学基金网 NSFNET，它是一个三级计算机网络，分为主干网、地区网和校园网，覆盖了全美国主要的大学和研究所。NSFNET 也和 ARPANET 相连，最初 NSFNET 的主干网速率不高，仅为 56kb/s。在 1989—1990 年，NSFNET 主干网的速率提高到 1.544Mb/s，即 T1 的速率，并且成为 Internet 中的主要部分。到了 1990 年，鉴于 ARPANET 的实验任务已经完成，在历史上起过重要作用的 ARPANET 也就正式宣布关闭。

1991 年，NSF 和美国的其他政府机构开始认识到，Internet 必将扩大其使用范围，不会仅限于大学和研究机构。世界上的许多公司纷纷接入 Internet，使网络上的通信量急剧增大，每日传送的分组数达 10 亿个之多，Internet 的容量又不够用了。于是美国政府决定将 Internet 的主干网转交给私人公司来经营，开始了 Internet 的市场化发展。计算机网络发展历程如图 1-27 所示。

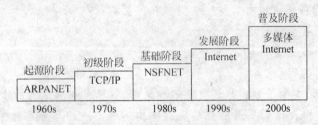

图 1-27 计算机网络的发展历程

目前，几乎所有的发达国家都相继建设了自己国家级的教育和科研计算机网络，并且都与 Internet 互联在一起。由于 Internet 具有极为丰富的信息资源，它突破了地理位置的限制，为广大的教师和学生，特别是研究人员提供了一个非常好的计算机环境，大大地促进和加快了他们之间的信息交流与技术合作。实践表明，凡是建立了国家教育科研计算机网络的国家，其教育和科研事业都明显地得到了迅速发展。

Internet 仍属第三代计算机网络，因为它使用的也是分层体系结构。大家知道 ARPANET 是世界上第一个计算机网络，它有自己的一套体系结构（通常称为 TCP/IP 协议簇，或简称为 TCP/IP）。因此 Internet 没有使用 OSI 体系结构。

6. 三网融合

目前网络"融合"并无精确定义，网络融合的内容如图 1-28 所示。

通常人们这样理解融合的意思：

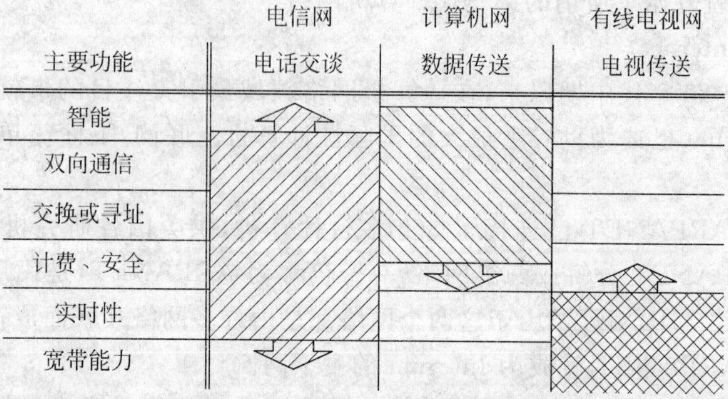

图 1-28　三种网络的演变方向

（1）融合表示不同的网络平台可以提供基本上相似的服务；

（2）融合表示不同的消费设备（如电话、电视机、个人电脑）可以在一起工作。

习　题　1

1.1　描述信息、数据和信号之间的关系，举例说明。

1.2　描述比特和码元之间的关系。

1.3　解释帧、数据报、报文段和报文的含义。

1.4　说明分组交换的优点。

1.5　计算机网络是如何分类的？

1.6　计算机网络的拓扑结构有哪些？它们各有什么特点？

1.7　网络协议的三要素是什么？

1.8　简述服务与协议的关系。

1.9　解释 PDU。

1.10　协议数据单元中除了数据外还有首部和尾部，解释首部和尾部的作用。

1.11　网络体系结构为什么要采用分层次的结构？举出一些与分层体系结构思想类似的
　　　例子。

1.12　OSI/RM 共分为哪几层？简要说明各层的功能。

1.13　TCP/IP 协议模型分为几层？各层的功能是什么？列举每层主要包含的协议。

1.14　简述 OSI 参考模型与 TCP/IP 参考模型的异同点。

1.15　什么是现场总线？

1.16　现场总线的分层数量一般要少于 OSI 和 TCP/IP 网络体系结构，为什么？

1.17　常用的现场总线标准有哪些？

1.18　说明电路交换与分组交换有何不同？

1.19　为什么电路交换不适用于数据传输？

1.20　什么是三网融合？

实验指导 1-1　常用网络调试命令

一、实验目的

1. 掌握管理网络的常用方法和操作命令。
2. 能运用相关软件工具进行简单的网络调试、诊断与管理。

二、实验原理

1. ipconfig

此命令显示所有当前的 TCP/IP 网络配置值、刷新动态主机配置协议（DHCP）和域名系统（DNS）设置。使用带参数的 ipconfig 可以显示所有适配器的 IP 地址、子网掩码、默认网关。

格式：

```
ipconfig [/?|/all|/release [adapter]|/renew [adapter]
|/flushdns|/registerdns
|/showclassid adapter
|/setclassid adapter [classidtoset] ]
```

参数：/all 产生完整显示。在没有该开关的情况下 ipconfig 只显示 IP 地址、子网掩码和每个网卡的默认网关值。

2. ping

ping 是个使用频率极高的实用程序，用于确定本地主机是否能与另一台主机交换（发送与接收）数据报。根据返回的信息，可以推断 TCP/IP 参数是否设置的正确以及网络目前运行是否正常。

作用：验证与远程计算机的连接。该命令只有在安装了 TCP/IP 协议后才可以使用。

格式：

```
ping [-t] [-a] [-n count] [-l length] [-f] [-i ttl] [-v tos] [-r count] [-s count]
[[-j computer-list]|[-k computer-list]] [-w timeout] destination-list
```

参数：

-t 测试指定的计算机直到中断。

-a 将地址解析为计算机名。

-n count 发送 count 指定的 ECHO 数据包数，默认值为 4。

-l length 发送包含由 length 指定的数据量的回送数据包，默认为 32B，最大值是 65500。

-f 在数据包中发送"不要分段"标志，数据包就不会被路由上的网关分段。

-i ttl 将"生存时间"字段设置为 ttl 指定的值。

-v tos 将"服务类型"字段设置为 tos 指定的值。

-r count 在"记录路由"字段中记录传出和返回数据包的路由，count 可以指定最少 1 台，最多 9 台计算机。

-s count 指定 count 指定的跃点数的时间戳。

-j computer-list 利用 computer-list 指定的计算机列表路由数据包。连续计算机可以被中间网关分隔 IP 允许的最大数量为 9。

-k computer-list 利用 computer-list 指定的计算机列表路由数据包。

-w timeout 指定超时间隔,单位为毫秒。

destination-list 指定要 ping 的远程计算机。

如果-t 参数和-n 参数一起使用,ping 命令就以放在后面的参数为标准;另外,ping 命令不一定要用 IP 地址,也可以直接 ping 主机域名,这样就可以得到主机的 IP 信息。

3. Netstat

Netstat 命令可以帮助了解网络的整体使用情况。它可以显示当前正在活动的网络连接的详细信息,例如显示网络连接、路由表和网络接口信息,可以统计目前总共有哪些网络连接正在运行。

利用命令参数,命令可以显示所有协议的使用状态,这些协议包括 TCP 协议、UDP 协议以及 IP 协议等,另外还可以选择特定的协议并查看其具体信息,还能显示所有主机的端口号以及当前主机的详细路由信息。

命令格式:

```
netstat [-r] [-s] [-n] [-a]
```

参数含义:

-r 显示本机路由表的内容;

-s 显示每个协议的使用状态(包括 TCP 协议、UDP 协议、IP 协议);

-n 以数字表格形式显示地址和端口;

-a 显示所有主机的端口号。

三、实验内容

通过对常用网络命令的使用,能对网络进行简单的分析、测试。要求掌握 Windows 下的 ipconfig、ping 和 netstat 等几个基本命令。

1. 每两人一组相互测试两台计算机的网络连通性,注意分析检测时计算机反馈的信息,能够对其进行简单的解释。

2. 若不能检测到对方的计算机地址,需要掌握查找问题或故障的方法,能够解决问题和排除故障。

四、实验方法与步骤

1. 在 Windows 的命令窗口下执行 ipconfig。

2. 在 Windows 的命令窗口下执行 ping ＜对方 IP 地址＞。

3. 在 Windows 的命令窗口下执行 netstat。

五、实验要求

1. 实验报告记录 ipconfig 执行后出现的信息。

2. 实验报告记录 ping 执行后出现的信息。

3. 实验报告记录 netstat 执行后出现的信息。

六、实验环境

操作系统 Windows 或 Linux。

实验指导 1-2　认识网络体系结构及协议

一、实验目的

1. 了解并初步使用 WireShark，能在网络上进行抓包分析。

2. 认识网络体系结构的分层。

3. 了解网络协议的作用及一般格式，理解网络协议的封装关系。

二、实验原理

通过运行网络协议捕获分析软件 WireShark，获得对网络体系结构和各层协议的全局认识，为后面章节具体学习各种协议建立直观的概念。通过运行 WireShark 捕获数据包，显示捕获到的协议包并进行分析。

三、实验内容

使用 WireShark 捕获 Internet 上浏览网页时的网络协议，了解网络的层次，分析协议结构，简要记录每层的一条协议，对协议名称在原始英文记录的基础上写出对应的中文。

四、实验方法与步骤

1. 选择网络接口

启动 WireShark，从主菜单上 Capture 项目下的 Interfaces 中选择要捕获的网络接口，如图 1-29 所示。

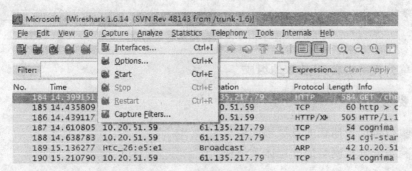

图 1-29　选择网络接口

2. 捕获数据包

在相应的网络接口上单击 Start 按钮，指定在哪个接口（网卡）上抓包，如图 1-30 所示。

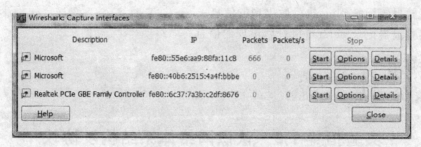

图 1-30　开始捕获数据包

3. 分析网络体系分层结构

捕获到的网络协议如图 1-31 所示，从图中可以了解网络体系共分几层、每层的名称和每层的协议名称。

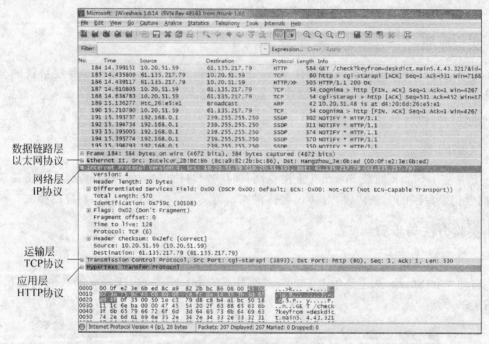

图 1-31　捕获的网络各层协议

4. 简单分析网络层 IP 协议的组成

五、实验要求

1. 实验报告记录捕获的各层协议名称。
2. 实验报告分析网络的分层体系结构。

六、实验环境

下载安装 WireShark 或其他协议捕获分析软件。可在 Windows 环境或 Linux 环境下使用此软件。

第2章

物理层（**Physical Layer**）

物理层是网络体系结构中的最低层，并不是指具体的物理设备或具体的传输媒体，主要考虑的是怎样才能在连接开放系统的传输媒体上传输各种数据的比特流。现有的计算机网络中的物理设备和传输媒体的种类非常繁多，而通信手段也有许多不同的方式。因此，物理层的作用正是要尽可能地屏蔽掉这些差异，使其上面的数据链路层感觉不到这些差异，这样就可以使数据链路层只需要考虑如何完成本层的协议和服务，而不必考虑网络具体的传输媒体是什么。物理层在网络体系结构中的层次及主要功能如图 2-1 所示。

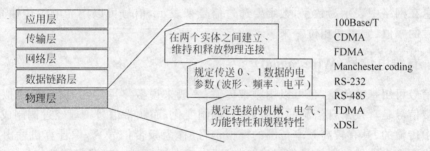

图 2-1   物理层在 TCP/IP 结构中的位置和作用

物理层的协议单元是码元和比特，码元表示信号，而比特表示数据。在物理层上，把多个比特看成二进制位串流，例如"01001010011110"等，比特（bit）和码元（symbol）二者的关系是

$$b = f(c) \tag{2-1}$$

将物理层的主要任务描述为确定与传输媒体的接口的一些特性，即：

（1）机械特性

说明接口所用接线器的形状和尺寸、引线数目和排列、固定和锁定装置等，这很像平时常见的各种规格的电源插头，其尺寸都有严格的规定。

（2）电气特性

说明在接口电缆的哪条线上出现的电压应为什么范围，即什么样的电压表示"1"或"0"，也包括光信号或无线信号的特性。

（3）功能特性

说明某条线上出现的某一电平的电压表示何种意义。

（4）规程特性

说明对于不同功能的各种可能事件的出现顺序。

如果用 OSI 的术语来讲,那么物理层的作用就是给其服务用户(即数据链路层或数据链路层实体)在一条物理的传输媒体上传送和接收比特流的能力。为此,物理层就要首先激活(即建立)一个连接,在进行通信时要维持这个连接,通信结束后还要撤销(即释放)这个连接。"激活一个连接"就是当发送端发送一个比特时,在这条连接的另一端(接收端)应当做好了接收该比特的必要准备。因此,激活一个连接的过程就是要准备好一些必要的资源(如缓冲区),以便在发送和接收时使用;反之,撤销一个连接则是释放这些资源,以便留给其他的连接使用(在许多情况下,一台计算机可以同时建立多条连接)。

在物理连接上的传输方式一般都是串行传输,即一个一个比特按照时间顺序传输。但是,有时也可以采用多个比特的并行传输方式。通常远距离的传输都是串行传输,因此网络传输基本上都是串行传输。

具体的物理层协议是相当复杂的,这是因为物理连接的方式很多(例如,可以是点到点的,也可以采用多点连接或广播连接),而传输媒体的种类也非常之多,如架空明线、平衡电缆、同轴电缆、光导纤维、双绞线,以及各种波段的无线信道等。

2.1　信号(Signal)

信息在网络中表示为数字,数字要通过信号来表示,信号可以用光电等传输介质,利用光电信号的幅值、频率和相位等来表示数字。

2.1.1　有线电信号(Wire Signal)

电信号可用基带传输,也可以用频带传输,一般来说数字网络用基带,而模拟网络用频带。基带信号是直接来自信源的信号,没有调制变化;而频带信号一般经过调制成便于在模拟信道中传输的、具有较高频率范围的模拟信号(称为频带信号)。像计算机输出的代表各种文字或图像文件的数据信号都属于基带信号;而电话通信一般采用频带信号。

基带信号往往包含有较多的低频成分,甚至有直流成分,而许多信道并不能传输这种低频分量或直流分量,因此必须将基带信号调制(modulation)成频带信号。基带数字信号的调制方法是把基带信号经过载波调制后,把信号的频率范围搬移到较高的频段以便在信道中传输(即仅在一段频率范围内能够通过信道)。几种常用的基带调制技术如图 2-2 所示。

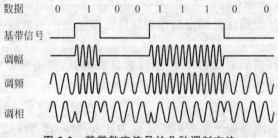

图 2-2　基带数字信号的几种调制方法

2.1.2　光纤信号传输(Optical Fiber Signal)

光信号一般通过光纤传输,光纤是一种传导光波的介质传输线,其核心部分由圆柱形玻璃纤芯和玻璃包层构成,最外层是一种弹性耐磨的塑料护套,整根光纤呈圆柱形。以光纤作为传输媒质传送信息的通信方式,称为光纤通信。光纤通信具有容量大、传输距离远、抗干扰、抗核辐射、抗化学侵蚀、重量轻、节省有色金属等优点。

1. 光端机

图 2-3 中示出了一个目前实用光纤通信系统的结构框图(图中仅画出一个方向的信道),该系统由以下四部分组成:光信号发送器、传输光缆、光信号接收器和收发端的光端机。

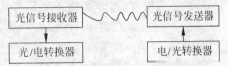

图 2-3　光纤通信系统的结构框图

光信号发送器实质上是一个电光调制器,它用电端机(发)送来的电信号对光源进行调制变成光信号,光源一般是半导体激光器或发光二极管,在目前实用系统中大都采用光强直接调制方式,经调制的光耦合到光纤中后传输到接收端,接收端的光电子检测器件(一般为半导体 PIN 管和雪崩管)把光信号变成电信号,再经放大、整形处理后送至光端机(收)。

图 2-4 和图 2-5 分别是光信号的模拟调制和数字调制信号波形。对模拟信号而言,由电子信号端(发)送来的是语音或图像信号,要求光信号发送器中的光源器件应具有线性度良好的电光特性,对于数字信号的光纤通信系统,光源器件的非线性对系统性能影响不大。

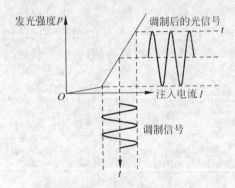

图 2-4　光信号的模拟调制

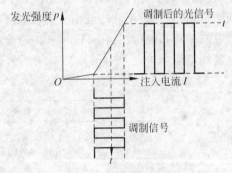

图 2-5　光信号的数字调制

2. 对光源性能的基本要求

(1) 光源发光波长必须与三个低损耗窗口相符。

石英光纤的损耗特性有三个低损耗窗口,其中心波长分别为:850nm、1310nm 和 1550nm。因此,光源的发光波长应与三个低损耗窗口相符。

(2) 足够的光输出功率。

在室温下长时间连续工作的光源,必须按光通信系统设计的要求,能提供足够的光输出功率。目前,激光二极管能提供 $500\mu W \sim 10mW$ 的输出光功率,发光二极管可提供 $10\mu W \sim 1mW$ 的输出光功率。

(3) 可靠性高、寿命长。

现在的激光二极管可靠性比较高,寿命长,激光二极管寿命约 $10^5 h$,发光二极管寿命约 $10^7 h$。

(4) 温度稳定性好。

器件应能在常温下以连续波方式工作,要求温度稳定性好,如半导体发光二极管(LED)

和半导体激光二极管(laser diode,LD)。

（5）调制特性好。

允许的调制速率要高或响应速度要快,以满足系统的大传输容量的要求。

（6）光谱宽度要窄。

光谱单色性要好,即谱线宽度要窄,以减小光纤色散对带宽的限制。

LD　　　　　　线宽小于2nm;

LED　　　　　　线宽在100nm左右。

（7）与光纤之间的耦合效率高。

光源发出的光最终要耦合进光纤才能进行传输,因此希望光源与光纤之间有较高的耦合效率,使入纤功率大,中继间距加大。目前一般激光的耦合效率为20%~30%,较高水平的耦合效率可超过50%。

2.1.3　无线信号(Wireless Signal)

无线电波、微波和光波实质上都是电磁波,只不过它们在电磁波的波谱上分布不同而已。网络通信领域所使用的电磁波频谱如图2-6所示。一般地讲,它们之间的区别仅仅是频率(与波长成反比)的大小。它们不仅可以在包含空气在内的空间中传播,也可以在其他介质中传播,只不过不同的波由于其波长不同在不同的介质中能够传输的距离不同。例如无线电波中的长波(波长在3000m以上)就可以和在海水中的潜水艇通信,而波长较短的无线电波则不能。

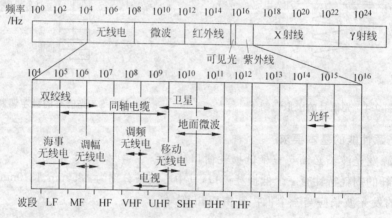

图2-6　电信领域使用的电磁波的频谱

无线电波的波长较长,具有一定的绕射作用,几何尺寸小于波长的物体对于无线电波都没有阻挡作用。

为什么通信网络的信号都采用电磁波信号呢?因为电磁波的传输速率接近于光速,传输距离远,需要的能量低。但由于电磁波的频率不同,会呈现不同的性质,不同的传输介质适合传输不同频率的信号。信号在不同介质中以不同形式传输,如在金属介质中以电流的形式、在光纤介质中以光波的形式、在无线介质中以电磁波的形式辐射出去。

不同介质具有不同的传输性能,这些性能取决于介质的固有特征及传输环境。例如:双绞线可以传输低频和中频信号,同轴电缆可以传输低频到特高频信号,光纤可以传输可见光。

2.2　传输介质(Transfer Media)

信号总是要通过一定的传输介质来传输,包括可见的和不可见的。

2.2.1　双绞线(Twist Pair)

传输媒体也称为传输介质或传输媒介。双绞线也称为双扭线,它是最古老但又是最常用的传输媒体。把两根互相绝缘的铜导线并排放在一起,然后用规则的方法扭绞起来就构成了双绞线。采用这种绞起来的结构是为了减少对相邻导线的电磁干扰。使用双绞线最多

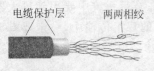

图 2-7　双绞线电缆

的地方就是到处都有的电话系统,差不多所有的电话都用双绞线连接到电话交换机。通常将一定数量的双绞线捆成电缆,在其外面包上硬的护套,如图 2-7 所示。模拟传输和数字传输都可以使用双绞线,其通信距离一般为几到十几千米,距离太长时就要加放大器以便将衰减了的信号放大到合适的数值(对于模拟传输),或者加上中继器以便将失真了的数字信号进行整形(对于数字传输)。导线越粗,其通信距离就越远,但导线的价格也越高。在数字传输时,若传输速率为每秒几个兆比特,则传输距离可达几千米。由于双绞线的价格便宜且性能也不错,因此使用十分广泛。目前,经过专门设计的系统,用双绞线已能在短距离以高达 1Gb/s 的速率传输数据。

为了提高双绞线抗电磁干扰的能力,可以在双绞线的外面再加上一个用金属丝编织成的屏蔽,这就是屏蔽双绞线,简称为 STP(shield twisted pair)。它的价格当然比无屏蔽的双绞线要贵,无屏蔽的双绞线简称为 UTP(unshielded twisted pair)。

2.2.2　同轴电缆(Coaxial Cable)

同轴电缆由内导体铜质芯线(单股实心线或多股绞合线)、绝缘层、网状编织的外导体屏蔽层以及保护塑料外层所组成。由于外导体屏蔽层的作用,同轴电缆具有好的抗干扰特性,现被广泛用于较高速率的数据传输。当需要将计算机连接到电缆上的某一处,用同轴电缆要比用双绞线麻烦得多,通常都是利用 T 型接头(T junction)连接网络设备。T 型接头主要有两种,一种必须先把电缆剪断,然后再进行连接;另一种则不必剪断电缆,但是要用另一种较昂贵的、特制的 T 型接头,利用螺丝分别将两根电缆的内外导线连接。

通常按特性阻抗数值的不同,将同轴电缆分为两类。

1. 基带 50Ω 同轴电缆

这是用于数据通信的,用于传送基带数字信号,如图 2-8 所示。因此,50Ω 同轴电缆又称为基带同轴,用这种同轴电缆将基带数字信号按 10Mbps 的速率传送 1km 是完全可行的。在局域网中传输基带数字信号时,可以有多种不同的编码方法,常用的两种编码方法:曼彻斯特编码(Manchester)和差分曼彻斯特编码。

图 2-8　50Ω 同轴电缆

2. 宽带 75 Ω 同轴电缆

这种同轴电缆用于模拟传输系统,它是公用天线电视系统中的标准传输电缆,在这种电缆上传送的是采用了频分复用的宽带信号。这种电缆的特性阻抗为 75Ω,称为宽带同轴电缆。在电话通信系统中,带宽超过一个标准话路(4kHz)的频分复用都可称为"宽带",但在计算机通信中,"宽带系统"是指采用了频分复用和模拟传输技术的同轴电缆网络。

宽带同轴电缆用于传送模拟信号时,其频率可高达 300～400MHz,而传输距离可达 100km;但在传送数字信号时,必须将其转换成模拟信号,在接收时要把收到的模拟信号转换成数字信号。一般来说,每秒传送 1 比特需要 1～4Hz 的带宽,这当然和编码的形式与传输系统的价格有关,例如一条带宽为 300MHz 的电缆可以支持 15Mbps 的数据传输速率。宽带电缆通常都划分为若干个独立信道,例如,每一个 6MHz 的信道可以传送一路模拟电视信号。当用来传送数字信号时,速率一般可达 3Mbps。由于在宽带系统中要用到放大器来放大模拟信号,而这种放大器只能单向工作,因此在宽带电缆的双工传输中,一定要有数据发送和数据接收两条分开的数据通路。采用双芯电缆系统和单芯电缆系统都可以达到这个目的。

2.2.3 光缆(Optical Cable)

近年来飞速发展的光电子技术使得光纤通信成为通信技术中的一个十分重要的领域。

图 2-9 光纤之父——高锟(获 2009 年度诺贝尔物理学奖)

华人高锟由于发明了光纤而获得诺贝尔物理学奖(图 2-9)。光纤通信就是利用光导纤维(简称光纤)传递光脉冲来进行通信,可以规定有光脉冲相当于"1",而没有光脉冲相当于"0"。由于可见光的频率非常高,约为 10^8 MHz 的量级,一个光纤通信系统的传输带宽远远大于目前其他各种传输媒体的带宽。在光纤的发送端有光源,可以采用发光二极管或半导体激光,它们在电脉冲的作用下能产生出光脉冲。在接收端利用光电二极管做成光检测器,在检测到光脉冲时可还原出电脉冲。

光纤通常由非常透明的石英玻璃拉成细丝,主要由纤芯和包层构成双层通信圆柱体。纤芯用来传导光波,包层比纤芯有更低的折射率。当光线从高折射率的媒体射向低折射率的媒体时,其折射角将大于入射角。因此,如果入射角足够大,就会出现全反射,即光线碰到包层时就会折射回纤芯。这个过程不断重复,光也就沿着光纤传输下去。现代的生产工艺可以制造出超低损耗的光纤,即做到光线在纤芯中传输几千米乃至几千千米而基本上没有什么损耗,这一点乃是光纤通信得到飞速发展的最关键因素。光信号的使用要经过光电转换,其转换和传播过程如图 2-10 所示。发光二极管

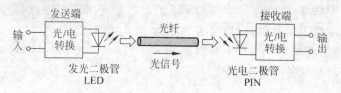

图 2-10 光信号在光纤中的传播

(Light Emitting Diode,LED)产生光信号,而光电二极管(Positive Intrinsic Negative,PIN)则负责把光转换成电信号。

实际上,只要射到光纤表面的光线的入射角大于某一个临界角度,就可以产生全反射。因此,可以存在许多条不同角度入射的光线在一条光纤中传输,这种光纤就称为多模光纤。光信号在多模光纤中的传播如图 2-11 所示。但是,若光纤的直径减小到只有一个光的波长,则光纤就像一根波导那样,它可使光线一直向前传播,而不会多次反射,这样的光纤就称为单模光纤。光信号在单模光纤中的传播如图 2-12 所示。单模光纤的光源要使用昂贵的半导体激光器,而不能使用较便宜的发光二极管。但单模光纤的衰耗较小,在 2.5Gbps 的高速率下可传输数十千米而不必采用中继器。

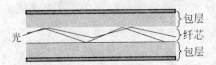

图 2-11 光信号在多模光纤中的传播

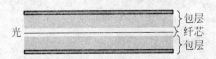

图 2-12 光信号在单模光纤中的传播

由于光纤非常细,连包层在一起,其直径也不到 0.2mm。因此必须将光纤做成很结实的光缆。一根光缆可以包括一至数百根光纤,再加上加强芯和填充物就可以大大提高其机械强度,必要时还可放入电源线,最后加上包带层和外护套,就可以使抗拉强度达到几千克,可以满足工程施工的强度要求。因此,光纤一般都制作成光缆来使用,光纤(光缆)具有以下优点:

(1) 传输频带非常宽(或数据传输速率非常高),因而通信容量大;

(2) 传输损耗小,中继距离长,对远距离传输特别经济;

(3) 抗雷电和电磁干扰性能好,这在有大电流脉冲干扰的环境下尤为重要;

(4) 无串音干扰,保密性好,也不易被窃听或截取数据;

(5) 体积小,重量轻,这在现有电缆管道已拥塞不堪的情况下特别有利。

但光纤也有一定的缺点,这就是要将两根光纤精确地连接起来比较困难,光电接口还比较贵。

2.2.4 无线通信(Wireless Communication)

前面所讲的三种传输媒体都属于"有线传输",也可以利用无线电波在自由空间的传播,实现网络的通信。

短波通信主要是靠电离层的反射,但电离层的不稳定所产生的衰落现象和电离层反射所产生的多径效应,使得短波信道的通信质量较差。因此,当必须使用短波无线电台传送数据时,一般都是低速传输,即速率为一个模拟话路传几十至几百比特每秒,只有在采用复杂的调制解调技术后,才能使数据的传输速率达到几千比特每秒。

无线电微波通信在数据通信中占有重要地位。微波的频率范围为 300MHz~300GHz,但主要是使用 2~40GHz 的频率范围。微波在空间主要是直线传播,由于微波会穿透电离层而进入宇宙空间,因此它不像短波那样可以经电离层反射传播到地面上很远的地方。这样,微波通信就有两种主要的方式:地面微波接力通信和卫星通信。下面简单介绍其主要特点。

1. 地面微波接力通信

由于微波在空间是直线传播，而地球表面是个曲面，因此其传播距离受到限制，一般只有 50km 左右。但若采用 100m 高的天线塔，则距离可增大到 100km。为实现远距离通信必须在一条无线电通信信道的两个终端之间建立若干个中继站，中继站把前一站送来的信号经过放大后再发到下一站，故称为"接力"。大多数长途电话业务使用 4～6GHz 的频率范围，目前各国大量使用的微波设备信道容量多为 960 路（1 路为 64Kbps）、1200 路、1800 路和 2700 路，我国多为 960 路。

微波接力通信可传输电话、电报、图像、数据等信息，其主要特点如下：

（1）微波波段频率很高，其频段范围也很宽，因此其通信信道的容量很大；

（2）因为工业干扰和天电干扰的主要频谱成分比微波频率低得多，对微波通信的危害比对短波和米波通信小得多，因而微波传输质量较高；

（3）微波接力通信的可靠性较高；

（4）微波接力通信与相同容量和长度的电缆载波比较，建设投资少，见效快。

当然，微波接力通信也存在如下一些缺点：

（1）相邻站之间必须直视，不能有障碍物，有时一个天线发射出的信号也会分成几条略有差别的路径到达接收天线，因而造成失真；

（2）微波的传播有时也会受到恶劣气候的影响；

（3）与电缆通信系统比较，微波通信的隐蔽性和保密性较差；

（4）对大量的中继站的使用和维护要耗费一定的人力和物力。

2. 卫星通信

卫星通信是在地球站之间利用位于 36 000km 高空的人造同步地球卫星作为中继器的一种微波接力通信，通信卫星就是在太空的无人值守的微波通信的中继站。可见卫星通信的主要优缺点应当大体上和地面微波通信的差不多。

卫星通信的最大特点是通信距离远，且通信费用与通信距离无关。同步卫星发射出的电磁波能辐射到地球上的广阔地区，其通信覆盖区的跨度达 18 000km。只要在地球赤道上空的同步轨道上等距离地放置 3 颗相隔 120° 的卫星，就能基本上实现全球的卫星通信覆盖。

和微波接力通信相似，卫星通信的频带很宽，通信容量很大，信号所受到的干扰也较小，通信比较稳定。目前常用的频段为 6/4GHz，也就是上行（从地球站发往卫星）频率为 5.925～6.425GHz，而下行（从卫星转发到地球站）频率为 3.7～3.2GHz。频段的宽度都是 500MHz，由于这个频段已经非常拥挤，现在也使用频率更高些的 14/12GHz 频段。一个典型的卫星通常拥有 12 个转发器，每个转发器的频带宽度为 36MHz，可用来传输 50Mbps 速率的数据。

卫星通信的另一个特点就是它具有较大的传播时延。由于各地球站的天线仰角并不相同，不管两个地球站之间的地面距离是多少（相隔二条街或相隔上万千米），从一个地球站经卫星到另一个地球站的传播时延在 250～300ms，一般可取为 270ms，这一点和其他的通信有较大的差别。例如，对于地面微波接力通信链路，其传播时延约为 $3\mu s/km$，而对同轴电缆链路，由于电磁波在电缆中传播得比在空气中慢，因此传播时延一般可按 $5\mu s/km$ 计算。

传送数据的总时延主要由以下三个部分组成：

（1）传播时延。这是电磁波在信道中传播所需要的时间，取决于电磁波在信道上的传播速率以及所传播的距离。

（2）发送时延。这是发送数据所需要的时间，取决于数据块的长度和数据在信道上的发送速率。数据的发送速率也常为数据在信道上的传输速率，它和电磁波在信道上的传播速率是两个完全不同的概念，不可混淆。

（3）重发时延。实际的信道总是存在一定的误码率，总的传输时延与误码率有很大的关系，这是因为数据中出了差错就要重新传送，因而增加了总的数据传输时间。

2.3　编码技术（Encoding Technology）

有了传输介质，信号还不能直接传输数据，因为还涉及数据怎么表示成数据的问题。对于数字网络来说，就是"0"和"1"的信号表示问题，这就需要通过编码方式来将信号表示成信息所需要的数据。

模拟数据和数字数据都转换为模拟信号和数字信号，在相应的信道上传输，有 4 种组合，每一种相应地需要进行不同的编码处理如图 2-13 所示。作为承载信息量的基本信号单位——码元就是一个单位脉冲，表示一个波形持续时间。一码元所承载的信息量，由脉冲信号所能表示的数据有效离散值的个数决定。

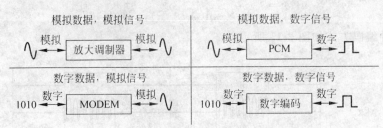

图 2-13　模拟、数字信号和数据的传输关系

例：一个码元（脉冲）仅可取 0 和 1 两个有效值（如调频的高与低）时，则该码元只能携带一比特：1 位信息量。

如图 2-14 所示，一个码元（脉冲）可取 00、01、10 和 11 四个有效值（如调相的四相位）时，则该码元能携带二比特信息：2 位信息量。

一个码元（脉冲）可取 000、001、010、011、100、101、110、111 八个有效值时，则该码元能携带 3 比特信息。

一个码元（脉冲）可取 2^N 个有效值时，则该码元能携带 N 比特信息。

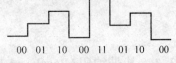

00　01　10　00　11　01　10　00

图 2-14　基带数字数据的数字传输

2.3.1　频带编码（Frequency Band Encoding）

传统的电话通信信道是为传输语音信号设计的，只适用于传输音频范围（300～3400Hz）的模拟信号，无法直接传输计算机的数字信号。为了利用模拟语音通信的电话交换网实现计算机的数字数据信号的传输，必须首先将数字信号转换成模拟信号。

将发送端数字信号变换成模拟信号的过程称为调制，在调制过程中，选择音频范围内的某一角频率 ω 的正（余）弦信号作为载波，该正（余）弦信号可以写为

$$u(t) = u_{\mathrm{m}} \cdot \sin(\omega t + \varphi_0) \tag{2-2}$$

三个可以改变的参量为振幅 u_{m}、角频率 ω、相位 φ_0，可以通过改变 3 个电参量来实现模拟数据信号编码的目的。

1. 振幅键控(ASK)

$$u(t) = \begin{cases} u_{\mathrm{m}} \times \sin(\omega_1 t + \varphi_0), & \text{数字"1"} \\ 0, & \text{数字"0"} \end{cases} \tag{2-3}$$

振幅键控 ASK 信号实现容易，技术简单，但抗干扰能力较差。

2. 移频键控(FSK)

$$u(t) = \begin{cases} u_{\mathrm{m}} \times \sin(\omega_1 t + \varphi_0), & \text{数字"1"} \\ u_{\mathrm{m}} \times \sin(\omega_2 t + \varphi_0), & \text{数字"0"} \end{cases} \tag{2-4}$$

移频键控 FSK 信号实现容易，技术简单，抗干扰能力较强，是目前常用的调制方法之一。

3. 移相键控(PSK)

移相键控可以分为：绝对调相、相对调相、二相调相和多相调相等。

绝对调相

$$u(t) = \begin{cases} u_{\mathrm{m}} \times \sin(\omega_1 t + 0), & \text{数字"1"} \\ u_{\mathrm{m}} \times \sin(\omega_1 t + \pi), & \text{数字"0"} \end{cases} \tag{2-5}$$

上述三种编码方式如图 2-15 所示。

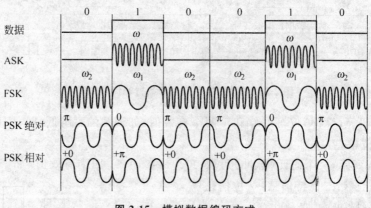

图 2-15　模拟数据编码方式

2.3.2　基带编码(Baseband Encoding)

基带传输在基本不改变数字数据信号频带(即波形)的情况下直接传输数字信号，可以达到很高的数据传输速率与效率。在数据通信中，表示计算机二进制的比特序列数字信号是典型的矩形脉冲信号：方波。方波脉冲信号的固有频带称做基本频带，简称为基带，矩形脉冲信号就叫做基带信号。在数字通信信道上，直接传送基带信号的方法称为基带传输。在发送端，基带传输的数据经过编码器变换变为直接传输的基带信号，例如曼彻斯特编码或差分曼彻斯特编码信号，在接收端由解码器恢复成与发送端相同的矩形脉冲信号。

基带传输是计算机网络最基本的数据传输方式，传输数字数据信号的编码方式主要有：

非归零码 NRZ、曼彻斯特（Manchester）编码和差分曼彻斯特（difference Manchester）编码。

1. 非归零编码

（1）编码原则：用高电平表示"1"，用低电平表示"0"。

（2）特点：编码简单，不含同步时钟，抗干扰能力弱。

2. 曼彻斯特编码

曼彻斯特编码是一种同步时钟编码技术，被物理层使用来编码一个同步位流的时钟和数据，它被用在 10Mbps 的以太网传输媒介中。曼彻斯特编码提供一个简单的方式编码简单的二进制序列，每个周期都有电平转换，因而可以防止时钟同步的丢失。

编码原则：每比特的 1/2 周期处要发生跳变，由高电平跳到低电平表示"1"，由低电平跳到高电平表示"0"。

3. 差分曼彻斯特编码

（1）编码原则：每比特的 1/2 周期处要发生跳变，在每比特的起始位置发生跳变表示"0"，不发生跳变表示"1"。

（2）曼彻斯特编码与差分曼彻斯特编码的特点：编码复杂，内部自含同步时钟，抗干扰能力强。

上述三种基带编码方式如图 2-16 所示，从波形上可以看出各自的编码特点。

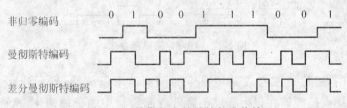

图 2-16 基带数字数据的数字传输

以太网 10Base-T 因为速度不高，可以采用的是曼彻斯特编码（编码效率只有 50%）。随着高速以太网技术的发展，从 100Mbps、1Gbps、10Gbps 向 1Tbps 发展，还需要更高效率的编码技术。

2.3.3 4B/5B 和 8B/10B 编码（4B/5B and 8B/10B Encoding）

在 IEEE 802.9a 以太网标准中的 4B/5B 编码方案，因其效率高和容易实现而被采用。在同样的 20MHz 钟频下，利用 4B/5B 编码可以在 10Mbps 的 10Base-T 电缆上得到 16Mbps 的带宽，其优势是可想而知的。三种应用实例是 FDDI、100BASE-TX 和 100BASE-FX。8B/10B 编码与 4B/5B 的概念类似，例如在千兆以太网中就采用了 8B/10B 的编码方式，这两种编码方式都是基带编码。

1. 4B/5B

4B/5B 编码方案是把数据转换成 5 位符号供传输，如图 2-17 所示。这种编码的特点是将欲发送的数据流每 4 比特作为一个组，每四位二进制代码由 5 位编码表示，这 5 位编码称为编码组，并且由 NRZI 方式传输。这些符号保持线路的交流平衡，在传输中，其波形的频谱为最小，信号的直流分量变化小于额定中心点的 10%。5 比特码共有 32 种组合，但只采用其中的 16 种对应 4 比特码的 16 种，其他的 16 种或者未用或者用作控制码，以表示帧的开始和结束、光纤线路的状态(静止、空闲、暂停)等。每组编码中"0"的个数不超过 3 个,"1"的个数不少于两个。从波形上看,"1"产生信号跳变,"0"不变化。

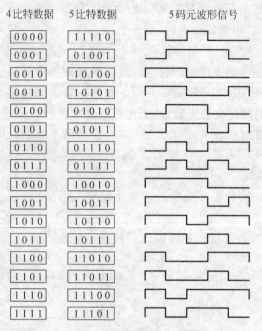

图 2-17　4B/5B 编码及波形

在通信系统中,通信速度与线路传输中的调制速率以波特(码元速率)为单位。使用 4B/5B 码的最大优点是能够在很大程度上降低线路传输中的调制速率,从而可以降低对线路的要求,降低了通信成本。

例如,如果采用曼彻斯特编码,在每个调制时间间隔内跳动两次,则数据传输速率是波特率的二分之一。在快速以太网中,数据传输速率为 100Mbps,如果采用曼彻斯特编码,波特率将达 200Mbps,对传输介质和设备的技术要求都将提高,增大了传输成本。如果使用 4B/5B 编码,在传输速率为 100Mbps 的情况下,其调制速率为

$$100\text{Mbps} \div (4/5) = 125\text{Mbps} \tag{2-6}$$

即波特率为 125Mbps,大大低于曼彻斯特编码时的 200Mbps,这样就使在快速以太网中使用非屏蔽双绞线成为可能。

2. 8B/10B

8B/10B 方式最初由 IBM 公司于 1983 年发明并应用于一个 200M 速率的互连系统,在 IBM 的刊物《研究与开发》上描述过。

8B/10B 编码的特性之一是保证直流平衡(DC-balanced),采用 8B/10B 编码方式,可使得发送的"0"、"1"数量保持基本一致,连续的"1"或"0"不超过 5 位,即每 5 个连续的"1"或"0"后必须插入一位"0"或"1",从而保证信号 DC 直流平衡,就是说,在链路超时时不致发生 DC 失调。通过 8B/10B 编码,可以保证传输的数据串在接收端能够被正确复原,除此之外,利用一些特殊的代码(现代计算机中常用的 PCI-Express 总线中为 K 码),可以帮助接收端进行还原的工作,并且可以在早期发现数据位的传输错误,抑制错误继续发生。

8B/10B 编码是将一组连续的 8 比特数据分解成两组数据，一组 3 比特，一组 5 比特，经过编码后分别成为一组 4 比特的代码和一组 6 比特的代码，从而组成一组 10 比特的数据发送出去。相反，解码是将 1 组 10 比特的输入数据经过变换得到 8 比特数据位。图 2-18 所示为 8B/10B 编码表。

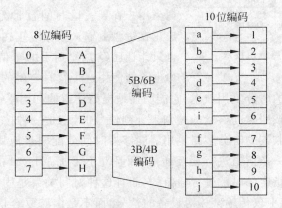

图 2-18　8B/10B 编码

8B/10B 编码是目前许多高速串行总线采用的编码机制，如 USB3.0、1394b、Serial ATA、PCI Express、Fiber Channel、RapidIO 等总线或网络等。

2.4　信道复用（Multiplex Channel）

在远距离通信中，为了高效合理地利用传输介质，通常采用多路复用技术，把利用一条物理信道同时传输多路信号的过程称为多路复用。多路复用技术是使多路数据信号共同使用一条线路进行传输的技术，使多个计算机或终端设备共享信道资源，提高信道的利用率。特别是在远距离传输时，可大大节省电缆的成本、安装与维护费用。在数据通信系统中，通常信道所提供的带宽往往要比所传送的某种信号的带宽宽得多，此时如果一条信道只传送一种信号就显得过于浪费了。因而应提出多路复用的问题，其目的是为了充分利用信道的容量，提高信道传输效率。

多路复用是一种将若干彼此无关的信号合并成一路复合信号，并在一条公用信道上传输，到达接收端后再进行分离的方法。因此多路复用技术包含信号复合、传输和分离等三个方面的内容。

信道多路复用的理论依据是信号分割原理，实现信号分割是基于信号之间的差别，这种差别可以在信号的频率参量、时间参量以及码型结构上反映出来。多路复用可以分为频分多路复用（FDMA）、时分多路复用（TDMA）和码分多路复用（CDMA）等，下面介绍这 3 种常用的复用技术。

2.4.1　时分多路复用 TDMA（Time Division Multiplex Access）

时分多路复用技术是将通信信道传输数据的时间划分成一段段等长的时分复用帧（TDM 帧），每一个 TDM 帧再划分若干等长的时间片，每一个时分复用的用户在每个 TDM 帧中占用固定序号的时间片，来使用公共线路，在其占用的时间片内，信号独自使用信道的

图 2-19　时分多路复用技术

全部带宽,如图 2-19 所示。

在图中可以看到一个用户所占用的时间片是周期出现的,这个周期就是一个复用帧的长度。时分复用技术的优点是技术比较成熟,缺点是不够灵活,如当用户在某一段时间暂时无数据传输时(例如用户正在键盘上输入数据或正在浏览屏幕上的信息),也只能让已经分配到手的子信道空闲着,而其他用户也不能使用这个暂时空闲的信道资源。统计时分多路复用是一种改进的时分复用技术,它能明显地提高信道的利用率。

时分多路复用是按照时间参量的差别来分割信号的,它是一种按照时间区分信号的方法。只要发送端和接收端的时分多路复用器能够按时间分配同步地切换所连接的设备,就能保证各路设备共用一条信道进行相互通信,而且互不干扰。TDM 的工作特点是:第一,通信双方是按照预先指定的时隙进行通信的,而且这种时间关系是固定不变的;第二,就某一瞬时来看,公用信道上仅传输某一对设备的信号,而不是多路复合信号,但就一段时间而言,公用信道上传送着按时间分隔的多路复合信号。因此,只要时分多路复用的扫描操作适当,并采取必要的缓冲措施,合理地分配时隙,就能够保证多路通信的正常进行。在使用 TDM 方式传输数字信号时,通信时间被划分成一定长度的帧,每一帧又被分成若干个更小的时隙,这些时隙被分配给各路数字信号。

时分多路复用通常用于数字信号的传送,也可用于模拟信号的传送,与 FDM 相比,TDM 更适合于传输数字信号。

2.4.2　频分多路复用 FDMA(Frequency Division Multiplex Access)

频分多路复用是按照频率参量的差别来分割信号的。也就是说,分割信号的参量是频率,只要使各路信号的频谱互不重叠,接收端就可以用滤波器把它们分割开来。FDM 最典型的例子是语音信号频分多路载波通信系统,采用这种系统必须妥善处理好两个问题:第一,防止串音,如果相邻话路信号的频谱重叠,串话就可能发生;第二,减少互调噪声,在远程通信时,信道中的放大器等部件的非线性效应能产生附加频率成分,干扰其他信道。

FDMA 的主要优点是实现相对简单,技术成熟,能较充分地利用信道频带,因而系统效率较高。但是它的缺点也是明显的:保护频带的存在,大大降低 FDMA 技术的效率;信道的非线性失真,改变了它的实际频带特性,易造成串音和互调噪声干扰;所需设备量随输入路数增加而增多,且不易小型化;频分多路复用技术本身不提供差错控制技术,不便于性能监测。因此,在实际应用中,FDMA 正被时分多路复用 TDMA、码分多路复用 CDMA 等技术替代。

如图 2-20 所示,频分多路复用技术(FDMA)是按照频率不同来区分信号的一种方法,把传输频带划分为若干个较窄的频带,每个频带传送一路信号,形成一个子信道。一个具有一定带宽的线路可以划分为若干个频率范围,互相之间没有重叠,同时,为了避免两个相邻频段的相互干扰,频段之间必须保留一定的缝隙,称为保护频带。这样,频分复用的所有用户在同样的时间内占用不同的频带资源。复用的相反过程是解复用,就是从复用信道中解调出所需信号,解复用方法是从复用信号的频谱中利用带通滤波器滤出所需的信号。

频分多路复用常用于模拟信号的传输,如收音机接收的广播信号、电视机接收的视频信

图 2-20 频分多路复用技术

号等,实现电路也比较简单。FDMA 也用于宽带网络,载波电话通信系统是频分多路复用的典型例子。

2.4.3 码分多路复用 CDMA（Code Division Multiplex Access）

各用户使用经过特殊挑选的不同码型,因此彼此不会造成干扰。这种系统发送的信号有很强的抗干扰能力,其频谱类似于白噪声,不易被发现。

每一个比特时间划分为 m 个短的间隔,称为码片（chip）。每个站被指派一个唯一的 m 比特码片序列。

(1) 如发送比特 1,则发送自己的 m 比特码片序列;

(2) 如发送比特 0,则发送该码片序列的二进制反码。

用 S 表示采用 CDMA 编码发送或接收的站点,假设其码片序列是 00011011。

(1) 发送比特 1 时,就发送序列 00011011;

(2) 发送比特 0 时,就发送序列 11100100。

按照 CDMA 规定,比特 0 用"−1"表示,比特 1 用"＋1"表示,无数据用"0"表示,所以 S 站的码片序列:（−1 −1 −1 ＋1 ＋1 −1 ＋1 ＋1）。

现假定 S 站要发送信息的传输速率为 x(bps),由于每一个码元要转换成 m 比特的码片,因此 S 站实际上发送的传输速率提高到 m 倍,即提高到 mx(bps),S 站所占用的频带宽度也扩展到原来数值的 m 倍。

令 S_i 代表发送和接收的站点,T_j 站代表传输的数据,C_{ij} 代表 S_i 的码片序列,i 是站点编号,j 是码片编号,则有如下发送和接收编码公式:

$$T_j = \sum_{i=1}^{n} S_i C_{ij} \tag{2-7}$$

$$S_i = \frac{1}{m} \sum_{j=1}^{m} T_j C_{ij} \tag{2-8}$$

其中,i 为站点编号,$1 \sim n$;j 为各站点的码片编号,$1 \sim m$。

图 2-21 和图 2-22 分别是 4 个站点发送和接收 CDMA 编解码的例子,可以看出接收端可以正确地恢复原来的数据。

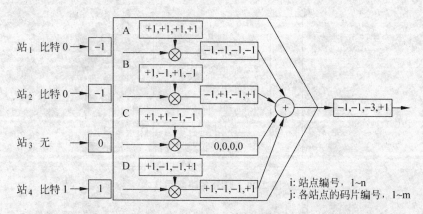

图 2-21　CDMA 发送举例

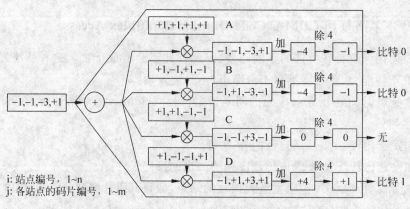

图 2-22　CDMA 接收举例

2.5　信息传输速率指标(Transfer Ratio)

　　信号经过编码后,就可以在传输介质上发送和接收数据了。为了衡量数据在传输信道和网络上的传输效率,还需要有一些技术性能指标,最典型的就是传输速率。

2.5.1　带宽和速率(Bandwidth and Rate)

1. 带宽

（1）模拟信道带宽:

$$W = f_2 - f_1 \tag{2-9}$$

其中,f_1是信道能够通过的最低频率,f_2是信道能够通过的最高频率,两者都是由信道的物理特性决定的。当组成信道的电路制成了,信道的带宽就决定了。为了使信号的传输失真小些,信道要有足够的带宽。

（2）数字信道带宽。

　　数字信道是一种离散信道,只能传送离散值的数字信号,信道的带宽决定了信道中能不失真地传输序列的最高速率。

2. 速率

一个数字脉冲称为一个码元,用码元速率表示单位时间内信号波形的变换次数,即单位时间内通过信道传输的码元个数。若信号码元宽度为 T 秒,则码元速率

$$B = 1/T \qquad (2-10)$$

码元速率的单位叫波特(Baud),所以码元速率也叫波特率。

例如,某系统每秒钟传送 2400 个码元,则该系统的传输速率为 2400 波特。但要注意,码元传输速率仅仅表征单位时间内传送码元的数目,而没有限定这时的码元是何种进制,因同一系统的各点上可能采用不同的进制,故给出码元速率时必须说明码元的进制和该速率在系统中的位置。

T1 和 E1 是物理连接的传输速率标准,T1 是美国标准 1.544Mbps,E1 是欧洲标准 2.048Mbps,我国的专线一般都是 E1,然后根据用户的需要再划信道分配(以 64kbps 为单位)。T1 和 E1 是通信系统中常用的单位。

3. 延时

信号传输速率(即发送速率)和信号在信道上的传播速率是完全不同的概念。

(1)发送延时:发送数据时,数据块从节点进入到传输媒体所需要的时间,也就是从发送数据帧的第一个比特算起,到该帧的最后一个比特发送完毕所需的时间。

$$发送延时 = 发送比特数/发送速率 \qquad (2-11)$$

发送速率一般指的就是网速,如 10Mbps、100Mbps 和 1Gbps 等。

(2)传播延时:电磁波在信道中需要传播一定的距离而花费的时间。

$$传播延时 = 传输介质长度/信号传播速度 \qquad (2-12)$$

电磁波在真空中的传输速率为 $3 \times 10^8 \text{m/s}$,对于光纤传输可以用这个值,但对于在电缆中传输则一般取 0.7 的系数。

(3)处理延时:交换节点为存储转发而进行一些必要的处理所花费的时间。它包括排队延时,即节点缓存队列中分组排队所经历的时延,排队时延的长短往往取决于网络中当时的通信量。处理延时跟计算机的处理能力有关,变化较大,在网络计算时为了简化处理有时可忽略。

(4)总延时:数据经历的总延时就是发送延时、传播延时、处理延时之和,即

$$总延时 = 发送延时 + 传播延时 + 处理延时 \qquad (2-13)$$

例:在相隔 400km 的两地间通过电缆以 4800bps 的速率传送 3000 比特长的数据包,从开始发送到接收完数据需要的时间是多少?

解:电信号在电缆上的传输速率大约是 $2 \times 10^5 \text{km/s}$,因此线路延时 $= 400/200\,000 = 2 \times 10^{-3}(\text{s}) = 2(\text{ms})$

$$发送延时 = 数据帧大小/比特率 = 3000/4800 = 0.625(\text{s}) = 625(\text{ms})$$

因此,总延时 $= 2 + 625 = 627(\text{ms})$。

2.5.2 奈氏定律(Nyquist Formula)

1924 年,奈奎斯特(Nyquist,见图 2-23)推导出理想低通信道下的最高码元传输速率的公式

$$C = 2W(\text{Baud}) \qquad (2-14)$$

图 2-23　Harry Nyquist(1889—1976)

其中，W 为理想低通信道的带宽，即信道传输上、下限频率的差值，单位是赫[兹](Hz)，即每赫[兹]带宽的理想低通信道的最高码元传输速率是每秒 2 个码元。而

$$W = B \times \log_2 M (\text{bps}) \tag{2-15}$$

其中，B 是理想低通信道的带宽，M 表示携带数据的码元可能取值的个数。

如果连续变化的模拟信号最高频率为 F，若以 $2F$ 的采样频率对其采样，则采样得到的离散信号序列就能完整地恢复出原始信号。

例如：普通电话线路带宽约 3kHz，求码元最大数据传输速率。

已知：$W = 3\text{kHz}$，则

$$B = 2W = 2 \times 3 = 6 (\text{kBaud})$$

若码元的离散值个数 $M = 16$，则最大数据传输速率

$$C = 2 \times 3 \times \log_2 16 = 24 (\text{kbps})$$

奈氏定律一般用于计算离散的信道容量。

2.5.3　香农公式(Claude E. Shannon Equation)

为了定量地研究通信系统的运行情况，客观地评价各种通信方式的优缺点，需要对信息进行度量。这就是说，要对信息的多少(信息量)规定一个通用的数值计量方法。根据香农(见图 2-24)的理论，如果一个消息所表示的事件是必然事件，即该事件发生的概率为 1，则该消息所传递的信息量应该是 0；如果一个消息表示的是一个根本不可能发生的事件，那么这个消息就含有无穷的信息量。

图 2-24　Claude E. Shannon (1916—2001)

香农提出并严格证明了"在被高斯白噪声干扰的信道中，计算最大信息传送速率 C 公式"：

$$C = B\log_2(1 + S/N) \tag{2-16}$$

式中，B 是信道带宽，Hz；S 是信号功率，W；N 是噪声功率，W。该式即为著名的香农公式。显然，信道容量与信道带宽成正比，同时还取决于系统信噪比以及编码种类。

香农在他的著名的《信息论》中指出，如果信源的信息速率 R 小于或者等于信道容量 C，那么，在理论上存在一种方法可使信源的输出能够以任意小的差错概率通过信道传输。

该定理还指出：如果信息速率 $R >$ 信道容量 C，则不可能传递信息，或者说传递这样的二进制信息的差错率为 $1/2$。

联想到所熟悉的通信技术，很容易对香农公式进行定性的验证，首先来看看因特网的接入方式。

最早使用的拨号上网方式都离不开调制解调器(MODEM)，这是一种在模拟链路(音频电话线)上传输数据的设备，并且没有太高的错误率。但细心的人一定会发现调制解调器的

标称速率为 56kbps,但实际网络传输的速率都远低于 56kbps,究其原因就会发现瓶颈在电话线上。

可以用香农公式来计算电话线的数据传输速率。

例如,通常音频电话连接支持的带宽 $B=3\text{kHz}$,而一般电信链路典型的信噪比是 30dB,通常把信噪比表示成 $10\lg(S/N)$ 分贝,即 $S/N=1000$,因此有

$$C = 3000 \times \log_2(1000 + 1)$$

近似等于 30kbps,因此如果电话网的信噪比没有改善或不使用压缩方法,调制解调器将达不到更高的速率。

可以提高每位码元所携带的数据位数来提高数据传输速率。香农公式一般用来计算连接信道的容量,奈式定律与香农公式的使用如图 2-25 所示。

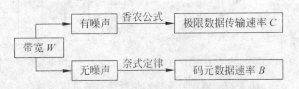

图 2-25 奈氏定律和香农公式的使用

2.5.4 带宽与傅里叶分析(Bandwidth and Fourier Analysis)

1807 年提出的傅里叶(见图 2-26)变换告诉我们,"任何形式的周期函数都可以转换成正弦函数的叠加",任何一个正常的周期为 T 的函数 $g(t)$ 都可以由无限个正弦和余弦函数合成,即

$$g(t) = \frac{1}{2}c + \sum_{i=1}^{\infty} a_n\sin(2\pi nft) + \sum_{i=1}^{\infty} b_n\cos(2\pi nft)$$

(2-17)

式中,f 是基准频率 $f=1/T$;c 是直流分量(频率为 0);a_n、b_n 是正弦函数和余弦函数 n 次谐波的振幅,n 次谐波的频率为 nf。"正常"的含义为 $g(t)$ 存在可数个不连续点。

例:$s(t)$ 为周期函数,其中

$$s(t) = \begin{cases} 1, & 0 \leqslant t < \pi \\ -1, & \pi \leqslant t < 2\pi \end{cases}$$

图 2-26 Jean Baptiste Joseph Fourier(1768—1830)

函数可转化为

$$s(t) = \sum_{i=1}^{\infty} \frac{4}{\pi i}\sin it, \quad i \text{ 为奇数}$$

傅里叶变换告诉我们每一个周期信号都是具有不同的频率和振幅的谐波的叠加,图 2-27(b)~(f)所示的波形是不同谐波次数对方波信号进行叠加的结果。从中可以得出这样一个结论:信道传输信号的能力取决于它能够处理的频率的范围(带宽),信道的带宽限制了通过的谐波的次数,带宽越低,通过的谐波次数越少,信号越容易失真。

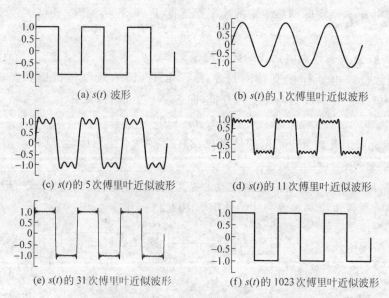

(a) s(t) 波形　　　　　　　(b) s(t)的 1 次傅里叶近似波形

(c) s(t)的 5 次傅里叶近似波形　　(d) s(t)的 11 次傅里叶近似波形

(e) s(t)的 31 次傅里叶近似波形　　(f) s(t)的 1023 次傅里叶近似波形

图 2-27　傅里叶变换对信号波形的近似描述

2.6　物理层常用标准（Physical Layer Standards）

2.6.1　信号传输类型（Signal Transmission Classes）

按同时传输的比特数来分,可将信号传输分为以下类型。

1. 并行传输

数据在多个信道上同时传输的方式称为并行传输,并行传输的特点如下:

（1）在终端装置和线路之间不需要对传输代码作时序变换,因而能简化终端装置的结构。

（2）需要 N 条信道的传输设备,故其成本较高。因而并行传输通常用于要求传输速率高的近距离数据传输。

并行传输不适合于计算机网络信息传输,这是因为计算机与计算机之间的距离都比较远,用并行传输代价太高。并行传输常用于计算机内部及与外部设备之间的传输,如网卡与主机的连接等。

2. 串行传输

数据在一个信道上按比特依次传输的方式称为串行传输。串行传输的特点是:

（1）所需要的线路数少,线路利用率高,投资少。因而,目前大多数数据传输系统(特别是长距离传输系统)都采用这种方式。

（2）由于中断装置的输入代码形式,一般是以字符为单位的并行式结构,因此在发送和接收端需要分别进行并/串和串/并转换。

（3）收发之间必须实施同步措施,使其协调一致地准确工作,以确保不产生错误。

计算机网络的传输几乎都采用串行传输。

串行传输按传输方向来分可分为以下几种：

（1）单工通信

单工指通信信道上只一个方向传送信息的通信方式，例如闭路电视网、无线电播送、电视播送等是典型的单工通信方式。

在通信系统中，使用单向传送的通信线路。使用这样线路的通信双方，其中一方只能发送，另一方只能接收。

（2）半双工通信

半双工方式是指通信双方在某一时间内只能由一方发送，另一方接收；在另一时间内它们的角色对调过来，这种角色对调的控制是由通信双方对设备的拨动设置来完成的。典型的半双工通信方式是利用对讲机进行语音通信。

（3）全双工通信

全双工通信方式是普遍使用的通信方式，如通常使用的电话系统、计算机局域网络和各种通信网络等。使用这种通信方式，在通信过程中的任何时间，通信双方都可以发送信息，也可以接收信息。

全双工通信方式是计算机网络通信的主要方式。

3. 差分信号

计算机发展史就是追求更快速度的历史，随着总线频率的提高，所有信号传输都遇到了同样的问题：线路间的电磁干扰越厉害，数据传输失败的发生几率就越高，传统的单端信号传输技术无法适应高速总线的需要。于是差分信号技术就在各种高速总线中得到应用，USB 实现高速信号传输的秘诀在于采用了差分信号传输方式。

差分信号技术是 20 世纪 90 年代出现的一种数据传输和接口技术，与传统的单端传输方式相比，它具有低功耗、低误码率、低串扰和低辐射等特点，其传输介质可以是铜质的 PCB 连线，也可以是平衡电缆，最高传输速率可达 1.923Gbps。Intel 倡导的第三代 I/O 技术，其物理层的核心技术就是差分信号技术。那么，差分信号技术究竟是怎么回事儿呢？

众所周知，在传统的单端通信中，一条线路来传输一个比特位，高电平表示为"1"，低电平表示为"0"，倘若在数据传输过程中受到干扰，高低电平信号完全可能因产生突破临界值的大

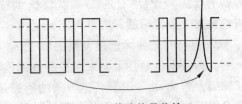

图 2-28　单端信号传输

幅度扰动，电平信号超出临界值，信号就会出错（见图 2-28）。

如图 2-29 所示，在差分电路中，输出电平为正电压时表示逻辑"1"，输出负电压时表示逻辑"0"，而输出零电压是没有意义的，它既不代表"1"，也不代表"0"。而在图 2-30 所示的差分通信中，干扰信号会同时进入相邻的两条信号线中，当两个相同的干扰信号分别进入接收端的差分放大器的两个反相输入端后，输出电平还是为正，代表为逻辑"1"。所以说，差分信号技术对干扰信号具有很强的免疫力。

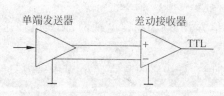

图 2-29　单端信号变成差分信号电路

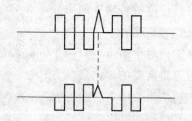

图 2-30　两条信号线组成的差分传输
对干扰信号的抑制作用

2.6.2　串行传输技术(Serial Transmission)

1.　高速网络技术——串行通信比并行通信的速度更高

无论从通信速度、造价还是通信质量上来看,现今的串行传输方式都比并行传输方式更胜一筹。

从技术发展的情况来看,串行传输方式大有彻底取代并行传输方式的势头,USB 取代 IEEE 1284,SATA 取代 PATA,PCI Express 取代 PCI,……。从原理来看,并行传输方式其实优于串行传输方式。以古老而又典型的标准并行口(standard parallel port)和串行口(俗称 COM 口)为例,并行接口有 8 根数据线,数据传输速率高;而串行接口只有 1 根或 2 根数据线(1 收,1 发),数据传输速率低。在串行口传送 1 位的时间内,并行口可以传送一个字节。例如,当并行口完成单词"advanced"的传送任务时,串行口中仅传送了这个单词的首字母"a"。

图 2-31 表示了并行接口和串行接口的特点,那么,为何现在的串行传输方式会更胜一筹?下面从并行、串行的变革以及技术特点分析隐藏在表象背后的深层原因。

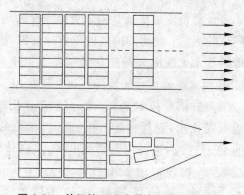

图 2-31　并行接口速度是串行接口的数倍

2.　并行传输技术遭遇发展困境

并行数据传输技术向来是提高数据传输速率的重要手段,但是,它的进一步发展却遇到了障碍。首先,由于并行传送方式的前提是用同一时序传播信号,用同一时序接收信号,而过分提升时钟频率将难以让数据传送的时序与时钟合拍,布线长度稍有差异,数据就会以与时钟不同的时序送达,另外,提升时钟频率还容易引起信号线间的相互干扰。因此,并行方式难以实现高速化。另外,增加位宽无疑会导致主板和扩充板上的布线数目随之增加,成本随之攀升。

3.　低压差分信号突破传输瓶颈

网络中常用的主流传输技术均采用了串行、差分和双向技术,代表着目前网络通信中的先进技术。

低压差分信号的一种是 LVDS(low voltage differential signal),350mV 左右的振幅能满足近距离、高速度传输的要求。假定负载电阻为 100Ω,采用 LVDS 方式传输数据时,如果双绞线长度为 10m,传输速率可达 400Mbps;当电缆长度增加到 20m 时,速率降为

100Mbps；而当电缆长度为 100m 时，速率只能达到 10Mbps 左右。

在近距离数据传输中，LVDS 不仅可以获得很高的传输性能，同时还是一个低成本的方案。LVDS 器件可采用经济的 CMOS 工艺制造，并且采用低成本的 3 类电缆线及连接件即可达到很高的速率。同时，由于 LVDS 可以采用较低的信号电压，并且驱动器采用恒流源模式，其功率几乎不会随频率而变化，从而使提高数据传输速率和降低功耗成为可能。因此，LVDS 技术在 USB、SATA、PCI Express 以及 HyperTransport 中得以应用，而 LCD 中控制电路向液晶屏传送像素亮度控制信号，也采用了 LVDS 方式。

在传统并行同步数字信号的速率将要达到极限的情况下，设计转向从高速串行信号寻找出路，因为串行总线技术不仅可以获得更高的性能，而且可以最大限度地减少芯片引脚数，简化电路板布线，降低制造成本。Intel 的 PCI Express、AMD 的 HyperTransport 以及 RAMBUS 公司的 Redwood 等 I/O 总线标准不约而同地将低压差分信号 LVDS 作为新一代高速信号电平标准。

一个典型的 PCI Express 通道，通信双方由两个差分信号对构成双工信道，一对用于发送，一对用于接收，4 条物理线路构成 PCI Express。PCI Express 标准中定义了 x1、x2、x4 和 x16，PCI Express x16 拥有最多的物理线路（16×4＝64）。

2.6.3　EIA RS-232 接口标准（RS-232 Interface Standard）

RS-232-C 是美国电子工业协会（Electronic Industries Association，EIA）制订的著名物理层标准。RS（recommend standard）表示 EIA 的一种“推荐标准”，232 是个编号，C 是标准 RS-232 以后的第三个修订版本。

RS-232-C 物理层标准的一些要点如下：

1. 机械特性

常用的 RS-232-C 接口过去用 DB-25，而现在基本上用 DB-9，有 9 根引线，如图 2-32 所示。DB-9 最为简单且常用的是三线制接法，即地、接收数据和发送数据三脚相连，如图 2-33 所示。

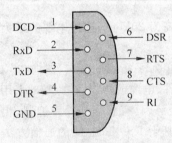

图 2-32　DB-9 型连接器

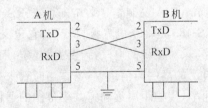

图 2-33　两个节点的简易连接方法

2. 功能特性

RS-232-C 的功能特性与 ITU-T 的 V.24 建议书一致。它规定了什么电路应当连接到引脚中的哪一根以及该引脚的作用。功能说明如表 2-1 所示。

3. 电气特性

RS-232 对电气特性、逻辑电平和各种信号线的功能都作了规定。逻辑“1”＝－3～－15V，“0”＝＋3～＋15V，采用负逻辑。当连接电缆线的长度不超过 15m 时，允许数据传输速率不超过 20kbps。

表 2-1　RS-232 标准

引脚编号	功　　能	名称	引脚编号	功　　能	名称
1	数据载波检测	DCD	6	数据装置准备	DSR
2	接收数据	RXD	7	请求发送	RTS
3	发送数据	TXD	8	清除发送	CTS
4	数据终端准备	DTR	9	振铃指示	RI
5	信号地	GND			

RS-232-C 所规定的电压范围对过去广泛使用的晶体管电路来说是很合适的,但却远远超过了目前大部分芯片所用的 5/3.3V 电压。这点必须加以注意,一是注意设计电路时的电平转换;二是在使用时不能带电插拔,否则可能会烧坏电路器件。

4. 规程特性

RS-232 串行通信规程包括波特率、数据位数、奇偶校验、停止位和流量控制等。典型的波特率是 300、1200、2400、9600、19 200 和 115 200bps 等,一般通信两端设备都要设为相同的波特率,但有些设备也可以设置为自动检测波特率。奇偶校验是通过修改每一发送字节(也可以限制发送的字节)来工作的,可以选择无校验。停止位是在每个字节传输之后发送的,它用来帮助接收信号方硬件重同步。

RS-232 在传送数据时,并不需要另外使用一条传输线来传送同步信号,就能正确地将数据顺利传送到对方,因此叫做"异步传输",简称 UART(universal asynchronous receiver transmitter),不过必须在每一帧数据的前后都加上同步信号,把同步信号与数据混合之后,使用同一条传输线来传输。

流量控制:当需要发送握手信号或数据完整性检测时需要设定其他的设置,可以有组合 XON/XOFF 等。

2.6.4　EIA RS-485 接口标准(RS-485 Interface Standard)

由于 EIA RS-232-C 接口标准数据的传输速率最高为 20kbps,连接电缆的最大长度不超过 15m,EIA 又制定了一个新标准 RS-485。

RS-485 是一个电气接口规范,它定义了一个基于单对平衡线的多点、双向(半双工)通信链路,只对接口的电气特性做出规定,而不涉及接插件、电缆或协议,在此基础上用户可以建立自己的高层通信协议,这在当时看来是一种相对经济、具有相当高噪声抑制、相对高的传输速率、传输距离远和宽共模范围的通信平台,因此基于 RS-485 总线的通信方法得到了广泛的应用。

1. 平衡传输

RS-485 数据信号采用差分传输方式,也称做平衡传输,使用一对双绞线,将其中一线定义为 A,另一线定义为 B。通常情况下,发送驱动器 A、B 之间的正电平在 +2~+6V,是一个逻辑状态;负电平在 -2~-6V,是另一个逻辑状态。另有一个信号地 C,在 RS-485 中还有一"使能"端,"使能"端是用于控制发送驱动器与传输线的切断与连接。当"使能"端起作用时,发送驱动器处于高阻状态,称做"第三态",即它是有别于逻辑"1"与"0"的第三态。

接收器也有与发送端相对的规定,收、发端通过平衡双绞线将 AA 与 BB 对应相连,当接收端 AB 之间有大于 +200mV 的电平时,输出正逻辑电平;小于 -200mV 时,输出负逻辑电平。接收器接收平衡线上的电平范围通常在 200mV～6V。

2. RS-485 电气规定

由于 RS-485 是从 RS-422 基础上发展而来的，所以 RS-485 的许多电气规定与 RS-422 相仿，如都采用平衡传输方式、都需要在传输线上接终结电阻等，可以采用二线或四线方式。

RS-485 的共模输出电压在 −7～+12V，最小输入阻抗为 120Ω。其最大传输距离约为 1219m，最大传输速率为 10Mbps。平衡双绞线的长度与传输速率成反比，在 100kbps 速率以下，才可能使用规定的最长电缆长度。只有在很短的距离下才能获得最大传输速率。一般 100m 长双绞线最大传输速率仅为 1Mbps。

RS-485 需要两个终结电阻，其阻值要求等于传输电缆的特性阻抗，在短距离传输时可不需终结电阻，终结电阻接在传输总线的两端。

3. RS-232 和 RS-485 的区别

RS-232 只能实现一对一的通信，标准规定驱动器允许有 2500pF 的电容负载，通信距离将受此电容限制。例如，采用 150pF/m 的通信电缆时，最大通信距离为 15m；若每米电缆的电容量减小，通信距离可以增加。传输距离短的另一原因是 RS-232 属单端信号传送，存在共地噪声和不能抑制共模干扰等问题，因此一般用于 20m 以内的通信。

在要求通信距离为几十米到上千米时，广泛采用 RS-485 串行总线标准，其总线结构如图 2-34 所示。RS-485 采用平衡发送和差分接收，因此具有抑制共模干扰的能力。加上总线收发器具有高灵敏度，能检测低至 200mV 的电压，故传输信号能在千米以外得到恢复。RS-485 采用半双工工作方式，任何时候只能有一点处于发送状态，因此，发送电路须由使能信号加以控制。RS-485 用于多点互连时非常方便，可以省掉许多信号线。应用 RS-485 可以联网构成分布式系统，其允许最多并联 32 台驱动器和 32 台接收器。

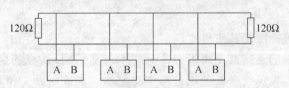

图 2-34　RS-485 平衡传输

由于 RS-485 总线本身存在的许多局限性，随着通信技术的发展，RS-485 的总线效率低、系统实时性差、通信可靠性低、后期维护成本高、网络工程调试复杂、传输距离不理想、单总线可挂接的节点少、应用不灵活等缺点慢慢地暴露出来，虽历经多次改进但均是治标不治本。于是，后来又开发了多种现场总线，如 CAN-bus 是一种多主方式的串行通信总线，具有较高的位速率和高抗电磁干扰性，而且能够检测出通信过程中发生的任何错误。短距离通信可达 1Mbps 速率，当信号传输距离达到 10km 时 CAN-bus 仍可提供高达 5kbps 的数据传输速率。以 CAN 为代表的现场总线相比于 RS-232/485 总线，在通信能力、可靠性、实时性、灵活性、易用性、传输距离等方面有着明显的优势，越来越多地成为工业自动化监控网络通信协议的选择。

2.6.5　USB 总线的电气特性（USB Bus Electrical Characteristics）

IEEE 1284 并行口的速率可达 300kbps，而 RS-232C 标准串行口的数据传输速率通常只有20kbps,并行口的数据传输速率无疑要胜出一筹。外部接口为了获得更高的通信质量,也必须寻找 RS-232 的替代者。

1995 年,由 Compaq、Intel、Microsoft 和 NEC 等几家公司推出的 USB 接口首次出现在 PC 上,1998 年起即进入大规模实用阶段。USB 比 RS-232C 的速度提高了 100 倍以上,突破了串行口通信的速率瓶颈,而且具有很好的兼容性和易用性。USB 设备通信速率的自适应性,使得它可以根据主板的设定自动选择 HS(high-speed,高速,480Mbps)、FS(full-speed,全速,12Mbps)和 LS(low-speed,低速,1.5Mbps)三种模式中的一种。USB 总线还具有自动的设备检测能力,设备插入之后,操作系统软件会自动地检测、安装和配置该设备,免除了增减设备时必须关闭 PC 的麻烦。USB 接口之所以能够获得很高的数据传输速率,

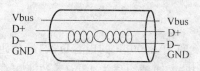

图 2-35　采用差模信号传送方式的 USB

主要是因为其摒弃了常规的单端信号传输方式,转而采用差分信号传输技术,有效地克服了因天线效应对信号传输线路形成的干扰,以及传输线路之间的串扰。USB 接口中两根数据线采用相互缠绕的方式,形成了双绞线结构(见图 2-35)。

差分信号传输体系中,传输线路无须屏蔽即可取得很好的抗干扰性能,降低了连接成本。USB 就是采用了差分技术传输信号,可以获得很高的传输速率。不过,由于 USB 接口 3.3V 的信号电平相对较低,最大通信距离只有 5m。USB 规范还限制物理层的层数不超过 7 层,这意味着用户可以通过最多使用 5 个连接器,将一个 USB 设备置于距离主机最远为 30m 的位置。

为解决长距离传输问题,扩展 USB 的应用范围,一些厂商在 USB 规范上添加了新的功能,例如 Powered USB 和 Extreme USB,前者加大了 USB 的供电能力,后者延长了 USB 的传输距离。

1. USB 驱动器的特性及其使用

一个 USB 设备端的连接器是由 D+、D−、Vbus 和 GND 构成的简短连续电路,并要求连接器上有电缆屏蔽,以免设备在使用过程中被损坏。它有两种工作状态,即低态和高态。在低态时,驱动器的静态输出端的工作电压变动范围为 0~0.3V,且接有一个 15kΩ 的接地负载。处于差分的高态和低态之间的输出电压变动应尽量保持平衡,以能很好地减小信号的扭曲变形。

2. 数据的编码与解码

在包传送时,USB 使用一种非归零反向码(none return zero invert,NRZI)编码方案。在该编码方案中,"1"表示电平改变,"0"表示电平不变。图 2-36 列出了一个数据流及其 NRZI 编码。

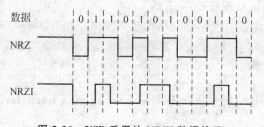

图 2-36　USB 采用的 NRZI 数据编码

为了确保信号发送的准确性，当在 USB 上发送一个包时，传送设备就要进行位插入操作。所谓位插入操作是指在数据被编码前，在数据流中每六个连续的"0"后插入一个"1"，从而强迫 NRZI 码发生变化。

2.6.6　CAN 总线的电气特性（CAN Bus Electrical Characteristics）

CAN，全称为 Controller Area Network，即控制器局域网，由博世（Bosch）公司最先提出，已成为国际标准 ISO 11898（高速应用）和 ISO 11519（低速应用）。CAN 最初是为汽车电子开发的，是一种多主方式的串行通信总线，CAN 的规范定义了 OSI 模型的最下面两层：数据链路层和物理层。CAN 总线最高传输速率 1Mbps，最长传输距离 10km，其速率与距离的对应关系如表 2-2 所示。

表 2-2　CAN 总线上两个节点间的最大距离与速率

速率/kbps	1000	500	250	125	100	50	20	10	5
距离/m	40	130	270	530	620	1300	3300	6700	10 000

CAN 能够使用多种物理介质进行传输，例如：双绞线、光纤等，常用的是双绞线。其双绞线网络结构如图 2-37 所示。信号使用差分电压传送，两条信号线被称为 CAN_H 和 CAN_L，静态时均是 2.5V 左右，此时状态表示为逻辑 1，也可以叫做"隐性"，也叫"弱位"。用 CAN_H 比 CAN_L 高表示逻辑 0，称为"显性"，也叫"强位"，如图 2-38 所示。此时，通常电压值为 CAN_H=3.5V 和 CAN_L=1.5V。当"显性"位和"隐性"位同时发送的时候，最后总线数值将为"显性"。这种特性为 CAN 总线的仲裁奠定了基础。

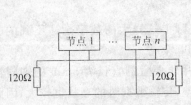

图 2-37　CAN 总线的物理连接关系

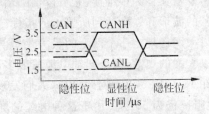

图 2-38　CAN 总线的差分信号

1. 位速率

在一个给定的 CAN 系统里，位速率是唯一且固定的。

2. 远程数据请求

通过发送远程帧，需要数据的节点可以请求另一节点发送相应数据帧。

3. 仲裁

当总线开放时，CAN 总线上的任何单元均可开始发送报文，运用非破坏性逐位仲裁规则解决潜在冲突：在标识符（仲裁区）发送期间，每个发送器都监视总线上当前的电平，并与它发送的电平进行比较，如果相等则继续发送，如果发送一个隐性位"1"而检测到的是一个显性位"0"，那么此节点失去仲裁，立即停止后续位的发送。仲裁区值最小的竞争者将赢得仲裁。

若总线上有两个以上驱动器同时分别发送"0"和"1"，其结果是总线数值为显性"0"，这个特点也起到了优先级的作用。

2.7 以太网的物理层(Physical Layer of Ethernet)

以太网对应 OSI 七层模型的数据链路层和物理层,对应数据链路层的部分又分为逻辑链路控制子层(logic link control,LLC)和介质访问控制子层(media access control,MAC)。MAC 与物理层连接的接口称做介质无关接口(media independent interface,MII),物理层与实际物理介质之间的接口称作介质相关接口(media dependent interface,MDI)。根据介质传输数据速率的不同,以太网电接口可分为 10Base-T、100Base-TX 和 1GBase-T 三种,分别对应 10Mbps、100Mbps 和 1Gbps 三种速率级别。

2.7.1 802.3 局域网的几种传输媒体(Transmission Media of 802.3 LAN)

1. 同轴电缆

802.3 最早使用粗同轴电缆(10mm 直径)组成以太网,这种以太网通常简记为 10BASE5。"10"表示信号在电缆上的传输速率为 10Mbps,"BASE"表示电缆上的信号是基带信号,"5"表示每一段电缆的最大长度为 500m。

为什么同轴电缆的长度受限制呢? 这是因为信号沿总线传播时会有衰减,若总线太长,则有的信号将会衰减得很弱,以致影响载波监听和冲突检测的正常工作。因此,以太网所用同轴电缆的最大长度被限制为 500m。若实际网络需要跨越更长的距离,就必须采用转发器(repeater)将信号放大并整形后再转发出去。

转发器又称为中继器,它可以消除信号由于经过一长段电缆而造成的失真和衰减,从而使信号的波形和强度达到所要求的指标。

以太网还规定一个网上的最大站数为 1024。实际上这样大的数字是达不到的。因为按照以太网的规范,每个同轴电缆段最多只能安装 100 个站。

在 10BASE5 以太网问世后,人们发现还可以采用更便宜的直径为 5mm 的细同轴电缆(特性阻抗仍为 50Ω)。由于这种电缆的屏蔽功能稍差,传输数据时的衰减也较大,因此网络的最大作用距离以及用户的数目都有所减少。这种细电缆在布线转角处易于转弯,并可直接连接到机箱,网络的每个段最长为 185m,因此这种局域网就简记为 10BASE2,或细缆局域网(而 10BASE5 就称为粗缆局域网)。

2. 双绞线

实践证明,当总线上某个电缆接头处发生短路或开路时,确定故障点是相当麻烦的。要排除故障就必须使整个网络停止工作。此外,电缆布线仍不够方便,且价格也较贵。于是人们又像电话网那样使用星型网拓扑,不用同轴电缆而使用双绞线。每个站需要用两对双绞线,分别用于发送和接收。在星型网的中心则使用一种可靠性非常高的设备,叫做集线器(hub)。双绞线以太网总是和集线器或交换机配合使用的。

要使双绞线能够传送高速数据,主要是采取两个措施:

(1)导线尺寸做得非常精确,两根导线也扭绞得非常均匀,这样可使特性阻抗均匀,以减少失真和电磁波辐射。在多对双绞线的电缆中,还要使用更加复杂的扭绞方法。

(2)在发送数据之前,对数字信号作预失真处理,使得信号经频带较窄的双绞线产生的失真得到补偿。

802.3 局域网中所用到的双绞线一般不超过 100m，若需要更远距离的传输则可增加中继器、集线器等。双绞线可分为非屏蔽（unshielded twisted pair，UTP）和屏蔽式（shielded twisted pair，STP）两种，又可分为 3 类、5 类、超 5 类、6 类和 7 类等，分类的数字越高双绞线的性能越好，能适应更高速度的传输要求。

3. 光纤

10Base-F 光纤以太网使用两根光纤进行通信，一收一发。10Base-F 根据使用环境的不同又分为 10Base-FL、10Base-FB 和 10Base-FP 三种。其中 10Base-FL 在以太网中的使用要普遍一些，采用多模（直径为 $62.5\mu m/125\mu m$）光纤最大长度为 2000m。

100Base-FX 光纤快速以太网使用多模光纤或单模光纤作为传输介质。使用 ST 或 SC 连接器连接网卡、集线器、交换机。但在以太网中多使用价格较为低廉的 SC 连接器。

由于光纤、光/电转换器和接头都比相应的铜介质部件要贵，且安装更加困难，所以光纤一般用于主干网或距离较远的站点。

2.7.2 以太网编码方法（Ethernet Coding Way）

1. 10Base-T 编码方法

使用两对 UTP 或 STP 双绞线为传输载体，物理层信号传输使用曼彻斯特编码方法，即"0"是由"＋"跳变到"－"，"1"是由"－"跳变到"＋"，因为不论是"0"或是"1"都有跳变，所以总体来说，信号是 DC 平衡的，并且接收端很容易就能从信号的跳变周期中恢复时钟，进而恢复出数据逻辑。

2. 100BASE-TX

100Base-TX 又称为快速以太网，因为通常 100Base-TX 使用两对 5 类双绞线传输，按 TIA/EIA-586-A 定义只能达到 100MHz，而将 4 比特编译成 5 比特时，使 100Mbps 数据流变成 125Mbps 数据流，所以 100Base-TX 同时采用了 MLT-3（三阶基带编码）的信道编码方法，目的是使 MDI 的 5 比特输出的速率降低。MLT-3 定义只有数据是"1"时，数据信号状态才跳变，"0"则保持状态不变，以减低信号跳变的频率，从而减低信号的频率。MLT-3 编码规则如图 2-39 所示。

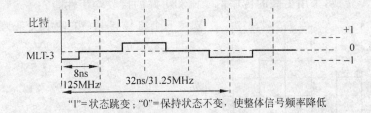

图 2-39 MLT-3 编码规则

100Base-Tx 的 MAC 层在数据帧与帧之间，会插入"IDLE"帧（IDLE 为 11111），通知网上所连接的终端，链路在闲置但正常的工作状态中（按 CSMA/CD，DTE 数据终端机会检测链路是否空闲，才会发送数据）。事实上，链路绝大部分时间以 IDLE"11111"为主，5 比特 IDLE"11111"若每个"1"都跳变的话，MDI 信号的频率将会是 125MHz，但是经过 MLT-3

编码后,原来的125MHz变成31.25MHz的信号,使频率变成原来的1/4。FCC(美国联邦通信委员会)要求以太网不能产生过大的EMI(电磁干扰),因为链路绝大部分时间是传输IDLE,MLT-3编码会使频率集中在31.25MHz范围,因此,在MLT-3编码前,对数据流进行伪随机的扰码,使"11111"分散,同时将能量与频谱扩散。

100BASE-T是在双绞线上传送100Mbps基带信号的以太网,仍使用IEEE 802.3标准,即CSMA/CD协议,这种以太网又称为快速以太网。用户只要更换一张网卡,再配上一个100Mbps的集线器,就很方便地由10BASE-T以太网直接升级到100BASE-T,而不必改变网络的拓扑结构。所有在10BASE-T上的应用软件和网络软件功能都可保持不变。

100base-T网卡有很强的自适应性,它能够自动识别10Mbps和100Mbps。现在IEEE已将100BASE-T的快速以太网定为正式的国际标准,其代号为802.3u。

3. 千兆以太网(1Gbps)

千兆位以太网是IEEE 802.3以太网标准的扩展,传输速率为1Gbps。它最初应用于大型校园网,能把现有的10Mbps以太网和100Mbps快速以太网连接起来。

千兆位以太网采用同样的CSMA/CD协议,同样的帧格式,是现有以太网最自然的升级途径,使用户对以太网原有设备管理工具的投资得以保护。

千兆位以太网是高速主干网的一种选择方案。在数据、语音、视频等实时业务方面它虽然不能提供真正意义上的服务质量(QoS),但千兆位以太网频宽较高,能克服原以太网的一些弱点,提供服务保证等特性。

IEEE802.3z工作组已确定了以下一组规范,统称为1000Base-X。

1000Base-LX:多模光纤传输距离为550m,单模光纤传输距离为3000m。

1000Base-SX:62.5μm多模光纤传输距离300m,50μm多模光纤传输距离550m。

1000Base-CX:用于短距离设备的连接,使用高速率双绞铜缆,最大传输距离为25m。

1000Base-T:使用4对5类铜缆传输,最大距离为100m。

1000Base-T使用PAM5(5级脉冲调幅技术)调制技术,每个电平表示5个符号-2、-1、0、1、2中的一个符号,每个符号代表2比特信息(其中4电平中每个电平代表2比特,分别表示00、01、10、11,还有一个电平表示前向纠错码FEC),这比二电平编码提高了带宽利用率,并能把波特率和所需信号带宽减为原来的一半(125Mbps)。但多电平编码需要用多位A/D、D/A转换,采用更高的传输信噪比和更好的接收均衡性能。

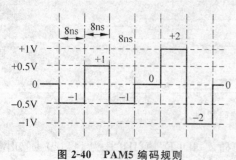

图2-40 PAM5编码规则

5个符号与电平的映射关系为(见图2-40):

$$-2 \rightarrow -1V$$
$$-1 \rightarrow -0.5V$$
$$0 \rightarrow 0V$$
$$+1 \rightarrow +0.5V$$
$$+2 \rightarrow +1V$$

1000Base-T采用了UTP里所有的4对线,并且同时收发,在全双工的模式下,加上使用PAM5编码方法实现1000MBps的数据传输速率。每对线的传输速率为100Mbps,经8B/10B编码后变为125Mbps。每个码元代表两个比特的信息,4对线的总带宽为

$$125 \times 2 \times 4 = 1000 (\text{Mbps}) \qquad (2\text{-}18)$$

所以,尽管是千兆速率,但实际上对示波器的带宽要求只需能高保真采集 125MHz 信号即可,原因就是每对线上的实际传输速率是 125Mbps。

在千兆以太网标准中还有一种常用的标准,那就是 1000Base-TX,但它不是由 IEEE 制定的,而是由 TIA/EIA 发布的,标准号为 TIA/EIA-854。

尽管 1000Base-TX 也是基于 4 对双绞线,却采用快速以太网中与 100Base-TX 标准类似的传输机制,是以两对线发送,两对线接收(类似于 100Base-TX 的一对线发送,一对线接收)。由于每对线缆本身不进行双向的传输,线缆之间的串扰大大降低,同时其编码方式也是 8B/10B,每对线的传输速率为 500Mbps。这种技术对网络的接口要求比较低,不需要非常复杂的电路设计,降低了网络接口的成本。但由于使用线缆的效率降低了(两对线收,两对线发),要达到 1000Mbps 的传输速率,要求带宽就超过 100MHz,也就是说在 5 类和超 5 类的系统中不能支持该类型的网络,一定需要 6 类或者 7 类双绞线系统的支持。

4. 万兆以太网 10GBase-T 编码

10GBase-T 技术是基于 1000Base-T 的发展和提高,标准仍旧使用 IEEE802.3 以太网帧格式,保留了 IEEE802.3 标准最小和最大帧长度以及 CSMA/CD 机制,误码率(BER)要求小于 10^{-12}。

为了满足万兆以太网的速率要求,对于 4 对双绞线来说,每对的传输速率要达到 2.5Gbps,如图 2-41 所示,这对传输线路和接口要求都很高。为了降低对传输线路的要求,可以采用复杂的编码技术。先看一下前面讲过的千兆以太网,根据奈氏定律,理想低通信道下的最高码元传输速率=2×带宽,1000Base-T 的码元速率为 125Mps,所以要求至少有 62.5MHz 的传输带宽。如果沿用 1000Base-T 的技术,那 10GBase-T 的码元传输速率为 1250Mps,系统最小传输带宽为 625MHz。这对传输系统的性能提出了很高的要求;但如果提高码元的性能,让一个码元携带更多的比特,降低系统最小带宽,就需要强大的处理器进行编解码处理,那意味着成本的增加,这是一对矛盾。最后经过性能和成本的平衡,10GBase-T 使用了 PAM16 技术,800Mbps 的码元速率,最小带宽要求 400MHz,比 1000MBase-T 的 PAM5 调制更高端。PAM16 调制下,脉冲电压幅度分为 16 级电平(16 级脉冲调幅,采用 -15、-13、-11、-9、-7、-5、-3、-1、1、3、5、7、9、11、13、15),这样每个电压幅度(码元)可以表示 4 比特的信息,其中 3.125 比特是有效数据,另外的 0.875 位用于辅助和校验等。当然了,这个 3.125 和 0.875 都是平均下来的一个数值。采用了 PAM-16 编码后,10GBase-T 每对传输线的数据传输速率为 800Mbps。这样,这个协议把一个 10Gbps 的超高速总线变成了只有 800Mbps 的低速总线,使得 100m 的远距离传输变成现实,也让信号完整性验证变得简单。因此,得到 10Gbase-T 的传输速率:

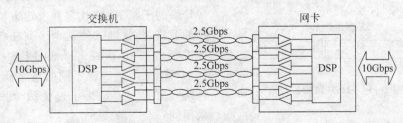

图 2-41　10Gbase-T 全双工工作方式

$$3.125 \times 800M \times 4 = 10Gbps \tag{2-19}$$

10GBase-T 沿用 1000Base-T 的全双工传输方式,使用双工器和 DSP 处理器以全双工模式传输 10Gbps 的数据。

前面提到无论是非屏蔽 6 类还是超 5 类都无法支持 100m 的 10GBase-T,所以根据 802.3 组织的要求 TR42.7 委员会在 2003 年开始了新一代线缆的研究,最终在 2008 年颁布了 TIA/EIA 568B.2-10 标准。标准根据 10Gbase-T 的要求,全新定义了 6A 类线缆的要求,6A 类系统的带宽提高到 500MHz,引入了线间串扰的指标要求和测试。6A 类系统全面满足了 100m10GBase-T 的应用。

2.7.3 802.11 无线传输物理层(Physical Layer)

802.11 无线传输方式有红外线(infra red,IR)和无线电射频(radio frequency,RF)两种。

红外系统的优点:不受无线电干扰,视距传输,检测和窃听困难,保密性好。缺点是:对非透明物体的透过性极差,传输距离受限,易受日光、荧光灯等干扰,半双工通信。

无线电射频系统采用扩频(spread spectrum)技术进行调制。扩频技术的频率范围开放在 ISM(industry,science and medicine,工业、科学和医用)频段,此频段不需申请,如图 2-42 所示。

	26MHz		83.5MHz		125MHz
	工业频段 I-band		科学频段 S-band		医用频段 M-band

902MHz　928MHz　2.4GHz　2.4835GHz　5.725GHz　5.850GHz

图 2-42　ISM(工业、科学、医用)频率范围

扩频技术主要又分为跳频和直接序列两种技术。

在 802.11 最初定义的三个物理层包括了两个扩散频谱技术和一个红外传播规范,无线传输的频道定义在 2.4GHz 的 ISM 波段内。这个频段在各个国际无线管理机构中都是非注册使用频段。这样,使用 802.11 的客户端设备就不需要任何无线许可。扩散频谱技术保证了 802.11 的设备在这个频段上的可用性和可靠的吞吐量,这项技术还可以保证与其他使用同一频段的设备不互相影响。

最初,802.11 无线标准定义的传输速率是 1Mbps 和 2Mbps,可以使用 FHSS(frequency hopping spread spectrum,跳频扩频)和 DSSS(direct sequence spread spectrum,直序扩频)技术,需要指出的是,FHSS 和 DHSS 技术在运行机制上是完全不同的,所以采用这两种技术的设备没有互操作性。

FHSS 的技术原理如图 2-43 所示。使用 FHSS 技术,2.4GHz 频道被划分成 75 个 1MHz 的子频道,接收方和发送方协商一个调频的模式,数据则按照这个序列在各个子频道上进行传送,每次在 802.11 网络上进行的会话都可能采用了一种不同的跳频模式,采用这种跳频方式主要是为了避免两个发送端同时采用同一个子频段。

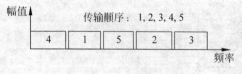

图 2-43　FHSS(跳频扩频)

FHSS 技术采用的方式较为简单,这也限制了它所能获得的最大传输速率不能大于

2Mbps,这主要是受 FCC 规定的子频道的划分不得小于 1MHz 的限制。这个限制使得 FHSS 必须在 2.4GHz 整个频段内经常性跳频(见图 2-43),带来了大量的跳频上的开销。

和 FHSS 相反的是,直接序列扩频技术将 2.4GHz 的频宽划分成 14 个 22MHz 的通道,邻近的通道互相重叠,在 14 个频段内,只有 3 个频段是互相不覆盖的,数据就是从这 14 个频段中的一个进行传送而不需要进行频道之间的跳跃。为了弥补特定频段中的噪声开销,一项称为"码片化"的技术被用来解决这个问题。在每个 22MHz 通道中传输的数据都被转化成一个带冗余校验的码片序列数据,它和真实数据一起进行传输用来提供错误校验和纠错。由于使用了这项技术,大部分传送错误的数据也可以进行纠错而不需要重传,这就增加了网络的吞吐量。

802.11n 物理层采用的关键技术有 MIMO(multiple input multiple output,多输入多输出) 和 OFDM(orthogonal frequency division multiplexing,正交频分多路复用技术)等,对天线和调制方式的改进有:

(1) 利用多天线传输将串行映射为并行;

(2) 各天线独立处理自主运行;

(3) 各天线用各自的调制方式发送电波;

(4) 各天线用各自的解调方式接收电波。

有关 802.11 不同的物理层标准如表 2-3 所示。

表 2-3　802.11 的物理层比较

标 准 号	IEEE 802.11b	IEEE 802.11g	IEEE 802.11n
标准发布时间	1999 年 9 月	2003 年 6 月	2009 年 9 月
工作频率范围/GHz	2.4~2.4835	2.4~2.4835	2.4~2.4835 5.150~5.850
非重叠信道数	3	3	15
物理速率/Mbps	11	54	600
实际吞吐量/Mbps	6	24	100 以上
频宽/MHz	20	20	20/40
调制方式	CCK/DSSS	CCK/DSSS/OFDM	MIMO−OFDM/DSSS/CCK
兼容性	802.11b	802.11b/g	802.11a/b/g/n

2.8　MODEM 和 xDSL(MODEM and x Digital Subscriber Line)

模拟信号可以在公用电话线或专用线上通信,而数字信号只能用在计算机中。如果想把计算机中的数字信号通过电话线传输出去,需要通过一种设备(调制器)将发送方的数字信号转换成模拟信号后才能完成传输;同样地,对接收方来说,所接收到的模拟信号无法直接用于计算机内部,需要另一种设备(解调器),把适用于通信的模拟信号还原成数字信号,如图 2-44 所示。将调制设备称为调制器(modulator);将接收端模拟数据信号还原成数字数据信号的过程称为解调,将解调设备称为解调器(demodulator)。通常数据通信是双向的,因此调制器和解调器通常合二为一,称为调制解调器(modem)。

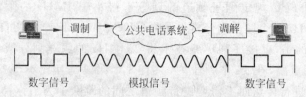

数字信号　　　　　　模拟信号　　　　　　数字信号

图 2-44　通过电话线的计算机通信

铜电话线(两芯双绞线)可以 56kbps 的速率承载话音通信,这些线路使用现有的电话网,其优点是可以立刻访问到任何电话网可达的地方,但这也恰是其缺点所在:整个网络是以过去的速率要求来布线的。

在理想的环境下,铜线的速率仅受线缆衰减的限制,但在现有的电话网中,带宽很大程度上被过滤器和网络本身所制约。现有铜双绞线的升级固然可以极大地提升整个网络性能,但其代价不菲,因此需要一种既能使用现有线缆又能明显提高性能的方法。发明第一代数字用户技术并创造了术语 DSL 的目的是高性能和低成本:在现有铜线网络上达到至少 2Mbps 的带宽,DSL 将软件和电子技术结合,弥补了传输铜线的一些缺陷,使电话网络用户可以高速地获得网络接入。

xDSL 是 DSL 的统称,意即数字用户线路,是以铜电话线为传输介质的点对点传输技术。DSL 技术在传统的电话网络的用户环路上支持对称和非对称传输模式,解决了经常发生在网络服务供应商和最终用户间的"最后一千米"的传输瓶颈问题。由于电话用户环路已经被大量铺设,如何充分利用现有的铜缆资源,通过铜质双绞线实现高速接入就成为业界的研究重点,因此 DSL 技术的优势很快就得到重视,得到大量应用。

2.8.1　xDSL 技术原理(xDSL Tech Principle)

1. 传统调制传输技术

传统电话系统在用户环路上利用 0～3kHz 的频率传送语音,电话交换机将模拟语音信号转成 64kbps 的数字信号,通过多路复用技术,将多路语音信号合并为 T1/E1 或更高,通过光纤或铜缆传输到其他交换机。因此,由于电话系统的限制,利用电话连接进行数字传输的速率不是很高(33.6/56kbps)。

ISDN 基本速率综合数字业务网可向用户提供 $2B+D=160$kbps 的传输速率,用户利用数字终端可分别或组合利用这个带宽。ISDN 利用线路的 80～100kHz 频率传输信号。

通过用户环路的 T1/E1 基带专线技术,传统的 T1/E1 专线技术利用非常简单的基带调制方法传输信号,由于调制技术的限制,传输距离很短,需要在线路中安装放大器,信号功率大、干扰大。

2. DSL 技术

DSL 技术是利用在电话系统中没有被利用的高频信号传输数据,利用了更加先进的调制技术:

(1) 2B1Q——两比特四进制调制(2 binary 1 quarternary)码,属于基带传输的 4PAM 码,是一种无冗余度的四电平脉冲幅度调制码,它将每两个比特映射为一个四进制幅度信号,然后调制在载波上。

(2) QAM——正交幅度调制(quadrature amplitude modulation),传统的拨号 Modem

所用的技术，将其扩展到高频段，并综合了复用技术，以支持多 Modem 共享同一线路，提高了信道的利用效率。

（3）CAP——无载波振幅相位调制（carrierless amplitude phase），载波频率可变，在一个频率周期或波特内传输 2～9 位二进制数据，因此在相同的传输速率下，占用更少的带宽，传输距离更远，主要应用于 H/SDSL、RADSL 中。

（4）DMT——离散多音频调制（discrete multi tone），将高频段划分为多个频率窗口，每个频率窗口分别调制一路信道，由于频段间的干扰，传输距离相对短，应用于 ADSL 中。

xDSL 中，"x"代表着不同种类的数字用户线路技术。各种数字用户线路技术的不同之处，主要表现在信号的传输速率和距离，还有对称和非对称的区别上。

DSL 技术主要分为对称和非对称两大类。

2.8.2　对称 DSL 技术（Symmetrical DSL Tech）

对称 DSL 技术主要有以下几种：

1. HDSL：高速 DSL（high-bit-rate DSL）

HDSL 是 xDSL 技术中最成熟的一种，已经得到了较为广泛的应用，这种技术可以通过现有的铜双绞线以全双工方式传输。其特点是：

（1）利用两对双绞线传输；

（2）支持 $N \times 64$kbps 各种速率，最高可达 E1 速率；

（3）HDSL 是 T1/E1 的一种替代技术，主要用于数字交换机的连接、高带宽视频会议、远程教学、蜂窝电话基站连接、专用网络建立等。

与传统的 T1/E1 技术相比，HDSL 具有以下优点：

（1）价格便宜；

（2）容易安装，T1/E1 要求每隔 0.9～1.8km 就安装一个放大器，而 HDSL 可在 3.6km 的距离上传输而不用放大器。

2. SDSL：单线 DSL（single-line DSL）

这是 HDSL 的单线版本，它可以提供双向高速可变比特率连接，速率范围为 160kbps～2.084Mbps。其特点是：

（1）利用单对双绞线；

（2）支持多种速率到 T1/E1；

（3）用户可根据数据流量选择最经济合适的速率，最高可达 E1 速率，比用 HDSL 节省一对铜线；

（4）在 0.4mm 双绞线上的最大传输距离为 3km 以上。

2.8.3　非对称 DSL 技术（Non Symmetrical DSL Tech）

非对称 DSL 技术中主要的一种是 ADSL——Asymmetric DSL（非对称 DSL），ADSL 为网络提供速率从 32kbps～8.192Mbps 的上行流量和从 32kbps～1.088Mbps 的下行流量，同时在同一根线上可以仿真提供语音电话服务。其特点如下：

（1）利用一对双绞线传输；

（2）上/下行速率为 1.5Mbps/64Kbps～6Mbps/640Kbps；

（3）支持同时传输数据和语音。

ADSL 是 DSL 的一种非对称版本，它利用数字编码技术从现有铜质电话线上获取最大数据传输容量，同时又不干扰在同一条线上进行常规语音服务。其原因是它用电话语音传输以外的频率传输数据。也就是说，用户可以在上网"冲浪"的同时打电话或发送传真，而这将不会影响通话质量或降低下载 Internet 内容的速度。

ADSL 能够向终端用户提供 8Mbps 的下行传输速率和 1Mbps 的上行传输速率，比传统的 28.8kbps 模拟调制解调器快将近 200 倍，这也是传输速率达 128kbps 的 ISDN（综合业务数据网）所无法比拟的。与电缆调制解调器（cable modem）相比，ADSL 具有独特优势：它提供针对单一电话线路用户的专线服务，而电缆调制解调器则要求一个系统内的众多用户分享同一带宽。尽管电缆调制解调器的下行速率比 ADSL 高，但考虑到将来会有越来越多的用户在同一时间上网，电缆调制解调器的性能将大大下降。另外，电缆调制解调器的上行速率通常低于 ADSL。ADSL 在高速和中速时速率变化如表 2-4 所示。

表 2-4　ADSL 速度

信　道	平均速率	最低速率	最高速率
高速下传	6Mbps	1.5Mbps	9Mbps
中速双工	64kbps	16kbps	640kbps

ADSL 两个主要应用领域：高速数据通信和交互视频。数据通信功能可为因特网访问、公司远程计算或专用的网络应用。交互视频包括需要高速网络视频通信的视频点播（VoD）、电影、游戏等。

ADSL 用其特有的调制解调硬件来连接现有双绞线连接的各端，它创建具有三个信道

图 2-45　ADSL 的信道

的管道，见图 2-45。该管道具有一个高速下传信道（到用户端），一个中速双工信道和一个 POTS 信道（4kHz），POTS 接口（plain old telephone service，普通老式电话业务）是能够连接普通电话与 ADSL 的接口设备，它能使普通电话与数据传输并行使用，即使 ADSL 连接失败了，语音通信仍能正常运转。高速和中速信道均可以复用以创建多个低速通道。

表 2-5 为 ADSL 传输速率与传输距离的关系，实际线速要受物理线缆长度、尺寸和干扰等因素的影响。

表 2-5　ADSL 传输速率与距离的关系

距离, l/ft	速度/Mbps	距离, l/ft	速度/Mbps
$l \leqslant 9000$	8.448	$12\,000 < l \leqslant 16\,000$	2.048
$9000 < l \leqslant 12\,000$	6.312	$16\,000 < l \leqslant 18\,000$	1.544

2.9　物理层网络设备（Device of Physical Layer）

2.9.1　网络拓扑结构（Network Topology）

计算机网络拓扑结构是引用拓扑学中研究与大小、形状无关的点、线关系的方法，把网

络中的计算机和通信设备抽象为一个点,把传输介质抽象为一条线,由点和线组成的几何图形就是计算机网络的拓扑结构。网络的拓扑结构反映出网中各实体的结构关系,是建设计算机网络的第一步,是实现各种网络协议的基础,它对网络的性能、系统的可靠性与通信费用都有重大影响。

物理层的多种协议适应不同的网络需求,如互联网要求网络速度高、工业网络要求通信实时性好,而多媒体通信网络要求服务质量 QoS,这些网络高层的应用对物理层的网络结构和网络设备是不同的。简单的物理层可以没有中继设备,通信双方直接相连,实时性要高一些;复杂的物理层需要用到集线器等设备,有利于网络设备的管理。在实际的网络结构中,由于网络规模的增大和对网络可靠性的要求,经常出现混合的网络结构,还可以拓展出树型、环型、星型等网络结构,网络基本的拓扑结构如图 2-46～图 2-49 所示。

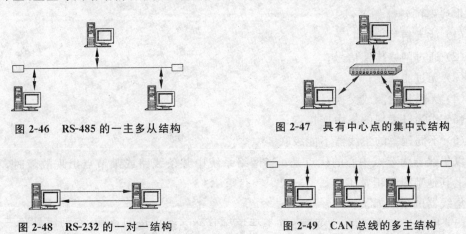

图 2-46　RS-485 的一主多从结构　　　　图 2-47　具有中心点的集中式结构

图 2-48　RS-232 的一对一结构　　　　　图 2-49　CAN 总线的多主结构

2.9.2　中继器(Repeater)

工作原理:它工作于网络的物理层,用于互连两个相同类型的网段(例如:两个以太网段),它在物理层内实现透明的比特复制,补偿信号衰减。即中继器接收从一个网段传来的所有信号,进行放大后发送到下一个网段。

中继器(repeater)是网络物理层的一种介质连接设备,它工作在 OSI 的物理层。中继器具有放大信号的作用,它实际上是一种信号再生放大器。因而中继器用来扩展局域网段的长度,驱动长距离通信。

中继器的特性如下:

(1) 中继器仅作用于物理层;

(2) 只具有简单的放大、再生物理信号的功能;

(3) 由于工作在物理层,在网络之间实现的是物理层连接,因此中继器只能连接相同的局域网;

(4) 中继器可以连接相同或不同传输介质的同类局域网;

(5) 中继器将多个独立的物理网连接起来,组成一个大的物理网络;

(6) 由于中继器在物理层实现互连,所以它对物理层以上各层协议完全透明,也就是说,中继器支持数据链路及其以上各层的所有协议。

使用中继器时应注意两点:一是不能形成环路;二是考虑到网络的传输延迟和负载情况,不能无限制的连接中继器。

中继器最典型的应用是连接两个以上的以太网电缆段,其目的是为了延长网络的长度。但延长是有限的,中继器只能在规定的信号延迟范围内进行有效的工作。如传统的以太网著名的"5-4-3"规则:10M 共享的以太网最多有 5 个网段,由 4 个中继器相连,为了防止冲突,最多只能有 3 个网段连接工作。

2.9.3 集线器(Hub)

集线器的主要功能是对接收到的信号进行再生整形放大,以扩大网络的传输距离,同时把所有节点都连接在中心点上。

集线器的特性如下:

(1) 放大信号;

(2) 通过网络传播信号;

(3) 无过滤功能;

(4) 无路径检测或交换;

(5) 作为以太网的集中连接点;

(6) 不同速率的集线器不能级联。

以集线器为节点中心的优点是:当网络系统中某条线路或某节点出现故障时,不会影响网上其他节点的正常工作。

集线器的缺点如下:

(1) 用户带宽共享,带宽受限;

(2) 广播方式,易造成网络风暴;

(3) 非双工传输,网络通信效率低。

冲突发生时,每个设备上发出的数据相互碰撞而遭到破坏。数据包产生及发生冲突的网络区域叫做冲突域。解决网络上出现太多数据及冲突的办法是使用网桥,即交换机。

2.9.4 光纤模块(Optical Fibre Module)

1. 光收发一体模块定义

光收发一体模块由光电子器件、功能电路和光接口等组成,光电子器件包括发射和接收两部分。发射部分是:输入一定码率的电信号经内部的驱动芯片处理后驱动半导体激光器(LD)或发光二极管(LED)发射出相应速率的调制光信号,其内部带有光功率自动控制电路,使输出的光信号功率保持稳定。接收部分是:一定码率的光信号输入模块后由光探测二极管转换为电信号。经前置放大器后输出相应码率的电信号,输出的信号一般为 PECL(positive emitter-coupled logic,正发射极耦合逻辑)电平,同时在输入光功率小于一定值后会输出一个告警信号。

2. 光收发一体模块分类

按照速率分:有以太网应用的 100Base、1000Base、10GE,SDH 应用的 155M、622M、2.5G 和 10G 等。

按照封装分:有 1×9、SFF、SFP、GBIC、XENPAK 和 XFP 等,各种封装见图 2-50。

(1) 1×9 封装——焊接型光模块,一般速度不高于 1Gbps,多采用 SC 接口;

(2) SFF 封装——焊接小封装光模块,一般速度不高于 1Gbps,多采用 LC 接口;

(3) GBIC 封装——热插拔千兆接口光模块,采用 SC 接口;

(4) SFP 封装——热插拔小封装模块,目前最高速率可达 4Gbps,多采用 LC 接口;

(5) XENPAK 封装——应用在万兆以太网,采用 SC 接口;

(6) XFP 封装——10Gbps 光模块,用在万兆以太网、SONET 等多种系统,多采用 LC 接口。

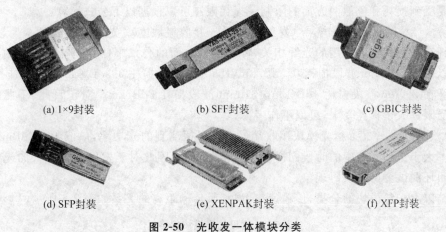

(a) 1×9封装   (b) SFF封装   (c) GBIC封装

(d) SFP封装   (e) XENPAK封装   (f) XFP封装

图 2-50 光收发一体模块分类

按照发射波长分:有 850nm、1310nm 和 1550nm 等。

按照使用方式分:有非热插拔(1×9、SFF)和可热插拔(GBIC、SFP、XENPAK 和 XFP)。

3. 光纤连接器的分类

光纤连接器是在一段光纤的两头都安装上连接头,主要作光配线使用。

按照光纤的类型分为:单模光纤连接器,内径 $9\mu m$、外径 $125\mu m$;多模光纤连接器,内径 $50\mu m$、外径 $125\mu m$,另一种是内径 $62.5\mu m$、外径 $125\mu m$。

按照光纤连接器的连接头形式分为:FC、SC、ST、LC、MU 和 MTRJ 等,目前常用的有 FC、SC、ST 和 LC,见图 2-51。

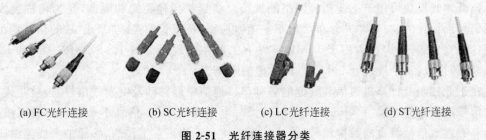

(a) FC光纤连接   (b) SC光纤连接   (c) LC光纤连接   (d) ST光纤连接

图 2-51 光纤连接器分类

FC 型——外部加强件采用金属套,紧固方式为螺丝扣。测试设备选用该种接头较多。

SC 型——模塑插拔耦合式连接器。其外壳采用模塑工艺,用铸模玻璃纤维塑料制成,呈矩形;插针由精密陶瓷制成,耦合套筒为金属开缝套管结构。紧固方式采用插拔销式,不需要旋转。

LC 型——套管外径为 1.25mm,是 FC-SC、ST 套管外径的一半,提高了连接器的应用密度。

4. 光模块主要参数

(1) 光模块传输速率:超低速、百兆位每秒、千兆位每秒和万兆位每秒等。

(2) 光模块发射光功率和接收灵敏度:发射光功率指发射端的光强,接收灵敏度指可以探测到的光强度。两者都以 dBm 为单位,是影响传输距离的重要参数。光模块可传输的距离主要受到损耗和色散两方面的限制。损耗限制可以根据以下公式计算:

$$损耗受限距离 = (发射光功率 - 接收灵敏度) / 光纤衰减量 \qquad (2-20)$$

光纤衰减量和实际选用的光纤相关,可以根据上面的公式来估算损耗。一般的 G.652 光纤可以做到 1310nm 波段损耗 0.5dB/km,1550nm 波段损耗 0.3dB/km 甚至更佳。50μm 多模光纤在 850nm 波段损耗 4dB/km,1310nm 波段损耗 2dB/km。对于百兆、千兆的光模块色散受限远大于损耗受限,可以不作考虑。

(3) 饱和光功率值:指光模块接收端最大可以探测到的光功率,一般为 −3dBm。当接收光功率大于饱和光功率的时候同样会导致误码产生,因此对于发射光功率大的光模块不加衰减回环测试会出现误码现象。

总结以上光纤模块的分类,传输速率、波长及传输距离的关系如表 2-6 所示。

表 2-6 常见的光模块规格

传输速率/bps	发射波段	传输使用光纤	参考传输距离
百兆	1310nm	多模	2km
百兆	1310nm	单模	15km
百兆	1310nm	单模	40km
百兆	1550nm	单模	80km
千兆	850nm	多模	550m
千兆	1310nm	单模/多模	10km/550m
千兆	1550nm	单模	70km

5. 超低速光模块

超低速光模块可用于工业监控网络的现场总线延长传输距离和隔离,是为传输突发式数据信号而设计的("1"和"0"分布严重不平衡,以及具有很长的连续"0"或"1"的信号均可视为特殊的突发式信号)。适用于 10Mbps 以下工业控制现场总线 RS-232、RS-485 和 CAN 等光/电转换设备,一般适合 20km 以内的传输距离。

在工业控制及计算机通信和其他的各种串口通信中经常涉及突发式信号,也就是说,空闲时信号为固定的连续"1"(RS-485 通信),忙时电平为负"0"。信号不是连续的随机模式。对具有突发式信号特点的数据信号,普通的光模块是不能正常工作的,必须加上线路编码也即平常说的异步采样通信方式,所以这种方式电路复杂,功耗大。

如果采用超低速光模块则很简单,突发式信号可直接与光模块接口进行传输。超低速光模块的特性如下:

(1) 标准 1×9 引脚封装,其引脚定义如表 2-7 所示;

表 2-7 1×9 光纤模块引脚定义

引脚	引脚名称	电　平	说　明
1	GNDR	接收部分接地	
2	RD	TTL/LVTTL	接收部分数据输出
3	NC	不接	
4	SD	TTL/LVTTL	接收部分无光告警,低电平告警
5	VccR	接收部分正电源,为+5V/3.3V	
6	VccT	发送部分正电源,为+5V/3.3V	
7	NC	不接	
8	TD	TTL/LVTTL	发送部分数据输入
9	GNDT	发送部分接地	

（2）工作频率从 0 开始,上限可选直到 2Mbps 以上;

（3）工作电压 3.3V、5V 可选;

（4）接口电平兼容标准 TTL 电平和 CMOS 电平;

（5）单、多模可选,1310nm、1550nm 波长可选;

（6）可提供 SC、FC、ST 双纤光接口及 SC 单纤双向光接口;

（7）普通数据传输功能、CAN 现场总线和 RS-485 功能可选;

（8）单+3.3V /+5V 供电。

6. 光纤模块电路设计

光纤模块的电路设计原理框图如图 2-52 所示。

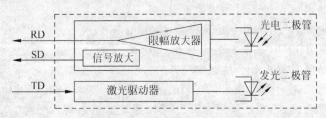

图 2-52 光纤模块电路原理

光纤模块用于普通数据传输和现场总线时,在电路设计上有所不同。

（1）普通数据传输功能。

当数据转换电路送“0”时（光纤模块引脚 8）,对方光纤模块引脚 2 给出“0”;发送“1”时,给出“1”。当光纤中断时,引脚 2 给出“0”;引脚 4 接收无光,给出“0”电平。

（2）RS-485 特殊功能。

当 RS-485 数据线空闲时,送给光纤模块引脚 8 为“1”电平,对方引脚 2 发出“1”电平给 RS-485 转换电路,此时引脚 4 为高电平。当 RS-485 传输数据时,送给引脚 8 从高到低变化的数据,光纤模块引脚 2 相应变化,此时引脚 4 为高,指示有光。当光纤中断时,引脚 2 发出“1”,引脚 4 为“0”,指示收无光告警。当引脚 3 接+5V 时,光纤模块为普通数据传输功能时,RS-485 控制功能无效。

光纤模块接入现场总线的电路原理图如图 2-53 所示。

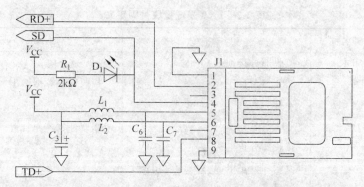

图 2-53　光纤模块连接现场总线接口电路

习　题　2

2.1　说明数据通信系统的基本结构。

2.2　模拟通信系统和数字通信系统有何不同？

2.3　通信线路的连接方式有哪几种？各有什么特点？

2.4　信道的通信方式有哪些？各有什么特点？

2.5　什么是基带传输、频带传输？

2.6　在相隔 100km 的两地间通过电缆以 9600bps 的速率传送 8000b 长的数据包，从开始发送到接收完数据需要的时间是多少？

2.7　收发两端之间的传输距离为 1000km，信号在媒体上的传播速率为 2×10^8 m/s。试计算以下两种情况的发送延时和传播延时：

（1）数据长度为 10^7 b，数据发送速率为 100kbps。

（2）数据长度为 10^3 b，数据发送速率为 1Gbps。

从以上计算结果可得出什么结论？

2.8　月球到地球的距离大约为 3.8×10^5 km，在它们之间架设一条 200kbps 的点到点链路，信号传播速度为光速，将一幅照片从月球传回地球所需的时间为 501.3s，试求出这幅照片占用的字节数。

2.9　普通电话线路带宽约 3kHz，一个码元所取的离散值个数为 8，求最大数据传输速率。

2.10　设信号脉冲周期为 0.002s，脉冲信号有效值状态个数为 8，回答下列问题：

（1）用二进制代码表示上述信号，一个脉冲信号需用几位二进制代码表示？

（2）用二进制代码表示上述信号，其数据传输速率是多少？

2.11　T1 系统共有 24 个话路进行时分复用，每个话路采用 7 比特编码，然后再加上 1 位信令码元，24 个话路的一次采样编码构成一帧，另外，每帧数据有 1b 帧同步码。每秒采用 8000 次采样。问 T1 的传输速率是多少？

2.12　假定某信道受奈氏定律限制的最高码元速率为 2000 码元每秒。如果采用振幅调制，把码元的振幅划分为 16 个不同等级来传送，那么可以获得多高的数据传输速率（bps）？

2.13　假定要用 3kHz 带宽的电话信道传送 64kbps 的数据（无差错传输），试问这个信息应具有多高的信噪比（分别用比值和分贝来表示）？这个结果说明了什么问题？

2.14 已知信噪比为 30dB,带宽为 4kHz,求信道的最大数据传输速率。

2.15 试根据图 2-54 中给出的数据和时钟波形画出对应的曼彻斯特编码波形和差分曼彻斯特编码波形。

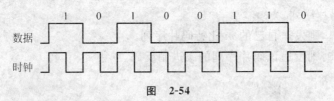

图 2-54

2.16 数据传输速率为 10Mbps 的以太网,在物理媒体上的码元传输速率是多少波特?

2.17 10BASE-T 以太网使用曼彻斯特编码,其编码效率为多少?在快速以太网中使用 4B/5B 编码,其编码效率为多少?在千兆以太网中使用 8B/10B 编码,其编码效率为多少?

2.18 列举出几种信道复用技术,并说出它们各自的技术特点。

2.19 比较说明双绞线、同轴电缆和光纤传输各自的特点。

2.20 RS-232C 接口有哪些特性?

2.21 简述使用 RS-232C 接口进行通信的工作过程。

2.22 什么是 RS-485 接口?它与 RS-232-C 接口相比有何特点?

2.23 RS-485 网络为什么不能实现广播通信?

2.24 串口通信 RS-232 的传输速率为 4800bps,采用 1 位起始位、1 位停止位、1 位奇偶校验位的异步传输模式,求传输 2400 个汉字所需要的时间。汉字采用 GBK2312 编码,要求写出计算过程。

2.25 假设使用 RS-232 串口通信,采用 1 位起始位、1 位停止位、无校验位的异步传输模式,在 1 分钟内传输 7200 个汉字,至少应达到的传输速率为多少?汉字采用 GBK2312 编码,要求写出计算过程。

2.26 CAN 现场总线的逻辑"1"和"0"怎么表示?

2.27 共有 4 个站进行码分多址 CDMA 通信。4 个站的码片序列为
A:(−1−1−1+1+1−1+1+1)   B:(−1−1+1−1+1+1+1−1)
C:(−1+1−1+1+1+1−1−1)   D:(−1+1−1−1−1−1+1−1)
现收到的码片序列为:(−1+1−3+1−1−3+1+1)。问哪个站发送数据了?发送数据的站发送的"1"还是"0"?

2.28 xDSL 是什么意思?

2.29 比较单模光纤和多模光纤的特点。

2.30 举出 3 种以上光纤模块封装的例子。

实验指导 2-1 CDMA 编解码程序设计

一、实验目的

1. 学习 CDMA 编码和解码方法。

2. 初步学习网络编程方法。

二、实验原理

CDMA 将每一个比特时间划分为 m 个短的间隔,称为码片(chip)。每个站被指派一个唯一的 m 比特 码片序列。

如发送比特 1,则发送自己的 m 比特码片序列。

如发送比特 0,则发送该码片序列的二进制反码。

三、实验内容

假设有四个站,码片序列各为

$$(-1-1-1+1+1-1+1+1) \qquad (-1-1+1-1+1+1+1-1)$$
$$(-1+1-1+1+1+1-1-1) \qquad (-1+1-1-1-1-1+1-1)$$

四个站发送的信息为 1、0、1 和 0。

两人一组,一个编码后发送结果给对方,对方解码,比较发送的信息和解码后的信息。两人交换角色,再做一次。

四、实验方法与步骤

在 Windows 环境下,需要 C 语言集成开发环境。

1. 启动 C 语言集成开发环境。

2. 输入 CDMA 编码,调试运行。

3. 将编码结果发给对方。

4. 利用程序解码。

5. 比较结果。

6. 交换角色,从步骤 2~5 再做一次。

五、实验要求

1. 实验报告记录调试好的 CDMA 源程序。

2. 记录发送和接收的数据。

六、实验环境

在 Windows/Linux 环境下,需要 C 语言集成开发环境。

实验指导 2-2 双绞线 RJ-45 接口制作

一、实验目的

通过本实验使学生掌握:

1. 网络中常用双绞线的直通和交叉制作规范;

2. 学会测试双绞线连通性的常用方法。

二、实验原理

网线由一定距离长的双绞线与 RJ-45 头组成。双绞线由 8 根不同颜色的线分成 4 对绞合在一起,成队扭绞的作用是尽可能减少电磁辐射与外部电磁干扰的影响。双绞线可按其是否外加金属网丝套的屏蔽层而区分为屏蔽双绞线(STP)和非屏蔽双绞线(UTP)。网络中最常用的是 5 类线,已有 6 类以上的双绞线。3 类双绞线在 LAN 中常用作为 10Mbps 以太网的数据与话音传输,符合 IEEE 802.3 10Base-T 的标准。5 类双绞线目前占有最大的 LAN 市场,最高速率可达 100Mbps,符合 IEEE 802.3 100Base-T 的标准。做好的网线要将 RJ-45 水晶头接入网卡或交换机等网络设备的 RJ-45 插座内,相应地,RJ-45 插座也区分为 3 类或 5 类电气特性。

图 2-55　两种标准的 RJ-45 布线标准

在 EIA/TIA 568 标准中,规定了两种双绞线的线序 568A 与 568B(见图 2-55),两种标准的线序如下:

EIA/TIA 568A 标准:白绿/绿　白橙/蓝　白蓝/橙　白棕/棕(从左起,顺序 1～8)。

EIA/TIA 568B 标准:白橙/橙　白绿/蓝　白蓝/绿　白棕/棕(从左起,顺序 1～8)。

一般使用 EIA/TIA 568B 标准。

三、实验内容

制作直通和交叉线,安装 RJ-45 水晶头,并通过专用工具或计算机测试网线的连通性。

直通线:双绞线两边都按照 EIAT/TIA 568B 标准连接水晶头。

交叉线:双绞线一边按照 EIAT/TIA 568A 标准连接,另一边按照 EIT/TIA 568B 标准连接水晶头。

直通线和交叉线的应用规则为:不同类型设备间的连接使用直通线,同类型设备间连接使用交叉线。例:计算机与交换机、交换机与路由器间的连接使用直通线,而计算机与计算机、交换机与交换机间连接则要使用交叉线。

四、实验方法与步骤

1. 裁线、剥外皮

剪取适当长度的网线,然后再用双绞线剥线器将双绞线的外皮除去 3cm,注意不能伤及双绞线。

2. 分线、排线

将双绞线按 B 标准捋直,按左起白橙、橙、白绿、蓝、白蓝、绿、白棕、棕的顺序。

3. 切线

将裸露出的双绞线剪下只剩 1.4cm 左右的长度。双绞线的外保护层需要插入水晶头 5mm 以上,而不能在接头外,因为当双绞线受到外界的拉力时受力的是整个电缆,否则受力的是双绞线内部线芯和接头连接的金属部分,容易造成脱落。

4. 线芯插入 RJ-45

将双绞线按左起：白橙—1、橙—2、白绿—3、蓝—4、白蓝—5、绿—6、白棕—7、棕—8，同时放入 RJ-45 接头的引脚内，一个引脚内只能放一根线。

5. 检查

检查线序是否正确，是否都插到头顶部，线的外皮是否插入 RJ-45 头 8mm。

6. 压线

用压线钳压接 RJ-45 接头，注意金属铜片要压入塑料套槽 0.5～0.8mm。

7. 重复上述步骤，制作另一头

8. 测试

常用测试方法有两种：首先是目测，检查线序到位情况、压线情况；其次是用简易测线器测试，依据指示灯情况判定连接是否正确。

9. 联机测试

实际联网一测便知。

交叉线的制作步骤与直通线的制作步骤相同，只是双绞线的一端采用 TIA/EIA 568B 标准，另一端采用 TIA/EIA 568A 标准。

如果有条件的话，可以对线路用 RJ-45 测线仪测试进行通断测试，4 个绿灯都依次闪烁表示正常。

软件调试最常用的办法，就是用 Windows 自带的 ping 命令。如果工作站得到服务器的响应则表明线路正常和网络协议安装正常，而这是网络应用软件能正常工作的基础。

五、实验要求

1. 所做网线必须能够连通。
2. 写出按 TIA/EIA 568B 标准制作直通线的步骤。

六、场地、设备与器材

双绞线、RJ-45 头、压线钳、测线仪和计算机。

实验指导 2-3 RS-232 串口通信实验

一、实验目的

1. 掌握 RS-232 串口的工作原理和编程方法，会用 C 语言对 RS-232 串口进行初始化编程和读写操作。

2. 重点理解 RS-232 串口通信波特率的设置，熟练掌握串口调试工具的使用。

3. 理解通信网络物理层的编程特点。

二、实验原理

1. PC 间串口通信

如果用两台 PC 的串口在 Windows 下通信，两边都用通信超级终端或其他串口通信调试工具进行 RS-232 通信实验;也可以用 Visual C/C++ 编程实现。

2. 嵌入式系统的串口通信编程

不像 PC 以网络接口为主要通信方式,嵌入式系统中的串口通信更为常见,是一种基础通信协议。下面的实验以一种常用的嵌入式系统为例,实现 ARM9(S3C2410)的串口 0 与 PC 的串口 1 相连。

初始化 ARM9 的串口过程为:

FIFO 控制寄存器 UFCON0(地址为 0x50000008)和 MODEM 控制寄存器 UMCON0 (地址为 0x5000000C)置为 0,表示不使用 FIFO,不使用流控制;

线路控制寄存器 ULCON0(地址为 0x50000000)置为 0x03,表示有 1 位停止位、8 位数据位,无校验位;

串口控制寄存器 UCON0(地址为 0x50000004)置为 0x05,表示串口工作方式为中断方式或询问方式;

波特率除数寄存器 UBRDIV0(地址为 0x5000x028)置为 0x270,表示波特率为 4800bps,计算方法为

$$PCLK(48MHz)/16/波特率-1=0x270$$

如果设置为 0x19,则波特率为 115 200bps。

串口读写方式有两种,即轮询方式和中断方式。轮询方式下,在死循环中进行串口的读写过程;中断方式下,当串口收到数据后或发送数据前将产生中断。串口 0 的收发占用了 GPH3 和 GPH2,需要配置这两个引脚为串口通信功能。

三、实验内容

PC 向 S3C2410 发送数据,S3C2410 接到数据后马上将所收到的数据没有变化地发送给 PC,要求在 PC 上用串口通信软件工具调试。

参考程序如下:(通过 S3C2410 上的 UART0 基于 IAR EWARM5.3 上调试通过)

(1) UART 初始化程序段

```
void initUART0()
    {    UFCON0  = 0x00;
         UMCON0  = 0x00;
         ULCON0  = 0x03;                  //8 位数据位,无校验,1 位停止位
         UCON0   = 0x05;
         UBRDIV0 = 0x270;                 //4800bps 传输速率,PCLK 为 48MHz
    }
```

(2) 查询方式主要程序段

```
void UART_Poll()
    {
    while(UTRSTAT0 & 0x01)                //有数据
       { uart0Ch[0]=URXH0;               //从缓冲区中接收
         while  (UTRSTAT0 & 0x02)
             UTXH0=uart0Ch[0];            //把收到的数据发送给对方
```

```
        }
    }
```

（3）中断方式主要程序段

```
void openUART0(void)                        //为了接收数据,开放 UART0 中断
    {
        INTMOD      = 0x0;
        INTMSK      &=~((1<<28)|(1<<9));      //开放 UART0 中断
        INTSUBMSK   = 0x7FE;
        PRIORITY    = 0x7F;
    }


__irq void c_UART0_ISR()                     //UART0 的中断服务子程序
    { int iReg=0;
      if (SRCPND    |(1<<28))  SRCPND    |=(1<<28);
      if (INTPND    |(1<<28))  INTPND    |=(1<<28);
      if (SUBSRCPND |(1<<0))   SUBSRCPND |=(1<<0);
      chUart0[0]=URXH0;
      while (UTRSTAT0 & 0x02)  UTXH0=chUart0[0];
    }
```

四、实验方法与步骤

实验可以采用两台 PC 通信、一台 PC 和嵌入式系统通信或两个嵌入式系统通信。

1. 启动 C 语言集成开发环境或串口通信工具。
2. 输入 UART 通信程序并调试。

五、实验要求

1. 实验报告记录调试好的 UART 源程序。
2. 记录发送和接收的数据。

六、实验环境

PC 端可以用 VC6.0 及以上集成开发环境,也可以用超级终端等串口通信工具;嵌入式系统端需要在线开发环境如 IAR EWARM 或 Keil MDK 等。

实验指导 2-4 RS-485 通信实验

一、实验目的

1. 学习 RS-485 通信原理。
2. 掌握 ARM 的串行口工作原理。

二、实验原理

RS-485 是一种常用的现场总线,只对接口的电气特性做出规定,而不涉及接插件、电缆

或协议,在此基础上用户可以建立自己的高层通信协议。

1. 平衡传输

RS-485 数据信号采用差分传输方式,也称做平衡传输,它使用一对双绞线,将其中一线定义为 A,另一线定义为 B 。通常情况下,发送驱动器 A、B 之间的正电平在＋2～＋6V,是一个逻辑状态,负电平在－6～－2V,是另一个逻辑状态。

2. 电气规定

RS-485 采用平衡传输方式,需要在传输线上接终端电阻。可以采用二线制,实现真正的多点双向通信,总线上可多接到 32 个设备,100m 长双绞线最人传输速率可达 1Mbps。

MAX485 是用于 RS-485/RS-422 通信的低功耗收发器,本实验采用的是 MAX485 的半双工通信方式。

三、实验内容

学习 RS-485 通信原理,阅读 MAX485 芯片文档,掌握其使用方法,编程实现 RS-485 通信的基本收发功能,利用示波器观测 MAX485 芯片的输入和输出波形,将两个平台连接起来利用 PC 键盘发送数据,用通信超级终端观察收到的数据。

四、实验方法与步骤

1. 两台嵌入式系统的 RS-485 接口用一对双绞线连接。
2. 用 C 语言集成开发环境编写和调试 RS-485 通信程序。

五、实验要求

1. 记录实验的硬件和软件配置。
2. 记录调试通过的主函数代码。
3. 记录通信的收发信息内容。

六、实验环境

硬件:ARM 嵌入式开发平台、JLink 仿真器、PC、万用表、剥线钳和 1 对双绞线。

软件:PC 操作系统 WinXP、EWARM 集成开发环境、仿真器驱动程序、超级终端通信程序。

第**3**章

数据链路层（Data Link Layer）

前面介绍了网络体系结构中的物理层，为网络传输提供了物质基础，但物理层只是一系列的比特位串，还有许多问题必须解决：

（1）比特位串中有错了怎么办？

（2）比特位丢失了怎么办？

（3）什么是比特位串的开始和结束？

以上这些问题是作为提供可靠通信的网络必须要解决的，所以就需要网络体系结构中的其他部分来解决这些问题。所采取的做法是在高层协议来解决全部或一部分问题，剩余的问题在更高层的协议来解决，无论如何要保证网络是可靠的通信。物理层的上一层协议是数据链路层。本章将介绍这一层协议的内容。

数据链路层在网络体系结构中的层次及主要功能如图 3-1 所示。

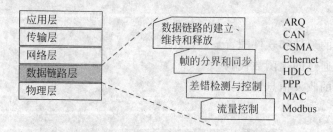

图 3-1　数据链路层在 TCP/IP 结构中的位置和作用

物理链路（link）就是一条无源的点到点的物理线路段，中间没有任何交换节点。在进行数据通信时，两个计算机之间的通路往往是由许多的链路串接而成的。可见一条物理链路只是一个通路的一个组成部分。

数据链路（data link）除了必须具有一条物理线路外，还必须有一些必要的规程（procedure）来控制这些数据的传输。把实现这些规程的硬件和软件加到链路上，就构成了数据链路。数据链路就像一个数字管道，可以在它上面进行数据通信。当采用复用技术时，一条物理链路上可以有多条数据链路。

数据链路层最重要的作用是：通过一些数据链路层协议（即链路控制规程）在不太可靠的物理链路上实现可靠的数据传输。

数据链路层的主要功能归纳如下：

（1）链路管理。

当网络中的两个节点要进行通信时，数据的发方必须确知收方是否已经处在准备接收的状态。为此，通信的双方必须先要交换一些必要的信息，或者用专业术语说，必须先建立一条数据链路。同样地，在传输数据时要维持数据链路，而在通信完毕时要释放数据链路。数据链路的建立、维持和释放就叫做链路管理。

（2）帧同步。

在数据链路层，数据的传送单位是帧。数据一帧一帧地传送，就可以在出现差错时将有差错的帧再重传一次，而避免了将全部数据都进行重传。帧同步是指收方应当能从收到的比特流中准确地区分出一帧的开始和结束在什么地方。

（3）流量控制。

发方发送数据的速率必须使收方来得及接收。当收方来不及接收时，就必须及时控制发方发送数据的速率。

（4）差错控制。

在计算机通信中，一般都要求有极低的比特差错率，为此，广泛地采用了编码纠错技术。编码纠错技术有两大类，一类是前向纠错，即收方收到有差错的数据帧时，能够自动将差错改正过来，这种方法的开销较大，不适合于计算机通信；另一类是检错重发，即收方可以检测出收到的帧中有差错（但并不知道是哪几个比特错了），于是就让发方重复发送这一帧，直到收方正确收到这一帧为止，这种方法在计算机通信中是最常用的。

（5）将数据和控制信息区分开。

由于数据和控制信息都是在同一信道中传送，而在许多情况下，数据和控制信息处于同一帧中，因此一定要有相应的措施使收方能够将它们区分开来。

（6）透明传输。

所谓透明传输就是不管所传数据是什么样的比特组合，都应当能够在链路上传送。当所传数据中的比特组合恰巧与某一个控制信息完全一样时，必须采取适当措施，使收方不会将这样的数据误认为是某种控制信息，这样才能保证数据链路层的传输透明。

（7）寻址。

在多点连接的情况下，必须保证每一帧都能送到正确的目的站，收方也应当知道发送方是哪一个站点。

3.1　链路、组帧及同步（Link，Framing and Sync）

链路是一条无源的点到点的物理线路段，中间没有任何其他的交换节点，如图 3-2 所示。一条链路只是一条通路的一个组成部分。数据链路（data link）除了物理线路外，还必须有通信协议来控制这些数据的传输，若把实现这些协议的硬件和软件加到链路上，就构成了数据链路。最常用的方法是使用网卡来实现这些协议的硬件和软件，现在的计算机都已将网卡的功能集成到主板上，一般的网络适配器包括了数据链路层和物理层这两层的功能。

图 3-2　数据链路示意图

3.1.1 组帧（Framing）

帧是数据链层的协议单元，一般帧的格式如图 3-3 所示。帧格式考察有四种方法。

帧同步符	首部（控制字段）	数据	帧检验码

图 3-3 帧格式

（1）字符计数法：在帧的第一个字段携带帧的长度。这种方法在帧传输出错后无法恢复同步，因此不能单独使用。

（2）带有字节填充的标志字节法：使用特殊的字节（标志字节）来表示帧的开始与结束，当失去同步后，只需要搜索特定的标志字节就可以了。为避免在帧的其他部分出现与标志字节相同的比特模式，采用了字节填充的方法，即在与特殊字符具有相同比特模式的字符前插入转义字符"ESC"（一种 ASCII 码）。这种方法要依赖于特定的字符编码集，灵活性差，处理开销大。

（3）带有比特填充的起止标志法：使用一个特殊的比特模式（例如"01111110"）作为帧的起始与结束标志。为避免在帧的其他部分出现与此标志相同的比特模式，采用了比特填充的方法，即在 5 个连续的"1"后插入一个"0"。这种方法不依赖于特定的字符编码集，灵活性强、处理简单，可以使用硬件完成，比软件实现效率要高得多。简单和底层的网络功能一般都是通过硬件电路来实现的，效率和可靠性都较高。

（4）物理层编码违例法：这种方法只适用于那些在物理层编码中使用冗余技术的网络，例如以太网的物理层采用曼彻斯特编码，它将比特"1"表示成高-低电平对，将比特"0"表示成低-高电平对，而高-高电平对和低-低电平对在编码中没有使用，这样可以用这两种无效的编码标识帧的边界。

帧定界就是要使接收端能够知道一帧的开始和结束是在什么地方。面向字符的数据传输就是所传输的数据全都是一个个的字符，例如 ASCII 字符。因此，在每一帧的开始和结束的地方，必须要有一个特殊的字符来作为标志，如图 3-4 所示。

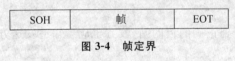

SOH	帧	EOT

图 3-4 帧定界

字符 SOH 代表 start of header（首部开始），而 EOT 代表 end of transmission（传输结束），SOH 和 EOT 都是 ASCII 码中的控制字符。SOH 的十六进制编码是"01"，而 EOT 的十六进制编码是"04"。

解决了帧定界后，在接收端就可以确定一个帧的开始和结束，剩下的问题就是透明传输的问题。

透明传输是指不管所传数据是什么样的比特组合，都应当能够在链路上传送。当所传数据中的比特组合恰巧与某一个控制信息完全一样时，就必须采取适当的措施，使接收方不会将这样的数据误认为是某种控制信息。这样才能保证数据链路层的传输是透明的。

设想我们在帧中传送的字符出现了一个控制字符"EOT"。那么接收端收到这样的数据后，就会将原来的"SOH"和数据中的"EOT"错误地解释为一个帧，但对后面剩下的字符根本就无法解释（见图 3-5）。像这样的传输显然就不是"透明传输"，因为当遇到数据中的字符"EOT"就传不过去了，它被接收端解释为控制字符。实际上此处的字符"EOT"并非控制字符而是一般数据。

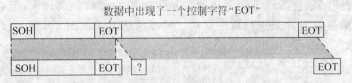

图 3-5 串口通信程序使用的 UART 帧格式

为了解决透明传输问题,就必须设法将数据中可能出现的控制字符"SOH"和"EOT"在接收端不解释为控制字符。方法是:在数据中出现字符"SOH"或"EOT"时就将其转换为另一个字符,而这个字符是不会被错误解释的。但所有字符都有可能在数据中出现。于是就想出这样的办法:将数据中出现的字符"SOH"转换为"ESC"和"x"这样两个字符,将数据中出现的字符"EOT"转换为"ESC"和"y"这样两个字符。而当数据中出现了控制字符"ESC"时,就将其转换为"ESC"和"z"这样两个字符。这种转换方法就能够在接收端正确地还原为原来的数据。"ESC"是转义符,它的十六进制编码是"1B"。

图 3-6 表示在数据中出现了四个控制字符"ESC"、"EOT"、"ESC"和"SOH",按以上规则转换后的数据如图中所示。容易看出,在接收端只要按照以上转换规则进行相反的转换,就能够还原出原来的数据(例如遇到"ESC"和"z"就还原为"ESC")。

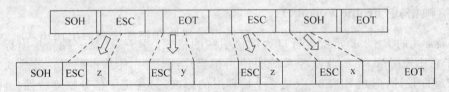

图 3-6 转换后的串口通信程序使用的 UART 帧格式

以上就是实现透明传输的原理。

3.1.2 同步通信与异步通信(Synchronous Communication and Asynchronous Communication)

数据通信根据传输时采用的是统一时钟还是本地局部时钟,分为同步传输和异步传输两大类:

(1)同步通信要求接收端时钟频率和发送端时钟频率一致。发送端发送连续的比特流,发送器和接收器用时钟来决定何时发送和读取每一个数据位。同步通信方式如图 3-7 所示。

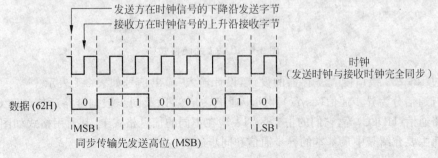

图 3-7 同步通信的时钟定时方法

（2）异步通信时不要求接收端时钟和发送端时钟同步。发送端发送完一个字节后,可经过任意长的时间间隔再发送下一个字节。异步通信的通信开销较大,但接收端可使用廉价的、具有一般精度的时钟来进行数据通信。异步通信方式如图 3-8 所示。

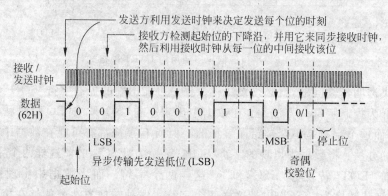

图 3-8　异步通信的时钟定时方法

同步传输用一个时钟脉冲确定一个数据位,异步传输用多个时钟脉冲确定一个数据位（如 16 个）。同步传输以数据块（当作"位流"看待）为单位传输,异步传输以字符为单位传输,但都称为帧（frame）。

3.1.3　帧格式（Frame Format）

以最常用的 RS-232 异步串行口为例说明帧的格式。RS-232 是一种异步串行通信接口,由于它比较简单,在工业监控系统中使用相当广泛,是一种基本配置。虽然我们常说 RS-232 程序设计,但是 RS-232 只是一个物理层的标准,只规定了信号物理特性,链路层的协议是 UART（universal async receiver transmitter）,而我们所说的 RS-232 接口的逻辑设计主要是指这部分的内容。

图 3-9 给出了 UART 的帧格式。在线路空闲的时候,主设备将发送"1";在通信时,主设备需要先发一个起始位"0",以表示通信的开始;然后开始发送有效数据;之后再传送一比特的奇偶校验值;最后发送停止位"1",以表示当前通信的完成。其中,数据可以事先约定为 5 位、6 位、7 位或 8 位;奇偶校验位根据事先约定由对数据位按位进行异或、同或而得到,它不是必需的。

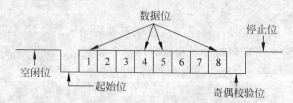

图 3-9　UART 的帧格式

通过 RS-232 接口配置寄存器的设计,设计输入/输出信号如表 3-1 表示。

串行通信分为异步通信（async）和同步通信（sync）,以及同步数据链路通信（SDLC）、高级数据链路通信（HDLC）等,它们的主要区别表现在不同的信息格式上,其通用格式如图 3-10 所示。下面主要介绍其中最基本的异步通信和同步通信。

表 3-1　端口列表

信　　号	方向	功　　能	信　　号	方向	功　　能
clk	输入	时钟信号	RS-232_din	输入	RS-232 串行输入信号
rst_n	输入	全局复位信号	RS-232_dout	输出	RS-232 串行输出信号

1B	1B	1B	4B	1B
同步字	帧头	操作码	数据	校验和

图 3-10　发送帧格式

（1）异步通信：因为通信双方没有共同的时钟作为同步信号，需要在数据位的前后加上起始位和停止位，因此传送一个 8 位数据时，最少也要有 10 位数据的长度。

（2）同步通信：在异步通信中，每一个字符要用起始位和停止位作为开始和结束的标志，例如一个字符为 8 位数据，起始位和终止位至少各占 1 位，实际传送信息的效率最多是80%。在传送大量数据时，为了提高传送信息的效率，采用一个数据块共用一个同步字作为起始位的格式，称为同步通信方式。同步传送方式可以是共用一个同步时钟，也可以用发、收双方规定的同步字来作为数据块的开始和结束。

如果传输链路不复杂，可以对检错设计进行简化，在 UART 协议中，可以不使用奇偶校验，只是在每一帧结尾加上一个简单的校验和。该校验和的生成方式将同步字、帧头、操作码和数据相加，丢掉进位，只保留低 8 位值作为校验和并传送。

3.2　链路层协议算法（Link Protocol Algorithm）

当两个主机进行通信时，应用进程要将数据从应用层逐层往下传，经物理层到达通信线路。通信线路将数据传到远端主机的物理层后，再逐层向上传，最后由应用层交给远程的应用进程。但现在为了把主要精力放在数据链路层的协议上，因此可以用一个简化的模型，即把数据链路层以上的各层用一个主机来代替，而物理层和通信线路则等效成一条简单的链路。数据链路层也可简称为链路层。在发方和收方的链路层分别有一个发送缓冲区和接收缓冲区。若进行全双工通信，则在每一方都要同时设有发送缓冲区和接收缓冲区。缓冲区是必不可少的，这是因为在通信线路上数据是以位流的形式串行传输的，但在计算机内部数据的传输则是以字为单位并行传输的。因此，必须在计算机的内存中设置一定容量的缓冲区，以便解决数据传输速率不一致的矛盾。

3.2.1　可靠性保证及帧校验（Reliability Assurance and Check）

在数据链路层的接收端对所收到的帧进行差错检验是为了不将已经发现了有差错的帧（不管是什么原因造成的）收下来。如果在接收端不进行差错检测，那么接收端上交给主机的帧就可能包括在传输中出了差错的帧，而这样的帧对接收端主机是没有用处的。换言之，接收端进行差错检测的目的是："上交主机的帧都是没有传输差错的，有差错的都已经丢弃了。"或者更加严格地说，应当是："以很接近于 1 的概率认为，凡是上交主机的帧都是没有传输差错的。"

纠错码的编码效率较低，差错控制经常采用检错码＋ARQ(自动重发请求)。循环冗余码 CRC(cyclic redundancy code)是计算机网络中使用最为广泛的检错码，又称为多项式码。

```
           100111
10111 ／10100010000
        10111
        -----
          11010
          10111
          -----
           11010
           10111
           -----
            11010
            10111
            -----
             11010
             10111
             -----
              1101
```

图 3-11　CRC 计算过程

计算原理是：1 个二进制数序列 $K(x)$、1 个生多项式 $G(x)$ 和得到的 1 个余数 $R(x)$，$R(x)$ 作为冗余码，加在原传送数据后面；接收方收到后，将接收序列用同样的生成多项式去除。若相等则表示数据无错，否则说明数据有错误。

计算过程举例：

数据：$K=1010001$。

设 $G=10111$，模 2 运算的结果是：商 $Q=100111$，余数 $R=1101$。

将余数 R 作为冗余码添加在数据 K 的后面发送出去，即发送的数据是 10100011101。

以上计算过程如图 3-11 所示。

将二进制数序列看成是只有 0 和 1 两个系数的一个多项式。被选作除式的多项式称为生成多项式，以下多项式已成为国际标准。

$$\left.\begin{aligned}&\text{CRC-12:} && G(x)=x^{12}+x^{11}+x^{3}+x^{2}+x+1\\&\text{CRC-16:} && G(x)=x^{16}+x^{15}+x^{2}+1\\&\text{CRC-CCITT:} && G(x)=x^{16}+x^{12}+x^{5}+1\\&\text{CRC-32:} && G(x)=x^{32}+x^{26}+x^{23}+x^{22}+x^{16}+x^{12}+x^{11}+x^{10}\\& && \qquad +x^{8}+x^{7}+x^{5}+x^{4}+x^{2}+x+1\end{aligned}\right\}\tag{3-1}$$

CRC 并不能够检测所有的错误，只能检测绝大多数的错误，这对于网络传输来说已经足够了。下面列出了 CRC 能够在网络通信中检测到的错误类型：

(1) 全部单个错；

(2) 全部离散的二位错；

(3) 全部奇数个错；

(4) 全部长度小于或等于 r 的突发错(r 为生成多项式的最高幂次)，以 $1-(1/2)^{r-1}$ 的概率检出长度为 $r+1$ 位的突发错。

CRC 是目前网络通信中用到最多的校验方法。

3.2.2　简单流量控制(Simple Flow Control)

为了使收方的接收缓冲区在任何情况下都不会溢出，在最简单的情况下，就是发方每发送一帧就暂时停下来。收方收到数据帧后就交付给主机，然后发一信息给发送方，表示接收的任务已经完成。这时，发方才再发送下一个数据帧。在这种情况下，收方的接收缓冲区的大小只要能够装得下一个数据帧即可。显然，用这样的方法收发双方能够同步得很好，发方发送数据的流量受收方的控制。由收方控制发方的数据流量，乃是计算机网络中流量控制的一个基本方法。

现将以上具有最简单流量控制的数据链路层协议写成算法如下：

假定：链路是理想的传输信道，即所传送的任何数据既不会出差错也不会丢失。

在发送节点 A：

（1）从主机 A 取一个数据帧；

（2）将数据帧送到数据链路层的发送缓冲区；

（3）将发送缓冲区中的数据帧发送出去；

（4）等待；

（5）若收到由接收节点 B 发过来的信息（此信息的格式与内容可由双方事先商定好），则从主机 A 取一个新的数据帧，然后转到（2）。

在接收节点 B：

（1）等待；

（2）若收到由发送节点 A 发过来的数据帧，则将其放入数据链路层的接收缓冲区；

（3）将接收缓冲区中的数据帧上交主机；

（4）向发送节点 A 发一信息，表示数据帧已经上交给主机 B；

（5）转到（1）。

主机 A 将数据帧连续发出，而不管发送速率有多快，收方总能够跟得上，收到一帧即交付给主机 B。显然，这种完全理想化情况的传输效率是很高的。而由收方控制发方发送速率的情况下，发方每发完一帧就必须停下来，等待收方的信息。这里要指出，由于假定了数据在传输过程中不会出差错，因此收方将数据帧交给主机 B 后向发方主机 A 发送的信息，不需要有任何具体的内容，即不需要说明所收到的数据是正确无误的。这相当于只要发回一个不需要装入任何信件的空信封就能起到流量控制的作用。

3.2.3　停止等待协议（Stop-and-Wait Protocol）

实际上，传输数据的信道不是可靠的（即不能保证所传的数据不产生差错），并且还需要对数据的发送端进行流量控制。

数据在传输过程中不出差错的情况下，收方在收到一个正确的数据帧后，即交付给主机 B，同时向主机 A 发送一个确认帧 ACK，当主机 A 收到确认帧 ACK 后才能发送一个新的数据帧。这样就实现了收方对发方的流量控制。

现在假定数据帧在传输过程中出现了差错。由于通常都在数据帧中加上了循环冗余校验 CRC，所以节点 B 很容易检验出收到的数据帧是否有差错（一般用硬件检验）。当发现差错时，节点 B 就向主机 A 发送一个否认帧 NAK，以表示主机 A 应当重发出现差错的那个数据帧。如多次出现差错，就要多次重发数据帧，直到收到节点 B 发来的确认帧 ACK 为止。为此，在发送端必须暂时保存已发送过的数据帧的副本。当通信线路质量太差时，则主机 A 在重发一定的次数后（如 8 次或 16 次，这要事先设定好），即不再进行重发，而是将此情况向上一层报告。

有时链路上的干扰很严重，或由于其他一些原因，节点 B 收不到节点 A 发来的数据帧，这种情况称为帧丢失。发生帧丢失时节点 B 当然不会向节点 A 发送任何应答帧。如果节点 A 要等收到节点 B 的应答信息后再发送下一个数据帧，那么就将永远等待下去，于是就出现了死锁现象。同理，若节点 B 发过来的应答帧丢失，也会同样出现这种死锁现象。

要解决死锁问题，可在节点 A 发送完一个数据帧时，就启动一个超时定时器，若到了超时定时器所设置的重发时间而仍收不到节点 B 的任何应答帧,则节点 A 就重传前面所发送的这一数据帧。显然,超时定时器设置的重发时间应仔细选择确定。若重发时间选得太短,则在正常情况下也会在对方的应答信息回到发送方之前就过早地重发数据。若重发时间选得太长,则往往要白白等掉许多时间。一般可将重发时间选为略大于"从发完数据帧到收到应答帧所需要的平均时间"。

然而现在问题并没有完全解决。当出现数据帧丢失时,超时重发的确是一个好办法,但是若丢失的是应答帧,则超时重发将使主机 B 收到两个同样的数据帧。由于主机 B 现在无法识别重复的数据帧,因而在主机 B 收到的数据中出现了另一种差错——重复帧。重复帧也是一种不允许出现的差错。

要解决重复帧的问题,必须使每一个数据帧带上不同的发送序号,每发送一个新的数据帧就把它的发送序号加 1。若节点 B 收到发送序号相同的数据帧,就表明出现了重复帧,这时应当丢弃这重复帧,因为已经收到过同样的数据帧并且也交给了主机 B。但应注意,此时节点 B 还必须向节点 A 发送一个确认帧 ACK,因为节点 B 已经知道节点 A 还没有收到上一次发过去的确认帧 ACK。

任何一个编号系统的序号所占用的位数一定是有限的。因此,经过一段时间后,发送序号就会重复。例如,当发送序号占用 3 个位时,就可组成 8 个不同的发送序号,从"000"到"111"。当数据帧的发送序号为"111"时,下一个发送序号就又是"000"。因此,要进行编号就要考虑序号到底要占用多少个位。序号占用的位数越少,数据传输的额外开销就越小。对于停止等待协议,由于每发送一个数据帧就停止等待,因此用一个位来编号就够了。一个位可以有"0"和"1"两种不同的序号。这样,数据帧中的发送序号就以"0"和"1"交替的方式出现在数据帧中。每发一个新的数据帧,发送序号就和上次发送的不一样。用这样的方法,就可以使收方能够区分开新的数据帧和重发的数据帧了,这是一种简单有效的可靠性保证方法。

由于发送端对出错的数据帧重发是自动进行的,所以这种差错控制体制常简称为 ARQ(automatic repeat request),意思是"自动请求重发"。

3.2.4　自动重发请求 ARQ(Automatic Repeat reQuest)

实用的差错控制方法,既要传输时可靠性高,又要信道利用率高,为此可使发送方将要发送的数据帧附加一定的冗余检错码一并发送,接收方则根据检错码对数据帧进行差错检测,若发现错误,就返回请求重发的应答,发送方收到请求重发的应答后便重新传送该数据帧。这种差错控制方法就称为自动重发请求法,简称 ARQ 法。

ARQ 法仅需返回少量控制信息,便可有效地确认所发数据帧是否正确接收。ARQ 法有几种实现方案,空闲重发请求和连续重发请求是其中最基本的两种方案。

1. 空闲重发请求

空闲重发请求方案也称停等法,该方案规定发送方每发送一帧后就要停下来等待接收方的确认返回,仅当接收方确认正确接收后再继续发送下一帧。空闲重发请求方案的实现过程如下:

(1) 发送方每次仅将当前信息帧作为待确认帧保留在缓冲存储器中。

(2) 当发送方开始发送信息帧时,随即启动计时器。

（3）当接收方收到无差错信息帧后，即向发送方返回一个确认帧。

（4）当接收方检测到一个含有差错的信息帧时，便舍弃该帧。

（5）若发送方在规定时间内收到确认帧，即将计时器清零，继而开始下一帧的发送。

（6）若发送方在规定时间内未收到确认帧（即计时器超时），则应重发存于缓冲器中的待确认信息帧。

（7）从以上过程可以看出，空闲重发请求方案的收、发送方仅需设置一个帧的缓冲存储空间，便可有效地实现数据重发并确保接收方接收的数据不会重复。空闲重发请求方案最主要的优点就是所需的缓冲存储空间最小，因此在链路端使用简单终端的环境中被广泛采用。

2. 连续重发请求

连续重发请求方案是指发送方可以连续发送一系列信息帧，即不用等前一帧被确认便可发送下一帧。这就需要在发送方设置一个较大的缓冲存储空间（称做重发表），用以存放若干待确认的信息帧。当发送方收到对某信息帧的确认帧后便可从重发表中将该信息帧删除。所以，连续重发请求方案的链路传输效率大大提高，但相应地需要更大的缓冲存储空间。连续重发请求方案的实现过程如下：

（1）发送方连续发送信息帧而不必等待确认帧的返回；

（2）发送方在重发表中保存所发送的每个帧的备份；

（3）重发表按先进先出（FIFO）队列规则操作；

（4）接收方对每一个正确收到的信息帧返回一个确认帧；

（5）每一个确认帧包含一个唯一的序号，随相应的确认帧返回；

（6）接收方保存一个接收次序表，它包含最后正确收到的信息帧的序号；

（7）当发送方收到相应信息帧的确认后，从重发表中删除该信息帧的备份；

（8）当发送方检测出失序的确认帧（即第 N 号信息帧和第 $N+2$ 号信息帧的确认帧已返回，而第 $N+1$ 号的确认帧未返回）后，便重发未被确认的信息帧。

上面连续重发请求过程是假定在不发生传输差错的情况下描述的，如果差错出现，如何进一步处理还可以有两种策略，即 GO-BACK-N 策略和选择重发策略。实际上，数据链路层的一些传输策略也在网络体系结构中的高层协议隐含着使用。

GO-BACK-N 策略的基本原理是，当接收方检测出失序的信息帧后，要求发送方重发最后一个正确接收的信息帧之后的所有未被确认的帧；或者当发送方发送了 N 个帧后，若发现该 N 个帧的前一个帧在计时器超时后仍未返回其确认信息，则该帧被判为出错或丢失，此时发送方就不得不重新发送出错帧及其后的 N 帧。这就是 GO-BACK-N（退回 N）法名称的由来。因为，对接收方来说，由于这一帧出错，就不能以正常的序号向它的高层递交数据，对其后发送来的 N 个帧也可能都不能接收而丢弃。GO-BACK-N 法操作过程如图 3-12 所示。图中假定发送完 8 号帧后，发现 2 号帧的确认返回在计时器超时后还未收到，则发送方只能退回从 2 号帧开始重发。

GO-BACK-N 可能将已正确传送到目的方的帧再传一遍，这显然是一种浪费。另一种效率更高的策略是当接收方发现某帧出错后，其后继续送来的正确的帧虽然不能立即递交给接收方的高层，但接收方仍可收下来，存放在一个缓冲区中，同时要求发送方重新传送出错的那一帧。一旦收到重新传来的帧后，就将原已存于缓冲区中的其余帧一并按正确的

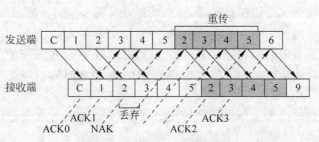

图 3-12　GO-BACK-N 法举例

顺序递交高层。这种方法称为选择重发,其工作过程如图 3-13 所示。图中 2 号帧的否认返回信息 NAK 要求发送方选择重发 2 号帧。显然,选择重发减少了浪费,但要求接收方有足够大的缓冲区空间。

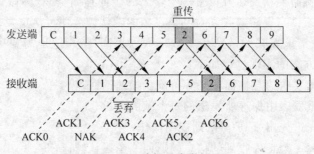

图 3-13　选择重发举例法

3.2.5　流量控制(Flow Control)

流量控制涉及链路上字符或帧的发送速率的控制,以使接收方在接收前的足够的缓冲存储空间来接收每一个字符或帧。下面介绍两种常用的流量控制方案:XON/XOFF 方案和窗口机制。

1. XON/XOFF 方案

增加缓冲存储空间在某种程度上可以缓解收、发双方在传输速率上的差异,但这是一种被动、消极的方法。因为,一方面系统不允许开设过大的缓冲空间,另一方面对于速率显著失配并且又传送大量数据的场合,仍会出现缓冲空间不够的现象。XON/XOFF 方案则是一种相比之下更主动、更积极的流量控制方法。

XON/XOFF 方案中使用一对控制字符来实现流量控制,其中 XON 采用 ASCII 字符集中的控制字符 DC1,XOFF 采用 ASCII 字符集中的控制字符 DC3。当通信线路上的接收方发生过载时,便向发送方发送一个 XOFF 字符,发送方接收 XOFF 字符后便暂停发送数据;等接收方处理完缓冲器中的数据,过载恢复后,再向发送方发送一个 XON 字符,以通知发送方恢复数据发送。在一次数据传输过程中,XOFF、XON 的周期可重复多次,但这些操作对用户来说是透明的。

许多异步数据通信软件包均支持 XON/XOFF 协议。这种方案也可用于计算机向打印机或其他终端设备发送字符,在这种情况下,打印机或终端设备中的控制部件用以控制字符流量。

2. 窗口机制

为了提高信道的有效利用率,如前所述采用了不等待确认帧返回就连续发送若干帧的方案。由于允许连续发送多个未被确认的帧,帧号就需采用多位二进制才能加以区分。因为凡被发出去尚未被确认的帧都可能出错或丢失而要求重发,因而这些帧都要保留下来。这就要求发送方有较大发送缓冲区保留可能要求重发的未被确认帧。

但是缓冲区容量总是有限的,如果接收方不能以发送方的发送速率处理接收到的帧,则还是可能用完缓冲容量而暂时过载。为此,可引入类似于空闲重发请求控制方案的调整措施,其本质是在收到一确定帧之前,对发送方可发送的帧的数目加以限制。这是由发送方调整保留在重发表中的待确认帧的数目来实现的。如果接收方来不及对新到的帧进行处理,则便停发确认信息,此时发送方的重发表就会增长,当达到重发表限度时,发送方就不再发送新帧,直至再次收到确认信息为止。

发送端和接收端分别设定发送窗口和接收窗口,发送端窗口如图 3-14 所示,接收端窗口如图 3-15 所示。发送窗口用来对发送端进行流量控制,发送窗口的大小 W_T 代表在还没有收到对方确认信息的情况下发送端最多可以发送多少个数据帧。接收端设置接收窗口,在接收端只有当收到的数据帧的发送序号落入接收窗口内才允许将该数据帧收下。若接收到的数据帧落在接收窗口之外,则一律将其丢弃。在连续 ARQ 协议中,接收窗口的大小 $W_R=1$。

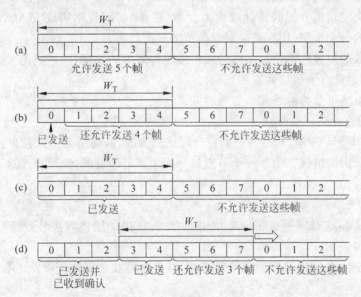

图 3-14 发送端的滑动窗口

只有当收到的帧的序号与接收窗口一致时才能接收该帧;否则,就丢弃它。

每收到一个序号正确的帧,接收窗口就向前(即向右方)滑动一个帧的位置,同时发送对该帧的确认。

滑动窗口的重要特性:只有在接收窗口向前滑动时(与此同时也发送了确认),发送窗口才有可能向前滑动。收发两端的窗口按照以上规律不断地向前滑动,因此这种协议又称为滑动窗口协议。当发送窗口和接收窗口的大小都等于 1 时,就是停止等待协议。

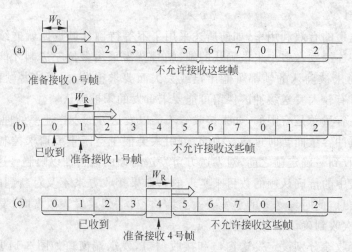

图 3-15　接收端的滑动窗口

3.2.6　信道共享算法(Channel Sharing Algorithm)

基于共享信息的网络可以采用广播和轮询方式进行网内各站点的通信,广播信道也称为多重访问信道或随机访问信道,信道也称为介质或媒体,使用信道发送数据称为介质(媒体)访问,所以决定信道分配的协议就称为介质(媒体)访问控制协议 MAC,可以作为数据链路层上特有的一个子层,用于解决共享信道的分配问题。

由于大多数的局域网都使用多重访问信道作为通信的基础,而广域网大多采用点-点线路,因此下面将讨论有关信道共享的算法。

信道分配策略可分为静态和动态两种方式。

(1) 静态分配。

如 FDM 和同步 TDM,这是一种固定分配信道的方式,适用于用户数少且数量固定、每个用户通信量较大的情况。由于每个节点被分配了固定的资源(频带、时隙),因而不会有冲突发生。

(2) 动态分配。

如异步 TDM,这是一种按需分配信道的方式,适用于用户数多且数量可变、突发通信的情况。

① 竞争方式:各个用户竞争使用信道,不需要取得发送权就可以发送数据。这种方式会产生冲突。

② 无冲突方式:每个用户必须先获得发送权,然后才能发送数据。这种方式不会产生冲突,如预约或轮转方式。

③ 有限竞争方式:以上两种方式的折中。

1. ALOHA 算法

(1) 纯 ALOHA。

任何用户有数据发送就可以发送,每个用户通过监听信道来判断是否发生了冲突,一旦发现有冲突则随机等待一段时间,然后再重新发送。

假设所有帧的长度都相同,且每个帧一产生出来后就立即发送。

帧时:发送一个标准长度的帧所需的时间。

N:每帧时内系统中产生的新帧数目,一般应有 $0<N<1$。

G:每帧时内系统中产生的需要发送的总帧数(包括新帧和重发帧),这就是系统负载。

P_0:发送的帧不产生冲突的概率。

S:系统吞吐量(每帧时内系统能够成功传输的帧数),$S=GP_0$。

在纯 ALOHA 系统中,

$$S = Ge^{-2G} \tag{3-2}$$

当 $G=0.5$ 时,S 达到最大值,为 0.184。

例:1 万个站点正在竞争使用一时分 ALOHA 信道,信道时隙为 $125\mu s$。如果每个站点平均每小时发出 18 次请求,试计算总的信道载荷 G。

解:总信道载荷 G 即每帧时内需要发送的总帧数。

信道每小时的时隙个数为:$3600s/125\mu s=2.88\times10^7$

每小时需发送的帧个数:$18\times10\,000=1.8\times10^5$

由于需发送的帧数小于信道时隙个数,可以全部发送,所以,

$$G=1.8\times10^5/(2.88\times10^7)=0.006\,25。$$

(2) 时分 ALOHA。

将时间分成离散的时间片(slot),每个时间片用来传输一个帧,每个用户只能在一个时间片的开始传送帧,其他与纯 ALOHA 系统同。该系统要求全局时钟同步。

与纯 ALOHA 系统相比,由于每个帧的易损时间区缩小了,冲突的概率减小了,所以系统吞吐量也相应提高了。有

$$S = Ge^{-G} \tag{3-3}$$

当 $G=1$ 时,S 达到最大值,为 0.368。

2. 载波侦听多重访问协议(CSMA)

ALOHA 系统吞吐量低的原因是,每个用户可以自由发送数据,而不管其他用户当前是否正在发送。要求每个用户在发送数据前先监听信道,仅当信道空闲时才允许发送数据,这样可以减少冲突的概率,从而提高系统的吞吐量,这一类协议就是 CSMA 协议。

(1) "1-坚持"CSMA。

站点在发送数据前先监听信道,若信道忙则坚持监听直至发现信道空闲,一旦信道空闲立即发送数据,发现冲突后随机等待一段时间,然后重新开始监听信道。

该协议虽然在发送数据前先监听信道,且在信道空闲后再发送数据,但仍有可能发生冲突。发生冲突的原因是:信号传播延迟不可忽略,检测到信道空闲也有可能是已经发出的数据还没有到达,这样还会发生冲突。因而该协议适合于规模较小和负载较轻的网络。

(2) 非坚持 CSMA。

站点在发送数据前先监听信道,若信道忙则放弃监听,等待一个随机时间后再监听,若信道空闲则发送数据,出现冲突则随机等待一段时间,再重新监听信道。

"非坚持"CSMA 的信道利用率高于"1-坚持"CSMA,但延迟特性要差一些。

(3) "p-坚持"CSMA。

该协议适用于时分信道。站点在发送数据前先监听信道,若信道忙则等到下一个时间片再监听,若信道空闲则以概率 p 发送数据,以概率 $1-p$ 将发送推迟到下一个时间片。如

果下一个时间片信道仍然空闲,则仍以概率 p 发送,以概率 $1-p$ 将发送推迟到下一个时间片。此过程一直重复,直至发送成功或另一个用户开始发送(检测到信道忙)。若发生后一种情况,该站的动作与发生冲突时一样,即等待一个随机时间后重新开始。

"p-坚持"CSMA 试图在"1-坚持"CSMA 和非坚持 CSMA 间取得性能的折中。影响协议性能的关键在于 p 的选择,p 过小会无谓地增加延迟,p 过大则性能接近"1-坚持"CSMA。

3. 无冲突协议(collision-free protocols)

(1) 位图协议。

该协议的本质是要求站点在发送前先进行预约,然后在预约的时间里发送数据,该协议不会产生冲突。

(2) 二进制相加。

每个站发送数据前先发送其二进制地址(长度都相等),这些地址在信道中被线性相加,协议选择其中地址最高的站作为胜出者,允许其继续发送数据。

4. 有限竞争协议(limited compete protocol)

竞争协议在轻负载下可以获得良好的延迟特性,但重负载下由于冲突增加信道利用率不高;无冲突协议在重负载下可以获得很高的信道利用率,但轻负载下由于要等待发送权而延迟特性不好。有限竞争协议试图结合以上两类协议的优点和克服各自的缺点,使得在轻负载时使用竞争方式减小延迟,而在重负载时使用无冲突方法提高信道利用率,但增加了协议的复杂性。

其基本思想是对用户进行动态分组,每个时隙内只允许一个组的用户竞争信道,通过减少在同一个时隙内竞争信道的用户数来提高竞争成功的概率。组的大小随系统负载的变化而动态调整,负载越轻,组越大,极端情况是所有用户在一个组内,退化为竞争协议;反过来,负载越重,组越小,极端情况是每个组内只有一个用户,退化为无冲突协议。最佳的分组情况是,每个组内平均只有一个用户竞争信道。显然,这一类协议的关键就在于如何根据负载的情况自适应调整用户的分组。

5. 自适应树搜索协议(adaptive tree search protocol)

协议的基本思想是将所有站点组织在一棵二叉树中(站点在树叶上),从树根开始,首先将一个时隙分配给树根(即树根下的所有站点都可以在该时隙竞争信道);如果发生冲突,则按深度优先法,从左到右递归地搜索该节点的子节点(即将下一个时隙分配给搜索到的子节点);如果时隙空闲或者只有一个站点发送(发送成功),则停止搜索该节点。该过程不断重复,直至将整棵树搜索一遍,然后从树根开始新一轮的搜索。

该协议的改进算法:根据系统负载情况,动态地决定从哪一个节点开始往下搜索,可以快速地找到所需要的节点。

6. 波分多重访问协议(WDMA)

在无源星型网络中,来自每个站点的两根光纤被熔合在一起,形成一个玻璃柱,一根光纤向玻璃柱输入,另一根光纤从玻璃柱输出。任何站点产生的输出都会照亮玻璃柱,从而被其他所有的站点检测到。

为了能够允许多个站点同时发送,每个站点必须使用不同的波长,因而将光谱划分成不同的波长段(称信道)。在波分多重访问协议(WDMA)中,每个站点分配了两个信道,窄信道用作控制信道,宽信道作为数据信道。控制信道由其他站向本站发出通知,而数据信道由本站向其他站输出数据。

为了与多个站点通信,每个信道都采用时分多路复用的方法划分成时隙,一定数量的时隙组成时隙组。控制信道和数据信道的时隙组可以包含不同的时隙数,如控制信道的时隙数为 m,数据信道的时隙数为 $n+1$,其中 n 个时隙用于传数据,最后一个时隙用来报告站点的状态,主要是报告在两条信道中哪些时隙是空闲的。在两条信道中,时隙序列不断循环,时隙 0 有特殊的标记可以被识别出来。所有信道使用一个全局时钟进行同步。

每个站监听本站的控制信道,同时在本站的数据信道上向其他站发送数据。显然,当一个站要向其他站发送控制报文时,必须将发送波长调整到目的站的控制信道上,而要从其他站接收数据报文时,必须将接收波长调整到源站的数据信道上。因此,每个站点有两个发送端和两个接收端,它们分别如下:

(1) 一个波长固定不变的接收端,用来监听本站的控制信道;

(2) 一个波长可调的发送端,用于向其他站点的控制信道发送报文;

(3) 一个波长固定不变的发送端,用于在本站的数据信道上输出数据帧;

(4) 一个波长可调的接收端,用于从选定站点的数据信道上接收数据。

WDMA 支持 3 种类型的通信:恒定速率的面向连接通信、可变速率的面向连接通信和数据报通信(不可靠无连接)。

(1) 数据报通信。

① 当 A 想向 B 发送数据时,A 首先监听 B 的数据信道,等待 B 的状态时隙到来;

② 从 B 的状态时隙可以获知 B 的控制信道中哪些时隙是空闲的,A 从中选择一个空闲的时隙向 B 发送一个通知,告诉 B 在 A 的数据信道的哪个时隙中有给 B 的数据;

③ 若 B 在指定的时隙里空闲,则在该时隙到来时将接收波长调整到 A 的数据信道,就可以收到 A 发给 B 的数据;

④ 如果 A 和 C 选择了同一个空闲时隙向 B 发送通知,则两者都会失败;

⑤ 若 A 和 C 选择了相同的时隙向 B 发送数据,则 B 只能从中选择一个站来接收,另一个站的数据丢失。

(2) 面向连接的通信。

① 若 A 希望与 B 建立一个连接,A 首先监听 B 的数据信道,等待 B 的状态时隙到来。

② A 从 B 的空闲时隙中选择一个,将连接请求报文插入其中。

③ 若 B 同意建立连接,它将该时隙分配给 A,并在控制信道的状态时隙中加以声明。

④ 当 A 看到该声明后,就知道一个单向连接建立起来了;若 A 希望建立一个双向连接,则 B 将对 A 重复同样的算法。

⑤ 若 A 和 C 选择了相同的空闲时隙向 B 发送连接请求,则两者都会失败,A 和 C 通过监听 B 的状态时隙就可以知道这一点,它们会随机等待一个时间再试。

⑥ 当连接建立起来后,A 就可以在分配给它的控制时隙中向 B 发送控制报文,告知给 B 的数据将在哪个数据时隙中发送。

为了获得恒定的数据速率,A 可以向 B 请求在一个固定的数据时隙发送数据,如果 B

同意就建立了一条保证带宽的连接,若该时隙不空,A 还可以再请求另一个数据时隙。

3.3 传统的链路层协议 HDLC 和 PPP
（Traditional Link-Layer Protocol）

3.3.1 面向比特的同步协议 HDLC（Bit-Oriented Synchronous Protocols）

作为 ISO 的标准,高级数据链路控制规程（high-level data link control,HDLC）协议在网络发展的早期应用广泛,是一种面向比特的同步控制协议。HDLC 具有以下特点:协议不依赖于任何一种字符编码集;数据报文可透明传输,用于实现透明传输的"0 比特插入法"易于硬件实现;全双工通信,不必等待确认便可连续发送数据,有较高的数据链路传输效率;所有帧均采用 CRC 校验,对信息帧进行顺序编号,可防止漏收或重发,传输可靠性高;传输控制功能与处理功能分离,具有较大的灵活性。

1. HDLC 的操作方式

HDLC 是通用的数据链路控制协议,在开始建立数据链路时,允许选用特定的操作方式。所谓操作方式,通俗地讲就是某站点是以主站方式操作还是以从站方式操作,或者是二者兼备。链路上用于控制目的的站称为主站,其他的受主站控制的站称为从站。主站对数据流进行组织,并且对链路上的差错实施恢复。由主站发往从站的帧称为命令帧,而将从站返回主站的帧称为响应帧。连接多个站点的链路通常使用轮询技术,轮询其他站的站称为主站,而在点-点链路中每个站均可为主站。主站需要比从站有更多的逻辑功能,所以当终端与主机相连时,主机一般总是主站。在一个站连接多个链路的情况下,该站对于一些链路而言可能是主站,而对于一些链路而言又可能是从站。有些站可兼备主站和从站的功能,这种站称为组合站,用于组合站之间信息传输的协议是对称的,即在链路上主、从站具有同样的传输控制功能,这又称做平衡操作。相对的,那种操作时有主站、从站之分的,且各自功能不同的操作,称为非平衡操作。

HDLC 中常有的操作方式有以下三种:

（1）正常响应方式（normal responses mode,NRM）。

这是一非平衡数据链路方式,有时也称非平衡正常响应方式。该操作方式适用于面向终端的点到点或一点到多点的链路。在这种操作方式中,传输过程由主站启动,从站只有收到主站某个命令帧后,才能做出响应向主站传输信息。响应信息可以由一个或多个帧组成,若信息由多个帧组成,则应指出哪一个是最后一帧。主站负责整个链路,且具有轮询、选择从站及向从站发送命令的权利,同时也负责对超时、重发及各类恢复操作的控制。

（2）异步响应方式（asynchronous responses mode,ARM）。

这也是一种非平衡数据链路操作方式,与 NRM 不同的是,ARM 下的传输过程由从站启动。从站主动地发送给主站的一个或一组帧中可包含有信息,也可以是仅以控制为目的而发的帧。这种操作方式下,由从站来控制超时和重发。该方式对采用轮询方式的多站链路来说是必不可少的。

（3）异步平衡方式（asynchronous balanced mode,ABM）。

这是一种允许任何节点来启动传输的操作方式。为了提高链路传输效率,节点之间在两个方向上都需要有较高的信息传输量。在这种操作方式下,任何时候任何站点都能启动传输操作,每个站点既可作为主站又可作为从站,即每个站都是组合站。各站都有相同的一组协议,任何站点都可以发送或接收命令,也可以给出应答,并且各站对差错恢复过程都负有相同的责任。

2. HDLC 的帧格式

在 HDLC 中,数据和控制报文均以帧的标准格式传送。HDLC 中命令和响应以统一的格式按帧传输。完整的 HDLC 帧由标志字段(F)、地址字段(A)、控制字段(C)、信息字段(I)、帧校验序列字段(FCS)等组成,其格式如表 3-2 所示。

表 3-2　HDLC 帧格式

标　志	地　址	控　制	信　息	帧校验序列	标　志
F	A	C	I	FCS	F
01111110	8 位	8 位	N 位	16 位	01111110

(1) 标志字段(F)。

标志字段 01111110 的比特模式,用以标志帧的起始和前一帧的终止。通常,在不进行帧传送的时刻,信道仍处于激活状态。标志字段也可以作为帧与帧之间的填充字符。在这种状态下,发送方不断地发送标志字段,而接收方则检测每一个收到的标志字段,一旦发现某个标志字段后面不再是一个标志字段,便可认为一个新的帧传送已经开始。采用"0 比特插入法"可以实现数据的透明传输,该法在发送端检测出标志码以外的所有字段,若发现连续 5 个"1"出现时,便在其后添插 1 个"0",然后继续发送后面的比特流;在接收端同样检测除标志码以外所有字段,若发现连续 5 个"1"后是"0",则将其删除以恢复比特流的原貌。

(2) 地址字段(A)。

地址字段的内容取决于所采用的操作方式。在操作方式中,有主站、从站、组合站之分,每一个从站和组合站都被分配一个唯一地址。命令帧中的地址字段携带的是对方站地址,而响应帧中的地址字段所携带的是本站地址。某一地址也可分配给不止一个站,这种地址称为组地址,利用一个组地址传输的帧能被组内所有拥有该组地址的站接收,但当一个从站或组合站发送响应时,仍应当用它唯一的地址。还可以用全"1"地址来表示包含所有站的地址,这种地址称为广播地址,含有广播地址的帧传送给链路上所有的站。另外,还规定全"0"地址为无站地址,这种地址不分配给任何站,仅用作测试。

(3) 控制字段(C)。

控制字段用于构成各种命令和响应,以便对链路进行监视和控制。发送方主站或组合站利用控制字段来通知被寻址的从站或组合站执行约定的操作;相反,从站用该字段作为对命令的响应,报告已完成的操作或状态的变化。该字段是 HDLC 的关键。

(4) 信息字段(I)。

信息字段可以是任意的二进制比特串。比特串长度未做严格限定,其上限由 FCS 字段或站点的缓冲器容量来确定,目前用得较多的是 1000～2000 比特;而下限可以为 0,即无信息字段。但是,监控帧(S 帧)中规定不可有信息字段。

(5) 帧校验序列字段(FCS)。

帧校验序列字段可以使用 16 位 CRC,对两个标志字段之间的整个帧的内容进行校验。

FCS 的生成多项式由 CCITT V. 41 建议规定为 $x^{16}+x^{12}+x^5+1$。

3.3.2 点到点协议 PPP 帧（PPP Protocol）

传统的电话线用户接入 Internet 时，除了物理层的调制解调器外，还需要数据链路层协议，其中最为广泛的是点对点协议 PPP（point to point protocol），其标准参考：RFC-1661、RFC-1662 和 RFC-1663。

1. PPP 协议组成（PPP protocol form）

PPP 协议有三个组成部分：

（1）一个将 IP 数据报封到串行链路的方法。

PPP 既支持异步链路（无奇偶校验的 8 比特数据），也支持面向比特的同步链路。

（2）一个用来建立、配置和测试数据链路的链路控制协议（link control protocol，LCP）。通信的双方可协商一些选项。在 RFC 1661 中定义了 11 种类型的 LCP 分组。

（3）一套网络控制协议（network control protocol，NCP）。

它支持不同的网络层协议，如 IP、OSI 的网络层、DECnet、AppleTalk 等。

2. PPP 帧格式（PPP frame format）

PPP 帧格式和 HDLC 帧格式相似，如图 3-16 所示。二者的主要区别为：PPP 是面向字符的，而 HDLC 是面向比特的。

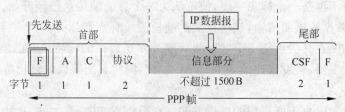

PPP 有一个 2B 的协议字段。
(1) 当协议字段为 00000000 00100001 时，PPP 帧的信息字段就是 IP 数据报；
(2) 若为 11000000 00100001，则信息字段是 PPP 链路控制数据；
(3) 若为 10000000 00100001，则表示这是网络控制数据。

图 3-16　PPP 帧格式

可以看出，PPP 帧的前 3 个字段和最后两个字段与 HDLC 的格式是一样的。标志字段 F 为 0x7E，但地址字段 A 和控制字段 C 都是固定不变的，分别为 0xFF、0x03。PPP 协议不是面向比特的，因而所有的 PPP 帧长度都是整数个字节。

它与 HDLC 不同的是多了 2B 的协议字段。协议字段不同，后面的信息字段类型就不同，如：

0x0021——信息字段是 IP 数据报；

0xC021——信息字段是链路控制数据 LCP；

0x8021——信息字段是网络控制数据 NCP；

0xC023——信息字段是安全性认证 PAP；

0xC223——信息字段是安全性认证 CHAP。

当信息字段中出现和标志字段一样的比特 0x7E 时，就必须采取一些措施。因 PPP 协议是面向字符型的，所以它不能采用 HDLC 所使用的零比特插入法，而是使用一种特殊的字符填充。具体的做法是将信息字段中出现的每一个 0x7E 字节转变成 2B 序列（0x7D, 0x5E）。若信息字段中出现一个 0x7D 的字节，则将其转变成 2B 序列（0x7D,0x5D）。若信息字段中出现 ASCII 码的控制字符，则在该字符前面要加入一个 0x7D 字节。这样做的目的是防止这些表面上的 ASCII 码控制字符被错误地解释为控制字符。

3. PPP 链路工作过程（PPP datalink work process）

当用户拨号接入 ISP 时，路由器的调制解调器对拨号做出应答，并建立一条物理连接。这时 PC 向路由器发送一系列的 LCP 分组（封装成多个 PPP 帧）。这些分组及其响应选择了将要使用的一些 PPP 参数，接着就进行网络层培植，NCP 给新接入的 PC 分配一个临时的 IP 地址，这样 PC 就成为 Internet 上一个主机了。

当用户通信完毕时，NCP 释放网络层连接，收回原来分配出去的 IP 地址。接着 LCP 释放数据链路层连接，最后释放的是物理层的连接。

上述过程可用图 3-17 来描述。

当线路处于静止状态时，并不存在物理层的连接。当检测到调制解调器的载波信号，并建立物理层连接后，线路就进入建立状态，这时 LCP 开始协商一些选项。协商结束后就进入鉴别状态。若通信的双方鉴别身份成功，则进入网络状态。NCP 配置网络层，分配 IP 地址，然后就进入可进行数据通信的打开状态。数据传输结束后就转到终止状态。载波停止后则回到静止状态。

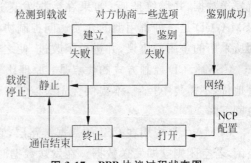

图 3-17　PPP 协议过程状态图

3.4　CSMA/CD 协议（Carrier Sense Multiple Access/Collision Detect）

3.4.1　IEEE 802.3 标准（Standard）

局域网是将小范围内的计算机等设备互联在一起的通信网。一般来说，局域网具有以下特点：

（1）为一个单位所拥有，且地理范围和站点数目均有限；

（2）所有的站共享较高的总带宽（即较高的数据传输速率）；

（3）较低的延时和较低的误码率；

（4）各站为平等关系而不是主从关系；

（5）能进行广播（一站向其他所有站发送）或组播（一站向多个站发送）。

美国电气和电子工程师学会 IEEE 在制定局域网标准中起了很大的作用。许多 IEEE 802 标准已成为 ISO 国际标准。

IEEE 802.3 局域网是一种基带总线局域网，最初是施乐（Xerox）公司的 Palo Alto 研究中心（简称为 PARC）于 1975 年研制成功的。它以无源的电缆作为总线来传送数据帧，并以曾经在历史上表示传播电磁波的以太（Ether）来命名。1981 年，施乐公司与数字装备公司

(DEC)以及英特尔(Intel)公司合作,联合提出了以太网的规范,即 DIX Ethernet V2,成为世界上第一个局域网产品的规范(DIX 是这三个公司名称的缩写)。

网卡是一个关键性的部件。在网卡上有微处理器和许多大规模集成电路芯片。随着集成度的提高,网卡上面芯片的数目也不断减少。从局域网的参考模型来看,网卡主要实现的是 MAC 子层和物理层的功能。

3.4.2 CSMA/CD 协议算法(Protocol)

CSMA/CD(carrier sense multiple access/collision detect)即载波监听多路访问/冲突检测方法。在以太网中,所有的节点共享传输介质。如何保证传输介质有序、高效地为许多节点提供传输服务,就是以太网的介质访问控制协议要解决的问题。CSMA/CD 是带有冲突检测的 CSMA,其基本思想是:当一个节点要发送数据时,首先监听信道;如果信道空闲就发送数据,并继续监听;如果在数据发送过程中监听到了冲突,则立刻停止数据发送。CSMA/CD 是一种争用型的介质访问控制协议。它起源于美国夏威夷大学开发的 ALOHA 网所采用的争用型协议,并进行了改进,使之具有比 ALOHA 协议更高的介质利用率。

CSMA/CD 控制方式的优点是:原理比较简单,技术上易实现,网络中各工作站处于平等地位,不需集中控制,不提供优先级控制。但在网络负载增大时,发送时间增长,发送效率急剧下降。

CSMA/CD 应用在 OSI 的数据链路层,它的工作原理是:发送数据前先监听信道是否空闲,若空闲则立即发送数据。在发送数据时,边发送边继续监听。若监听到冲突,则立即停止发送数据。等待一段随机时间,再重新尝试。

1. CSMA/CD 控制过程

CSMA/CD 控制过程的核心问题:解决在公共通道上以广播方式传送数据中可能出现的问题(主要是数据碰撞问题)。控制过程包含四个处理内容:侦听、发送、检测、冲突处理。其算法过程如图 3-18 所示。

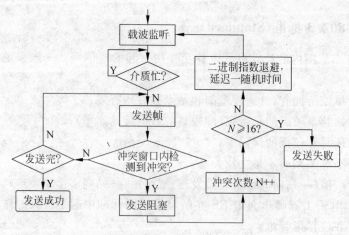

图 3-18 CSMA/CD 算法过程

(1) 侦听

通过专门的检测机构,在站点准备发送前先侦听一下总线上是否有数据正在传送(线路是否忙）。

若"忙"则进入后述的"退避"处理程序，进一步反复进行侦听工作。

若"闲"，则根据一定的算法（"X坚持"算法）决定如何发送。

（2）发送

当确定要发送后，通过发送机构向总线发送数据。

（3）检测

数据发送后，也可能发生数据碰撞。因此，要对数据边发送，边接收，以判断是否冲突了。

（4）冲突处理

当确认发生冲突后，进入冲突处理程序。有两种冲突情况：

① 侦听中发现线路忙。

② 发送过程中发现数据碰撞。

③ 若在侦听中发现线路忙，则等待一个延时后再次侦听，若仍然忙，则继续延迟等待，一直到可以发送为止。每次延时的时间不一致，由退避算法确定延时值。

④ 若发送过程中发现数据碰撞，先发送阻塞信息，强化冲突，再进行侦听工作，以待下次重新发送（方法同（1））。

2．退避算法

上述两种冲突情况都会涉及一个共同算法——退避算法。

（1）退避算法：当出现线路冲突时，如果冲突的各站点都采用同样的退避间隔时间，则很容易产生二次、三次的碰撞。因此，要求各个站点的退避间隔时间具有差异性。这要求通过退避算法来实现。

截断的二进制指数退避算法（退避算法之一）：

当一个站点发现线路忙时，要等待一个延时时间 M，然后再进行侦听工作。延时时间 M 由以下算法决定：

$$M = 2^{\min\{n,16\}} \text{（ms）} \tag{3-4}$$

其中，n 表示连续侦听的次数（记数值）。该表达式的含义是：第一次延迟 2ms，再冲突则延迟 2^2ms，以后每次连续的冲突次数记数都比前一次增加一倍的延迟时间，但最长的延迟时间不超过 2^{16}ms，即超过 16 次做特殊处理。

（2）特殊阻塞信息：是一组特殊数据信息。在发送数据后发现冲突时，立即发送特殊阻塞信息（连续几个字节的全"1"），以强化冲突信号，使线路上站点可以尽早探测得到冲突的信号，从而减少造成新冲突的可能性。

（3）冲突检测时间 $\geq 2\alpha$：α 表示网络中最远两个站点的传输线路延迟时间。该式表示检测时间必须保证最远站点发出数据产生冲突后被对方感知的最短时间。在 2α 时间里没有感知冲突，则保证发出的数据没有产生冲突。（要保证检测 2α 时间，没有必要整个发送过程都进行检测。）

（4）"X-坚持"的 CSMA 算法：当在侦听中发现线路空闲时，不一定马上发送数据，而采用"X-坚持"的 CSMA 算法决定如何进行数据发送。

三种算法及特点：

① "非坚持"的 CSMA：线路忙，等待一段时间，再侦听；不忙时，立即发送；减少冲突，

信道利用率降低。

②"1-坚持"的 CSMA：线路忙，继续侦听；不忙时，立即发送；提高信道利用率，增大冲突。

③"p-坚持"的 CSMA：线路忙，继续侦听；不忙时，根据 p 概率进行发送，另外的 1−p 概率为继续侦听，有效平衡，但复杂。

冲突检测的方法很多，通常以硬件技术实现。一种方法是比较接收到的信号的电压大小，只要接收到的信号的电压摆动值超过某一门限值，就可以认为发生了冲突。另一种方法是在发送帧的同时进行接收，将收到的信号逐比特地与发送的信号相比较，如果有不符合的，就说明出现了冲突。等待一段随机的时间后，重新开始尝试发送数据。

3.4.3　MAC 帧的有效性（Effectiveness of MAC Frame）

802.3 标准规定凡出现下列情况之一的即为无效的 MAC 帧：

(1) 帧的长度与数据长度字段不一致；

(2) 帧的长度不是整数个字节；

(3) 用收到的帧校验序列 FCS 查出有差错；

(4) 收到的帧的长度小于规定的最小值。

对于无效的 MAC 帧就不交给 LLC 子层。但是，可以将出现无效的 MAC 帧的情况通知网络管理。MAC 帧的数据字段长度的最小值是 46B。当 LLC 帧的长度小于此值时，则应加以填充（内容不限）。这样，MAC 帧的最小长度是 64B，或 512b。

CSMA/CD 冲突避免的方法：先听后发、边听边发、随机延迟后重发，一旦发生冲突，必须让每台主机都能检测到。关于最小发送间隙和最小帧长的规定也是为了避免冲突。考虑如下的情况（见图 3-19）：主机发送的帧很小，而两台冲突主机相距很远。在主机 A 发送的帧传输到 B 的前一刻，B 开始发送帧（A 先发送，B 后发送）。这样，当 A 的帧到达 B 时，B 检测到冲突，于是发送冲突信号。假如在 B 的冲突信号传输到 A 之前，A 的帧已经发送完毕，那么 A 将检测不到冲突而误认为已发送成功。由于信号传播是有时延的，因此检测冲突也需要一定的时间。这也是为什么必须有个最小帧长的限制的原因。

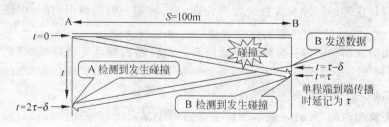

图 3-19　采用 CSMA/CD 协议的站点碰撞

1. 碰撞槽时间

假设总线媒体长度为 S(m)，帧在媒体上的传播速度为 $0.7c$($c=3\times10^8$m/s，光速)，网络的传输速率为 R(bps)，帧长为 L 比特，T_p 为主机的物理层时延（秒），T_r 为中继器的时延，n 为所经过的中继器数量；碰撞槽时间为 T_s，可以转换成最小帧长度 L_{min} 比特。则有

$$T_s = 2S/0.7c + 2T_p + nT_r \tag{3-5}$$

$$L_{\min} = T_s \times R = (2S/0.7c + 2T_p + nT_r) \times R \tag{3-6}$$

2S 表示发送到最远端并收到碰撞信号后的传输距离(一个来回),$2T_p$ 表示发送和接收都有物理层的时延。

2. 标准以太网(10Mbps)时隙计算

按照标准,10Mbps 以太网采用中继器时,连接的最大长度是 2500m,最多经过 4 个中继器,取物理层时延 $T_p = 13.7\mu s$,中继器的时延 $T_r = 0$;则对 10Mbps 以太网($R = 10^6 bps$)一帧的最小发送时间为

$$T_s = 2 \times 2500/(0.7 \times 3 \times 10^8) + 2 \times 13.7 \times 10^{-6} = 51.2(\mu s) \tag{3-7}$$

这段时间所能传输的数据为

$$L_{\min} = T_s \times R = 51.2 \times 10^{-6} \times 10 \times 10^6 = 512(b) \tag{3-8}$$

因此也称该时间为 512b 时。这个时间定义为以太网时隙,或冲突时槽。512b = 64B,这就是以太网帧最小 64B 的原因,512b 时是主机捕获信道的时间。如果某主机发送一个帧的 64B 仍无冲突,以后也就不会再发生冲突了,称此主机捕获了信道。

由于信道是所有主机共享的,如果数据帧太长就会出现有的主机长时间不能发送数据,而且有的发送数据可能超出接收端的缓冲区大小,造成缓冲溢出。为避免单一主机占用信道时间过长,规定了以太网帧的最大帧长为 1500B。

MAC 子层的标准还规定了两个帧之间的最小间隔为 $9.6\mu s$,相当于 96b 的发送时间。这就是说。一个站在检测到总线开始空闲后,还要等待 $9.6\mu s$ 才能发送数据。这样做是为了使刚刚收到数据帧的站的接收缓冲区来得及清理,做好接收下一帧的准备。

3. 快速以太网(100Mbps)时隙计算

规定 100Mbps 以太网的时隙仍为 512b 时,因此 100Mbps 以太网规定一帧的最小发送时间为

$$T_s = L_{\min}/R = (512/100) \times 10^6 = 5.12(\mu s) \tag{3-9}$$

4. 千兆以太网(1Gbps)时隙计算

1Gbps 以太网的时隙增至 512b,即 4096 位时,因此 1Gbps 以太网规定一帧的最小发送时间为

$$T_s = L_{\min}/R = 4096/10^9 = 4.096(\mu s) \tag{3-10}$$

在接收端,凡长度不够的帧都认为是可以丢弃的无效帧。

在以上 CSMA 协议中,如果站点在发送的过程中检测到冲突后立即停止冲突帧的发送,就称为带有冲突检测的 CSMA,即 CSMA/CD,它可以节省时间和带宽。CSMA/CD 是以太网采用的介质访问控制方法。

CSMA/CD 改进其他 CSMA 协议的地方是,当发送节点检测到冲突后立即停止发送,并进入冲突解决过程。也就是说,仅当检测到冲突时仍未结束发送,才能节省时间和带宽。节点从开始发送至检测到冲突,所需的最长时间等于信号在相距最远的两个节点之间的来回传输时间(2τ)。冲突的检测是通过将监听到的信号与发送出去的信号相比较而实现的,因此物理层上需要使用便于检测冲突的信号编码方案。

为使发送节点在未发完时就能检测到可能的冲突,帧的发送时间应足够长,而信号传播时间应较短。换句话说,当信道很长(单程端到端传播时延 τ 很大)而帧传输时间很短(如帧很短或数据速率很高)时,CSMA/CD 协议的性能并不好。

3.5 CSMA/CA 协议（CSMA/CA Protocol）

作为全球公认的局域网权威，IEEE 802 工作组在经过了 7 年的工作以后，于 1997 年发布了 802.11 协议，这也是在无线局域网领域内的第一个在国际上被认可的协议。1999 年 9 月，又提出了 802.11b 高速率协议进行补充，802.11b 在 802.11 的 1Mbps 和 2Mbps 速率下又增加了 5.5Mbps 和 11Mbps 两个新的网络吞吐速率，后来又演进到 802.11g 的 54Mbps，直至 802.11n 的 108～300Mbps。

利用 802.11，移动用户能够获得同 Ethernet 一样的性能、网络吞吐率、可用性。这个基于标准的技术使得用户可以根据环境选择合适的局域网技术来构造自己的网络，满足自己的需求。和其他 IEEE 802 标准一样，802.11 协议主要工作在 ISO 协议的最低两层上，也就是物理层和数字链路层。任何局域网的应用程序、网络操作系统或者像 TCP/IP 都能够在 802.11 协议上兼容运行，就像它们运行在 802.3 Ethernet 上一样。

802.11 的基本结构、特性和服务都在 802.11 标准中进行了定义，802.11 协议主要在物理层上进行了一些改动，加入了高速数字传输的特性和连接的稳定性。802.11 的数据链路层由两个子层构成：逻辑链路层 LLC 和媒体控制层 MAC。802.11 使用和 802.2 完全相同的 LLC 子层和 802 协议中的 48 位 MAC 地址，这使得无线和有线之间的桥接非常方便。但是 MAC 地址只对无线局域网唯一。

802.11 的 MAC 和 802.3 协议的 MAC 非常相似，都是在一个共享媒体之上支持多个用户共享资源，由发送者在发送数据前先进行网络的可用性检测。在 802.3 协议中，是由一种称为 CSMA/CD 的协议来完成调节，这个协议解决了在 Ethernet 上的各个工作站如何在线缆上进行传输的问题，利用它检测和避免当两个或两个以上的网络设备需要进行数据传送时网络上的冲突。为了尽可能避免冲突，要进一步改进 CSMA，设计了 CSMA/CA (carrier sense multiple access with collision avoidance)。

3.5.1 IEEE 802.11 的工作方式（Working Method）

其基本思想是让发送方激励接收方发送一个短帧，让接收站周围的站点都检测到这个帧，从而这些站在即将到来的一段时间里不向接收站发送。在这里有 3 种帧：数据帧、RTS 帧（request to send，请求发送帧）和 CTS 帧（clear to send，清除发送帧）。过程如图 3-20 所示。

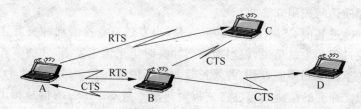

图 3-20 802.11 的发送和接收过程

（1）若 A 想向 B 发送一个数据帧，A 首先向 B 发送一个 RTS 帧，该帧给出了后继数据帧的长度。

(2) B 收到后回复一个 CTS 帧,CTS 帧中也给出数据帧的长度。

(3) A 收到 CTS 帧后就可以发送。

(4) 在此过程中,若 A 周围的站监听到了 A 的 RTS 帧,它们会在随后的一段时间内保持沉默,以便让 A 无冲突地收到 CTS 帧;而 B 周围的站监听到了 B 的 CTS 帧后,也会在随后的一段时间(由 CTS 帧中的数据长度决定)内保持沉默,从而让 B 能够无冲突地收到 A 发送的数据帧;若 B 和 C 同时向 A 发送 RTS 帧,则会产生冲突,这时不成功的发送方会随机等待一段时间后再重试。

IEEE 802.11 DCF(distributed coordination function,分布式协调功能)是无线局域网中的标准协议,基于载波检测机制。DCF 帧间隔 DIFS(DCF interframe space)是在进行 DCF 竞争式传输功能时,工作站传送帧前所必须等待的时间。最小帧间隔 SIFS(short interframe space)是固定值,对于 802.11g 来说是 $10\mu s$。CSMA/CA 利用 ACK 信号来避免冲突的发生,也就是说,只有当客户端收到网络上返回的 ACK 信号后才确认送出的数据已经正确到达目的地,如图 3-21 所示。NAV 即网络分配向量,指出了信道处于忙状态的持续时间。

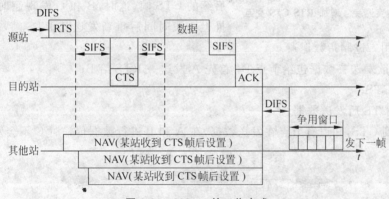

图 3-21 802.11 的工作方式

CSMA/CA 协议的工作流程是:一个工作站希望在无线网络中传送数据,如果没有探测到网络中正在传送数据,则附加等待一段时间,再随机选择一个时间片继续探测,如果无线网路中仍旧没有活动的话,就将数据发送出去。接收端的工作站如果收到发送端送出的完整数据,则回发一个 ACK 确认数据报;如果这个 ACK 确认数据报被接收端收到,则这个数据发送过程完成;如果发送端没有收到 ACK 确认数据报,则或者发送的数据没有被完整地收到,或者 ACK 信号的发送失败。不管是哪种现象发生,数据报都在发送端等待一段时间后被重传。

3.5.2 IEEE 802.11 数据链路层冲突避免(Data Link Layer Collision Avoidance)

1. CSMA/CA 协议的改进

CSMA/CA 是带冲突避免的载波监听多路访问协议,而在上一节讲过的 CAMA/CD 是带冲突检测的载波监听多路访问协议,两者最重要的区别就在于 CD 是发生冲突后及时检测,而 CA 是发送信号前采取措施避免冲突。下面介绍 CSMA/CA 是如何改进和针对新出现问题的解决办法。

（1）信道预约。

（2）发送站：发出短的 RTS 帧预约信道。

（3）接收站：应答短的 CTS 帧同意预约。

（4）CTS 为发送站保留信道，起了通知其他（可能隐蔽的）站点的效果，避免了隐蔽站点造成的冲突。

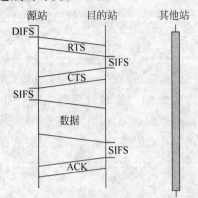

图 3-22　冲突避免：增加 RTS-CTS 交互

（5）冲突避免：如图 3-22 所示，增加 RTS-CTS 交互，RTS 与 CTS 为短帧，由于 RTS 帧长 20B，CTS 帧长 14B，比最大数据帧长度 2346B 要短很多，所以发生冲突的可能性很小。最后效果类似于冲突检测。

该协议设计精巧，碰撞很少会发生。但极少数情况下碰撞仍可能发生，如图 3-23 所示。如 B 和 C 站同时向 A 发送 RTS 帧，这两个 RTS 帧就会发生碰撞，A 收不到正确的 RTS 帧，因而也不会发送后续的 CTS 帧，这时，B 和 C 发现超时后，会随机推迟一段时间后重新发送其 RTS 帧，推迟时间的算法也是使用二进制指数退避。

节点 A 欲发送一数据包给节点 B，首先 A 发送一 RTS 给 B；

B 发送 CTS；

A 收到 CTS 后发送数据；

C 监听到 CTS，知道有节点在发送数据，在 A 和 B 进行数据传输时 C 不会发数据包。

图 3-23　CSMA/CA 的监听

2. 隐蔽站问题

无线 MAC 层问题是"隐蔽站"问题。两个相对距离较远的工作站利用一个中心接入点进行连接，这两个工作站都能够"听"到中心接入点的存在，而互相之间则可能由于障碍或者距离原因无法感知到对方的存在。图 3-24 中的 A、C 节点只检测到节点 B 的存在，A 节点和 C 节点不能检测到对方的存在。

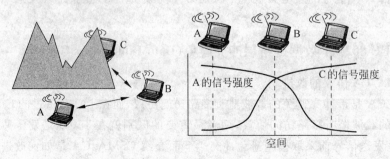

图 3-24　隐蔽站问题

3. 隐蔽站问题解决办法

为了解决这个问题,802.11 在 MAC 层上引入了一个新的"请求发送/清除发送(RTS/CTS)"选项,当这个选项打开后,一个发送工作站传送一个"RTS"信号,随后等待访问接入点回送"RTS"信号,由于所有的网络中的工作站能够"听"到访问接入点发出的信号,所以"CTS"能够让它们停止传送数据,这样发送端就可以发送数据和接收"ACK"信号而不会造成数据的冲突,这就间接解决了"隐蔽站"问题。由于"RTS/CTS"需要占用网络资源而增加了额外的网络负担,因此一般只是在那些大数据报上采用(重传大数据报会耗费较大)。

图 3-25　CSMA/CA 确认

采用 CSMA/CA 确认也可以避免隐蔽站冲突,如图 3-25 所示,其方法是:

(1) 冲突避免要求每一个发送节点在发送帧之前需要先侦听信道,这段时间是 DIFS。如果信道空闲,节点可以发送帧。

(2) 发送站在发送完一帧之后,必须再等待一个短的时间间隔 SIFS,检查接收站是否发回帧的确认 ACK。如果接收到确认,则说明此次发送没有出现冲突,发送成功。

(3) 如果在规定的时间内没有接收到确认,表明出现冲突,发送失败,重发该帧。直到在规定的最大重发次数之内发送成功。

(4) 发送者先侦测传播空间是否有信息传输,如果没有,则等一段任意时间(DIFS)后再侦测,再没有就传送。接收者收到完整封包后,等待 SIFS 时间后回传 ACK,发送者假如没收到 ACK,则表示碰撞,重传。

CSMA/CA 通过这种方式来提供无线的共享访问,这种显式的 ACK 机制在处理无线问题时非常有效。然而不管是对于 802.11 还是 802.3 来说,这种方式都增加了额外的负担,所以 802.11 网络和类似的以太网比较总是在性能上稍逊一筹。

3.5.3　IEEE 802.11 数据链路层实现(Data Link Layer Implementation)

实现 802.11 数据链路层,还需要在 MAC 子层提供两个强壮的功能:CRC 校验和包分片。在 802.11 协议中,每一个在无线网络中传输的数据报都被附加上了校验位以保证它在传送的时候没有出现错误,这和以太网中通过上层 TCP/IP 协议来对数据进行校验有所不同。包分片的功能允许大的数据报在传送的时候被分成较小的部分分批传送,这在网络十分拥挤或者存在干扰的情况下(大数据报在这种环境下传送非常容易遭到破坏)是一个非常有用的特性。这项技术大大减少了许多情况下数据报被重传的概率,从而提高了无线网络的整体性能。MAC 子层负责将收到的被分片的大数据报进行重新组装,对于上层协议这个分片的过程是完全透明的。

802.11 定义了两种类型的设备,一种是无线站,通常是通过一台 PC 加上一块无线网卡构成;另一个称为无线接入点(access point,AP),它的作用是提供无线和有线网络之间的桥接。一个无线接入点通常由一个无线输出口和一个有线的网络接口(802.3 接口)构成,桥接软件符合 802.1d 桥接协议。接入点就像是无线网络的一个无线基站,将多个无线的接入站聚合到有线的网络上。无线终端可以是 802.11PC 卡、PCI 接口,或者是在非计算机终端上的嵌入式设备(例如 802.11 手机)。

802.11 定义了两种模式:infrastructure 模式和 adhoc 模式。在 infrastructure 模式中,

无线网络至少有一个和有线网络连接的无线接入点,还包括一系列无线的终端站。这种配置称为一个 BSS(basic service set,基本服务集合),一个扩展服务集合(extended service set,ESS)是由两个或者多个 BSS 构成的一个单一子网。由于很多无线的使用者需要访问有线网络上的设备或服务(文件服务器、打印机、互联网链接),都会采用这种 infrastructure 模式。Ad hoc 模式是一种点对点(peer to peer)模式或独立基本服务集(independent basic service set,IBSS)。

3.6 以太网和令牌网(Ethernet & Token net)

1973 年,以太网诞生,Metcalfe 博士(见图 3-26)在施乐实验室发明了以太网。以太网属网络低层协议,通常在 OSI 模型的物理层和数据链路层操作,已经从 10Mbps 发展到 100Mbps、1Gbps 和 10Gbps 等,最初的以太网只能用总线共享和广播协议。

图 3-26 Bob Metcalfe,以太网发明者

3.6.1 广播协议(Broadcast Protocol)

广播的用途主要有两个,一个是假定服务器主机在本地子网上,但不知道其单播 IP 地址时,对它进行定位,这就是通常所说的资源发现;另一个用途是当单个站点向多个站点发送内容相同的信息时,减少局域网上的数据流量。

当一个基于 TCP/IP 的应用程序需要从一台主机发送数据给另一台主机时,它把信息分割并封装成包,附上目的主机的 IP 地址。然后,寻找 IP 地址到实际 MAC 地址的映射,这需要发送 ARP 广播报文。当 ARP 找到了目的主机的 MAC 地址后,就可以形成待发送帧的完整以太网帧头。最后,协议栈将 IP 包封装到以太网帧中进行传送。

图 3-27 描述了以太网的广播过程。图中,当主机 B 要和主机 D 通信时,主机 B 会发出一个带主机 D 的物理地址的帧,所广播到的局域网上所有站点都可以接收此帧,但只有与 B 发出帧中的目的物理地址相符的才真正接收下来。

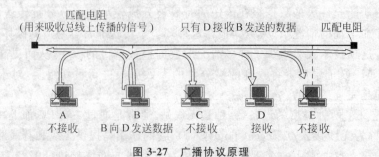

图 3-27 广播协议原理

3.6.2 以太网帧格式及 MAC 地址(Ethernet Frame Format and MAC Address)

以太网的帧格式分为两种,即 802.3 和 Ethernet Ⅱ,两者的帧格式稍有差别。图 3-28

所示的帧格式是 Ethernet Ⅱ 的帧格式。该帧包含 6 个域。

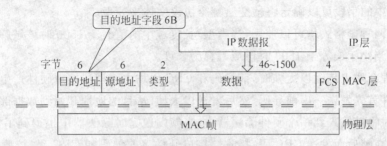

图 3-28　Ethernet Ⅱ 协议格式

(1) 前导码(preamble)包含 8 个字节

前 7 个字节的值为 0xAA,而后一个字节的值为 0xAB。在 DIX 以太网中,前导码被认为是物理层封装的一部分,而不是数据链路层的封装。

(2) 目的地址(DA)包含 6 个字节

DA 标识了帧的目的站点的 MAC 地址,DA 可以是单播地址(单个目的地)、组播地址(组目的地)或广播地址。

(3) 源地址(SA)包含 6 个字节

SA 标识了发送帧的站点的 MAC 地址,SA 一定是单播地址(即第 8 位是 0)。

(4) 类型长度域包含 2 个字节

它用来标识上层协议的类型或后续数据的字节长度。当此字段的数值大于 0600H 时,用来表示类型,例如 0800H 表示 IP 协议;当数值小于 0600H 时,用来表示长度。如表 3-3 所示。

表 3-3　Ethernet Ⅱ 帧的类型域

协 议 名 称	协议编号	协 议 名 称	协议编号
IP 协议	0x0800	Appletalk 数据报协议	0x809B
ARP 地址解析协议	0x0806	Novell 数据报协议	0x8138
RARP 反向地址解析协议	0x8035	MAC 控制数据报协议	0x8808

(5) 数据域包含 46～1500 个字节

数据域封装了通过以太网传输的高层协议信息。由于 CSMA/CD 算法的限制,以太网帧不能小于某个最小长度。高层协议要确保这个域至少包含 46 字节。如果实际数据不足 46 个字节,则高层协议必须执行某些(未指定)填充算法。数据域长度的上限不能超过 1500 字节。

(6) 帧校验序列(FCS)包含 4 个字节

FCS 是从 DA 开始到数据域结束这部分的校验和。校验和的算法是 32 位的循环冗余校验法(CRC)。当接收端检测出错误时将帧丢弃;但无论接收正确与否,接收端均不给出确认。所以,以太网提供的是一种不可靠的服务。

802.3 帧格式与 Ethernet Ⅱ 帧格式的不同:

(1) 将前导码减少为 7 个字节,并将第 8 个字节(10101011)作为帧起始标志,这是为了与 802.4 和 802.5 相兼容。

（2）长度域替代了类型域：长度域指明了数据域的长度。数据域中携带了 LLC 帧,使用 LLC 帧头中的字段可以确定将帧交给哪个协议实体来处理。

目前,这两种帧格式均可以使用,当类型/长度域中的值大于 1500 时该域解释为所封装的协议类型,当小于或等于 1500 时该域解释为长度。

当在物理介质上传输以太帧时,前导码和 CRC 码均由物理层接口硬件产生和处理。发送端接口硬件首先发送一串前导码,然后发送以太帧(从目的地址开始到数据部分),在发送的过程中同时将帧输入到一个硬件除法器中;当帧发送完时除法器中也得到了该帧的 CRC 码,于是紧跟在帧后面发送 CRC 码;接收端接口硬件将前导码和 CRC 码(校验过后)去掉。因此,前导码和 CRC 码对于链路层实体来说是透明的。

以太帧在物理介质上的传输顺序是从高位字节到低位字节,即先发送目的地址的最高字节。但每个字节中比特的传输顺序是从低位比特到高位比特,即紧跟在前导码后发送的第一个比特是目的地址最高字节的最低比特。

计算机联网必需的硬件是安装在计算机上的网卡。通信中,用来标识主机身份的地址就是制造在网卡的一个硬件地址。每块网卡在生产出来后,除了具有基本的功能外,都有一个全球唯一的编号来标识自己,不会重复,这个地址就是 MAC 地址,即网卡的物理地址。MAC 地址由 48 个比特数组成,通常分成 6 段,用 16 进制表示,如"00-D0-09-A1-D7-B7"。其中前 24 位是生产厂商向 IEEE 申请的厂商编号,后 24 位是网络接口卡序列号。每一块网络适配器(网卡)都有一个地址,通常被固化在 ROM 中,这个地址称为 MAC 地址。因其和适配器绑定在一起也称为物理地址,以和高层的逻辑地址(如 IP 地址)相区分。

MAC 地址有局部地址和全局地址之分,这由地址的次高比特(目的地址在线路上传输时的第二个比特)来标识。次高比特为 1 的地址是局部地址,由网络管理员分配且只在本网内有效;次高比特为 0 的地址是全局地址,由 IEEE 统一分配以确保没有两个适配器具有相同的全局地址。为了保证每个适配器的地址是唯一的,IEEE 给每个适配器制造商分配一个不同的前缀,这个前缀必须加到他们制造的每一个适配器地址上,而制造商必须保证每个后缀是唯一的。

源地址通常是单播地址,就是源主机适配器的 MAC 地址。目的地址则有单播地址、多播地址和广播地址三种,由地址的最高比特(目的地址在线路上传输时的第一个比特)来区分。最高比特为"0"的是单播地址(目的主机适配器的 MAC 地址),最高比特为"1"且其余比特不全为"1"的是多播地址,48 比特全为"1"的是广播地址。多播和广播的区别是,多播是将帧发送给属于同一个组(即具有相同的多播地址)的所有节点,而广播是将帧发送给网上的所有节点。

以太网是一个广播网,事实上网络中传输的每一个帧可被每一个适配器接收到。为了减轻主机的工作负担,适配器只将发给本节点的帧交给主机,而将其余帧丢掉。具体来说,当一个帧到达一个节点的适配器时,该适配器检查帧的目的地址,若:①目的地址是单播地址且与自己的 MAC 地址相符;②目的地址是广播地址;③目的地址是多播地址且该地址在要监听的多播地址集合中,则适配器将该帧接收下来并交给主机,否则丢弃该帧。有些特殊的设备需要接收网上传输的所有帧,比如网桥、网络协议分析器等,这时只要将这些设备的适配器配置为混杂模式(promiscuous mode),就可以接收所有的帧。

3.6.3 令牌环媒体访问控制(Token Ring)

1. 令牌环网的结构

如图 3-29 所示,令牌环在物理上是一个由一系列环接口和这些接口间的点-点链路构成的闭合环路,各站点通过环接口连到网上。对媒体具有访问权的某个发送站点,通过环接口出径链路将数据帧串行到环上;其余各站点边从各自的环接口入径链路逐位接收数据帧,同时通过环接口出径链路再生、转发出去,使数据帧在环上从一个站点至下一个站地环行,所寻址的目的站点在数据帧经过时读取其中的信息;最后,数据帧绕环一周返回发送站点,并由其从上撤除所发的数据帧。

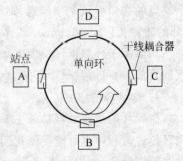

图 3-29 令牌环网结构

由点-点链路构成的环路虽然不是真正意义上的广播媒体,但环上运行的数据帧仍能被所有的站点接收到,而且任何时刻仅允许一个站点发送数据,因此同样存在发送权竞争问题。为了解决竞争,可以使用一个称为令牌(token)的特殊比特模式,使其沿着环路循环。规定只有获得令牌的站点才有权发送数据帧,完成数据发送后立即释放令牌以供其他站点使用。由于环路中只有一个令牌,因此任何时刻至多只有一个站点发送数据,不会产生冲突。而且,令牌环上各站点均有相同的机会公平地获取令牌。

2. 令牌环的操作过程

网络空闲时,只有一个令牌在环路上绕行。令牌是一个特殊的比特模式,其中包含一位"令牌/数据帧"标志位,标志位为"0"表示该令牌为可用的空令牌,标志位为"1"表示有站点正占用令牌在发送数据帧。

当一个站点要发送数据时,必须等待并获得一个令牌,将令牌的标志位置为"1",随后便可发送数据。

环路中的每个站点边转发数据,边检查数据帧中的目的地址,若为本站点的地址,便读取其中所携带的数据。

数据帧绕环一周返回时,发送站将其从环路上撤销。同时根据返回的有关信息确定所传数据有无出错。若有错则重发存于缓冲区中的待确认帧,否则释放缓冲区中的待确认帧。

发送站点完成数据发送后,重新产生一个令牌传至下一个站点,以使其他站点获得发送数据帧的许可权。

3. 环长的比特度量

环的长度往往折算成比特数来度量,以比特度量的环长反映了环上能容纳的比特数量。假如某站点从开始发送数据帧到该帧发送完毕所经历的时间等于该帧从开始发送经循环返回到发送站点所经历的时间,则数据帧的所有比特正好布满整个环路。换言之,当数据帧的传输时延等于信号在环路上的传播时延时,该数据帧的比特数就是以比特度量的环路长度。

实际操作过程中,环路上的每个接口都会引入延迟。接口延迟时间的存在,相当于增加了环路上的信号传播时延,也即等效于增加了环路的比特长度。所以,接口引入的延迟同样也可以用比特来度量。一般,环路上每个接口相当于增加 1 位延迟。由此,可给出以比特度量的环长计算式：

环的比特长度 ＝信号传播时延×数据传输速率＋接口延迟位数

＝环路媒体长度×5(μs/km)×数据传输速率＋接口延迟位数　　(3-11)

式中，5μs/km 即信号传播速度 200m/μs 的倒数。

例如，某令牌环媒体长度为 10km，数据传输速率为 4Mbps，环路上共有 50 个站点，每个站点的接口引入 1 位延迟，则可计算得

环的比特长度 ＝10(km)×5(μs/km)×4(Mbps)＋1(比特)×50(个站点) ＝ 250(比特)

如果由于环路媒体长度太短或站点数太少，以至于环路的比特长度不能满足数据帧长度的要求，则可以在每个环接口引入额外的延迟，如使用移位寄存器等。

4. 令牌环的维护

令牌环的故障处理功能主要体现在对令牌和数据帧的维护上。令牌本身就是比特串，绕环传递过程中也可能受干扰而出错，以至造成环路上无令牌循环的差错；另外，当某站点发送数据帧后，由于故障而无法将所发的数据帧从网上撤销时，又会造成网上数据帧持续循环的差错。令牌丢失和数据帧无法撤销，是环网上最严重的两种差错，可以通过在环路上指定一个站点作为主动令牌管理站，以此来解决这些问题。

主动令牌管理站通过一种超过机制来检测令牌丢失的情况，该超时值比最长的帧为完全遍历环路所需的时间还要长一些。如果在该时段内没有检测到令牌，便认为令牌已经丢失，管理站将清除环路上的数据碎片，并发出一个令牌。

为了检测到一个持续循环的数据帧，管理站在经过的任何一个数据帧上置其监控位为"1"，如果管理站检测到一个经过的数据帧的监控位已经置为"1"，便知道有某个站未能清除自己发出的数据帧，管理站将清除环路的残余数据，并发出一个令牌。

5. 令牌环的特点

令牌环网在轻负荷时，由于存在等待令牌的时间，故效率较低；但在重负荷时，对各站公平访问且效率高。

考虑到帧内数据的比特模式可能会与帧的首尾定界符形式相同，可在数据段采用比特插入法，以确保数据的透明传输。

采用发送站点从环上收回帧的策略，具有对发送站点自动应答的功能；同时这种策略还具有广播特性，即可有多个站点接收同一数据帧。

令牌环的通信量可以加以调节，一种方法是通过允许各站点在其收到令牌时传输不同量的数据，另一种方法是通过设定优先权使具有较高优先权的站点先得到令牌。

一般人认为，总线上的传输速率总是越快越好，这是问题的一个方面。另一个方面：两个站点交换数据，还要讲究传输的有效性。举个例子，遵从 CSMA/CD 协议的以太网可以看作一个没有红绿灯的十字路口的车辆，谁都抢着过，结果乱作一堆，谁都过不去，这时通信速率再高也是无效的。所以，在化工厂和核电站这种实时性要求很高的场合，就不适合于以太网这样的总线技术。令牌网按照主/从有序访问，不会发生碰撞，但是主从访问进程中，大约有一半的通信是无效的或低效的。因此，以太网和令牌环网有各自的应用领域，但随着以太网自身技术的发展，以太网原来的一些缺点正在克服，网络的主流还是向着以太网技术发展。

3.6.4 交换技术(Switch Technology)

局域网中一直存在两种数据通信技术:共享和交换。

1. 共享技术

所谓共享技术即在一个逻辑网络上的每一个工作站都处于一个相同的网段上。

以太网采用 CSMA/CD 机制,这种冲突检测方法保证了只能有一个站点在总线上传输。如果有两个站点试图同时访问总线并传输数据,这就意味着"冲突"发生了,两站点都将被告知出错。然后它们都被拒发,并等待一段时间以备重发。

当网络上的用户量较少时,网络上的通信流量较轻,冲突也就较少发生,在这种情况下冲突检测法效果较好。当网络上的通信流量增大时,冲突也增多,同时网络的吞吐量也将显著下降。在通信流量很大时,工作站可能会被一而再再而三地拒发。

无序的争抢会极大地降低效率,造成信道的拥塞,需要一种机制来解决争抢共享信道的问题。

2. 交换技术

局域网交换技术是治理信道拥塞的一种好方法,它是作为对共享式局域网提供有效的网段划分的解决方案出现的,它可以使每个用户尽可能地分享到最大带宽。交换技术是在OSI 七层网络模型中的第二层,即数据链路层进行操作的,因此交换机对数据包的转发是建立在 MAC 地址——物理地址基础之上的,对于 IP 网络协议来说,它是透明的,即交换机在转发数据包时,不知道也无须知道信源机和信宿机的 IP 地址,只需知其物理地址即 MAC地址。交换机在操作过程当中会不断地收集资料去建立它本身的一个地址表,这个表相当简单,它说明了某个 MAC 地址是在哪个端口上被发现的,所以当交换机收到一个 TCP/IP封包时,它便会看一下该数据包的目的 MAC 地址,核对一下自己的地址表以确认应该从哪个端口把数据包发出去。由于这个过程比较简单,加上这一功能由硬件 ASIC(application specific integrated circuit,专用集成电路)来实现,因此速度相当快,一般只需几十微秒,交换机便可决定一个 IP 封包该往哪里送。

值得一提的是:万一交换机收到一个不认识的封包,就是说如果目的地 MAC 地址不能在地址表中找到时,交换机会把 IP 封包"扩散"出去,即把它从每一个端口中送出去,就如交换机在处理一个收到的广播封包时一样。二层交换机的弱点正是它处理广播封包的手法不太有效,比方说,当一个交换机收到一个从 TCP/IP 工作站上发出来的广播封包时,它便会把该封包传到所有其他端口去,哪怕有些端口上连的是 IPX 或 DECnet 工作站。这样一来,非 TCP/IP 节点的带宽便会受到负面的影响,就算同样的 TCP/IP 节点,如果它们的子网跟发送那个广播封包的工作站的子网相同,那么它们也会无缘无故地收到一些与它们毫不相干的网络广播,整个网络的效率因此会大打折扣。

从 20 世纪 90 年代开始,出现了局域网交换设备。从网络交换产品的形态来看,交换产品大致有三种:端口交换、帧交换和信元交换。

(1) 端口交换

端口交换技术最早出现于插槽式集线器中。这类集线器的背板通常划分有多个以太网段(每个网段为一个广播域),各网段通过网桥或路由器相连。以太网模块插入后通常被分配到某背板网段上,端口交换适用于将以太模块的端口在背板的多个网段之间进行分配。

这样网管人员可根据网络的负载情况,将用户在不同网段之间进行分配。这种交换技术是基于 OSI 第一层(物理层)上完成的,它并没有改变共享传输介质的特点,因此并不是真正意义上的交换。

(2) 帧交换

帧交换是目前应用的最广的局域网交换技术,它通过对传统传输媒介进行分段,提供并行传送的机制,减少了网络的碰撞冲突域,从而获得较高的带宽。不同厂商产品实现帧交换的技术均有差异,但对网络帧的处理方式一般有存储转发式和直通式两种。

(3) 信元交换

信元交换的基本思想是采用固定长度的信元进行交换,这样就可以比较容易地用硬件实现交换,从而大大提高交换速度,尤其适合语音、视频等多媒体信号的有效传输。目前,信元交换的实际应用标准是 ATM(异步传输模式),但是 ATM 设备的造价较为昂贵,在局域网中的应用已经逐步被以太网的帧交换技术所取代。

3.6.5 网桥的工作原理(Working Principle of Network Bridges)

网桥是最简单的数据链路层的交换,相当于两个端口的交换机。

网桥是用于连接两个或两个以上具有相同通信协议、传输介质及寻址结构的局域网间的互连设备,能实现网段间或 LAN 与 LAN 之间互连,互连后成为一个逻辑网络。它也支持 LAN 与 WAN 之间的互连。网桥的工作过程如图 3-30 所示。如果同一局域网的计算机通信,网桥就可以接收到发送帧,在进行地址过滤时,网桥会不转发并丢弃帧;如果要与不同局域网的计算机互连,网桥检查帧的源地址和目标地址,如果目的地址和源地址不在同一个网络段上,就把帧转发到另一个网段上。DL 是网桥转发表。

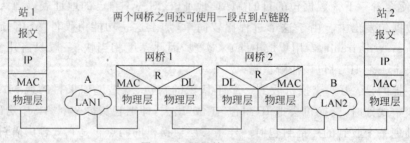

图 3-30 网桥的工作原理

网桥按照以下算法处理收到的帧和建立转发表,网桥在转发表中登记三个信息:

(1) 站地址:登记收到的帧的源 MAC 地址。

(2) 端口:登记收到的帧进入该网桥的端口号。

(3) 时间:登记收到的帧进入该网桥的时间。

转发表中的 MAC 地址是根据源 MAC 地址写入的,但在进行转发时是将此 MAC 地址当作目的地址。如果网桥现在能够从端口 X 收到从源地址 A 发来的帧,那么以后就可以从端口 X 将帧转发到目的地址 A。

网桥使用生成树算法来避免产生转发的帧在网络中不断地兜圈子。生成树的产生算法是:每隔几秒钟每一个网桥要广播其标识号(由生产网桥的厂家设定一个唯一的序号)和它所知道的其他所有在网上的网桥。生成树算法选择一个网桥作为生成树的根(例如,选择一个最小序号的网桥),然后以最短路径为依据,找到树上的每一个节点。当互联局域网的数目非常大时,生成树的算法很花费时间。这时可将大的互联网划分为多个较小的互联网,然后得出多个生成树。

1. 网桥的功能

(1) 帧转发和过滤功能

网桥的帧过滤特性十分有用,当一个网络由于负载很重而性能下降的时候,网桥可以最大限度地缓解网络通信繁忙的程度,提高通信效率。

(2) 源地址跟踪

网桥接到一个帧以后,将帧中的源地址记录到它的转发表中。转发表包括了网桥所能见到的所有连接站点的地址。这个地址表是互联网所独有的,它指出了被接收帧的方向。

(3) 生成树的演绎

因为回路会使网络发生故障,所以扩展局域网的逻辑拓扑结构必须是无回路的。网桥可使用生成树(spanning tree)算法屏蔽掉网络中的回路。

(4) 透明性

网桥工作于 MAC 子层,对它以上的协议都是透明的。

(5) 存储转发功能

网桥的存储转发功能用来解决穿越网桥的信息量临时超载的问题,即网桥可以解决数据传输不匹配的子网之间的互联问题。网桥的存储转发功能一方面可以增加网络带宽,另一方面可以扩大网络的地理覆盖范围。

(6) 管理监控功能

网桥的一项重要功能就是对扩展网络的状态进行监控,其目的就是更好地调整逻辑结构,有些网桥还可对转发和丢失的帧进行统计,以便进行系统维护。

2. 网桥带来的问题

(1) 广播风暴

网桥要实现帧转发功能,必须要保存一张"端口-节点地址表"。随着网络规模的扩大与用户节点数的增加,实际的"端口-节点地址表"的存储能力有限,会不断出现"端口-节点地址表"中没有的节点地址信息。当带有这一类目的地址的数据帧出现时,网桥就将该数据帧从除输入端口之外的其他所有端口中广播出去。这种盲目发送数据帧的做法,容易造成"广播风暴"。

(2) 增加网络时延

网桥在互联不同的局域网时,需要对接收到的帧进行重新格式化,以适合另一个局域网MAC 子层的要求,还要重新对新的帧进行差错校验计算,这就造成了时延的增加。

(3) 帧丢失

当网络上的负荷很重时,网桥会因为缓存的存储空间不够而发生溢出,造成帧丢失。

3. 网桥的分类

(1) 按路由算法的不同可分为:透明网桥和源路由网桥。"透明"是指局域网上的站点并不知道所发送的帧将经过哪几个网桥,因为网桥对各站来说是看不见的。透明网桥是一种即插即用设备,其标准是 IEEE 802.1D。"源路由"是指信源站事先知道或规定了到信宿站之间的中间网桥或路径。所以源路由网桥需要用户参与路径选择,可以选择最佳路径。

(2) 按连接的传输介质可分为：内部网桥和外部网桥。内桥是文件服务器的一部分，通过文件服务器中的不同网卡连接起来的局域网，由文件服务器上运行的网络操作系统来管理。外桥安装在工作站上，实现两个相似或不同的网络之间的连接。外桥不运行在网络文件服务器上，而是运行在一台独立的工作站上。

(3) 按网桥是否具有智能可分为：智能网桥和非智能网桥。前者在为信包选择路由时，无须管理员给出路由信息，具有学习能力；后者则要求网络管理员提示路由信息。

(4) 按网桥连接是本地网还是远程网分为：本地网桥和远程网桥。本地网桥指的是在传输介质允许长度范围内互联网络的网桥；远程网桥指的是连接的距离超过网络的常规范围时使用的网桥。

3.6.6　交换式以太网（Switched Ethernet）

随着局域网上的用户数增加，多媒体技术广泛使用，大量图像数据需要在网络上传输，计算机支持的协同工作模式的出现，也要求局域网有更高的传输速率。现有局域网的数据传输速率就往往成为整个系统的瓶颈。

在局域网中使用交换式集线器可明显地提高局域网的性能。

交换式集线器的主要特点是：所有端口平时都不连通。当工作站需要通信时，交换式集线器能同时连通许多对的端口，使每一对相互通信的工作站都能像独占通信媒体那样，无冲突地传输数据。通信完成后就断开连接。

对于普通10Mbps的共享式以太网，若共有 N 个用户，则每个用户占有的平均带宽只有总带宽（10Mbps）的 N 分之一。在使用交换式集线器时，虽然传输速率还是 10Mbps，但由于一个用户在通信时是独占而不是和其他网络用户共享传输媒体的带宽，因此，整个局域网总的可用带宽就是 $N×10Mbps$。这正是交换式集线器的最大优点。

交换式集线器的发展与建筑物结构化布线系统的普及应用密切相关。在结构化布线系统中，广泛地使用了交换式集线器。

交换机通过以下三种方式进行交换。

1. 直通式（cut-through）

直通方式并非简单直接连通。这种方式不必将整个数据帧先存入缓冲区再进行处理，而是在接收数据帧的同时就立即按数据帧中的目的地址决定该帧的转发端口，这就使得转发速度大大提高。由于在这种交换式集线器的内部采用了基于硬件的交叉矩阵，其交换时延仅为 $30\mu s$ 左右。对于多媒体应用，直通式交换是一种很好的方法。但在某些情况下，仍需要采用基于软件的存储转发方式进行交换，例如，当需要进行线路速率匹配、协议转换或差错检测时。

直通方式的以太网交换机可以理解为在各端口间是纵横交叉的线路矩阵电话交换机。它在输入端口检测到一个数据包时，检查该包的包头，获取包的目的地址，启动内部的动态查找表转换成相应的输出端口，在输入与输出交叉处接通，把数据包直通到相应的端口，实现交换功能。由于不需要存储，延迟非常小、交换非常快，这是它的优点。它的缺点是，因为数据包内容并没有被以太网交换机保存下来，所以无法检查所传送的数据包是否有误，不能提供错误检测能力。由于没有缓存，不能将具有不同速率的输入/输出端口直接接通，而且容易丢包。

2. 存储转发(store-forward)

存储转发方式是计算机网络领域应用最为广泛的方式。它把输入端口的数据包先存储起来,然后进行 CRC(循环冗余码校验)检查,在对错误包处理后才取出数据包的目的地址,通过查找表转换成输出端口送出包。正因如此,存储转发方式在数据处理时延时大,这是它的不足,但是它可以对进入交换机的数据包进行错误检测,有效地改善网络性能。尤其重要的是,它可以支持不同速度的端口间的转换,保持高速端口与低速端口间的协同工作。

3. 碎片隔离(segment-free)

这是介于前两者之间的一种解决方案。它检查数据包的长度是否够 64B,如果小于64B,说明是假包,则丢弃该包;如果大于 64B,则发送该包。这种方式也不提供数据校验。它的数据处理速度比存储转发方式快,但比直通式慢。

下面简略地概括一下交换机的基本功能:

(1)像集线器一样,交换机提供了大量可供线缆连接的端口,这样可以采用星型拓扑布线。

(2)像中继器、集线器和网桥那样,当它转发帧时,交换机会重新产生一个不失真的方波信号。

(3)像网桥那样,交换机在每个端口上时都使用相同的转发或过滤逻辑。

(4)像网桥那样,交换机将局域网分为多个冲突域,每个冲突域都有独立的带宽,因此大大提高了局域网的带宽。

(5)除了具有网桥、集线器和中继器的功能以外,交换机还提供了更先进的功能,如虚拟局域网(VLAN)和更高的性能。

3.6.7 以太网接口设计(Network Interface Circuit)

以太网是目前应用最广泛的局域网标准,覆盖了从 10Mbps、100Mpbs、1Gbps 和10Gbps 的各种速度的网络,并且向广域网和嵌入式网络发展。局域网的以太网接口主机都已经集成在主板上,因此本节主要研究嵌入式网络的以太网接口设计。不像 PC/Windows系统,嵌入式以太网的接口电路和驱动程序一般要开发者自己设计实现。

要实现嵌入式设备的 Internet 接入,TCP/IP 首先要解决的是底层硬件问题,即协议的物理层。Ethernet 具有成熟的技术、低廉的网络产品、丰富的开发工具和技术支持,当现场总线的发展遇到阻碍时,以太网控制网络技术以其明显的优势得到了迅猛的发展,并逐渐形成了现场总线的新标准——工业以太网。考虑到局域网大部分是以太网,随着交换式网络、宽带网络的发展,基于以太网的嵌入式设备 Internet 接入应用也会越来越多,因此以下进行常用的以太网接口设计。

在现有嵌入式系统中,一般选择 10/100Mbps 网卡芯片,考虑集成度高、成本较低的单一快速以太网控制器芯片,设计为低功耗、高处理性能,可以容易完成不同系统的软件驱动开发。

1. 网卡组成

图 3-31 所示为一种传统的网卡结构,它提供了三种不同的介质接口,而现代的网卡电路大都集成在计算机主板上,但两者的组成结构基本相同。

(1)编码译码器(manchester code converter,MCC)

编码译码器对数字信号进行编码和解码。

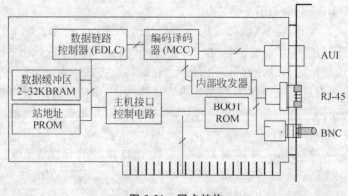

图 3-31　网卡结构

（2）内部收发器

收发器是网卡和传输介质之间的接口，它在两者间实现电气隔离，并在收发器电缆和同轴或 UTP 电缆之间提供信号电平转换。收发器的主要功能有：从 MCC 接收信号并把信号发送到介质电缆上，从介质电缆上接收信号并传送到 MCC，收发器的碰撞电路具有检测碰撞信号的功能。10BASE-2/10BASE-T 使用网卡上的内部收发器，不需收发器电缆；10BASE-5 使用外部收发器，需要收发器电缆。

（3）数据缓冲区

数据缓冲区用于缓存计算机与网卡之间交换的数据，缓冲区的存储量一般为 2～32KB，存储量越大网卡性能越好。

（4）主机接口控制电路

主要完成网卡与主机的接口控制和数据交换。主机接口控制电路主要由主机与网卡相接的接口部件匹配电路和网卡内部控制电路两部分组成。

（5）数据链路控制器（ethernet data link control，EDLC）

EDLC 是实现数据链路层的大部分功能的逻辑功能部件。如以太网的 EDLC 芯片专门完成数据链路层的 MAC 子层的功能，包括：介质访问控制功能，实现 CSMA/CD 协议，数据帧的封装与拆装、发送与接收，地址校验与数据的 CRC 校验，数据的串、并行转换功能，控制 EDLC 与数据缓冲区快速交换数据的功能等。

（6）介质连接装置

介质连接装置是网卡与介质相连的接口部件，又称介质连接器。介质连接器负责将网卡与传输电缆连接在一起，每一种连接器都需要符合相应物理层的标准。三种接口分别是：AUI 接口（attachment unit interface，粗缆接口）、BNC 接口（bayonet nut connector，细缆接口）和 RJ-45 接口（双绞线接口）。

选择一种主流的 10/100Mbps 自适应以太网芯片 DM9000。其特点是：支持 8/16/32 位数据总线宽度，寄存器操作简单有效，3.3V 接口电平，成本低廉，还可以使用 MII 接口和物理层芯片连接。

2. 硬件电路设计

硬件上要完成 DM9000 与 ARM 芯片 S3C2410 三大总线连接，以及 DM9000 与以太网 RJ-45 接头的连接。基于 ARM 嵌入式系统和以太网的接口如图 3-32 所示，实现 DM9000 与 S3C2410 连接，必须对两者间的数据、地址、控制三大总线进行连接和转换。S3C2410 是

32 位微处理器，32 位地址支持 4GB 存储空间。

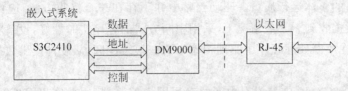

图 3-32　ARM 嵌入式系统与以太网的接口电路示意图

3. DM9000 驱动程序设计

网络驱动程序的体系结构从上到下依次为网络协议接口、网络设备接口层、提供实际功能的设备驱动功能层以及网络设备媒介层。如果系统带有操作系统，并且内核中提供了网络设备接口级别以上层次的代码，移植（或编写）特定网络硬件的驱动程序最主要的工作就是完成设备驱动功能层，主要包括数据的接收、发送等控制。在底层驱动中所有网络都抽象为一个接口，由结构体来表示网络设备在内核中的运行情况，即网络设备接口。它既包括了网络设备接口，如回环（loopback）设备，也包括了硬件网络设备接口，如以太网卡。

如果网卡运行于安装操作系统的嵌入式系统中，当驱动程序运行时，操作系统先调用检测例程以发现安装的网卡，如网卡支持即插即用，检测子程序自动发现网卡参数；否则，驱动程序运行前，设置好网卡参数供驱动程序使用。

驱动程序流程如图 3-33 所示，分为主程序（a）和中断服务程序（b）。主程序进行 DM9000 的初始化和网卡检测、网卡参数获取；中断服务程序以程序查询方式识别中断源，完成相应的处理。

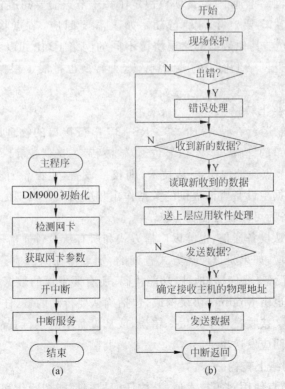

图 3-33　DM9000 驱动程序流程

数据包的发送和接收是实现网络驱动程序中的关键过程,对这两个过程处理的好坏将直接影响到网络的整体运行质量。驱动程序中并不存在一个接收方法,应由底层驱动程序来通知系统有数据收到。一般情况下,采用中断方式的程序实时性好,设备收到数据后都会产生一个中断,在中断处理程序中驱动程序申请一块缓冲区,从硬件读出数据放到申请好的缓冲区中。

设计要点:S3C2410 内部没有内嵌的专用网卡控制器,因此在以 S3C2410 为硬件平台的嵌入式设备中增设网卡模块,必须自行设计接口电路并进行相应的驱动开发,设计 DM9000 快速以太网网卡硬件电路并进行驱动程序的开发与实现。

3.7 串口 Modbus 协议(Modbus Protocol for Serial Port)

3.7.1 Modbus 协议简介(Modbus Protocol Introduction)

Modbus 协议位于数据链路层,普遍应用于 RS-232/RS-485 串行通信的工业监控网络中。通过此协议,控制器之间、控制器经由网络(例如以太网)和其他设备之间可以通信,已经成为通用的工业标准,不同厂商生产的控制设备通过 Modbus 协议可以互联成工业网络,进行集中监控。

此协议定义了一个控制器使用的报文结构,可以由不同的物理层进行通信。协议描述了一个节点请求访问其他节点的过程,如何回应来自其他节点的请求,以及怎样侦测错误并记录。

当在一 Modbus 网络上通信时,此协议决定了每个节点需要知道它们的设备地址,识别按地址发来的报文,决定要产生何种行动。如果需要回应,节点将生成反馈信息并用 Modbus 协议发出。在与其他数据链路层协议不同的网络上,比如以太网,包含了 Modbus 协议的报文转换为在此网络上使用的帧结构。这种转换也扩展了根据具体的网络地址、路由路径及错误检测的方法。

1. 在 Modbus 网络上转输

Modbus 协议一般运行在使用 RS-232/RS-485 串行接口的物理层上,RS-232/RS-485 串行接口定义了连接口的针脚、电缆、信号位、传输波特率、奇偶校验。

如图 3-34 所示,节点通信使用主-从技术,即仅一设备(主设备)能初始化传输(查询),其他设备(从设备)根据主设备查询提供的数据作出相应反应。典型的主设备为主机和可编程仪表,典型的从设备为可编程控制器 PLC。

主设备可单独和从设备通信,也能以广播方式和所有从设备通信。如果单独通信,从设备返回一报文作为回应,如果是以广播方式查询的,则不作任何回应。Modbus 协议建立了主设备查询的格式:设备(或广播)地址、功能代码、所有要发送的数据和错误检测域。

从设备回应报文也由 Modbus 协议构成,包括确认要行动的域、任何要返回的数据和错误检测域。如果在报文接收过程中发生一错误,或从设备不能执行其命令,从设备将建立一错误报文并把它作为回应发送出去。

2. 在其他类型网络上转输

在其他网络上,节点使用对等技术通信,故任何控制都能初始化和其他节点的通信。这

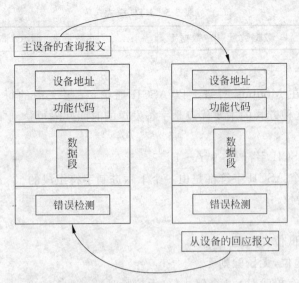

图 3-34　主-从查询-回应周期

样在单独的通信过程中,节点既可作为主设备也可作为从设备。提供的多个内部通道可允许同时发生的传输进程。

在报文位,Modbus 协议仍提供了主-从原则,尽管网络通信方法是"对等"。如果一个节点发送一报文,它只是作为主设备,并期望从设备得到回应。同样,当节点接收到一报文,它将建立一从设备回应格式并返回给发送的控制器。

3. 查询-回应周期

（1）查询

查询报文中的功能代码告知被选中的从设备要执行何种功能。数据段包含了从设备要执行功能的任何附加信息。例如功能代码 03 要求从设备读保持寄存器并返回它们的内容。数据段必须包含要告知从设备的信息:从何寄存器开始读及要读的寄存器数量。错误检测域为从设备提供了一种验证报文内容是否正确的方法。

（2）回应

如果从设备产生一正常的回应,在回应报文中的功能代码是在查询报文中的功能代码的回应。数据段包括了从设备收集的数据:像寄存器值或状态。如果有错误发生,功能代码将被修改以用于指出回应报文是错误的,同时数据段包含了描述此错误信息的代码。错误检测域允许主设备确认报文内容是否可用。

3.7.2　两种传输方式（Two Transmission Ways）

Modbus 协议节点能设置为两种传输模式（ASCII 或 RTU）中的任何一种。用户选择想要的模式,包括串口通信参数（波特率、校验方式等）,在配置每个节点的时候,在一个 Modbus 网络上的所有设备都必须选择相同的传输模式和串口参数。两种模式的区别如表 3-4 和表 3-5 所示。

表 3-4　ASCII 模式

:	地址	功能代码	数据数量	数据 1	…	数据 n	LRC 高字节	LRC 低字节	回车	换行

表 3-5　RTU 模式

地址	功能代码	数据数量	数据 1	…	数据 n	LRC 高字节	LRC 低字节

1. ASCII 模式

当控制器设为在 Modbus 网络上以 ASCII 通信,在报文中的每个字节都作为两个 ASCII 字符发送。这种方式的主要优点是字符发送的时间间隔可达到 1 秒而不产生错误。

（1）代码系统

- 十六进制,ASCII 字符 0~9,A~F。
- 报文中的每个 ASCII 字符都是由一个十六进制字符组成的。

（2）每个字节的位

- 1 个起始位
- 7 个数据位,低位先发送
- 1 个奇偶校验位,无校验则无
- 1 个停止位（有校验时）,2 个停止位（无校验时）

（3）错误检测域

LRC(longitudinal redundancy checking,纵向冗长检测) 域是一个包含两个 8 位二进制值的字节。LRC 值由传输设备来计算并放到报文帧中,接收设备在接收报文的过程中计算 LRC,并将它和接收到报文中 LRC 域中的值比较,如果两值不等,说明有错误。LRC 校验比较简单,检测了报文域中除开始的冒号及结束的回车换行号外的内容。它仅仅是把每一个需要传输的数据按字节叠加后取反加 1。

2. RTU（remote terminal unit,远程终端单元）模式

当控制器设为在 Modbus 网络上以 RTU 模式通信,在报文中的每个字节包含两个 4 比特十六进制字符。这种方式的主要优点是：在同样的波特率下,可比 ASCII 方式传送更多的数据。

（1）代码系统

- 8 位二进制,十六进制数 0~9,A~F。
- 报文中的每个 8 位域都是由两个十六进制字符组成的。

（2）每个字节的位

- 1 个起始位
- 8 个数据位,最小的有效位先发送
- 1 个奇偶校验位,无校验则无
- 1 个停止位（有校验时）,2 个停止位（无校验时）

（3）错误检测域

采用 16 位 CRC 校验。

3.7.3　Modbus 报文帧（Modbus Message Frame）

两种传输模式中（ASCII 或 RTU）,传输设备将 Modbus 报文转为有起点和终点的帧,这就允许接收的设备在报文起始处开始工作,读地址分配信息,判断哪一个设备被选中（广播方式则传给所有设备）,判知何时信息已完成。部分的报文也能侦测到并且错误能设置为返回结果。

1. ASCII 帧

使用 ASCII 模式，报文以冒号（:）字符（ASCII 码 3AH）开始，以回车换行符结束（ASCII 码 0DH，0AH）。

其他域可以使用的传输字符是十六进制的 0～9、A～F。网络上的设备不断侦测":"字符，当有一个冒号接收到时，每个设备都解码下个域（地址域）来判断是否是发给自己的。

报文中字符间发送的时间间隔最长不能超过 1 秒，否则接收的设备将认为传输错误。一个典型报文帧如表 3-6 所示。

表 3-6　ASCII 报文帧

结束符	LRC 校验	数据	功能代码	设备地址	起始位
2 个字符	2 个字符	n 个字符	2 个字符	2 个字符	1 个字符

2. RTU 帧

使用 RTU 模式，报文发送至少要以 3.5 个字符时间的停顿间隔开始。在不同网络波特率下传输 1 个字符时间，这是最容易实现的（如表 3-7 的 T1-T2-T3-T4 所示）。传输的第一个域是设备地址。可以使用的传输字符是十六进制的 0～9，A～F。网络设备不断侦测网络总线，包括停顿间隔时间在内。当第一个域（地址域）接收到，每个设备都进行解码以判断是否发往自己的。在最后一个传输字符之后，一个至少 3.5 个字符时间的停顿标定了报文的结束。一个新的报文可在此停顿后开始。

整个报文帧必须作为一连续的流传输。如果在帧完成之前有超过 1.5 个字符时间的停顿时间，接收设备将刷新不完整的报文并假定下一字节是一个新报文的地址域。同样地，如果一个新报文在小于 3.5 个字符时间内接着前个报文开始，接收的设备将认为它是前一报文的延续。这将导致一个错误，因为在最后的 CRC 域的值不可能是正确的。一典型的报文帧如表 3-7 所示。

表 3-7　RTU 报文帧

起始位	设备地址	功能代码	数据	CRC 校验	结束符
T1-T2-T3-T4	8b	8b	n 个 8b	16b	T1-T2-T3-T4

3. 地址域

报文帧的地址域包含两个字符（ASCII）或 8b（RTU）。可能的从设备地址是 0～247（十进制）。单个设备的地址范围是 1～247。主设备通过将要联络的从设备的地址放入报文中的地址域来选通从设备。当从设备发送回应报文时，它把自己的地址放入回应的地址域中，以便主设备知道是哪一个设备作出回应。

地址 0 用作广播地址，以使所有的从设备都能认识。当 Modbus 协议用于实时性要求更高的网络，广播可能不允许或以其他方式代替。

4. 处理功能域

报文帧中的功能代码域包含了两个字符（ASCII）或 8b（RTU）。可能的代码范围是十进制的 1～255。当然，有些代码适用于所有控制器，有此应用于某种控制器，还有些保留以备后用。

当报文从主设备发往从设备时,功能代码域将告知从设备需要执行哪些行为。例如去读取输入的开关状态,读一组寄存器的数据内容,读从设备的诊断状态,允许调入、记录、校验在从设备中的程序等。

当从设备回应时,它使用功能代码域来指示是正常回应(无误)还是有某种错误发生(称做异议回应)。对正常回应,从设备仅回应相应的功能代码。对异议回应,从设备返回一等同于正常代码的代码,但最重要的位置为逻辑 1。

例如:一从主设备发往从设备的报文要求读一组保持寄存器,将产生如下功能代码:

$$0\ 0\ 0\ 0\ 0\ 0\ 1\ 1\ (0x03)$$

对正常回应,从设备仅回应同样的功能代码。对异议回应,它返回:

$$1\ 0\ 0\ 0\ 0\ 0\ 1\ 1\ (0x83)$$

除功能代码因异议错误作了修改外,从设备将一独特的代码放到回应报文的数据域中,告诉主设备发生了什么错误。

主设备应用程序得到异议的回应后,典型的处理过程是重发报文,或者诊断发给从设备的报文并报告给操作员。

5. 数据域

数据域是由两个十六进制数集合构成的,范围 00~0xFF。根据网络传输模式,这可以是由一对 ASCII 字符组成或由一 RTU 字符组成。

从主设备发给从设备报文的数据域包含附加的信息,从设备必须用于执行由功能代码所定义的所为。这包括了像不连续的寄存器地址、要处理项的数目、域中实际数据字节数。

例如,如果主设备需要从设备读取一组保持寄存器(功能代码 03),数据域指定了起始寄存器以及要读的寄存器数量。如果主设备写一组从设备的寄存器(功能代码 0x10),数据域则指明了要写的起始寄存器以及要写的寄存器数量、数据域的数据字节数、要写入寄存器的数据。

如果没有错误发生,从设备返回的数据域包含请求的数据。如果有错误发生,此域包含一异议代码,主设备应用程序可以通过它来判断采取的下一步行动。

在某种报文中数据域可以是不存在的(0 长度)。例如,主设备要求从设备回应通信事件记录(功能代码 0x0B),从设备不需任何附加的信息。

6. 错误检测域

标准的 Modbus 网络有两种错误检测方法。错误检测域的内容视所选的检测方法而定。

(1) ASCII

当选用 ASCII 模式作字符帧,错误检测域包含两个 ASCII 字符。这是使用 LRC(纵向冗长检测)方法对报文内容计算得出的,不包括开始的冒号符及回车换行符。LRC 字符附加在回车换行符前面。

(2) RTU

当选用 RTU 模式作字符帧,错误检测域包含一 16 比特值(用两个 8 位的字符来实现)。错误检测域的内容是通过对报文内容进行循环冗长检测方法得出的。CRC 域附加在报文的最后,添加时先是低字节然后是高字节。故 CRC 的高位字节是发送报文的最后一个字节。

标准的 Modbus 串行网络采用两种错误检测方法。奇偶校验对每个字符都可用,帧检测(LRC 或 CRC)应用于整个报文。它们都是在报文发送前由主设备产生的,从设备在接收过程中检测每个字符和整个报文帧。

用户要给主设备配置一预先定义的超时时间间隔,这个时间间隔要足够长,以使任何从设备都能作为正常反应。如果从设备测到一传输错误,报文将不会接收,也不会向主设备做出回应。这样超时事件将触发主设备来处理错误。

7. 奇偶校验

用户可以配置控制器是奇或偶校验,或无校验。这决定了每个字符中的奇偶校验位是如何设置的。

如果指定了奇或偶校验,"1"的位数将算到每个字符的位数中(ASCII 模式 7 个数据位,RTU 中 8 个数据位)。例如 RTU 字符帧中包含以下 8 个数据位:

$$1 1 0 0 0 1 0 1$$

整个"1"的数目是 4 个。如果使用了偶校验,帧的奇偶校验位将是"0",使得整个"1"的个数仍是 4 个。如果使用了奇校验,帧的奇偶校验位将是"1",使得整个"1"的个数是 5 个。

如果没有指定奇偶校验位,传输时就没有校验位,也不进行校验检测。代替一附加的停止位填充至要传输的字符帧中。

8. LRC 检测

使用 ASCII 模式,报文包括了一基于 LRC 方法的错误检测域。LRC 域检测了报文域中除开始的冒号及结束的回车换行号外的内容。

LRC 域是一个字节。LRC 值由传输设备来计算并放到报文帧中,接收设备在接收报文的过程中计算 LRC,并将它和接收到报文中 LRC 域中的值比较,如果两值不等,说明有错误。

LRC 方法是将报文中的字节连续累加,丢弃了进位,然后取补码,以 ASCII 码表示即可。

9. CRC 检测

使用 RTU 模式,报文包括了一基于 CRC 方法的错误检测域,CRC 域检测了整个报文的内容。

(1) CRC 生成多项式为 $G(x)=x^{16}+x^{15}+x^2+1$,即 1 1000 0000 0000 0101。

(2) 生成多项式最高位总是 1,所以实际中的生成多项式为 1000 0000 0000 0101。

(3) Modbus 采用逆序生成多项式:1010 0000 0000 0001。

(4) CRC 校验=地址码+功能码+数据。

(5) CRC 计算:移位异或和。

10. 应用举例

有某地址为 0x64 的从设备,其变量定义如下:

地址	变量定义	字节数	地址	变量定义	字节数
0005H	流量	2B	0006H	累积流量	2B

例：主设备用 3 号命令寻址地址为 0x64 的从设备，读取地址为 0006H 的累积流量。
主设备命令帧

地址	功能码	变量地址高	变量地址低	变量数高	变量数低	CRC 校验
64H	03H	00H	06H	00H	01H	6DFEH

从设备响应帧

地址	功能码	字节数	数据 1	数据 2	CRC 校验
64H	03H	02H	55H	AAH	4B63H

累积流量＝55AAH

例：主设备用 3 号命令寻址地址为 0x64 的从设备，读取地址为 0003H 的累积流量。
主设备命令帧

地址	功能码	变量地址高	变量地址低	变量数高	变量数低	CRC 校验
0001H	03H	00H	03H	00H	02H	

从设备响应帧

地址	功能码	字节数	数据 1	数据 2	数据 3	数据 4	CRC 校验
0001H	03H	04H	40H	B0H	60H	09H	

累积流量值＝40B06009H＝1085300745

3.8　现场总线（Field Bus）CAN

现场总线的设计除了在物理层实现其电路功能外，更重要的是在数据链路层研究数据帧的格式。一般来说，现场总线帧数据长度都较短，本节以较常用的 CAN 总线为例说明。图 3-35 所示为 CAN 现场总线的一种典型应用，微控制器集成了 CAN 控制器，电路系统中还需要增加 CAN 收发器。

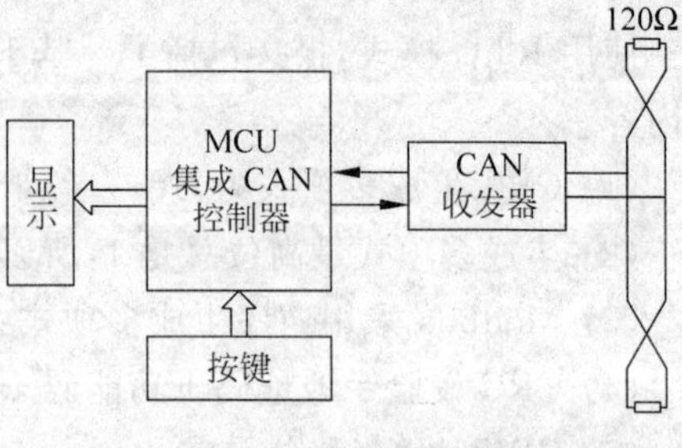

3.8.1　CAN 帧结构（CAN Frame Form）

CAN 协议有 2.0A 和 2.0B 两个版本，2.0A 版本规定 CAN 控制器必须有一个 11b 的标志符，

图 3-35　集成了 CAN 控制器的通信结构

2.0B 版本中规定 CAN 控制器的标志符长度可以是 11b 或 29b。

CAN 协议的报文单位是帧，以帧为单位进行信息传送。帧包含标识符 ID，它也标志了帧的优先权。该标识符 ID 并不指出报文的目的地址，网络中所有节点都可由 ID 来自动决定是否接收该报文。每个节点都有 ID 寄存器和屏蔽寄存器，接收到的报文只有与该节点的

CAN 屏蔽寄存器中的内容相同时,该节点才接收报文。

对 CAN 报文格式进行合适的定义,可以使 CAN 报文组成元素具有其特定的功能和意义,CAN 报文格式定义包括报文标识符和报文数据部分的分配。

因错误帧和超载帧由硬件自动发送,设计中直接面临的是数据帧和远程帧,而一般的现场总线控制系统中远程帧使用较少,因此仅介绍与设计密切相关的数据帧的定义。

CAN 总线标准帧结构如图 3-36 所示,CAN 标准帧有 11 位标识符,CAN 扩展帧共有 29 位标识符,可以进一步细分成:功能 ID、目标节点 ID、源节点 ID、帧总数 ID 和帧编号 ID,其具体定义如表 3-8 和表 3-9 所示。

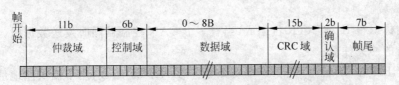

图 3-36 CAN 总线标准帧结构

表 3-8 11 位标准标识符定义

ID10	ID9	ID8	ID7	ID6	ID5	ID4	ID3	ID2	ID1	ID0
功能 ID			目标节点 ID				源节点 ID			
11 位标准标识符										

表 3-9 18 位扩展标识符定义

ID28~ID25	ID24~ID21	ID20~ID17	ID16~ID11
参数类型 ID	帧总数 ID	帧编号 ID	保留(默认 000000)
18 位扩展标识符			

(1)功能 ID

功能 ID 用以表征报文所实现的功能或源节点状态,在这里分配 3 位作为功能码,其定义如表 3-10 所示。

(2)节点 ID

如果一个系统中最多有 15 个 CAN 节点,则对源节点和目标节点分别分配 4 位以表征其 ID。其中主控节点 ID 为 0000,ID1111 保留,用作广播时的目标 ID,意即当目标 ID 为 1111 时,CAN 网络中除发送节点以外的所有节点无条件接收该帧。

表 3-10 功能 ID 定义

ID10、9、8	功能或状态
000	正常数据帧通信
001	复位目标节点
010	源节点报错
011	保留
100	时间基准帧
101	请求建立连接
110	保留
111	响应建立连接

(3)帧总数 ID

帧总数 ID 用来表示节点进行数据传输时包含的总帧数。

(4)帧编号 ID

帧编号用来表示帧的顺序和位置,当源节点报文分帧传输时,目标节点只有将报文的所有帧接收完成后方视为接收成功。这里给帧编号 ID 分配 4 位,即最多发送 16×8B 的数据。

（5）帧数据

帧数据部分即为每个节点对应的控制系统参数，每个节点对应的控制系统参数及其在帧数据中的字节位置定义则根据具体的参数和应用确定。

CAN 协议数据帧传输数据，从一个发送节点发送数据帧到一个或多个接收节点，它由 7 个域组成：帧的起始域、仲裁域、控制域、数据域、CRC 域、应答域和帧的结束域。

a. 帧起始域

该域表示一个数据帧或远程帧的开始，它由一个强位组成，该强位用于接收状态下的 CAN 控制器的硬同步。

b. 仲裁域

该域由标识符 ID 和 RTR 位组成，当有多个 CAN 控制器同时发送数据时，在仲裁域要进行面向位的冲突仲裁。

标识符 ID：由 11 位（CAN2.0A）或 29 位（CAN2.0B）组成，用于提供帧地址及优先级，ID 值越小，优先级越高。

远程发送请求位（RTR）：CAN 总线上接收节点可以请求总线上另一个节点发送数据帧。

c. 控制域

由 6 个位组成，包括 2 个保留位和 4 位的数据长度码，允许数据长度值为 0～8。

d. 数据域

数据字节长度为 0～8，由控制域中的数据长度码决定。

e. 循环冗余校验（CRC）域

采用 15 位 CRC，校验范围包括帧的起始域、仲裁域、控制域、数据域及 CRC 序列。CRC 的多项式为

$$x^{15} + x^{14} + x^{10} + x^{8} + x^{7} + x^{4} + x^{3} + 1 \qquad (3\text{-}12)$$

CRC 序列之后是 CRC 界定符，它包含一个单独的"隐性"位。

f. 应答域

包括应答位和应答分隔符。应答域由发送方发出的两位弱位组成，所有接收到正确的 CRC 序列的节点在发送节点的应答空隙期间，把发送方的这一弱位改写为强位来应答。

g. 帧的结束域

由 7 个弱位组成。

3.8.2　CAN 控制器（CAN Controller Introduction）

CAN 网络的通信及网络协议主要是由 CAN 控制器来实现的，CAN 控制器由 CAN 核、报文 RAM、报文处理器、控制寄存器组和组件接口五部分组成。

CAN 核遵从 CAN2.0A 和 CAN2.0B 协议标准，波特率可根据用户需要编程，最高可达 1Mbps（距离最长 40m）。

CAN 通信时，报文对象需要配置，报文对象及接收过滤用的屏蔽标识均存入报文 RAM。报文处理器实现了报文处理的功能，这些功能包括接收过滤、CAN 核和报文 RAM 之间的数据交换、发送请求的处理、组件中断，控制寄存器组可由外部 MCU 通过组件接口直接操作，这些寄存器用于控制/配置 CAN 核、报文处理器和访问报文 RAM，组件接口实

现了 CAN 控制器与外部 MCU 的连接。

1. CAN 帧组成

组成 CAN 帧的各字段又叫场,如表 3-11 所示。

表 3-11　CAN 帧组成

CAN 地址	场	名　称	位							
			7	6	5	4	3	2	1	0
10	描述符	标识符字节 1	ID. 10	ID. 9	ID. 8	ID. 7	ID. 6	ID. 5	ID. 4	ID. 3
11		标识符字节 2	ID. 2	ID. 1	ID. 0	RTR	DLC. 3	DLC. 2	DLC. 1	DLC. 0
12	数据	TX 数据 1	发送数据字节 1							
13		TX 数据 2	发送数据字节 2							
14		TX 数据 3	发送数据字节 3							
15		TX 数据 4	发送数据字节 4							
16		TX 数据 5	发送数据字节 5							
17		TX 数据 6	发送数据字节 6							
18		TX 数据 7	发送数据字节 7							
19		TX 数据 8	发送数据字节 8							

2. 发送和接收缓冲器

接收缓冲器的整体配置和发送缓冲器很相似,接收缓冲器是 RXFIFO 中可访问的部分。标识符、远程发送请求位和数据长度码,除地址范围为 20~29 之外,具有与在发送缓冲器中所描述的相同含义和配置。

RXFIFO 共有 64B 的报文空间。在任何特定的时刻,FIFO 中可以存储的报文数取决于各个报文的长度。如果 RXFIFO 中没有足够的空间用于新报文,CAN 控制器就会产生一个数据溢出条件。数据溢出条件存在时,已部分写入 RXFIFO 的一个报文将被删除。如果中断使能,且帧直到最后除帧结束的那一位已被无任何错误地接收(RX 报文变为有效),这种情况会通过状态寄存器和数据溢出中断指示给微控制器。

接收过滤器:在接收过滤器的帮助下,仅当被接收报文的标识符位与接收过滤寄存器中预定义的那些位相等时,CAN 控制器才能允许被接收报文进入 RXFIFO。接收过滤器通过接收码寄存器(表 3-12)和接收屏蔽寄存器(表 3-13)来定义。

表 3-12　接收码寄存器(ACR)

比特 7	比特 6	比特 5	比特 4	比特 3	比特 2	比特 1	比特 0
AC. 7	AC. 6	AC. 5	AC. 4	AC. 3	AC. 2	AC. 1	AC. 0

表 3-13　接收屏蔽寄存器(AMR)

比特 7	比特 6	比特 5	比特 4	比特 3	比特 2	比特 1	比特 0
AM. 7	AM. 6	AM. 5	AM. 4	AM. 3	AM. 2	AM. 1	AM. 0

接收码位(AC.7~AC.0)和报文标识符的 8 个最重要的位(ID.10~ID.3)必须在被接收屏蔽位(AM.7~AM.0)标定为相关的那些位的位置上相等。

接收屏蔽寄存器限定,接收码与接收滤波的对应位的那些位是"相关的"(AM.X=0)或"不予关心的"(AM.X=1)。

图 3-37　CAN 接收标识符判断

3. 位定时器

(1) 总线定时寄存器 0(BTR0)

如表 3-14 所示,总线定时寄存器 0 的内容确定波特率预引比例因子(BRP)和同步跳转宽度(SJW)的值,若复位模式有效,此寄存器是可以被访问(读/写)的。CAN 系统时钟 t_{scl} 的周期是可编程的,并决定各个位定时。CAN 系统时钟使用下式进行计算:

$$t_{\mathrm{scl}} = 2 \times t_{\mathrm{clk}} \times (32 \times \mathrm{BRP.5} + 16 \times \mathrm{BRP.4} + 8 \times \mathrm{BRP.3}$$
$$+ 4 \times \mathrm{BRP.2} + 2 \times \mathrm{BRP.1} + \mathrm{BRP.0} + 1) \tag{3-13}$$

表 3-14　总线定时寄存器 0(BTR0)

比特 7	比特 6	比特 5	比特 4	比特 3	比特 2	比特 1	比特 0
SJW.1	SJW.0	BRP.5	BRP.4	BRP.3	BRP.2	BRP.1	BRP.0

同步跳转宽度(SJW):为补偿在不同总线控制器的时钟振荡器之间的相移,任何总线控制器必须重同步于当前发送的任何相关信号沿。同步跳转宽度确定一个位时间可以被一次重同步所缩短或延长的时钟周期的最大数目:

$$t_{\mathrm{sjw}} = t_{\mathrm{scl}} \times (2 \times \mathrm{SJW.1} + \mathrm{SJW.0} + 1) \tag{3-14}$$

(2) 总线定时寄存器 1(BTR1)

如表 3-15 所示,总线定时寄存器 1 的内容确定位时间的长度、采样点位置和在每个采样点欲获取的采样数目,如果复位模式有效,这个寄存器可以被访问(读/写)。只有选择 PeliCAN 模式,这个寄存器在运行模式中才是可读的,在 BasicCAN 模式中呈现的是"0xFF"。

表 3-15　总线定时寄存器 1(BTR1)

比特 7	比特 6	比特 5	比特 4	比特 3	比特 2	比特 1	比特 0
SAM	$T_{\mathrm{SEG2.2}}$	$T_{\mathrm{SEG2.1}}$	$T_{\mathrm{SEG2.0}}$	$T_{\mathrm{SEG1.3}}$	$T_{\mathrm{SEG1.2}}$	$T_{\mathrm{SEG1.1}}$	$T_{\mathrm{SEG1.0}}$

SAM 表示总线采样方式,SAM 值的选择如表 3-16 所示。

表 3-16　采样方式选择（SAM）

位	值	功　　能
SAM	1	总线被采样三次,建议在低/中速总线上使用,过滤总线上的尖峰是有益的
	0	单倍,总线被采样一次,建议用于高速总线上

CAN 总线的波特率由标称时间确定,标称时间等于 T_{SYNCSEG}、T_{SEG1} 及 T_{SEG2} 三者之和,如图 3-38 所示。T_{SYNCSEG} 是同步系统时钟周期数,一般固定为 1 个时钟周期;T_{SEG1} 和 T_{SEG2} 决定每一位时间的时钟数目和采样点的位置,其中:

$$\left. \begin{aligned} t_{\text{SYNCSEG}} &= 1 \times t_{\text{scl}} \\ t_{\text{TSEG1}} &= t_{\text{scl}} \times (8 \times T_{\text{SEG1.3}} + 4 \times T_{\text{SEG1.2}} + 2 \times T_{\text{SEG1.1}} + T_{\text{SEG1.0}} + 1) \\ t_{\text{TSEG2}} &= t_{\text{scl}} \times (4 \times T_{\text{SEG2.2}} + 2 \times T_{\text{SEG2.1}} + T_{\text{SEG2.0}} + 1) \end{aligned} \right\} \tag{3-15}$$

CAN 总线的波特率由标称时间确定,如图 3-38 所示。

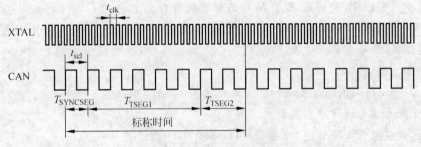

图 3-38　CAN 波特率计算

3.8.3　CAN 通信结构设计（CAN Communication Hardware Design）

以往的 CAN 中继器设计大多采用 MCU 加 CAN 控制器的双芯片或多芯片解决方案,电路复杂,MCU 与 CAN 控制器通过外部总线连接,数据吞吐速度慢,整体可靠性比较差。

目前应用于现场总线的控制系统大都直接集成 CAN 的控制器,即在 MCU 内部集成了 CAN 的数据链路层功能。例如,有一种控制器是以 ARM Cortex-M3 为内核的 32 位微处理器,主频可高达 72MHz,内置 Flash 和 SRAM,其容量可分别高达 512KB 和 64KB;内部集成双路 CAN 控制器。它支持 CAN 协议 V2.0A 和 V2.0B,波特率最高可达 1Mbps,具有 3 个发送邮箱和两个 3 级深度的 FIFO,能够以最小的 CPU 负荷来高效处理大量收到的报文。

为了提高 CAN 现场总线对生产现场的抗干扰能力,保证总线通信工作的可靠性,都采用多重的抗干扰措施。例如,大部分的节点电路都是采用在 CAN 控制器和收发器之间加入光电隔离器来实现 CAN 节点之间的电气隔离,采用外加 DC/DC 电源模块的方法切断系统电源的干扰。

习　题　3

3.1　数据链路层中的链路控制包括哪些功能?

3.2　在停止等待协议中,应答帧为什么不需要序号?

3.3 何为流量控制？何为滑动窗口协议？简要说明其工作原理，并与停等协议进行比较，说明两者分别使用的场合。

3.4 对于滑动窗口，若规定帧序号采用 3 位二进制编码表示时，问可用的最大帧序号为多少？试写出所有可用的帧序号。

3.5 试简述 HDLC 帧各字段的意义。HDLC 用什么方法保证数据的透明传输？

3.6 当数据链路层使用 PPP 协议或 CSMA/CD 协议时，既然不保证可靠传输，那么为什么对所传输的帧进行差错检验呢？

3.7 PPP 协议中采用 0 比特填充与删除技术。若接收端收到的 PPP 帧的数据部分是 111000110111110111110，删除发送端加入的零比特后的比特串是什么？

若有一比特串 101011111101011111001 要用 PPP 协议传送，经过零比特填充后的比特串是什么？

3.8 1 万个站点正在竞争使用一时分 ALOHA 信道，信道时隙为 $125\mu s$。如果每个站点平均每小时发出 18 次请求，试计算总的信道载荷 G。

3.9 N 个站点共享 56kbps 纯 ALOHA 信道，各站点平均每 100 秒送出一个长度为 1000b 的数据帧，而不管前一个数据帧是否已经发出去（假设站点有发送缓冲区）。试计算 N 的最大值。

3.10 什么是 infrastructure 模式和 adhoc 模式？

3.11 什么是无线局域网中的隐藏站问题？

3.12 简述载波监听多路访问/冲突检测(CSMA/CD)的工作原理。

3.13 10Mbps 以太网升级到 100Mbps，1Gbps 甚至 10Gbps 时，需要解决哪些技术问题？在帧的长度方面需要有什么改变？为什么？传输媒体应当有什么改变？

3.14 快速以太网和千兆位以太网的主要特点是什么？它们各有哪些标准？

3.15 以太网、快速以太网和千兆以太网的时间槽各为多少？最小帧长各为多少字节？

3.16 与共享式以太网相比，为什么说交换式以太网能够提高网络的性能？

3.17 什么是以太网的物理地址？地址长度是多少？

3.18 什么是虚拟局域网？它有什么特点？

3.19 无线局域网具有哪些特点？无线局域网包括哪些设备？

3.20 网络适配器的作用是什么？网络适配器工作在哪一层？

3.21 集线器的种类有哪些？各有什么特点？中继器与集线器的区别是什么？

3.22 交换机的技术分类有哪些？

3.23 现有五个站分别连接在三个局域网上，并且用两个透明网桥连接起来，如图 3-39 所

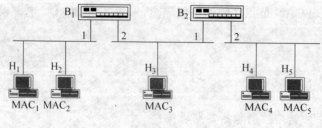

图 3-39

示。每一个网桥的两个端口号都标明在图上。一开始，两个网桥中的转发表都是空的，以后有以下各站向其他的站发送了数据帧，即 H$_1$ 发送给 H$_5$，H$_3$ 发送给 H$_2$，H$_4$ 发送给 H$_3$，H$_2$ 发送给 H$_1$。试将有关数据填写在表 3-17 中。

表 3-17　网桥转发及处理表

发送的帧	网桥 1 的转发表		网桥 2 的转发表		网桥 1 的处理 转发？丢弃？登记？	网桥 2 的处理 转发？丢弃？登记？
	站地址	端口	站地址	端口		
H$_1$→H$_5$						
H$_3$→H$_2$						
H$_4$→H$_3$						
H$_2$→H$_1$						

3.24　通过 IEEE 802.3 局域网传送 ASCII 码信息"Good morning!"，若封装成一个 MAC 帧，试问：

(1) 该帧的数据字段有效字节为多少？

(2) 需要填充多少个字节？

3.25　有 10 个站连接到以太网上，试计算以下三种情况下每一个站所能得到的带宽。

(1) 10 个站点连接到一个 10Mbps 以太网集线器；

(2) 10 站点连接到一个 100Mbps 以太网集线器；

(3) 10 个站点连接到一个 10Mbps 以太网交换机。

3.26　要发送的数据为 1101011011，采用 CRC 的生成多项式是 $P(x)=x^4+x+1$，试求应添加在数据后面的余数（要求写出计算过程）。

3.27　已知发送方采用 CRC 校验方法，生成多项式为 x^4+x^3+1，若接收方收到的二进制数字序列为 101110110101，请判断数据传输过程中是否出错（要求写出计算过程）。

3.28　IEEE 802.11 的隐蔽站解决方法是什么？

3.29　CAN 总线的最大通信距离是多少？

3.30　CAN 总线中逻辑"1"和"0"怎么表示？

3.31　CAN 数据帧中的 RTR 位为显性还是隐性？CAN 远程帧中的 RTR 位为显性还是隐性？

3.32　在 CAN 总线网络中，一站点发出标识地址为 35 的帧，问下面哪些站点收到了数据？已知 ACR 是接收码寄存器，AMR 是屏蔽寄存器。写出计算过程。

　　ACR：33　　　AMR：0xFC

　　ACR：34　　　AMR：0xFC

　　ACR：35　　　AMR：0xFC

　　ACR：36　　　AMR：0xFC

3.33　CAN 的正常位时间由哪几个时间段组成？

3.34　Modbus 有几种传输模式？写出其帧格式。

3.35　Modbus 中的 LRC 有什么作用？怎样计算？

3.36　在关于数据链路层工作原理的叙述中，经常会见到两个不同的名词——"丢失"和"丢弃",它们有区别吗?

实验指导 3-1 帧校验编程

一、实验目的

学习掌握用 C 语言实现常用的循环冗余码 CRC 编程的基本方法。

二、实验原理

1. 算法

CRC 是网络通信中最常用的校验算法。需要 1 个二进制数序列 $K(x)$、1 个生成多项式 $G(x)$,得到 1 个余数 $R(x)$ 作为冗余码,附在原传送数据后面。接收方收到后,将接收序列 $\{K(x),R(x)\}$ 用同样的生成多项式 $G(x)$ 去除。若相等则表示数据无错,否则说明数据传输有错误。

2. C 语言程序参考代码

```
CRC(void)                            //简单的 16 位 CRC 校验码计算函数。
{long unsigned int K=0x35b;          //要计算的 16 位数据。
 long unsigned int G=0x13;           //多项式 5 位。
 unsigned int R;                     //余数作为校验码。
 int i;
 K<<=4;              //数据左移"多项式位数-1",相当于在数据后补充"多项式位数-1"个零。
 G<<=15;             //多项式左移"数据位数-1",为了跟数据的最高位对齐准备计算。
 for(i=0; i<16 ; i++)                 //计算数据位的长度 16 次
   {if(((K & 1<<(19-i))==1<<(19-i))   //K 的最高位为"1"才进行模 2 加。
       K ^=G;                         //用异或运算实现模 2 加。
    G>>=1;                            //多项式右移 1 位。
   }
 R=K;               //最后剩下的 K,就是余数 R,作为检验码附在数据后面一起发送。
}
```

三、实验内容

编写计算 CRC 冗余码和校验程序。两人一组:一人写产生冗余码程序,另一人写校验程序。将带有冗余码的数据传给校验程序,校验程序要判断收到数据的正确性。

四、实验方法与步骤

1. 进入 C 语言编辑调试环境。
2. 输入 CRC 计算和检验程序。
3. 编译和调试。
4. 互换角色再进行调试。

五、实验要求

1. 实验报告写出设计好的 CRC 校验源程序。

2. 记录检验过的数据和校验码。

六、实验环境

在 Windows/Linux 环境下，需要 C 语言集成开发环境。

实验指导 3-2　数据链路层协议分析

一、实验目的

进行 WireShark 软件的安装、过滤规则的学习，使用 WireShark 捕获 Ethernet 协议，并对 Ethernet Ⅱ 和 IEEE 802.3/802.2 Ethernet 帧分别进行分析和比较。

二、实验原理

1. Ethernet Ⅱ

由 6B 的目的 MAC 地址、6B 的源 MAC 地址、2B 的类型域（用于标识封装在这个帧里面上层协议的类型），接下来是 46～1500B 的数据和 4B 的 CRC 帧校验组成。

2. IEEE 802.3/802.2

802.3 的帧头和 Ethernet Ⅱ 的帧头有所不同，Ethernet Ⅱ 类型域变成了长度域，其中又引入 802.2 协议（LLC），在 802.3 帧头后面添加了一个 LLC 首部。

3. 如何区分不同的帧格式

如果跟随源地址后面的 2B 的值大于 1500，则此帧为 Ethernet Ⅱ 格式；否则为 Ethernet 802.3/802.2 格式的帧。

三、实验内容

使用 WireShark 捕获 PING 命令发出、接收 Ethernet 帧各 1 帧和 1 个广播帧，并对这 3 个 Ethernet 帧进行分析和记录，对这 3 帧在原始英文记录的基础上写出对应的中文。

四、实验方法与步骤

1. 创建过滤规则

启动 WireShark，单击 Capture 按钮，选择 Capture Filters。

2. 捕获数据包

启动 WireShark 以后，选择菜单命令 Capture→Start。

Interface：指定在哪个接口（网卡）上抓包。

3. 分析数据包

五、实验要求

1. 实验报告记录捕获的以太网帧。

2. 实验报告分析以太网帧的类型。

六、实验环境

在 Windows 环境下,需要先下载 WireShark 软件。

也可在 Linux 环境下使用此软件。

实验指导 3-3　　Modbus 协议编程

一、实验目的

掌握在嵌入式网络中所常用的 Modbus 协议,能够进行简单的嵌入式网络编程和调试。

二、实验原理

1. Modbus 协议(RTU 模式)说明

本实验中只运用 Modbus 协议的功能 3,该功能的定义为读取多点(1~10)寄存器模拟量数据,没有数据采集系统可以用随机数产生函数来仿真采集数据。

通信中主节点定时发送请求报文,格式如下:

地址编号	功能代码	起始寄存器号	连续寄存器数	校验码

其中,起始寄存器号和连续寄存器数各占 2 个字节,并遵循高位在前的原则。

从节点响应请求报文,格式如下:

地址编号	功能代码	数据包字节数	起始寄存器数据	…	结束寄存器数据	校验码

其中数据包字节数占 1 个字节,各寄存器数据分别占用 2 个字节,也遵循高位在前的原则。主、从节点报文的校验码用 CRC 校验方式。

2. 报文的解释执行

报文解释执行的过程与内容包括:检查地址域、检查校验码、分析功能代码、根据功能约定执行相应的功能。

从节点程序设计:

(1)设置一个定时器;

(2)每接收一个数据,启动定时器定时;

(3)定时时间到,在规定时间里没有通信数据表明帧结束,在定时中断服务程序中处理 Modbus 命令。

3. C 语言参考代码

```
//不同的软硬件平台移植,还需要串口读写函数 Uart_GetChar()和 Uart_SendByte()
    void Modbus_Recv_Send(void)                        //Modbus 协议发送接收
    {char MBFRecv[10];                                  //收到的 Modbus 帧
     //从设备数据帧数据结构定义
     struct SLVDEV {char ID;                            //从设备地址
                    char FunN;                          //功能编号
                    char LEN;                           //数据长度
```

```
                      char DevDat[10];                    //数据
                      short ADDR;                         //从设备数据寄存器地址
                  } DevAgu={0x64,
                         0x03,
                         0x02,
                         {0x55,0x55,0x55,0x55,0x55,0x55,0x55,0x55,0x55,0x55},
                         0x06
                         };
    int i,j, CRC_Cal;
    char err;

    err=Uart_GetChar(&MBFRecv[0],0);                    //从串口接收数据采集请求帧
    if(err==FALSE)         return;
    if(MBFRecv[0]==DevAgu.ID)                           //判断是否是本设备的地址
      {err=Uart_GetChar(&MBFRecv[1],0);                 //是本设备,接收功能编号
       if  (err==FALSE)  return;
       if  (MBFRecv[1]==0x03)                           //功能是主设备来采集本设备的数据
         {for(i=2; i<8; i++)
              { err=Uart_GetChar(&MBFRecv[i],0);        //接收帧的其他字段
                if  (err==FALSE)  return;               //出错返回
              }
          if(CheckCRC(MBFRecv,6)!=(MBFRecv[7]<<8)+MBFRecv[6])    //对收到的帧进行校验
              return;
            //下面发送从设备的应答帧
          Uart_SendByte(0,DevAgu.ID);                   //发送设备地址
          Uart_SendByte(0,DevAgu.FunN);                 //发送功能编号 3
          Uart_SendByte(0,MBFRecv[5] * 2);              //发送数据长度,只考虑了小于 512B
          for(j=0; j<MBFRecv[5] * 2; j++)
              {DevAgu.DevDat[j]=rand();                 //产生随机数当作采集的值
               Uart_SendByte(0,DevAgu.DevDat[j]);       //按字节发送数据部分
               }
          CRC_Cal=CheckCRC((char * )(&DevAgu),3+MBFRecv[5] * 2);         //计算 CRC
          Uart_SendByte(0, 0x00FF & CRC_Cal    );       //发送 CRC 高字节
          Uart_SendByte(0, 0x00FF & CRC_Cal>>8);        //发送 CRC 低字节
          }
      }
}
//MODBUS CRC 校验
int CheckCRC(char * pData, int Len)                     //pData:数据地址,Len:数据长度
{  int wCheck=FALSE;
   int wCRC =~ 0x0;                                     //2B 校验值
   for(int i=0; i<Len; i++)
      { wCRC   ^= * pData++;
        for  (int i=0; i<8; i++)
          {wCheck  =wCRC & 1;
           wCRC>>=1;
           wCRC  &=0x7fff;
```

```
            if(wCheck)
                wCRC ^=0xa001;
            }
        }
    return wCRC;
}
```

三、实验内容

通过嵌入式系统与 PC 或两台 PC 的 RS-232 串口总线相连,在 PC 端的 Windows 平台上可以运行 Modbus 测试工具软件,作为主站;另一端作为从站,需要编写 Modbus 程序与主站通信。

主站发出如下请求,要求接收模拟量数据:

64H	03H	00H	02H	00H	01H	2CH	3FH

该请求要求从站 1 发送从编号为 6 的寄存器开始连续三个寄存器的数据。
编程实现该协议过程,然后修改主站的请求数据,检验从站的响应信息是否正确。

四、实验方法与步骤

1. 搭建 PC 端 Modbus 主站测试环境。
2. 启动 IAR 的 EWARM,打开工程"Modbus 总线通信实验"。
3. 输入编辑 Modbus 驱动函数,包括:初始化、发送数据、接收数据、查询数据。
4. 在主函数中实现将从串口接收到的数据发送到 RS-232/RS-485 总线,将接收到的数据发送到串口。
5. 在 IAR 集成开发环境中编译、调试和运行工程程序。

五、实验要求

1. 记录实验的硬件和软件配置。
2. 记录调试通过的主函数代码。
3. 记录通信的收发信息内容。

六、实验环境

硬件:ARM 嵌入式开发平台、J-Link 仿真器和串口通信电缆。
软件:EWARM 集成开发环境、Modbus 测试工具软件。

实验指导 3-4　CAN 协议编程

一、实验目的

1. 掌握和利用本专业实践工作中所常用的现场总线,能够进行简单的嵌入式网络应用、编程和调试。

2．掌握基于 ARM 微处理器上的 CAN 总线通信原理。

3．掌握查询模式或中断模式下的 CAN 总线通信程序设计方法。

二、实验原理

CAN 协议以报文为单位进行信息传送，报文对象及接收过滤用的屏蔽标识均存入报文 RAM。控制寄存器组可由外部 MCU 通过组件接口直接操作。

由于不同实验系统的 CAN 控制器代码差异较大，在此不给出参考代码，请读者参考各自的实验系统的 CAN 通信接口编程方法。

三、实验内容

结合专业需求，认识现场总线和嵌入式网络编程的特点，能够进行简单的现场总线和嵌入式网络编程设计。学习 CAN 总线通信原理，了解 CAN 总线的结构，阅读 CAN 控制器的文档，掌握相关寄存器的功能和使用方法。

将两个 ARM 系统通过 CAN 总线相连接。ARM 监视串行口，将接收到的字符发送给另一个开发板并通过串口显示。即按 PC 键盘通过超级终端发送数据，开发板将接收到的数据通过 CAN 总线转发，在另一个 PC 的超级终端上显示数据。

四、实验方法与步骤

1．搭建现场总线通信环境。

2．启动集成开发环境，如 IAR 的 EWARM，打开工程"CAN 总线通信实验"。

3．输入并编辑 CAN 驱动函数，如：CAN 初始化、发送数据（CAN_Write）、接收数据（CAN_Read）、查询数据（CAN_Poll）等。

4．在主函数中实现将从串口 1 接收到的数据发送到 CAN 总线，将从 CAN 接收到的数据发送到串口 1。

5．在集成开发环境中编译、调试和运行工程程序。

五、实验要求

1．记录实验的硬件和软件配置。

2．记录调试通过的主函数代码。

3．记录通信的收发信息内容。

六、实验环境

硬件：ARM 嵌入式开发平台、J-Link 仿真器和 CAN 通信电缆。

软件：EWARM 集成开发环境和超级终端通信程序。

第 4 章

网络层（Network Layer）

第 3 章描述了数据链路层,对所要传输的比特流(位串)数据进行了分组,以帧为单位传输数据,初步建立了以"分组"作为"交换"技术的计算机网络。但在数据链路层只是解决了网络的部分问题,还有许多技术问题需要更高层的协议,具体还有以下几个技术问题。

第一,为解决数据传输过程中的错误检测问题,对错误帧只是简单地丢弃,还没有解决数据传输可靠性的问题。

第二,数据链路层的寻址是一种物理地址,只适合在局域网内查找目的主机,不适合在广域网的范围寻址。因为:局域网寻址靠广播(典型的以太网),对于范围非常大的广域网不适用;物理地址如以太网帧是 48b,能保证全世界唯一,但没有什么规律,如"0x3F8C6A",在广域网中直接按这个地址查找起来如大海捞针一般困难。

第三,数据链路层只负责在相邻两个节点之间传送数据。网络将数据包从源节点传送到目的节点,这中间可能会经过许多中间节点,也可能会穿过多个网络,因此还要解决路由选择问题。

因此,还需要更高层的协议来完善网络的功能和结构,需要通过网络层提供地址逻辑化、路由选择、拥塞控制、网络互联和计费等功能,利用网络层的协议完善网络体系结构。网络层在网络体系结构中的层次及主要功能如图 4-1 所示。

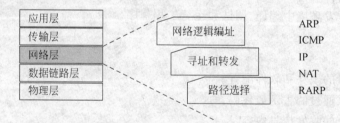

图 4-1　网络层在 TCP/IP 结构中的位置和作用

本章主要讲述 IP 协议,IP 协议是网络层中最重要的协议,目前版本号是 4,IPv4 的地址位数为 32b,地址已基本用尽;下一个版本是 IPv6,采用 128b 地址长度,几乎可以不受限制地提供地址。

4.1　IP 协议组成（IP Protocol Form）

IP(internet protocol,网络互连)协议是 TCP/IP 协议簇的核心,传输层上的数据信息和网络层上的控制信息都以 IP 分组的形式传输,IP 实现的是不可靠、无连接的数据报服务。

IP 协议数据格式如图 4-2 所示。

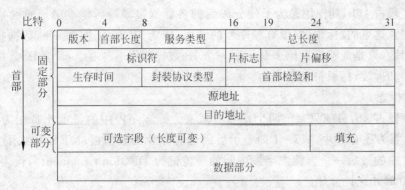

图 4-2　IP 数据报格式

下面介绍首部各字段的意义。

1. IP 数据报首部的固定部分

在 TCP/IP 的标准中，各种数据格式常常以 32b(4B) 为单位来描述。一个 IP 数据报由首部和数据两部分组成，首部的前一部分长度是固定的 20B，后面部分的长度则是可变长度。

（1）版本

版本字段占 4b，指 IP 协议的版本。通信双方使用的 IP 协议的版本必须一致，一般使用的 IP 协议版本为 4。

（2）首部长度

首部长度字段占 4b，可表示的最大数值是 15 个单位（一个单位为 4B），因此 IP 的首部长度最大值是 60B。当 IP 分组的首部长度不是 4B 的整数倍时，必须利用最后一个填充字段加以填充。因此，数据部分永远在 4B 的整数倍时开始，这样在实现起来会比较方便。首部长度限制为 60B 的缺点是有时（如采用源站选路时）不够用，但这样做的用意是要用户尽量减少额外开销。

（3）服务类型

服务类型字段共 8b 长，用来获得更好的服务。服务类型字段的前三个位表示优先级，它可使数据报具有 8 个优先级中的一个，数小者优先。

第 4 位是 D(Delay)位，表示要求有更低的时延。

第 5 位是 T(Throughput)位，表示要求有更高的吞吐量。

第 6 位是 R(Reliability)位，表示要求有更高的可靠性，即在数据报传送的过程中，被节点交换机丢弃的概率要更小些。

第 7 位是 C(Cost)位，是新增加的，表示要求选择价格更低廉的路由。

最后一位目前尚未使用。

（4）总长度

总长度指首部和数据之和的长度，单位为字节。总长度字段为 16b，因此数据报的最大长度为 $2^{16} = 65\,536 - 1$(B)。当很长的数据报要分段进行传送时，"总长度"不是指未分段前的数据报长度，而是指分段后每个段的首部长度与数据长度的总和。

（5）标识符

标识字段占 16b，其作用是为了使分段后的各数据报段最后能准确地重装成为原来的数据报。注意这里的"标识"并没有顺序号的意思，因为 IP 是无连接服务，数据报不存在按序接收的问题，只是能够识别原来是从哪一个 IP 数据报分片来的。不论 IP 数据报在网络上怎么传输和拆装，标识符是不变的。

（6）片标志

标志字段占 3b，目前只有前两个比特有意义。标志字段中的最低比特记为 MF（more fragment），意为还有分片，MF＝1 即表示后面还有分片的数据报；MF＝0 表示这已是若干数据报分片中的最后一个。标志字段中间的一位记为 DF（don't ragment），代表不分片，只有当 DF＝0 时才允许分片。

（7）片偏移

段偏移字段占 13b，以 8B 为偏移单位。表示分片在整个数据报中的相对位置。

（8）生存时间

占 8b，记为 TTL（time to live），即生存时间。TTL 值是数据包的一个生命周期，每当经过一次路由转发时都会减 1，当减到 0 时，数据包将会丢弃，丢弃者会发送一个 ICMP 数据包通知发送者。主要用来防止出现路由环路时，数据包无限循环转发，而造成网络拥堵。这个值使用一个字节表示，也就是最大只有 255，如果两个通信者之间经过的路由超过 255 时，它是不能通过 IP 进行通信的。

这个值还用来探测路径，数据包的 TTL 值从 1 开始，每经过 1 个路由器就增加 1，直到到达对方，这样通过标识回应者，就可以知道整个传输路径了，Windows 中的命令为 tracert，就是使用的这种机制。

（9）封装协议类型

占 8b，它指出此数据报携带的传输层数据是使用何种协议，以便目的主机的 IP 层知道应将此数据报上交给哪个进程。常用的一些协议和相应的协议字段值（写在协议后面的括弧中）是：UDP（17）、TCP（6）、ICMP（1）、GGP（3）、EGP（8）、IGP（9）、OSPF（89）以及 ISO 的 TP4（29）。

（10）首部检验和

此字段占 16b，只检验数据报的首部，不包括数据部分。不检验数据部分是因为数据报每经过一个节点，节点处理机就要重新计算一下首部检验和（一些字段，如寿命、标志、段偏移等都可能发生变化）。如将数据部分一起检验，计算的工作量就太大了。

首部检验和只提供首部内容的错误检测，它不包括数据报包的其他内容，也不包括计算的校验和本身。ICMP、IGMP、UDP 和 TCP 在它们各自的首部中均含有同时覆盖首部和数据的检验和码。

为了计算一份数据报的 IP 检验和，首先把检验和字段置为 0。然后，对首部中每个 16 比特位进行二进制反码求和（整个首部看成是由一串 16b 的字组成），结果存在检验和字段中。当收到一份 IP 数据报后，同样对首部中每个 16 位进行二进制反码的求和。由于接收方在计算过程中包含了发送方存在首部中的检验和，因此，如果首部在传输过程中没有发生任何差错，那么接收方计算的结果应该为全 1。如果结果不是全 1（即检验和错误），那么 IP 就丢弃收到的数据报，但是不生成差错报文，由上层去发现丢失的数据报并进行重传。

（11）IP 地址

源站 IP 地址字段和目的站 IP 地址字段都各占 4B。

2. IP 首部的可变部分

IP 首部的可变部分就是一个任选字段。任选字段用来支持排错、测量以及安全等措施，内容很丰富。此字段的长度可变，从 1B 到 40B 不等，取决于所选择的项目。某些任选项目只需要一个字节，它只包括一个字节的任选代码。有些任选项目需要多个字节，但其第一个字节的格式不变。这些任选项一个个拼接起来，中间不需要有分隔符，最后用全 0 的填充字段补齐成为 4 字节的整数倍。

下面的几种则要使用若干个字节。

（1）任选编号为 7：为记录路由用的，其长度是可变的。

（2）任选编号为 4：作时间戳用，其长度是可变的。除选代码字段（填入 0、2 和 4）、长度字段和指针字段这三个字节外，再加上一个字节的溢出和标志两个字段。标志字段区分几种情况：

① 只写入时间戳。

② 写入 IP 地址和时间戳。

③ IP 地址由源站规定好，路由器只写入时间戳。溢出字段写入一个数，此数值即数据报所经过的路由器的最大数目（考虑到太多的时间戳可能会写不下）。

时间戳记录了路由器收到数据报的日期和时间，占用 4B。时间的单位是毫秒，是从午夜算起的通用时间，也就是以前的格林尼治时间。当网络中主机的本地时间和时钟不一致时，记录的时间戳会有一些误差。时间戳可用来统计数据报经路由器产生的时延和时延的变化。

4.1.1　IP 数据报的分片与重组（IP Datagram Fragment and Recombination）

1. 最大传输单元与 IP 数据报分片

数据报作为网络层数据必然要通过帧来传输，一个数据报可能要通过多个不同的物理网络，每一个路由器都要将接收到的帧进行拆包和处理，然后封装成另外一个帧，每一种物理网络都规定了各自帧的数据域最大字节长度的最大传输单元，帧的格式与长度取决于物理网络所采用的协议。

2. IP 数据报分片的基本方法

如果数据报来自一个能够通过较大数据报的局域网，又要通过另一个只能通过较小的数据报的局域网，那么就必须对 IP 数据报进行分片。如图 4-3 所示。

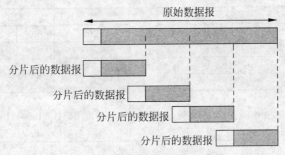

图 4-3　长的 IP 数据报分片

接收方根据报文的源 IP、目的 IP、IP 标识符将接收到的分片报文归为不同原始 IP 数据报的分片分组;分片标志中的 MF 位标识了是否是最后一个分片报文。如果是最后一个分片报文,则根据分片偏移量计算出各个分片报文在原始 IP 数据报中的位置,重组为分片前的原始 IP 报文。如果不是最后一个分片报文,则等待最后一个分片报文到达后完成重组。

3. 标识、标志和片偏移

在 IP 数据报的报头中,与一个数据报的分片、组装相关的域有标识符域、标志位域与片偏移域。标识符(identification)域:为一个数据报的所有片分配一个标识 ID 值。标志位(flags)域:表示接收节点是不是能对数据报分片。片偏移(fragment offset)域:表示该分片在整个数据报中的相对位置。

IP 数据报被分片之后,所有分片报文的 IP 报头中的源 IP、目的 IP、IP 标识符、上层协议等信息都是一样的(TTL 不一定是一样的,因为不同的分片报文可能会经过不同的路由路径达到目的端),不同之处在于分片标志位和分片偏移量,而接收方正是根据接收到的分片报文的源 IP、目的 IP、IP 标识符、分片标志位、分片偏移量来对接收到的分片报文进行重组。

4. 分片方法的例子

图 4-4 和图 4-5 是 IP 数据报的分片例子,注意分析分片后哪些字段改变了,哪些字段没有改变。

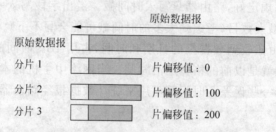

图 4-4 长的 IP 数据报分片成 3 个短 IP 数据报

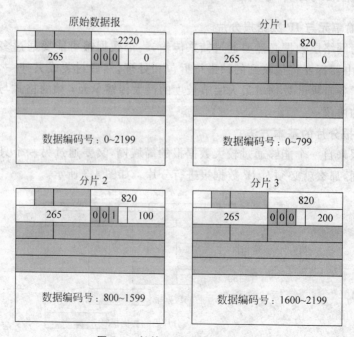

图 4-5 长的 IP 数据报分片例子

4.1.2　IP 首部校验和(IP Header Checksum)

以 IP 首部中的校验和为例,计算过程可分为三个步骤:

(1) 把校验和字段以全零填充。

(2) 对每 16 位(2B)进行二进制反码求和。

这里说的反码求和,不是说先对每 16 位求反码然后求和,而是说把每 16 位当做反码求和;所有数据反码求和结束后,将最高位的进位进到最低位。

(3) 对得到的结果取反即得校验和数据。

示例:

对如下十六进制数据求反码校验和:

0x4500,0x,0xCA,0x0000,0x8001,0x0000,0xC8,0x04FD,0xC8,0x0405

对以上数据直接相加得结果:0x0319BB

按照上面(2)中的规则,对此数据的处理应该是将 16 位数最高位的进位 0x03 与 0x19BB 相加,即得到中间结果:0x19BE

按照上面(3)中的规则对其取反即得校验和:0xE641

关于接收时的验证:如(2)中所述,将所有 16 位数据直接相加,并将进位数据加到最低位,此时与计算过程相比,数据中多了一个反码数据,因此如果传输途中没有差错,此时的计算结果应当是 16 位全 1 数据。

下面结合上面的示例说明计算原理。由校验和的计算过程可知,所有数据(含校验和数据)的代数和应当小于 0x03FFFF,其中最高位的 0x03 是 16 位数据的进位数据。因此对于发送时计算校验和的过程和接收时根据校验和校验的过程这两个过程中的求和运算,16 位的进位数据是完全相同的,则在接收校验时可直接把所有数据相加并把最终的进位数据加到最低位,若传输无误则结果必然是全 1。

4.2　IP 地址计算(IP Address Compute)

4.2.1　IP 地址格式(IP Address Format)

IP 地址就是给每一个连接在 Internet 上的主机分配一个唯一的 32 比特地址。IP 地址的结构使我们可以在 Internet 上很方便地进行寻址,这就是:先按 IP 地址中的网络号码 net-id 把网络找到,再按主机号码 host-id 把主机找到。最初采用分类编址方案,现在则采用无类编址方案。

为方便起见,一般将 32 位 IP 地址中的每 8 位用它的等效十进制数字表示,并且在这些数字之间加上一个点。例如,有下面这样的 IP 地址:

10000000 00001011 00000011 00011111

这是一个 B 类 IP 地址,可记为 128.11.3.31,显然方便得多。

当建立一个新的网络时,通常必须向 ICANN(the Internet Corporation for Assigned Names and Numbers,互联网名称与地址分配机构)申请一个网络地址,也即一个网络号,主机号则由网络管理员规定。为了便于对 IP 地址进行管理,同时还考虑到网络的差异很大,有的网络拥有很多的主机,而有的网络上的主机则很少。在分类编址方案中,IP 地址分为五类,其中 A、B、C 三类为单播地址,D 类地址为多播地址,E 类地址备用。A、B、C 三类地址由三部分组成:地址类型标志、网络号和主机号。

(1) A 类:前 1 位是 0;

(2) B 类:前 2 位是 10;

(3) C 类:前 3 位是 110;

(4) D 类:前 4 位是 1110,D 类地址是一种组播地址,主要是留给 Internet 体系结构委员会(Internet Architecture Board,IAB)使用;

(5) E 类:前 5 位是 11110,E 类地址保留在今后使用。

A 类 IP 地址的网络号码数不多,目前已没有多余的可供分配,现在能够申请到的 IP 地址只有 B 类和 C 类两种。当某个单位申请到 IP 地址时,实际上只是拿到了一个网络号码 net-id。具体的各个主机号码 host_id 则由该单位自行分配,只要做到在该单位管辖的范围内无重复的主机号码即可。

1. 地址格式

IP 地址通常采用点分十进制表示法表示,即每个字节表示为一个十进制数,字节之间用圆点隔开。

使用这种编址方案,那么 IP 地址是自标识的,也就是说根据地址的前几位就可以确定该地址属于哪一类,并且对于三类单播地址来说可以很快抽取出网络号和主机号,这一点非常重要,因为在 Internet 中是使用网络号来进行数据报的路由。

还有一些特殊的 IP 地址需要注意:

(1) 网络号或主机号为 0 或 1 的地址是特殊地址,从不分配给某个单独的主机;

(2) 具有有效的网络号但主机号全为 0 的地址保留给网络本身;

(3) 具有有效的网络号但主机号全为 1 的地址保留作为定向广播,即在网络号指定的网络中广播;

(4) 32 位全 1 的地址称为本地广播地址,表示仅在发送节点所在的网络中广播;

(5) 32 位全 0 的地址表示所有未指定地址的集合,一般用于默认路由;

(6) 网络号为 0 但主机号有效的地址表示本网中的主机;

(7) 形如 127. x. y. z 的地址保留作为回路测试,发送到这个地址的分组不输出到线路上,而是送回内部的接收端。

2. 子网

从 1985 年起,为了使 IP 地址的使用更加灵活,在 IP 地址中又增加了一个"子网号字段"。

一个单位分配到的 IP 地址是 IP 地址的网络号码,而后面的主机号码则是受本单位控制,由本单位进行分配的。本单位所有的主机都使用同一个网络号码,当一个单位的主机很多而且分布在很大的地理范围时,往往需要用一些网桥(而不是路由器,因为路由器连接的主机具有不同的网络号码)将这些主机互连起来。网桥(交换机)有一个缺点,容易引起广播风暴,同时当网络出现故障时也不太容易隔离和管理。为了使本单位的主机便于管理,可以将本单位所属主机划分为若干个子网,用 IP 地址中的主机号码字段中的前若干个位作为"子网号字段",后面剩下的仍为主机号码字段。这样做就可以在本单位的各子网之间使用路由器来互连,因而便于管理。需要注意的是,子网的划分纯属本单位内部的事,在本单位以外时看不见这样的划分。从外部看,这个单位仍只有一个网络号码。只有当外面的分组进入到本单位范围后,本单位的路由器再根据子网号码进行选路,最后找到目的主机。若本单位按照主机所在的地理位置来划分子网,那么在管理方面就会方便得多。

如图 4-6 所示,一个申请了 B 类地址的组织内部有两个物理网络,管理员给一个物理网络上的机器分配形式为 128.10.1. x 的地址,给另一个物理网络上的机器分配形式为 128.10.2. x 的地址,其中 x 是地址的最后 8 位,用于标识一个特定的主机。只有本地路由器 R 知道有两个物理网络存在,并且知道如何转发去往这两个网络的分组,Internet 上的其他路由器只知道一个网络 128.10.0.0,它们将所有目的地址为 128.10. x. y 的分组选路到 R,再由 R 根据地址的第三个字节决定把分组转发到哪一个物理网络上。从概念上说,添加子网仅略微改变了 IP 地址的解释,子网编址把 32 比特 IP 地址分成网络部分和本地部分,其中网络部分标识某个网点,它可能有多个物理网络,并且本地部分标识了该网点的一个物理网络和主机。

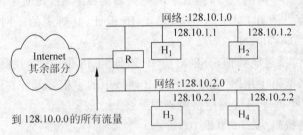

图 4-6　子网划分

划分子网的方法是将主机号进一步划分成子网号和主机号。子网内的路由器负责在子网内转发分组,而子网间的转发由主路由器完成。各个路由器如何知道目的地址属于哪个子网呢? 这需要通过子网掩码来实现。子网掩码由网络管理员根据子网的划分情况进行设置,子网掩码也是一个 32b 的数,只是对应主机号的位上都为 0。每个节点将数据包的目的地址与子网掩码相与,即可抽取出地址中的网络号＋子网号部分。子网掩码也用点分十进制数表示。

3. IP 地址分类

IP 地址的设计有不够合理的地方。从表 4-1 可以看出,IP 地址中的 A 至 C 类地址,可供分配的网络号码超过 211 万个,而这些网络上的主机号码的总数则超过 37.2 亿个,初看起来,似乎 IP 地址足够全世界来使用(在 20 世纪 70 年代初期设计 IP 地址时就是这样认为的)。其实不然,第一,当初没有预计到微型计算机会普及得如此之快,各种局域网和局域网上的主机数目急剧增长;第二,IP 地址在使用时有很大的浪费。例如,某个单位申请到了一个 B 类地址,但该单位只有 1 万台主机,于是,在一个 B 类地址中的其余 5 万 5 千多个主机号码就白白地浪费了,因为其他单位的主机无法使用这些号码。

表 4-1　IP 地址的使用范围

网络类别	最大网络数	第一个可用网络号码	最后一个可用网络号码	每个网络中最大主机数
A	126	1	126	16 777 214
B	16 382	128.1	191. 254	65 534
C	2 097 150	192.0.1	223. 255. 254	254

4.2.2　网络掩码(Net Mask)

在数据的传输中,路由器必须从 IP 数据报的目的 IP 地址中分离出网络地址,才能知道下一站的位置。为了分离网络地址,就要使用网络掩码。

TCP/IP 体系规定用一个 32 位的子网掩码来表示子网号字段的长度。具体的做法是:子网掩码由一连串的"1"和一连串的"0"组成。"1"对应于网络号码和子网号码字段,而"0"对应于主机号码字段。

多划分出一个子网号码字段是要付出代价的。本来一个 B 类 IP 地址可以容纳65 534 个主机号码,但划分出 6 位长的子网号字段后,最多可有 62 个子网(去掉全 1 和全 0 的子网号码),每个子网有 10 位的主机号码,即每个子网最多可有 1022 个主机号码。因此主机号码的总数是 $62 \times 1022 = 63\ 364$ 个,比不划分子网时要少一些。

若一个单位不进行子网的划分,则其子网掩码即为默认值,此时子网掩码中"1"的长度就是网络号码的长度。因此,对于 A、B 和 C 类 IP 地址,其对应的子网掩码默认值分别为255.0.0.0、255.255.0.0 和 255.255.255.0。

网络掩码为 32 位二进制数值,分别对应 IP 地址的 32 位二进制数值。对于 IP 地址中的网络号部分在网络掩码中用"1"表示,对于 IP 地址中的主机号部分在网络掩码中用"0"表示。由此,A、B、C 三类地址对应的网络掩码如下:

A 类地址的网络掩码为 255.0.0.0;

B 类地址的网络掩码为 255.255.0.0;

C 类地址的网络掩码为 255.255.255.0。

划分子网后,将 IP 地址的网络掩码中相对于子网地址的位设置为 1,就形成了子网掩码,又称子网屏蔽码,它可从 IP 地址中分离出子网地址,供路由器选择路由。换句话说,子网掩码用来确定如何划分子网。例如,B 类 IP 地址中主机地址的高 7 位设为子网地址,则其子网掩码为 255.255.254.0。

在选择路由时,用网络掩码与目的 IP 地址按二进制位做逻辑"与"运算,就可保留 IP 地址中的网络地址部分,而屏蔽主机地址部分。同理,将掩码的反码与 IP 地址做逻辑"与"运算,可得到其主机地址。

获取网络地址的一个算例如下:

```
          10000000.00010101.00000011.00001100(IP地址  128.21.3.12)
          11111111.11111111.00000000.00000000(网络掩码255.255.0.0)
位与运算   ─────────────────────────────────────────
          10000000.00010101.00000000.00000000(网络地址128.21.0.0)
```

图 4-7　子网划分

例如,一个 C 类网络地址 192.168.23.0,利用掩码 255.255.255.192 可将该网络划分为 4 个子网:

192.168.23.0,192.168.23.64,192.168.23.128,192.168.23.192

其中有效使用的为两个子网 192.168.23.64 和 192.168.23.128。如果网内一个 IP 地址是 192.168.23.186,通过掩码可知,它的子网地址为 192.168.23.128,主机地址为 0.0.0.58。

由此可见,网络掩码不仅可以将一个网段划分为多个子网段,便于网络管理,还有利于网络设备尽快地区分本网段地址和非本网段的地址。下面用一个例子说明网络掩码的这一作用和其应用过程。

如图 4-8 所示，主机 A 与主机 B 交互信息。在 IP 协议中，主机或路由器的每个网络接口都分配有 IP 地址和对应的掩码。

主机 A 的 IP 地址：202.183.58.11

网络掩码：255.255.255.0

路由地址：202.183.58.1

主机 B 的 IP 地址：202.183.56.5

网络掩码：255.255.255.0

路由地址：202.183.56.1

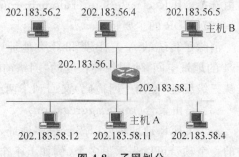

图 4-8　子网划分

路由器从端口 202.183.58.1 接收到主机 A 发往主机 B 的 IP 数据报文后：

(1) 首先用端口地址 202.183.58.1 与子网掩码地址 255.255.255.0 进行"逻辑与"，得到端口网段地址：202.183.58.0。

(2) 然后将目的地址 202.183.56.5 与子网掩码地址 255.255.255.0 进行"逻辑与"，得目的网段地址 202.183.56.0。

(3) 将结果 202.183.56.0 与端口网段地址 202.183.58.0 比较，如果相同，则认为是本网段的，不予转发；如果不相同，则将该 IP 报文转发到端口 202.183.56.1 所对应的网段。

知道 IP 地址和子网掩码后可以算出：

(1) 网络地址；

(2) 广播地址；

(3) 地址范围；

(4) 本网有几台主机。

4.2.3　无类域间路由 CIDR（Classless Inter-Domain Routing）

随着互联网的迅速扩张，IP 编址方案的缺陷已经显露出来。问题之一是地址分级不合理，B 类网络太大造成地址浪费，而 C 类网络太小又不实用，因此地址紧缺的现象日益严重。问题之二是按照目前以 A、B、C 类网络进行路由的方法，路由表暴涨，不仅占用太多的内存，也会在交换路由信息时消耗太多的带宽。

CIDR 的基本思想是抛弃分类的概念，以可变长分块的方式分配所剩的 IP 地址。比如一个网络需要 2000 个地址，就给它一个连续 2048 个地址的地址块，但该地址块必须在 2048 字节的边界，以保证每个地址具有相同的子网掩码，从而外界可将它们看成是一个具有 21 位网络前缀的网络。

当位于路由器同一条输出线路上的几个目的网络的地址块可以合并成一个更大的地址块时（即具有更短的网络前缀），则在路由器中可以使用一个聚合入口来代替这几个网络的入口，从而进一步减小路由表的大小和加快查表的速度。

1. 网络前缀

(1) IP 编址问题的演进

1987 年，RFC1009 就指明了在一个划分子网的网络中可同时使用几个不同的子网掩码。使用变长子网掩码(variable length subnet mask,VLSM)可进一步提高 IP 地址资源的利用率。在 VLSM 的基础上又进一步研究出无分类编址方法,它的正式名字是无分类域间路由选择 CIDR(classless inter domain routing)。

(2) CIDR 的主要特点

消除了传统的 A 类、B 类和 C 类地址以及划分子网的概念,因而可以更加有效地分配 IPv4 的地址空间,使用各种长度的"网络前缀"来代替分类地址中的网络号和子网号。IP 地址从三级编址(使用子网掩码)又回到了两级编址。

(3) 路由聚合(route aggregation)

一个 CIDR 地址块可以表示很多地址,这种地址的聚合常称为路由聚合,它使得路由表中的一个项目可以表示很多个(例如上千个)原来传统分类地址的路由。

路由聚合也称为构成超网。CIDR 虽然不使用子网了,但仍然使用"掩码"这一名词。对于/20 地址块,它的掩码是 20 个连续的"1"。斜线记法中数字就是掩码中"1"的个数。

2. 最长前缀匹配

使用 CIDR 时,路由表中的每个项目由"网络前缀"和"下一跳转地址"组成,在查找路由表时可能会得到不止一个匹配结果。应当从匹配结果中选择具有最长网络前缀的路由:最长前缀匹配。网络前缀越长,其地址块就越小,因而路由就越具体。最长前缀匹配又称为最长匹配或最佳匹配。

3. 使用二叉线索查找路由表

当路由表的项目数很大时,怎样设法减小路由表的查找时间就成为一个非常重要的问题。为了进行更加有效的查找,通常是将无分类编址的路由表存放在一种层次的数据结构中,然后自上而下地按层次进行查找。这里最常用的就是二叉线索。IP 地址中从左到右的比特值决定了从根节点逐层向下层延伸的路径,而二叉线索中的各个路径就代表路由表中存放的各个地址。为了提高二叉线索的查找速度,广泛使用了各种压缩技术。

4.2.4 网络地址计算(Network Address Calculation)

1. 例 1

IP 地址为 192.168.100.5,子网掩码是 255.255.255.0。计算网络地址、广播地址、地址范围和主机数。

(1) 将 IP 地址和子网掩码换算为二进制,子网掩码连续全 1 的是网络地址,后面的是主机地址。虚线前为网络地址,虚线后为主机地址,如图 4-9 所示。

$$192.168.100.5 \quad 11000000.10101000.01100100.00000101$$
$$255.255.255.0 \quad 11111111.11111111.11111111.00000000$$

图 4-9 子网划分(一)

(2) IP 地址和子网掩码进行与运算,结果是网络地址,如图 4-10 所示。

(3) 使上面的网络地址中的网络地址部分不变,主机地址变为全 1,结果就是广播地址,如图 4-11 所示。

```
与运算  192.168.100.5    11000000.10101000.01100100.00000101
        255.255.255.0    11111111.11111111.11111111.00000000
──────────────────────────────────────────────────────────
结果：192.168.100.0     11000000.10101000.01100100.00000000
```

图 4-10　子网划分(二)

```
网络地址为：192.168.100.0    10000000.00010101.00000011.00001100
将主机地址变为全1
广播地址：192.168.100.255   11000000.10101000.01100100.11111111
```

图 4-11　子网划分(三)

(4) 地址范围就是包含在本网段内的所有主机

网络地址＋1即为第一个主机地址，广播地址－1即为最后一个主机地址，由此可以看出地址范围是：网络地址＋1 ～ 广播地址－1，本例的网络范围是：192.168.100.1 至 192.168.100.254，也就是说下面的地址都是一个网段的。

$$192.168.100.1,192.168.100.2,\cdots,192.168.100.20,\cdots,$$
$$192.168.100.111,\cdots,192.168.100.254$$

(5) 主机的数量

$$主机的数量 = 2^{主机地址比特位宽} - 2 \tag{4-1}$$

减2是因为主机不包括网络地址和广播地址。本例二进制的主机位数是8位，主机的数量$=2^8-2=254$。

(6) 总体计算

我们把上边的例子合起来，计算过程如图4-12所示。

```
          192.168.100.5    11000000.10101000.01100100.00000101
与运算     255.255.255.0    11111111.11111111.11111111.00000000
──────────────────────────────────────────────────────────
结果为网络地址：192.168.100.0  11000000.10101000.01100100.00000000
将结果中的网络地址部分不变 主机地址变为全1
结果为广播地址：192.168.100.255 11000000.10101000.01100100.11111111
```

图 4-12　子网划分(四)

主机的数量为

$$2^8 - 2 = 254$$

网络地址范围：网络地址　　192.168.100.0,…　广播地址　　192.168.100.255

主机地址范围：网络地址＋1 192.168.100.1,…　广播地址－1 192.168.100.254

2. 例 2

IP 地址为 128.36.199.3，子网掩码是 255.255.240.0。计算网络地址、广播地址、地址范围和主机数。

(1) 将 IP 地址和子网掩码换算为二进制，子网掩码连续全1的是网络地址，后面的是主机地址，虚线前为网络地址，虚线后为主机地址，如图4-13所示。

(2) IP 地址和子网掩码进行与运算，结果是网络地址，如图4-14所示。

151

```
        128.36.199.3      10000000.00100100.1100 0111.00000011
        255.255.240.0     11111111.11111111.1111 0000.00000000
```

图 4-13　子网划分（五）

```
        128.36.199.3      10000000.00100100.1100 0111.00000011
 与运算  255.255.240.0     11111111.11111111.1111 0000.00000000
 结果：  128.36.192.0      10000000.00100100.1100 0000.00000000
```

图 4-14　子网划分（六）

（3）使运算结果中的网络地址不变，主机地址变为 1，结果就是广播地址，如图 4-15 所示。

```
        128.36.192.0      10000000.00100100.1100 0000.00000000
 广播地址：128.36.207.255  10000000.00100100.1100 1111.11111111
```

图 4-15　子网划分（七）

（4）地址范围就是包含在本网段内的所有主机

本例的网络范围是：128.36.192.1 ～ 128.36.207.254。

（5）主机的数量

$$主机的数量 = 2^{12} - 2 = 4094$$

从上面两个例子可以看出不管子网掩码是标准的还是特殊的，计算网络地址、广播地址、地址数时只要把地址换算成二进制，然后从子网掩码处分清楚连续"1"以前的是网络地址，以后是主机地址，进行相应计算即可。

4.2.5　直接、有限广播和回送地址（Direct and Finite Broadcast，Echo Address）

广播地址是一种特殊的 IP 地址形式，分为两种：一种是直接广播地址，一种是有限广播地址。

1. 直接广播地址

直接广播地址指同时向网上所有的主机发送报文，不管物理网络特性如何，Internet 网支持广播传输。直接广播地址包含一个有效的网络号和一个全"1"的主机号，如 202.163. 30.255，则是针对 202.163.30.0 的网络进行广播。如 136.78.255.255 也是 B 类地址中的一个广播地址，将信息送到此地址，就是将信息送给网络号为 136.78 的所有主机。

2. 有限广播地址

它不被路由支持，只作本地广播。有限广播地址是 32 位全 1 的 IP 地址（255.255.255. 255），则是针对本网络的所有主机广播。受限的广播地址是 255.255.255.255。在任何情况下，路由器都不转发目的地址为有限广播地址的数据报，这样的数据报仅出现在本地网络中。

3. 回送地址

127.0.0.1 标示本机，这是规定。其作用是测试 TCP/IP 配置和连接，利用带有回送

(loopback)地址的 ping 命令(即 ping 127.0.0.1),验证 TCP/IP 安装是否正确,是否已经绑定到网络适配器上。如果此步不成功,IP 协议栈将没有反应,这种情况可能原因有:

(1) TCP/IP 驱动程序被破坏或缺失;

(2) 网卡不工作;

(3) 另一项服务正在干扰 IP 的工作。

4.3　路由计算(Static Routing)

最简单的网络是总线型的局域网,各个计算机通过局域网总线分组通信。但随着网络中的计算机数目增长,会产生许多问题:

(1) 带宽资源耗尽;

(2) 每台计算机都浪费许多时间处理无关的广播数据;

(3) 网络变得无法管理,任何错误都可能导致整个网络瘫痪;

(4) 每台计算机都可以监听到其他计算机的通信。

把网络分段可以解决这些问题,但还需要提供一种机制使不同网段的计算机可以互相通信,这通常涉及在一些"网络协议层"选择性地在网段间传送数据,来看一下网络协议层和路由器的位置。

网络层向上所提供的服务有两大类,即面向连接的网络服务和无连接的网络服务。这两种网络服务的具体实现就是通常所谓的虚电路服务和数据报服务。OSI 在制定各层标准中先是倾向于面向连接的服务,但后来发现,在许多情况下无连接的服务也是很有用的。因此,许多 OSI 标准都是既有面向连接的,又有无连接的,虽然属于前者的标准还更多些。

4.3.1　虚电路服务与数据报服务(Virtual Circuit and Datagram)

网络层的用户是传输层实体,但现在为方便起见,可以用主机作为网络层的用户。

虚电路与存储转发这一概念有关。当在电路交换的电话网上打电话时,在通话期间的确是自始至终地占用一条端到端的物理信道。但当占用一条虚电路进行计算机通信时,由于采用的是存储转发的分组交换,所以只是断续地占用一段又一段的链路,虽然感觉到好像(而并没有真正地)占用了一条端到端的物理电路。如图 4-16 所示。

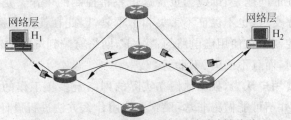

H_1 发送给 H_2 的所有分组都沿着同一条虚电路传送

图 4-16　虚电路传输方式

对网络用户来说,在呼叫建立后,整个网络就好像有两条(收发各一条)连接两个网络用户的数字管道。所有发送到网络中的分组都按发送前后顺序进入管道,然后按照先进先出原则沿着管道传送到目的站主机。因为是全双工通信,所以每一条管道只沿着一个方向传送分组。这样,这些分组在到达目的站时的顺序肯定与发送时的顺序完全一致。

在数据报服务的情况下,没有呼叫建立过程。对于网络用户来说,网络中并没有确定的数字管道。每个分组独立地选择传输路径。这样,先发送出去的分组不一定先到目的站主机。这就是说,数据报不能保证按发送顺序交付目的站。当需要把数据按发送顺序交付给目的主机时,在目的站还必须把收到的分组缓存一下,等到可以按顺序交付主机时再进行交付。如图 4-17 所示。

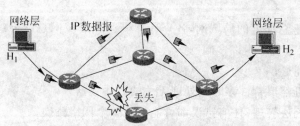

H_1 发送给 H_2 的分组可能沿着不同路径传送

图 4-17　数据报传输方式

虚电路服务和数据报服务各有优缺点。

根据统计,在计算机网络上传送的报文长度在很多情况下是很短的。若采用 128B 为分组长度,则往往一次传送一个分组就够了。在这种情况下,用数据报既迅速又经济。若用虚电路,为了传送一个分组而建立虚电路和释放虚电路就显得太浪费了。

在使用数据报时,每个分组必须携带完整的地址信息。但在使用虚电路的情况下,每个分组不需要携带完整的目的地址,而仅需要有个虚电路号码的标志。这样就使分组的控制信息部分的比特数减少,因而减少了额外开销。这时,每个节点在收到一个分组时,就在节点机的内存中放置的一个路由表中根据其虚电路号码查找应当转发到哪一个节点,这样就可以最后到达目的站。

对待差错处理,这两种服务也是有差别的。在数据链路层虽然使用了通信协议,但由一段段可靠的链路组成一条从网络的一端到另一端的通路时,还有可能出现差错。这样的差错主要发生在某个节点的处理机出故障时。因此,除了链路控制外,还需要再加上一些端到端的差错控制。现在的问题是,谁应当负责这个差错控制的工作?是网络还是主机?由于数据报不保证按顺序交付,也不保证不丢失和不重复,因此在使用数据报的情况下,主机要承担端到端的差错控制。在使用虚电路的情况下,网络有端到端的差错控制功能,即网络应保证分组按顺序交付,而且不丢失、不重复。

网络的一些主要用户认为,根据他们在实际的网络上多年工作的经验,网络(这可能由多个子网互联而成)并不可能做得非常可靠(不管用什么方法进行设计)。因此,在主机上无论如何也需要有端到端的差错控制,既然如此,网络就不要再重复地搞差错控制,只要能提供数据报服务就可以了,这就是极力主张使用数据报服务的理由。

当采用数据报服务时,端到端的流量控制由主机来负责;当采用虚电路服务时,端到端的流量控制由网络负责。

数据报服务为每个分组可独立地选择路由。当某个节点发生故障时,后续的分组就可另选路由,因而提高了可靠性。

最后指出,虚电路服务和数据报服务分别是网络层中的面向连接服务和无连接服务的同义词。实际上,在网络层及其以上各层都有两种不同的服务,即面向连接服务和无连接服务,只是在网络层以上就不使用虚电路和数据报这两个名词罢了。

4.3.2　数据报转发（Datagram Forwarding）

当一个位于主机上的应用程序需要通信时,TCP/IP 协议将产生一个或多个 IP 数据报。当主机发送这些数据报时必须进行转发决策,即使主机只与一个网络相连接也需要进行转发决策。因为如果目的主机与源主机在同一个物理网络上(如在同一个局域网中),则源主机将数据报封装在链路层帧中直接发送给目的主机(帧的目的地址为目的主机的 MAC 地址);如果目的主机与源主机不在同一个物理网络上,则源主机需要将数据报封装成帧后发送给本网的一台路由器(帧的目的地址为路由器的 MAC 地址)。

上述第一种情况称为直接交付,指在同一个物理网络上把数据报从一台机器直接传输到另一台机器,直接交付不涉及路由器。

第二种情况称为间接交付,指目的站不在一个直接连接的网络上时,必须将数据报发给一个路由器进行处理。对于路由器来说也存在直接交付与间接交付的问题,当路由器位于传输路径上的最后一站时(即与目的主机在同一个物理网络上),采用直接交付将数据报发给目的主机,其他中间路由器采用间接交付将数据报发送给下一跳转路由器。

如何判断目的站是否在同一个直连的网络上呢? 很简单,发送站使用子网掩码从数据报的目的 IP 地址中抽取出网络前缀部分,再和自己的 IP 地址的网络前缀部分进行比较,如果相同表明两者处于同一个直连网络上,可以进行直接交付,否则必须使用间接交付。

每个节点(包括主机和路由器)都有一个转发表,每个表项记录了一个可能的目的地址以及如何到达该目的地址的信息。当主机或路由器中的 IP 选路软件需要发送数据报时,就查询转发表来决定怎么转发。转发表中应存有什么信息呢?

由于 IP 地址的分配使得所有连到给定网络上的机器共享一个相同的网络前缀,而在同一个物理网络上采用直接交付非常高效,这意味着转发表中仅需要包含网络前缀的信息而不需要整个 IP 地址,也就是说转发表中的一个表项可以是一个目的网络而不是一个特定的目的主机,如表 4-2 所示。

表 4-2　转发表

目的地址	子网掩码	跳转地址	目的地址	子网掩码	跳转地址
20.0.0.0	255.0.0.0	直接交付	40.0.0.0	255.0.0.0	30.0.0.7

IP 路由使用的是"下一跳转路由"的思想,即只在转发表中存储去往目的地址的下一跳转路由器,而不是一条完整的到达目的地址的路径。下一跳转路由器必须是通过单个网络可达的,这一点非常重要,强调这一点是为了保证数据报能够通过物理网络到达下一跳转路由器。

转发表中可以将多个表项统一到默认情况,即 IP 转发软件首先在转发表中查找目的网络,如果表中没有路由,则把数据报发给一个默认路由器,这称为缺省(默认)路由。当一个网点的本地地址集很小,并且只有一个到互联网的连接时,默认路由尤其有用。比如对于连到单一物理网络并只通过唯一路由器连接到互联网的主机,其转发表中只需要有两个表项,一个为本地网络,另一个为默认路由,如表 4-3 所示。

表 4-3　主机的转发表

目的地址	子网掩码	跳转地址	端口
202.38.64.0	255.255.255.0	直接交付	E_0
默认	0.0.0.0	202.38.64.1	E_0

尽管因特网中主要是基于网络而不是单个主机进行选路,但多数 IP 选路软件允许作为特例指定每个主机的路由,这在有些场合是很有用的,这称为特定主机路由。

我们说 IP 选路算法所选择的 IP 地址是下一“跳转地址”,是因为它指明了下一步把数据报发往何处。那么 IP 把下一跳转地址存储在哪里呢?不在数据报中,这里没有为它保留空间。事实上,IP 根本不保存下一跳转地址。在执行选路算法之后,IP 把数据报及下一跳转地址传给一个网络接口软件,该软件对发送数据报必须经过的物理网络负责。这个接口软件把下一跳转地址绑定到一个物理地址,使用这个物理地址形成一个帧,把数据报放在该帧的数据部分,并把结果发送出去。在用下一跳转地址找到一个物理地址后,网络接口软件就丢弃了下一跳转地址。

综上所述,IP 转发表中包含三类路由:特定主机路由、网络前缀路由和默认路由,可以通过子网掩码来区分这三类路由。图 4-18 是一个网络例子,表 4-4 和表 4-5 分别是路由器和主机转发表的例子。注意 R 路由表中 3、4 行存储的是“下一跳转”网络转发地址。

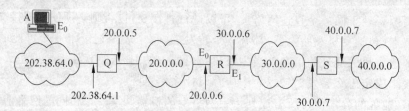

图 4-18　子网划分

表 4-4　路由器 R 的路由表

目的地址	子网掩码	跳转地址	端口
20.0.0.0	255.0.0.0	直接交付	E_0
30.0.0.0	255.0.0.0	直接交付	E_1
202.38.64.0	255.255.255.0	20.0.0.5	E_0
40.0.0.0	255.0.0.0	30.0.0.7	E_1

表 4-5　主机 A 的路由表

目的地址	子网掩码	跳转地址	端口
202.38.64.0	255.255.255.0	直接交付	E_0
默认	0.0.0.0	202.38.64.1	E_0

4.3.3 路由表的建立过程（Setup Route List）

在互联网中进行路由选择要使用路由器，它平等地看待每一个网络，不论是较大的广域网还是较小的局域网，在路由器看来都只是一个网络。路由器只是根据所收到的数据报上的目的主机地址选择一个合适的路由器（通过某一个网络），将数据报传送到下一个路由器。通路上最后的路由器负责将数据报送交目的主机。

在互联网的情况下，只能计算各条通路所包含的路由段数。由于网络大小可能相差很大，而每个路由段的实际长度并不相同，因此对不同的网络，可以将其路由段乘以一个加权系数，用加权后的路由段数来衡量通路的长短。

因此，如果把互联网中的路由器看成是网络中的节点，把互联网中的一个路由段看成是网络中的一条链路，那么互联网中的路由选择就与简单网络中的路由选择相似了。

采用路由段数最小的路由有时也并不一定是理想的。例如，经过三个局域网路由段的路由可能比经过两个广域网络路由段的路由快得多。

1. 两个主机不在同一网络的路由过程

源主机要向目的主机发送一个数据报，两个主机分别连接在两个网络上，这两个网络通过一个路由器相连。

源主机的 IP 层收到欲发送的数据报后，就比较目的主机和源主机的网络号码是否相同（这就是从数据报首部的 IP 地址中抽出网络号码部分进行比较）。如相同，则表明这两个主机在同一个网络内，这样就只需要用目的主机的物理地址进行通信。如果不知道目的主机的物理地址，则可向 ARP 进行查询。但当源主机 A 和目的网络号码不一样时，就表明它们连接在不同的网络上，因此必须将数据报发给路由器进行转发。

源主机从配置中读出路由器的 IP 地址，然后从 ARP 得到路由器的物理地址，随后将数据报发送给这个路由器。

这里要强调指出，在数据报的首部写上源 IP 地址和目的 IP 地址是指正在通信的两个主机的 IP 地址，路由器的 IP 地址并没有出现在数据报的首部中。当然，路由器的 IP 地址是很有用的，但它是用来使源主机得知路由器的物理地址。总之，数据报在一个路由段上传送时，要用物理地址才能找到路由器。

注意，路由器由于连接在两个网络上，因此具有两个 IP 地址和两个物理地址（MAC 地址）。主机 A 发送的数据报经过路由器后，数据报中的两个 IP 地址都没有发生变化，但数据帧中的 MAC 地址（源地址和目的地址）却都改变了。

当源主机发送数据报时，IP 层先检查目的主机 IP 地址中的网络号码。如发现与源主机处在同一个网络内，则不经过路由器，只要按照目的主机的物理地址传送即可。

如目的主机不是和源主机在同一个网络中，那么就查一下，是否对此特定的目的主机规定了一个特定的路由？ 如有，则按此路由进行传送。这种情况有时很有用，因为在某些情况下，需要对到达某一个目的主机的特定路由进行性能测试。

如不属于以上情况，则应查找路由表。路由表中写明，找某某网络上的主机，应通过路由器的哪个物理端口，然后就可找到某某路由器（再查找这个路由器的路由表），或者不再经过别的路由器而只要在同一个网络中直接传送这个数据报。

为了不使路由表过于庞大，可以在网络中设置一个默认路由器，凡遇到在路由表中查不到要找的网络,就将此数据报交给网络中的默认路由器,由默认路由器继续负责下一步的选路。这对只用一个路由器与 Internet 相连的小网特别方便,因为只要不是发送给本网络的主机的数据报,统统送交给默认路由器。

2. 一台主机有多个网络接口

如果一个主机有多个网络接口,当向一个特定的 IP 地址发送分组时,它怎样决定使用哪个接口呢?答案就在路由表中,来看下面的例子(见表 4-6):

表 4-6　主机 A 路由表(一)

目　　的	子网掩码	网　　关	标志	接口
201.66.37.0	255.255.255.0	201.66.37.74	U	eth0
201.66.39.0	255.255.255.0	201.66.39.21	U	eth1

主机将所有目的地为网络 201.66.37.0 内主机(201.66.37.1~201.66.37.254)的数据通过接口 eth0(IP 地址为 201.66.37.74)发送,所有目的地为网络 201.66.39.0 内主机的数据通过接口 eth1(IP 地址为 201.66.39.21)发送。标志"U"表示该路由状态为"Up"(即激活状态)。

对于直接连接的网络,一些软件并不像上例中一样给出接口的 IP 地址,而只列出接口。

3. 目的主机在远程网络

此例只涉及了直接连接的主机,那么目的主机在远程网络中如何呢? 如果用户通过 IP 地址为 201.66.37.254 的网关连接到网络 73.0.0.0,那么可以在路由表中增加这样一项(见表 4-7):

表 4-7　主机 A 路由表(二)

目　　的	子网掩码	网　　关	标志	接口
73.0.0.0	255.0.0.0	201.66.37.254	UG	eth0

此项告诉主机所有目的地为网络 73.0.0.0 内主机的分组通过 201.66.37.254 路由过去。增加标志"G"(gateway)表示此项把分组导向外部网关。类似的,也可以定义通过网关到达特定主机的路由,增加标志"H"(host),如表 4-8 所示。

表 4-8　主机 A 路由表(三)

目　　的	子网掩码	网　　关	标志	接口
91.32.74.21	255.255.255.255	201.66.37.254	UGH	eth0

表 4-9 中是一般的路由表内容,除了特殊表项之外。

表 4-9　主机 A 路由表(四)

目　　的	子网掩码	网　　关	标志	接口
127.0.0.1	255.255.255.255	127.0.0.1	UH	L0
默认	0.0.0.0	201.66.37.254	UG	eth1

第一项是 loopback 接口,用于主机给自己发送数据,通常用于测试和运行于 IP 之上但

需要本地通信的应用。这是到特定地址 127.0.0.1 的主机路由（接口 L0 是 IP 协议栈内部的"假"网卡）。第二项十分有意思，为了防止在主机上定义到因特网上每一个可能到达网络的路由，可以定义一个默认路由，如果在路由表中没有与目的地址相匹配的项，该分组就被送到默认网关。多数主机简单地通过一个网卡连接到网络，因此只有通过一个路由器到其他网络，这样在路由表中只有三项：loopback 项、本地子网项和默认项（指向路由器）。

回头看看建立的路由表，已有了六个表项，见表 4-10。

表 4-10 主机 A 静态路由表

目　　的	子网掩码	网　　关	标志	接口
127. 0. 0. 1	255. 255. 255. 255	127. 0. 0. 1	UH	L0
201. 66. 37. 0	255. 255. 255. 0	201. 66. 37. 74	U	eth0
201. 66. 39. 0	255. 255. 255. 0	201. 66. 39. 21	U	eth1
default	0. 0. 0. 0	201. 66. 39. 254	UG	eth1
73. 0. 0. 0	255. 0. 0. 0	201. 66. 37. 254	UG	eth0
91. 32. 74. 21	255. 255. 255. 255	201. 66. 37. 254	UGH	eth0

这些表项分别是怎么得到的呢？第一个是当路由表初始化时由路由软件加入的，第二、三个是当网卡绑定 IP 地址时自动创建的，其余三个必须手动加入。上述方法涉及的是静态路由，通常在启动时创建，并且没有手工干预的话将不再改变。

该网络结构图如图 4-19 所示。

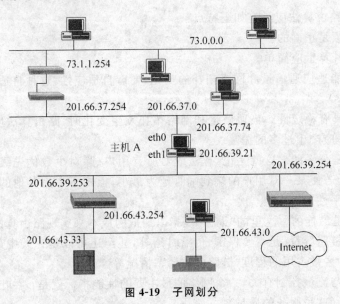

图 4-19　子网划分

4.4　动态路由协议（Dynamic Routing Protocol）

所有的路由选择协议可以被分成 IGP 和 EGP 两种。要了解 IGP 和 EGP 的概念，应该首先了解自治系统（autonomous system，AS）的概念。传统的 AS 定义（RFC1771）为：AS 是同一个技术管理下的一组路由器，它们使用一种内部网关协议和一致的度量尺度来对数据包进行 AS 内部的路由,而使用外部网关协议来对发向其他 AS 的数据包进行路由选择。发展到现在,已经允许并且时常采用在一个自治系统 AS 中使用多个内部网关协议,甚至多个路由选择的度量标准。所以,现在的自治系统被扩展的定义为:共享同一路由选择策略的一组路由器。

IGP(interior gateway protocols)——内部网关协议,定义为在一个自治系统内部使用的路由协议(包括动态路由协议和静态路由协议)。IGP 的功能是完成数据包在 AS 内部的路由选择,或者说,是讲述数据包如何穿过本地 AS 的,RIPv1&v2、IGRP 和 OSPF 都是典型的 IGP。

EGP(exterior gateway protocols)——外部网关协议,定义为在多个自治系统之间使用的路由协议。它主要完成数据包在 AS 间的路由选择,或者说讲述数据包为了到达目的 IP,需要通过哪些 AS,BGP4 就是一种 EGP。

IGP 只作用于本地 AS 内部,而对其他 AS 一无所知,它负责将数据包发到主机所在的网段。EGP 作用于各 AS 之间,它只了解 AS 的整体结构,而不了解各个 AS 内部的拓扑结构,只负责将数据包发到相应的 AS 中,余下的工作便交给 IGP 来做。

每个自治系统 AS 都有唯一的标识,称为 AS 号(AS number),由 IANA(Internet assigned numbers authority,互联网地址编码分配机构)来授权分配,这是一个 16 位的二进制数,范围为 1~65535,其中 65412~65535 为 AS 专用组(RFC2270)。

4.4.1 理想的路由算法(Ideal Routing Algorithm)

一个理想的路由算法应具有如下特点:

(1)算法必须是正确的。

(2)算法在计算上应简单。

(3)算法应能适应通信量和网络拓扑的变化,要有自适应性,这种自适应性也称为"健壮性"(robustness)。

(4)算法应具有稳定性。当通信量和网络拓扑发生变化时,路由算法应收敛于一个可以接受的解,而不应产生过多的振荡。

(5)算法应是公平的。这就是说,算法应对所有用户(除对少数优先级高的用户外)都是平等的。例如,若使某一对用户的端到端时延为最小,但却不考虑其他的广大用户,这就明显地不符合公平性的要求。

(6)算法应是最佳的。这里的"最佳"是指以最低的成本来实现路由算法。成本如链路长度、传输速率、链路容量、是否要保密、传播时延等,甚至还可以是一天中某一个小时内的通信量、节点缓冲区被占用的程度、链路的差错率情况等。

路由选择还与流量控制有关,一个网络的最主要的性能指标就是:吞吐量(这是服务的数量)和平均时延(这是服务的质量)。

将已知的各链路长度改为链路时延或费用,这就相当于求任意两节点之间具有最小时延或最小费用的通路。因此,求最短通路的算法具有普遍的应用价值。

4.4.2 路由选择的不同策略(Routing of Different Strategies)

1. 非自适应路由选择

这种策略的最大优点是简单和开销小,常用的有以下三种。

(1) 洪泛法(flooding)

这种方法是当某个节点收到一个不是发给它的分组时,就向所有与此节点相连的链路转发出去(大量报文,像洪水泛滥一样)。当然,不能再把这个分组发到它刚刚离开的那个节点,否则永远有一些分组来回不停地在各条链路上"振荡"。当网络通信量很小时,洪泛法可使分组时延为最小。此外,在许多条并行发送的路由中,显然会有一条是最佳的。

(2) 有选择的洪泛法

这种方法与洪泛法的区别是仅在满足某些事先确定的条件的链路上转发分组,因此分组不会向不希望去的方向转发。

(3) 固定路由法

这种方法是在每个节点上保持一张表,表上标明对每一个目的地址应当走哪条链路进行转发。这些表是在整个系统进行配置时生成的,并且在此后的一段相当时间保持固定不变。当网络拓扑固定不变并且通信量也相对稳定时,采用固定路由法是最好的。

2. 自适应路由选择

自适应可以有几种不同的解释。一种是从时间上考虑,即在某个时候根据当时的情况调整路由。例如,在网络拓扑发生变化时,或在网络某个节点或链路发生故障时,也可以是每隔一段固定的时间。但更常用的是从空间上考虑即在网络的某个局部范围做出应调整路由的决定,或在调整路由时所根据的某些网络状态信息是来自网络的某个局部范围。

下面先介绍一种最简单的路由协议 RIP。

4.4.3　路由信息协议 RIP(Routing Information Protocol)

首先介绍矢量距离算法。

1. 矢量距离算法

矢量距离算法(vector-distance,V-D 算法)的思想是:网关周期性地向外广播路径刷新报文。主要内容是由若干(V,D)序偶组成的序偶表,V 代表"向量",标识网关可到达的信宿(网关或主机),D 代表距离,指出该网关去往信宿 V 的距离。距离 D 按驿站的个数计。其他网关收到某网关的(V,D)报文后,据此按照最短路径原则对各自的路由表进行刷新。

具体地说,V-D 算法如下所述:

首先,网关刚启动时,对其 V-D 路由表进行初始化,该初始化路由表包含所有去往与本网关直接相连的网络。由于去往直接相连的网络不经过中间驿站,所以初始 V-D 路由表中各路径的距离均为 0。

然后各网关周期性地向外广播其 V-D 路由表内容,与某网关直接相连(位于同一物理网络)的网关收到该路由表报文后,据此对本地路由表进行刷新。

V-D 算法的优点是易于实现,但是它不适应路径剧烈变化的或大型的网间网环境,因为某网关的路径变化像波动一样从相邻网关传播出去,其过程是非常缓慢的。因此,V-D 算法路径刷新过程中,可能出现路径不一致问题。V-D 算法的另一个缺陷是它需要大量的信息交换:一方面,V-D 报文就每一可能的信宿网络都包含一条表目,报文的大小相当于一个路由表(其表目的数与网间网的网络数成正比),而且其中的许多表目都是与当前路径刷新无关的;另一方面,V-D 算法要求所有网关都参加信息交换,要交换的信息量极大。

2. RIP 的原理

RIP 协议是 V-D 算法在局域网上的直接实现,RIP 将协议的参加者分为主动机和被动机两种。主动机主动地向外广播路径刷新报文,被动机被动地接收路径刷新报文。一般情况下,网关作主动机,主机作被动机。

RIP 规定,网关每 30s 向外广播一个 V-D 报文,报文信息来自本地路由表。RIP 协议的 V-D 报文中,其距离以驿站计:与信宿网络直接相连的网关规定为一个驿站,相隔一个网关则为两个驿站,……依次类推。一条路径的距离为该路径(从信源机到信宿机)上的网关数。为防止寻径回路的长期存在,RIP 规定,长度为 16 个驿站的路径为无限长路径,即不存在路径,所以一条有限的路径长度不得超过 15 个驿站。正是这一规定限制了 RIP 的使用范围,使 RIP 局限于小型的局域网点中。

3. 慢收敛的问题及其解决的方法

包括 RIP 在内的 V-D 算法路径刷新协议,都有一个严重的缺陷,即"慢收敛"(slow convergence)问题,又叫"计数到无穷"。如果出现环路,直到路径长度达到 16 个驿站,也就是说要经过 7 番来回(至少 7×30s),路径回路才能被解除,这就是所谓的慢收敛问题。

解决慢收敛的方法有很多种,主要采用分割范围法和带触发更新的毒性逆转(poison reverse with triggered updates)法。分割范围法的原理是:当网关从某个网络接口发送 RIP 路径刷新报文时,其中不能包含从该接口获得的路径信息。毒性逆转法的原理是:某路径崩溃后,最早广播此路径的网关将原路径继续保存在若干刷新报文中,但是指明路径为无限长。为了加强毒性逆转的效果,最好同时使用触发更新技术:一旦检测到路径崩溃,立即广播路径刷新报文,而不必等待下一个广播周期。

4. RIP 报文的格式

对于 RIP 报文有两种版本的格式:版本 1 和版本 2。两种报文稍有不同,如图 4-20 所示。

命令	版本	路由选择
地址簇		路径标签
IP地址		
子网掩码		
下一个站点的IP地址		
度量值		
前20个字节的重复		

图 4-20　RIP 报文格式

命令字段的值的范围是从 1 到 5,但只有 1 和 2 是正式的值。命令码 1 标识一个请求报文,命令码 2 标识一个相应报文。RIP 是一个基于 UDP 协议的,所以受 UDP 报文的限制,一个 RIP 的数据包不能超过 512B。两个版本都包含一个地址簇,对于 IP 地址该字段的值为 2,后面是一个 IP 地址和它的度量值(站点计数)。这些通告字段可重复 25 次。

路由选择域:与该报文相关的路由选择守护进程的标识符。在 UNIX 系统中,该字段是一个进程的标识符。一台机器通过使用路由选择域,就可以同时运行多个 RIP。

路径标签:若干 RIP 支持外部网关协议(EGP),该字段包含一个自治系统号。

子网掩码:该字段与报文中的 IP 地址相关。

下一站的 IP 地址:如果该字段为 0,则表明数据报应当发送到正在发送该 RIP 报文的机器;否则,该字段包含一个 IP 地址,指明应将数据报发往何处。

为了更好地理解 RIP 协议的运行,下面以图 4-21 所示的简单互联网为例来讨论图中各个路由器中的路由表是怎样建立起来的。

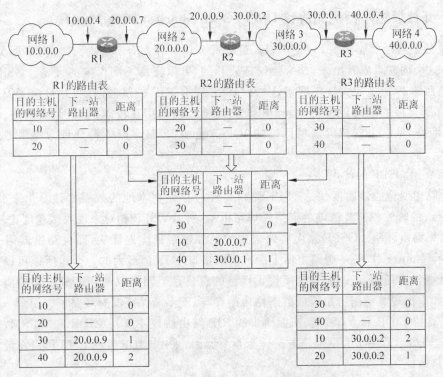

图 4-21 使用 RIP 协议时路由表的建立过程

在一开始，所有路由器中的路由表只有路由器所接入的网络（共有两个网络）的情况。现在的路由表增加了一列，这就是从该路由表到目的网络上的路由器的"距离"。在图 4-21 中"下一站路由器"项目中有符号"一"，表示直接交付。这是因为路由器和同一网络上的主机可直接通信而不需要再经过别的路由器进行转发。同理，到目的网络的距离也都是零，因为需要经过的路由器数为零。图中粗的空心箭头表示路由表的更新，细的箭头表示更新路由表要用到相邻路由表传送过来的信息。

接着，各路由器都向其相邻路由器广播 RIP 报文，这实际上就是广播路由表中的信息。

假定路由器 R2 先收到了路由器 R1 和 R3 的路由信息，然后就更新自己的路由表。更新后的路由表再发送给路由器 R1 和 R3，路由器 R1 和 R3 分别再进行更新。

RIP 协议存在的一个问题是：当网络出现故障时，要经过比较长的时间才能将此信息传送到所有的路由器。以图 4-21 为例，设三个路由器都已经建立了各自的路由表，现在路由器 R1 和网 1 的连接线路与 LAN 断开。路由器 R1 发现后，将到网 1 的距离改为 16，并将此信息发给路由器 R2。由于路由器 R3 发给 R2 的信息是："到网 1 经过 R2 距离为 2"，于是 R2 将此项目更新为"到网 1 经过 R3 距离为 3"，发给 R3。R3 再发给 R2 信息："到网 1 经过的距离为 4。"这样一直到距离增大到 16 时，R2 和 R3 才知道网 1 是不可达的。RIP 协议的这一特点叫做：好报文传播得快，而坏报文传播得慢。像这种网络出故障的传播时间往往需要较长的时间，这是 RIP 的一个主要缺点。

RIP 只适用于小系统中，当系统变大后受到无限计算问题的困扰，且往往收敛得很慢，现已被 OSPF 所取代。

4.4.4 开放最短路径优先协议 OSPF（Open Shortest Path First）

开放最短路径优先协议，它是 IETF 组织开发的一个基于链路状态的内部网关协议。从 Open 这个词就可以看出来，这个协议是公开的，可以支持不同厂家的设备。OSPF 目前使用的是版本 2，可适应大规模网络，因为 OSPF 没有 RIP 的跳数限制，并且由于引进了区域的概念所支持的网络规模更大。OSPF 已经被广泛地用在校园网络、企业网络、电力网络、金融网络，是一个支持大规模网络的 IGP 路由协议，最多可支持几百台路由器的网络规模。

下面介绍 OSPF 的优点。

（1）路由变化收敛速度快。OSPF 路由是经过存储在本地的数据库计算出来的，当发生网络更新的时候不需要被动的询问邻居路由器，所以 OSPF 相对来说收敛速度比较快。

（2）无路由环路。OSPF 路由协议采用的是最短路径优先算法，而且路由器用 Router ID 来表示（Router ID 是一个路由器上所有活跃接口中 IP 值最大的一个），所以可以保证在一个区域内没有环路。注意，这里所说无环路的意思是当网络仅使用 OSPF 路由协议时没有环路，如果出现其他路由协议或静态路由的参与，就不能保证没有环路了。

（3）支持 CIDR 和 VLSM。前面所讲的 RIP 路由协议不支持 CIDR 和 VLSM，这被认为是 RIP 路由不适用于大型网络的又一个重要原因，采用 CIDR 和 VLSM 可以在最大限度上节约 IP 地址。

（4）层次区域划分。在 OSPF 中，一个网络可以被划分为很多个区域，其中分为两种：骨干区域和常规区域，其中常规区域可以支持 2^{32} 个区域，绝对够用。但是要求所有的常规区域必须与骨干区域相连，一个区域通过 OSPF 边界路由器相连，区域间可以通过路由汇总来减少路由信息，减小路由表，提高路由器的运算速度。

（5）组播地址发送协议报文。使用专用的组播地址发送协议报文，因为是在小范围内通信，所以可以减少对网络中非 OSPF 设备的影响。

如果在一个以太网环境中这五台路由器之间希望交换同步路由信息，网络物理拓扑结构如图 4-22 所示。从路由的逻辑关系上看，它们之间使用的是网状逻辑拓扑，如图 4-23 所示。

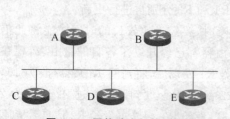

图 4-22　网络路由拓扑结构

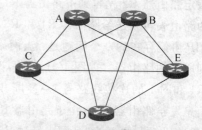

图 4-23　网状的路由网络逻辑结构

这时如果希望它们之间能够迅速同步，需要多条链路，这样维护成本是比较大的。可以在网络上选择一个路由器出来，让它来当"老大"，然后规定其他的路由器如果希望与另一个路由器通信，那么只要经过这个"老大"就可以了。所以如果把 C 当成"老大"，则拓扑就变成了树形结构，如图 4-24 所示。

这样所有的路由器之间通信都通过 C 路由器，就减少了路由信息在网络上的洪泛，节约了网络带宽，那么这个路由器 C 就是我们所说的 DR（designated router，指定路由器）。但关键是如果有一天这个路由器 C 坏了，怎么办？为了实现冗余，再来指定一个 BDR（backup DR，备用指定路由器），如在这里再指定路由器 D 作为 BDR，那么这个拓扑图又变了，如图 4-25 所示，其实也就是网络拓扑中所说的部分互连。这样的话冗余实现了，成本也降低了。

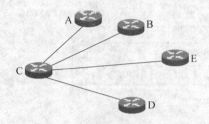

图 4-24　以 C 为根的路由网络结构

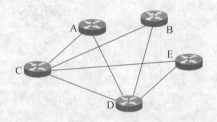

图 4-25　以 C 根加 D 冗余的路由网络结构

关键是网络上有这么多路由器，到底哪一个是 DR，哪一个是 BDR？如图 4-26 所示，来看一下选举过程：当选举 DR/BDR 的时候要比较 Hello 报文中的优先级，那么什么又是 Hello 报文？简单来说这个 Hello 报文中包括一些定时器的数值：DR、BDR 以及自己已知的邻居，也就是说每个路由器在和对方通信时也是发"Hello"报文，见面先打个招呼！在 OSPF 中默认每 10s 发一次 Hello 报文！如果 40s 还没有收到的话，则宣称该邻居死亡，里面就包含了 Router ID、Hello 报文的时间间隔和死亡时间间隔、邻居信息、区域信息、路由器优先级、DR 以及 BDR 的信息、验证信息以及根区域标记等。

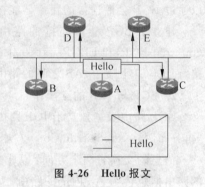

图 4-26　Hello 报文

4.4.5　边缘网关协议 BGPv4（Border Gateway Protocol Version 4）

边缘网络协议是用来连接自治系统，实现自治系统间的路由选择功能的。出于管理和扩展的目的，因特网可以被分割成许多不同的自治系统。换句话说，因特网是由自治系统汇集而成的。

BGPv4——边缘网关协议（定义于 RFC1771），是现行因特网的实施标准，就是用来连接自治系统，实现自治系统间的路由选择功能的。

1. BGP-4 的基本概念

BGP-4 是典型的外部网关协议，是现行的因特网实施标准，它完成了在自治系统 AS 间的路由选择。BGP-4 在 RFC1771 中做出了规定，并且还涉及其他很多的 RFC 文档。在这一新版本中，BGP 开始支持 CIDR 和 AS 路径聚合，这种新属性的加入，可以减缓 BGP 表中条目的增长速度。

BGP 协议是一种距离矢量的路由协议，但是比起 RIP 等典型的距离矢量协议，又有很多增强的性能。如图 4-27 所示，BGP 使用 TCP 作为传输协议，使用端口号 179。在通信时,要先建立 TCP 会话,这样数据传输的可靠性就由 TCP 协议来保证,而在 BGP 的协议中就不用再使用差错控制和重传的机制,从而简化了复杂的程度。另外,BGP 使用增量的、触发性的路由更新,而不是一般的距离矢量协议的整个路由表的、周期性的更新,这样节省了更新所占用的带宽。BGP 还使用"保留"信号来监视 TCP 会话的连接,而且 BGP 还有多种衡量路由路径的度量标准(称为路由属性),可以更加准确地判断出最优的路径。

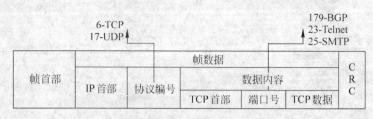

图 4-27 BGP-4 协议格式图

与传统的内部路由协议相比,BGP 还有一个有趣的特性,就是使用 BGP 的路由器之间,可以被未使用 BGP 的路由器隔开。这是因为 BGP 在独立的内部路由协议之上工作,所以通过 BGP 会话连接的路由器能被多个运行内部路由协议的路由器分开。

建立了 BGP 会话连接的路由器被称做对等体,对等体的连接有两种模式:IBGP(internal BGP)和 EBGP(external BGP)。IBGP 是指单个 AS 内部的路由器之间的 BGP 连接,而 EBGP 则是指 AS 之间的路由器建立 BGP 会话。

2. BGP 与 IGP 的互操作

BGP 路由表是独立于 IGP 路由表的,但是这两个表之间可以进行信息的交换,这就是"再分布"技术(redistribution)。

信息的交换有两个方向:从 BGP 注入 IGP,以及从 IGP 注入 BGP。前者是将 AS 外部的路由信息传给 AS 内部的路由器,而后者是将 AS 内部的路由信息传到外部网络,这也是路由更新的来源。

把路由信息从 BGP 注入 IGP 涉及一个重要概念——同步。同步规则,是指当一个 AS 为另一个 AS 提供了过渡服务时,只有当本地 AS 内部所有的路由器都通过 IGP 的路由信息的传播收到这条路由信息以后,BGP 才能向外发送这条路由信息。当路由器从 IBGP 收到一条路由更新信息时,在转发给其他 EBGP 对等体之前,路由器会对同步性进行验证。只有 IGP 认识这个更新的目的时(即 IGP 路由表中有相应的条目),路由器才会将其通过 EBGP 转发;否则,路由器不会转发该更新信息。

4.5 路由器(Router)

4.5.1 路由器的工作原理(Router Principle)

路由器工作在网络层,用于连接多个逻辑上分开的网络。为了给用户提供最佳的通信路径,路由器利用路由表为数据传输选择路径,路由表包含网络地址以及各地址之间距离的清单,路由器利用路由表查找数据包从当前位置到目的地址的正确路径。路由器使用最少时间算法或最优路径算法来调整信息传递的路径,如果某一网络路径发生故障或堵塞,路由器可选择另一条路径,以保证信息的正常传输。路由器可进行数据格式的转换,成为不同协议之间网络互联的必要设备。

图 4-28 说明了路由器的工作过程。局域网 1 中的源节点 101 生成了一个或多个分组,这些分组带有源地址与目的地址。如果局域网 1 中的 101 节点要将局域网 3 中的目的节点 105 发送数据,那么它只按正常工作方式将带有源地址与目的地址的分组装配成帧发送出去。连接在局域网 1 的路由器接收到来自源节点 101 的帧后,由路由器的网络层检查分组头,根据分组的目的地址查询路由表,确定该分组输出路径。路由器确定该分组的目的节点在另一局域网,它就将该分组发送到目的节点所在的局域网中。

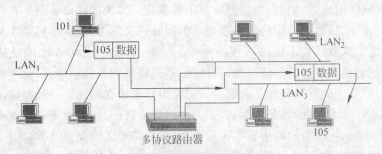

图 4-28　路由器的工作过程

路由器的功能如下:

(1) 路由选择

路由器中有一个路由表,当连接的一个网络上的数据分组到达路由器后,路由器根据数据分组中的目的地址,参照路由表,以最佳路径把分组转发出去。路由器还有路由表的维护能力,可根据网络拓扑结构的变化自动调节路由表。

(2) 协议转换

路由器可对网络层和以下各层进行协议转换。

(3) 实现网络层的一些功能

因为不同网络的分组大小可能不同,路由器有必要对数据包进行分段、组装,调整分组大小,使之适合于下一个网络对分组的要求。

(4) 网络管理与安全

路由器是多个网络的交汇点,网间的信息流都要经过路由器,在路由器上可以进行信息流的监控和管理。它还可以进行地址过滤,阻止错误的数据进入,起到"防火墙"的作用。

(5) 多协议路由选择

路由器是与协议有关的设备,不同的路由器支持不同的网络层协议。多协议路由器支持多种协议,能为不同类型的协议建立和维护不同的路由表,连接运作不同协议的网络。

4.5.2　第三层交换机(Third Layer Switch)

局域网交换机的引入,使得网络站点间可独享带宽,消除了无谓的碰撞检测和出错重发,提高了传输效率,在交换机中可并行地维护几个独立的、互不影响的通信进程。在交换网络环境下,用户信息只在源节点与目的节点之间进行传送,其他节点是不可见的。但有一点例外,当某一节点在网上发送广播或组播时,或某一节点发送了一个交换机不认识的

MAC 地址封包时,交换机上的所有节点都将收到这一广播信息。整个交换环境构成一个大的广播域。点到点是在第二层快速有效的交换,但广播风暴会使网络的效率大打折扣。交换机的速度快,比路由器快得多,而且价格便宜许多。

可以说,在网络系统集成的技术中,直接面向用户的第一层接口和第二层交换技术方面已得到令人满意的答案。交换式局域网技术使专用的带宽为用户所独享,极大地提高了局域网传输的效率。但第二层交换也暴露出弱点:对广播风暴、异种网络互联、安全性控制等不能有效地解决。作为网络核心、起到网间互连作用的路由器技术却没有质的突破。当今绝大部分的企业网都已变成实施 TCP/IP 协议的 Web 技术的内联网,用户的数据往往越过本地的网络在网际间传送,因而,路由器常常不堪重负。传统的路由器基于软件,协议复杂,与局域网速度相比,其数据传输的效率较低。但同时它又作为网段(子网,VLAN)互连的枢纽,这就使传统的路由器技术面临严峻的挑战。随着 Internet/Intranet 的迅猛发展和 B/S(浏览器/服务器)计算模式的广泛应用,跨地域、跨网络的业务急剧增长,业界和用户深感传统的路由器在网络中的瓶颈效应。改进传统的路由技术迫在眉睫。一种办法是安装性能更强的超级路由器,然而,这样做开销太大,如果是建设交换网,这种投资显然是不合理的。

在这种情况下,一种新的路由技术应运而生,这就是第三层交换技术,也称为 IP 交换技术、高速路由技术等,是相对于传统交换概念而提出的。众所周知,传统的交换技术是在 OSI 网络标准模型中的第二层——数据链路层进行操作的,而第三层交换技术是在网络模型中的第三层实现了数据包的高速转发。简单地说,第三层交换技术就是:第二层交换技术+第三层转发技术,这是一种利用第三层协议中的信息来加强第二层交换功能的机制。

一个具有第三层交换功能的设备是一个带有第三层路由功能的第二层交换机,但它是二者的有机结合,并不是把路由器设备的硬件及软件简单地叠加在局域网交换机上。从硬件的实现上看,目前,第二层交换机的接口模块都是通过高速背板/总线(速率可高达几十Gbps)交换数据的,在第三层交换机中,与路由器有关的第三层路由硬件模块也插接在高速背板/总线上,这种方式使得路由模块可以与需要路由的其他模块间高速地交换数据,从而突破了传统的外接路由器接口速率的限制(10~100Mbps)。

在软件方面,第三层交换机也有重大的举措,它将传统的基于软件的路由器软件进行了界定,其做法是:

(1) 对于数据封包的转发:如 IP/IPX 封包的转发,这些有规律的过程通过硬件得以高速实现。

(2) 对于第三层路由软件:如路由信息的更新、路由表维护、路由计算、路由的确定等功能,用优化、高效的软件实现。

第三层交换的目标是,只要在源地址和目的地址之间有一条更为直接的第二层通路,就没有必要经过路由器转发数据包。第三层交换使用第三层路由协议确定传送路径,此路径可以只用一次,也可以存储起来,供以后使用。之后数据包通过一条虚电路绕过路由器快速发送。第三层交换技术的出现,解决了局域网中网段划分之后网段中子网必须依赖路由器进行管理的局面,解决了传统路由器低速、复杂所造成的网络瓶颈问题。当然,三层交换技术并不是网络交换机与路由器的简单叠加,而是二者的有机结合,形成一个集成的、完整的解决方案。

传统的网络结构对用户应用所造成的限制,正是三层交换技术所要解决的关键问题。

例如，当市场上最高档路由器的最大处理能力为每秒 25 万个包时，最高档交换机的最大处理能力则在每秒 1000 万个包以上，二者相差 40 倍。在交换网络中，尤其是大规模的交换网络，没有路由功能是不可想象的。然而路由器的处理能力又限制了交换网络的速度，这就是三层交换所要解决的问题。

第三层交换机并没有像其他二层交换机那样把广播封包扩散，第三层交换机之所以叫三层交换机是因为它们能看得懂第三层的信息，如 IP 地址、ARP 等。因此，三层交换机便能洞悉某广播封包目的何在，而在没有把广播封包扩散出去的情形下，满足了发出该广播封包的站点需要（不管这些站点在任何子网中）。如果认为第三层交换机就是路由器，那也应称做超高速反传统路由器，因为第三层交换机没做任何"拆打"数据封包的工作，所有路过这些站点的封包都不会被修改并以交换的速度传到目的地。

4.6　IPv6

随着网络的迅猛发展，全球数字化和信息化步伐的加快，越来越多的设备、电器、各种机构、个人等加入到争夺地址的行列中，由此 IPv4 地址资源的匮乏，促使了地址数量大得多的IPv6 出现。

IPv6 是 IPv4 的替代品，是 IP 协议的 6.0 版本，也是下一代网络的核心协议，它在未来网络的演进中，将对基础设施、设备服务、媒体应用、电子商务等诸多方面产生巨大的产业推动力。IPv6 对我国也具有非常重要的意义，是我国实现跨越式发展的战略机遇，将对我国经济增长带来直接贡献，预计我国将成为世界上最大的 IPv6 网络之一。

4.6.1　IPv6 的特点（Characteristics of IPv6）

IPv6 由 Internet 工程任务组 IETF 的 IPng 工作组于 1994 年 9 月首次提出，于 1995 年正式公布，研究修订后于 1999 年确定开始部署。IPv6 主要有以下几个方面的特点。

（1）地址长度

IPv6 地址为 128 位，代替了 IPv4 的 32 位，地址空间大于 3.4×10^{38}。如果整个地球表面（包括陆地和水面）都覆盖着计算机，那么 IPv6 允许每平方米拥有 7×10^{23} 个 IP 地址。可见，IPv6 地址空间是巨大的。

（2）自动配置

IPv6 区别于 IPv4 的一个重要特性就是它支持无状态和有状态两种地址自动配置的方式。这种自动配置是对动态主机配置协议（DHCP）的改进和扩展，使得网络（尤其是局域网）的管理更加方便和快捷，并为用户带来极大方便。无状态地址自动配置方式是获得地址的关键。在这种方式下，需要配置地址的节点使用一种邻居发现机制获得一个局部连接地址。一旦得到这个地址之后，它使用另一种即插即用的机制，在没有任何人工干预的情况下，获得一个全球唯一的路由地址。有状态配置机制，如 DHCP，需要一个额外的服务器，因此也需要很多额外的操作和维护。

（3）头部格式

IPv6 简化了报头，减少了路由表长度，同时减少了路由器处理报头的时间，降低了报文通过 Internet 的延迟。

（4）可扩展的协议

IPv6 并不像 IPv4 那样规定了所有可能的协议特征，而是增强了选项和扩展功能，使其具有更高的灵活性和更强的功能。

（5）服务质量

对服务质量作了定义，IPv6 报文可以标记数据所属的流类型，以便路由器或交换机进行相应的处理。

（6）内置的安全特性

IPv6 提供了比 IPv4 更好的安全性保证。IPv6 协议内置标准化安全机制，支持对企业网的无缝远程访问。即使终端用户用"时时在线"接入企业网，这种安全机制也可行，而这在 IPv4 技术中无法实现。对于从事移动性工作的人员来说，IPv6 是 IP 级企业网存在的保证。

4.6.2 IPv6 地址空间（IPv6 Address Space）

IPv6 的地址空间被划分为若干大小不等的地址块，其初始划分情况如表 4-11 所示。其中格式前缀指地址的高 n 位部分，n 为整数并可变，格式前缀标识了地址所属类型。

表 4-11　IPv6 的地址分配

格式前缀（二进制）	用　法	份额	格式前缀（二进制）	用　法	份额
0000 0000	保留（嵌入 IPv4 的 IPv6 地址）	1/256	101	未分配	1/8
0000 0001	未分配	1/256	110	未分配	1/8
0000 001	为 OSI 网络服务访问点（NSAP）地址分配保留	1/128	1110	未分配	1/16
0000 010	为网络互联包交换（IPX）地址分配保留	1/128	1111 0	未分配	1/32
0000 011	未分配	1/128	1111 10	未分配	1/64
0000 1	未分配	1/32	1111 110	未分配	1/128
0001	未分配	1/16	1111 1110 0	未分配	1/512
001	可聚集全球单播地址	1/8	1111 1110 10	本地链路地址	1/1024
010	未分配	1/8	1111 1110 11	本地网点地址	1/1024
011	未分配	1/8	1111 1111	组播地址	1/256
100	未分配	1/8			

由表 4-11 可见，初始划分只划定了约 15% 的地址空间，还有大部分地址尚未分配，以备将来使用。实际上除了前缀为"11111111"的组播地址外，其余的均为单播地址，而任意播地址来自于单播地址空间，两者在构成上没有直接的区别。

在 IPv6 中，地址不是赋给某个节点，而是赋给节点上的具体接口。根据接口和传送方式的不同，IPv6 地址有 3 种类型：单播地址、任意播地址和组播地址。广播地址已不再有效，其功能由组播地址所取代。

（1）单播地址，标识单个接口，数据报将被传送至该地址标识的接口上。对于有多个接口的节点，它的任何一个单播地址都可以用作该节点的标识符。单播地址有多种形式，包括可聚集全球单播地址、NSAP 地址、IPX 分级地址、链路本地地址、站点本地地址以及嵌入 IPv4 地址的 IPv6 地址。

可聚集全球单播地址（aggregately global unicast address）是 IPv6 为点对点通信设计的一种具有分级结构的地址，共分为三个层次结构。

公用拓扑：提供公用互联网传送服务的供应商和交换局群体。

站点拓扑：本地的特定站点或组织，不提供到本站点以外节点的公用传送服务。

接口标识符：标识链路上的接口。

可聚集全球单播地址的具体分级结构划分如图 4-29 所示，各字段含义如下：

图 4-29　IPv6 可聚集全球单播地址

① FP：格式前缀，3b 长，目前该字段为"001"，标识其为可聚集全球单播地址。

② TLAID（top-level aggregation IDentifier）：顶级聚集标识符，13b 长，用于标识分级结构中的顶级聚集体，可得到最大 8192 个不同的顶级路由。

③ Res（reserved for future use）：保留字段，8b 长，以备将来 TLA 或 NLA 扩充用。

④ NLAID（next-level aggregation IDentifier）：下级聚集标识符，24b 长，用于标识分级结构中的下级聚集体。

⑤ SLAID（site-level aggregation IDentifier）：站点级聚集标识符，用于标识分级结构中的站点级聚集体。

⑥ Interface ID（interface IDentifier）：接口标识符，64b 长，用于标识主机接口。

其中，TLA 顶级聚集是与长途服务供应商和电话公司相互连接的公共网络接入点，它从国际 Internet 注册机构处获得地址。NLA 下级聚集通常是大型 ISP，它从 TLA 处申请获得地址，并为 SLA 站点级聚集分配地址。SLA 也可称为订户（subscriber），它可以是一个机构或一个小型 ISP。SLA 负责为属于它的订户分配地址，通常为其订户分配由连续地址组成的地址块，以便这些机构可以建立自己的地址分级结构以识别不同的子网。分级结构的最底层是网络主机。

设计这样的地址格式是为了既支持基于当前供应商的聚集，又支持被称为交换局的新聚集类型。其组合使高效的路由聚集可用于直接连接到供应商和连接到交换局两者的站点上。站点可以选择连接到两种类型中的任何一种聚集点。

（2）任意播地址，标识一组接口（一般属于不同节点），数据报将被传送至该地址标识的接口之一（根据路由协议度量距离选择"最近"的一个）。它存在两点限制，一是任意播地址不能用作源地址，而只能作为目的地址；二是任意播地址不能指定给 IPv6 主机，只能指定给 IPv6 路由器。其格式如图 4-30 所示。

（3）组播地址，标识一组接口（一般属于不同节点），数据报将被传送至有该地址标识的所有接口上。以 11111111 开始的地址即标识为组播地址。其格式如图 4-31 所示。

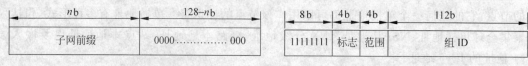

图 4-30　IPv6 任意播地址　　　　　　　图 4-31　IPv6 组播地址

在 IPv6 中,除非特别规定,任何全"0"和全"1"的字段都是合法值。特别是前缀可以包含"0"值字段或以"0"为终结。一个单接口可以指定任何类型的多个 IPv6 地址(单播、任意播、组播)或范围。

特殊 IPv6 地址:

(1) 未指定地址。即全"0"地址,0:0:0:0:0:0:0:0 或::,它不能分配给任何节点。它的一个应用示例是初始化主机时,在主机未取得自己的地址以前,可在它发送的任何 IPv6 包的源地址字段放上不确定地址。不确定地址不能在 IPv6 包中用作目的地址,也不能用在 IPv6 路由头中。

(2) 回送地址。0:0:0:0:0:0:0:1 或::1 为回送地址,它不能作为一种资源地址分配给任何一个物理接口,只能用作对自身发送数据包,主要用于测试软件和配置。类同于 IPv4 地址中的 127.0.0.1。

(3) 嵌入 IPv4 的 IPv6 地址。将 IPv4 地址的编码过渡到 IPv6,可行的办法是在 IPv6 地址中嵌入 IPv4,前 80 位设为 0,紧跟的 16 位表明嵌入方式,最后 32 位为 IPv4 地址。如图 4-32 所示。当 16 位的嵌入方式为全"0"时,称为 IPv4 兼容的 IPv6 地址;当 16 位的嵌入方式为全"1"时,称为 IPv4 映射的 IPv6 地址。

图 4-32　嵌入 IPv4 的 IPv6 地址格式

IPv6 地址用 128 位来表示,如果延用 IPv4 的点分十进制法则要用 16 个十进制数才能表示出来,读写起来非常麻烦,因而 IPv6 采用了一种新的方式:"冒分十六进制"表示法。将地址中每 16 位为一组,写成四位的十六进制数,两组间用冒号分隔。

例如:105.220.136.100.255.255.255.255.0.0.18.128.140.10.255.255(点分十进制),可转换为

69DC:8864:FFFF:FFFF:0000:1280:8C0A:FFFF

IPv6 的地址表示有以下几种特殊情形:

(1) IPv6 地址中每个 16 位分组中的前导零位可以去除做简化表示,但每个分组必须至少保留一位数字。

例如,21DA:00D3:0000:2F3B:02AA:00FF:FE28:9C5A,去除前导零位后可写成

21DA:D3:0:2F3B:2AA:FF:FE28:9C5A

(2) 某些地址中可能包含很长的零序列,可以用一种简化的表示方法——零压缩进行表示,即将冒号十六进制格式中相邻的连续零位合并,用双冒号"::"表示。"::"符号在一个地址中只能出现一次,该符号也能用来压缩地址中前部和尾部的相邻连续零位。

例如地址FF0C:0:0:0:0:0:0:B1,0:0:0:0:0:0:0:1,0:0:0:0:0:0:0:0,分别可表示为压缩格式

FF0C::B1,　　　　　　　 ::1,　　　　　　　 ::

（3）在 IPv4 和 IPv6 混合环境中,有时更适合于采用另一种表示形式：x:x:x:x:x:x:d.d.d.d,其中 x 是地址中 6 个高阶 16 位分组的十六进制值,d 是地址中 4 个低阶 8 位分组的十进制值(标准 IPv4 表示)。

例如地址 0:0:0:0:0:0:13.1.68.3,0:0:0:0:0:0:FFFF:129.144.52.38,写成压缩形式为
::13.1.68.3,　　　　　　　 ::FFFF:129.144.52.38

4.7　ARP 及 ICMP 协议(ARP and ICMP Protocol)

下面通过一个最简单的例子说明 IP 地址和物理地址在选路过程中的作用。

设主机 A 要向主机 B 发送一个数据报,两个主机分别连接在两个网络上,这两个网络通过一个路由器相连。

主机 A 的 IP 层收到欲发送的数据报后,就比较目的主机和源主机的网络号码是否相同(这就是从数据报首部的 IP 地址中抽出网络号码 net-id 部分进行比较)。如相同,则表明这两个主机在同一个网络内,这样就只需要用目的主机的物理地址进行通信。如果不知道目的主机的物理地址,则可向 ARP 进行查询。但当主机 A 和 B 的网络号码不一样时,就表明它们连接在不同的网络上,因此必须将数据报发给路由器进行转发。

源主机从配置中读出路由器的 IP 地址,然后从 ARP 得到路由器的物理地址,随后将数据报发送给这个路由器。

这里要强调指出,在数据报的首部写上的源 IP 地址和目的 IP 地址是指正在通信的两个主机的 IP 地址,路由器的 IP 地址并没有出现在数据报的首部中。当然,路由器的 IP 地址是很有用的,但它是用来使源主机得知路由器的物理地址。总之,数据报在一个路由段上传送时,要用物理地址才能找到路由器。

图 4-33 是上述概念的示意：MAC 地址(设物理地址就是局域网的 MAC 地址)用于主机到路由器之间的通信(即在一个路由段上通信),而 IP 地址则用于两个主机之间的通信,并用来决定找哪一个路由器,符号①～⑧表示数据报传送的先后顺序。

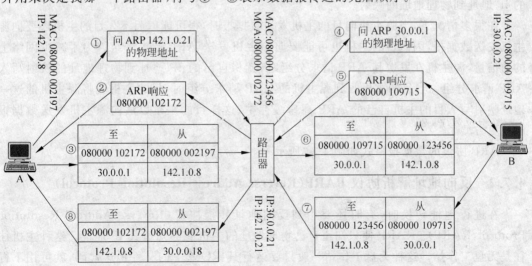

图 4-33　两个主机通过路由进行通信

应当注意到,路由器由于连接在两个网络上,因此具有两个 IP 地址和两个物理地址。主机 A 发送的数据报经过路由器后,数据报中的两个 IP 地址都没有发生变化,但数据帧中的 MAC 地址(源地址和目的地址)却都改变了,最后发回来的信息是主机 B 向主机 A 的应答(⑦和⑧)。

4.7.1　地址解析协议 ARP(Address Resolution Protocol)

IP 地址是逻辑地址,要进行通信还需要知道物理地址。

IP 地址到物理地址的转换由地址解析协议(Address Resolution Protocol,ARP)来完成。由于 IP 地址有 32 位,而局域网的物理地址(MAC 地址)是 48 位,因此它们之间不是一个简单的转换关系。此外,在一个网络上可能经常会有新的计算机加入进来,或撤走一些计算机。更换计算机的网卡也会使其物理地址改变。可见在计算机中应当存放一个从 IP 地址到物理地址的转换表,并且能够经常动态更新。地址转换协议 ARP 很好地解决了这些问题。

每一个主机都有一个 ARP 高速缓存,里面有 IP 地址到物理地址的映射表,这些都是该主机目前知道的一些地址。当源主机欲向本局域网上的目的主机发送一个 IP 数据报时,就先在其 ARP 高速缓存中查看有无目的主机的 IP 地址。如有,就可查出其对应的物理地址,然后将该数据报发往此物理地址。也有可能查不到目的主机的 IP 地址的项目,这可能是目的主机才入网,也可能是源主机刚启动,其高速缓存还是空的。在这种情况下,源主机就自动运行 ARP,按以下步骤找出目的主机的物理地址。

(1) ARP 进程在本局域网上广播发送一个 ARP 请求分组,上面有目的主机的 IP 地址。

(2) 在本局域网上的所有主机上运行的 ARP 进程都收到此 ARP 请求分组。

(3) 目的主机在 ARP 请求分组中见到自己的 IP 地址,就向源主机发送一个 ARP 响应分组,上面写入自己的物理地址。

(4) 源主机收到目的主机的 ARP 响应分组后,就在其 ARP 高速缓存中写入目的主机的 IP 地址到物理地址的映射。

在很多情况下,当源主机向目的主机发送数据报时,很可能以后不久目的主机还要向源主机发送数据报,因而目的主机也可能要向源主机发送 ARP 请求分组。为了减少网络上的通信量,源主机在发送其 ARP 请求分组时,就将自己的 IP 地址到物理地址的映射写入 ARP 请求分组。当目的主机收到源主机的 ARP 请求分组时,目的主机就将源主机的这一地址映射写入目的主机自己的 ARP 高速缓存中,这样目的主机以后向源主机发送数据报时就更方便了。

ARP 协议的数据报格式如图 4-34 所示。

4.7.2　反向地址解析协议 RARP(Reverse Address Resolution Protocol)

在进行地址转换时,有时还要用到反向地址转换协议(Reverse Address Resolution Protocol,RARP)。RARP 使只知道自己物理地址的主机能够知道其 IP 地址。这种主机往往是无盘工作站。这种无盘工作站一般只要运行其 ROM 中的文件传送代码,就可用下行装载方法,从局域网上其他主机得到所需的操作系统和 TCP/IP 通信软件,但这些软件中并

0	8	16	24	32
硬件类型		协议类型		
硬件地址长度	协议长度	操作		
发送方硬件地址（字节0~3B）				
发送方硬件地址（字节4~5B）		发送方IP地址（字节0~1B）		
发送方IP地址（字节2~3B）		目标硬件地址（字节0~1B）		
目标硬件地址（字节2~5B）				
目标IP地址（字节0~3B）				

图 4-34　ARP 协议格式

没有 IP 地址。无盘工作站每次运行时，首先通过存在 ROM 中的 RARP 协议来获取来自 DHCP 服务器的 IP 地址。

RARP 的工作过程：

（1）为了使 RARP 能工作，在局域网上至少有一个主机要充当 RARP 服务器，可以是一台 DHCP 服务器；

（2）无盘工作站先向局域网发出 RARP 请求分组（在格式上与 ARP 请求分组相似），并在此分组中给出自己的物理地址；

（3）RARP 服务器有一个事先做好的从无盘工作站的物理地址到 IP 地址的映射表，当收到 RARP 请求分组后，RARP 服务器就从这映射表查出该无盘工作站的 IP 地址；

（4）写入 RARP 响应分组，发回给无盘工作站；

（5）无盘工作站用这样的方法获得自己的 IP 地址。

4.7.3　控制报文协议 ICMP（Internet Control Message Protocol）

IP 数据报的传送不保证不丢失，对数据报的传送有一定质量保证功能的是使用 Internet 控制报文协议（Internet Control Message Protocol，ICMP）。ICMP 允许主机或路由器报告差错情况和提供有关异常情况的报告，ICMP 仍是网络层中的协议，报文作为互联网层数据报的数据，加上数据报的首部，组成 IP 数据报发送出去。ICMP 数据报格式如图 4-35 所示。

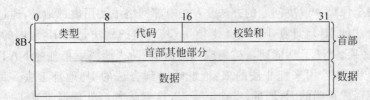

图 4-35　ICMP 报文格式

当某个速率较高的源主机向另一个速率较慢的目的主机（或路由器）发送一连串的数据报时，就有可能使速率较慢的目的主机产生拥塞，因而不得不丢弃一些数据报。通过高层协议，源主机得知丢失了一些数据报，就不断地重发这些数据报，这就使得本来就已经拥塞的目的主机更加拥塞。在这种情况下，目的主机就要向源主机发送 ICMP 源站抑制报文，使源站暂停发送数据报,过一段时间再逐渐恢复正常。

ICMP 报文的类型很多,但可分为两种类型,即 ICMP 差错报文和 ICMP 询问报文。

下面介绍几个常用的 ICMP 询问报文。

(1) ICMP Echo 请求报文

它由主机或路由器向一个特定目的主机发出的询问,收到此报文的机器必须给源主机发送 ICMP Echo 回答报文,这种询问报文用来测试目的站是否可达以及了解其有关状态。在应用层有一个服务叫做 PING(Packet InterNet Groper),用来测试两个主机之间的连通性。PING 使用了 ICMP Echo 请求与 Echo 回答报文。

(2) ICMP 时间戳请求报文

请某个主机或路由器回答当前的日期和时间。在 ICMP 时间戳回答报文中有一个 32b 的字段,其中写入的整数代表从 1900 年 1 月 1 日起到当前时刻一共有多少秒。时间戳请求与回答可用来进行时钟同步和测量时间。

(3) ICMP 地址掩码请求与回答

主机通过子网掩码服务器得到某个接口的地址掩码。

4.8　NAT 技术(Network Address Transmission Protocol)

随着 Internet 技术不断以指数级速度增长,珍贵的网络地址分配给专用网络终于被视作是一种对宝贵的虚拟房地产的浪费,因此出现了网络地址转换(NAT)标准,就是将某些 IP 地址留出来供专用网络重复使用。

NAT 网络地址转换是一个 IETF 标准,允许一个机构以一个地址出现在 Internet 上。NAT 将每个局域网节点的地址转换成一个 IP 地址,反之亦然。它也可以应用到防火墙技术中,把个别 IP 地址隐藏起来不被外界发现,使外界无法直接访问内部网络设备,同时,它还帮助网络可以超越地址的限制,合理地安排网络中的公有和私有 IP 地址的使用。

4.8.1　NAT 技术的原理和类型(Principle and Type of NAT)

1. NAT 技术基本原理

NAT 技术能帮助解决令人头痛的 IP 地址紧缺的问题,而且能使得内外网络隔离,提供一定的网络安全保障。解决问题的办法是:在内部网络中使用内部地址,通过 NAT 把内部地址翻译成合法的 IP 地址在 Internet 上使用,其具体的做法是把 IP 包内的地址域用合法的 IP 地址来替换。NAT 功能通常被集成到路由器、防火墙或者单独的 NAT 设备中,NAT 设备维护一个状态表,用来把非法的 IP 地址映射到合法的 IP 地址上去。每个包在 NAT 设备中都被翻译成正确的 IP 地址,发往下一级,这意味着给处理器带来了一定的负担。但对于一般的网络来说,这种负担是微不足道的。

2. NAT 技术的类型

NAT 有三种类型:静态 NAT、动态地址 NAT 和网络地址端口转换 NAPT。其中静态 NAT 是最为简单和最容易实现的一种,内部网络中的每个主机都被永久映射成外部网络中的某个合法的地址。而动态地址 NAT 则是在外部网络中定义了一系列的合法地址,采用动态分配的方法映射到内部网络。NAPT 则是把内部地址映射到外部网络的一个 IP

地址的不同端口上。根据不同的需要,三种 NAT 方案各有利弊。

动态地址 NAT 只是转换 IP 地址,它为每一个内部的 IP 地址分配一个临时的外部 IP 地址,主要应用于拨号,对于频繁的远程连接也可以采用动态 NAT。当远程用户连接上之后,动态地址 NAT 就会分配给他一个 IP 地址,用户断开时,这个 IP 地址就会被释放而留待以后使用。

网络地址端口转换(network address port translation,NAPT)是人们比较熟悉的一种转换方式。NAPT 普遍应用于接入设备中,它可以将中小型的网络隐藏在一个合法的 IP 地址后面。NAPT 与动态地址 NAT 不同,它将内部连接映射到外部网络中的一个单独的 IP 地址上,同时在该地址上加上一个由 NAT 设备选定的 TCP 端口号。

在 Internet 中使用 NAPT 时,所有不同的 TCP 和 UDP 信息流看起来好像来源于同一个 IP 地址。这个优点在小型办公室内非常实用,通过从 ISP 处申请的一个 IP 地址,将多个连接通过 NAPT 接入 Internet。实际上,许多 SOHO 远程访问设备支持基于 PPP 的动态 IP 地址。这样,ISP 甚至不需要支持 NAPT,就可以做到多个内部 IP 地址共用一个外部 IP 地址上 Internet,虽然这样会导致信道的一定拥塞,但考虑到节省的 ISP 上网费用和易管理的特点,用 NAPT 还是很值得的。

4.8.2 应用 NAT 安全策略(Security Policy Using NAT)

1. 应用 NAT 技术的安全问题

在使用 NAT 时,Internet 上的主机表面上看起来直接与 NAT 设备通信,而非与专用网络中实际的主机通信。输入的数据包被发送到 NAT 设备的 IP 地址上,并且 NAT 设备将目的包头地址由自己的 Internet 地址变为真正的目的主机的专用网络地址。而结果是,理论上一个全球唯一 IP 地址后面可以连接几百台、几千台乃至几百万台拥有专用地址的主机。但是,这实际上存在着缺陷。例如,许多 Internet 协议和应用依赖于真正的端到端网络,在这种网络上,数据包完全不加修改地从源地址发送到目的地址。比如,IP 安全架构不能跨 NAT 设备使用,因为包含原始 IP 源地址的原始包头采用了数字签名。如果改变源地址的话,数字签名将不再有效。NAT 还向我们提出了管理上的挑战,尽管 NAT 对于一个缺少足够的全球唯一 Internet 地址的组织、分支机构或者部门来说是一种不错的解决方案,但是当重组、合并或收购需要对两个或更多的专用网络进行整合时,它就变成了一种严重的问题,甚至在组织结构稳定的情况下。

2. 应用 NAT 技术的安全策略

当改变网络的 IP 地址时,都要仔细考虑这样做会给网络中已有的安全机制带来什么样的影响。例如,防火墙根据 IP 报头中包含的 TCP 端口号、信宿地址、信源地址以及其他一些信息来决定是否让该数据包通过。可以依 NAT 设备所处位置来改变防火墙过滤规则,这是因为 NAT 改变了信源或信宿地址。如果一个 NAT 设备,如一台内部路由器,被置于受防火墙保护的一侧,将不得不改变负责控制 NAT 设备身后网络流量的所有安全规则。在许多网络中,NAT 机制都是在防火墙上实现的。它的目的是使防火墙能够提供对网络访问与地址转换的双重控制功能。除非可以严格地限定哪一种网络连接可以被进行 NAT 转换,否则不要将 NAT 设备置于防火墙之外。任何一个黑客,只要他能够使 NAT 误以为他的连接请求是被允许的,都可以以一个授权用户的身份对你的网络进行访问。如果企业正在迈向网络技术的前沿,并正在使用 IP 安全协议(IPSec)来构造一个虚拟专用网(VPN),错误地放置 NAT 设备会毁了计划。原则上,NAT 设备应该被置于 VPN 受保护的一侧,因为 NAT 需要改动 IP 报头中的地址域,而在 IPSec 报头中该域是无法被改变的,这使可以准确地获知原始报文是发自哪一台工作站的。如果 IP 地址被改变了,那么 IPSec 的安全机制也就失效了,因为既然信源地址都可以被改动,那么报文内容就更不用说了。那么 NAT 技术在系统中应采用以下几个策略:

(1)网络地址转换模块

NAT 技术模块是本系统的核心部分,而且只有本模块与网络层有关,因此,这一部分应和 UNIX 系统本身的网络层处理部分紧密结合在一起,或对其直接进行修改。本模块进一步可细分为包交换子模块、数据包头替换子模块、规则处理子模块、连接记录子模块与真实地址分配子模块及传输层过滤子模块。

(2)集中访问控制模块

集中访问控制模块可进一步细分为请求认证子模块和连接中继子模块。请求认证子模块主要负责和认证与访问控制系统通过一种可信的安全机制交换各种身份鉴别信息,识别出合法的用户,并根据用户预先被赋予的权限决定后续的连接形式。连接中继子模块的主要功能是为用户建立起一条最终的无中继的连接通道,并在需要的情况下向内部服务器传送鉴别过的用户身份信息,以完成相关服务协议中所需的鉴别流程。

(3)临时访问端口表

为了区分数据包的服务对象和防止攻击者对内部主机发起的连接进行非授权的利用,网关把内部主机使用的临时端口、协议类型和内部主机地址登记在临时端口使用表中。由于网关不知道内部主机可能要使用的临时端口,故临时端口使用表是由网关根据接收的数据包动态生成的。对于入向的数据包,防火墙只让那些访问控制表许可的或者临时端口使用表登记的数据包通过。

(4)认证与访问控制系统

认证与访问控制系统包括用户鉴别模块和访问控制模块,实现用户的身份鉴别和安全策略的控制。其中用户鉴别模块采用一次性口令(one-time password)认证技术中 Challenge/Response 机制实现远程和当地用户的身份鉴别,保护合法用户的有效访问和限制非法用户的访问。它采用 Telnet 和 Web 两种实现方式,满足不同系统环境下用户的应用需求。访问控制模块是基于自主型访问控制策略(DAC),采用 ACL 的方式,按照用户(组)、地址(组)、服务类型、服务时间等访问控制因素决定对用户是否授权访问。

(5)网络安全监控系统

监控与入侵检测系统作为系统端的监控进程,负责接收进入系统的所有信息,并对信息包进行分析和归类,对可能出现的入侵及时发出报警信息;同时如发现有合法用户的非法访问和非法用户的访问,监控系统将及时断开访问连接,并进行追踪检查。

(6)基于 Web 的防火墙管理系统

管理系统主要负责网络地址转换模块、集中访问控制模块、认证与访问控制系统、监控系统等模块的系统配置和监控。它采用基于 Web 的管理模式,由于管理系统所涉及的信息大部分是关于用户账号等的敏感数据信息,故应充分保证信息的安全性,采用 JAVA APPLET 技术代替 CGI 技术,在信息传递过程中采用加密等安全技术保证用户信息的安全性。

尽管 NAT 技术可以给我们带来各种好处，例如无须为网络重分 IP 地址、减少 ISP 账号花费以及提供更完善的负载平衡功能等，NAT 技术对一些管理和安全机制的潜在威胁仍然存在，实际应用中仍需要正确地应用好网络地址转换（NAT）技术。

4.9　虚拟专用网 VPN（Virtual Private Network）

在公用数据网络出现之前，许多公司利用电信专线将分散在各地的计算机（网络）连接起来形成专用网络。专用网络是非常安全的，但是租用线路非常昂贵。当因特网出现之后，这些公司希望将它们的数据业务搬到因特网上，但希望仍然拥有像专用网那样的安全性。实现这一目标的设想就是虚拟专用网（VPN），VPN 是建立在公用网上的一个虚拟网，它具有专用网的大部分特性。VPN 的应用如图 4-36 所示。

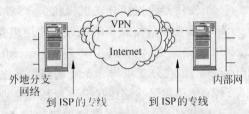

图 4-36　使用专线的 VPN

4.9.1　虚拟专用网原理（Principle of VPN）

典型的 VPN 结构如图 4-37 所示，在每个局域网上设置一个安全网关，在每一对安全网关之间创建一条穿过因特网的隧道。如果在隧道中使用 IPSec，那么可以将两个局域网间的所有通信流都聚合到同一个认证和加密的 SA（safe association，安全联盟，记录每条 IP 安全通路的策略和策略参数）。从而在这两个局域网间提供完整性控制及机密性服务，甚至对流量分析也有相当的抵御能力。

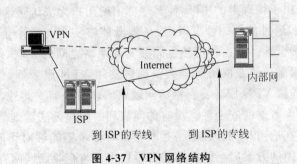

图 4-37　VPN 网络结构

系统建立时，每一对安全网关必须协商它们的 SA 参数，包括安全服务、工作模式、加密算法及密钥等。一旦在一对安全网关之间建立了一个 SA，这一对安全网关之间的数据流就可以绑到这个 SA 上。对于因特网中的路由器来说，沿 VPN 隧道传输的数据包与普通数据包是一样的，唯一的不同是在普通 IP 头后面有一个 IPSec 头。但由于路由器只根据外层 IP 头来转发，因而这个 IPSec 头对于路由器来说是不可见的。

VPN 的优点是它对于用户软件是完全透明的，当系统管理员配置好安全网关以后，就由安全网关来自动建立和管理 SA，不需要用户软件做任何事情，而用户就好像是在使用一个租用专线的专用网络一样。

由于许多局域网使用防火墙作为安全网关，而防火墙一般都具有内置的 VPN 能力，将安全隧道的端点放在防火墙上是很自然的选择。因此，防火墙、VPN 和 IPSec（特别是隧道模式下的 ESP）是实践中最常见的组合。

1. 通过 Internet 实现远程用户访问

虚拟专用网络支持以安全的方式通过公共互联网络远程访问企业资源。

2. 通过 Internet 实现网络互联

可以采用以下两种方式使用 VPN 连接远程局域网络。

（1）使用专线连接分支机构和企业局域网

不需要使用价格昂贵的长距离专用电路，分支机构和企业端路由器可以使用各自本地的专用线路通过本地的 ISP 连通 Internet。VPN 软件使用与本地 ISP 建立的连接和 Internet 网络在分支机构和企业端路由器之间创建一个虚拟专用网络。

（2）使用拨号线路连接分支机构和企业局域网

不同于传统的使用连接分支机构路由器的专线拨打长途电话连接企业 NAS 的方式，分支机构端的路由器可以通过拨号方式连接本地 ISP。VPN 软件使用与本地 ISP 建立起的连接在分支机构和企业端路由器之间创建一个跨越 Internet 的虚拟专用网络。

应当注意在以上两种方式中，是通过使用本地设备在分支机构和企业部门与 Internet 之间建立连接。无论是在客户端还是服务器端都是通过拨打本地接入电话建立连接，因此 VPN 可以大大节省连接的费用。建议作为 VPN 服务器的企业端路由器使用专线连接本地 ISP。VPN 服务器必须全天 24 小时对 VPN 数据流进行监听。

3. 连接企业内部网络计算机

在企业的内部网络中，考虑到一些部门可能存储有重要数据，为确保数据的安全性，传统的方式只能是把这些部门同整个企业网络断开形成孤立的小网络。这样做虽然保护了部门的重要信息，但是由于物理上的中断，使其他部门的用户无法访问这部分数据。

采用 VPN 方案，通过使用一台 VPN 服务器既能够实现与整个企业网络的连接，又可以保证保密数据的安全性。路由器虽然也能够实现网络之间的互联，但是并不能对流向敏感网络的数据进行限制。企业网络管理人员通过使用 VPN 服务器，指定只有符合特定身份要求的用户才能连接 VPN 服务器获得访问敏感信息的权利。此外，可以对所有 VPN 数据进行加密，从而确保数据的安全性。没有访问权利的用户无法看到部门的局域网络。

一般来说，企业在选用一种远程网络互联方案时都希望能够对访问企业资源和信息的要求加以控制，所选用的方案应当既能够实现授权用户与企业局域网资源的自由连接，不同分支机构之间的资源共享，又能够确保企业数据在公共互联网络或企业内部网络上传输时安全性不受破坏。因此，最低限度，一个成功的 VPN 方案应当能够满足以下所有方面的要求：

（1）用户验证

VPN 方案必须能够验证用户身份并严格控制只有授权用户才能访问 VPN。另外，方案还必须能够提供审计和计费功能，显示何人在何时访问了何种信息。

（2）地址管理

VPN 方案必须能够为用户分配专用网络上的地址并确保地址的安全性。

（3）数据加密

对通过公共互联网络传递的数据必须经过加密，确保网络其他未授权的用户无法读取该信息。

（4）密钥管理

VPN 方案必须能够生成并更新客户端和服务器的加密密钥。

（5）多协议支持

VPN 方案必须支持公共互联网络上普遍使用的基本协议，包括 IP、IPX 等。以点对点隧道协议（PPTP）或第 2 层隧道协议（L2TP）为基础的 VPN 方案既能够满足以上所有的基本要求，又能够充分利用遍及世界各地的 Internet 互联网络的优势。其他方案，包括安全 IP 协议（IPSec），虽然不能满足上述全部要求，但是仍然适用于在特定的环境使用。

4.9.2　隧道技术（Tunnel Technology）

隧道技术是一种通过使用互联网络的基础设施在网络之间传递数据的方式，使用隧道传递的数据（或负载）可以是不同协议的数据帧或包，隧道协议将这些其他协议的数据帧或包重新封装在新的包头中发送。新的包头提供了路由信息，从而使封装的负载数据能够通过互联网络传递。上一小节讲到的 VPN 也可以采用隧道技术来实现，如图 4-38 所示。

图 4-38　VPN 隧道技术

被封装的数据包在隧道的两个端点之间通过公共互联网络进行路由，被封装的数据包在公共互联网络上传递时所经过的逻辑路径称为隧道。一旦到达网络终点，数据将被解包并转发到最终目的地。注意隧道技术是指包括数据封装、传输和解包在内的全过程。

隧道所使用的传输网络可以是任何类型的公共互联网络，在企业网络同样可以创建隧道。隧道技术在经过一段时间的发展和完善之后，目前较为成熟的技术包括以下几种。

（1）IP 网络上的 SNA 隧道技术

当系统网络结构（system network architecture）的数据流通过企业 IP 网络传送时，SNA 数据帧将被封装在 UDP 和 IP 协议包头中。

（2）IP 网络上的 Novell NetWare IPX 隧道技术

当一个 IPX 数据包被发送到 NetWare 服务器或 IPX 路由器时，服务器或路由器用 UDP 和 IP 包头封装 IPX 数据包后通过 IP 网络发送。另一端的 IP-TO-IPX 路由器在去除 UDP 和 IP 包头之后，把数据包转发到 IPX 目的地。

近几年不断出现了一些新的隧道技术，具体包括：

（1）点对点隧道协议（PPTP）

PPTP 协议允许对 IP、IPX 或 NetBEUI 数据流进行加密，然后封装在 IP 包头中通过企业 IP 网络或公共互联网络发送。

（2）第2层隧道协议（L2TP）

L2TP 协议允许对 IP、IPX 或 NetBEUI 数据流进行加密，然后通过支持点对点数据报传递的任意网络发送，如 IP、X.25、帧中继或 ATM。

（3）安全 IP（IPSec）隧道模式

IPSec 隧道模式允许对 IP 负载数据进行加密，然后封装在 IP 包头中通过企业 IP 网络或公共 IP 互联网络如 Internet 发送。如图 4-39 所示。

图 4-39　IPSec 隧道协议

1. 隧道协议

为创建隧道，隧道的客户机和服务器双方必须使用相同的隧道协议。

隧道技术可以分别以第 2 层或第 3 层隧道协议为基础，上述分层按照开放系统互联（OSI）的参考模型划分。第 2 层隧道协议对应 OSI 模型中的数据链路层，使用帧作为数据交换单位。PPTP、L2TP 和 L2F（第 2 层转发）都属于第 2 层隧道协议，都是将数据封装在点对点协议（PPP）帧中通过互联网络发送。第 3 层隧道协议对应 OSI 模型中的网络层，使用包作为数据交换单位。IPSec 隧道模式属于第 3 层隧道协议，将 IP 包封装在附加的 IP 包头中通过 IP 网络传送。

2. 点对点协议

因为第 2 层隧道协议在很大程度上依靠 PPP 协议的各种特性，PPP 协议主要是设计用来通过拨号或专线方式建立点对点连接发送数据，将 IP、IPX 和 NETBEUI 包封装在 PPP 帧内通过点对点的链路发送，主要应用于连接拨号用户和 NAS。PPP 拨号会话过程可以分成 4 个不同的阶段，分别如下：

阶段 1：创建 PPP 链路；

阶段 2：用户验证；

阶段 3：PPP 回叫控制；

阶段 4：调用网络层协议。

4.10　IP 多播和组管理协议 IGMP（IP Multicast and Group Management Protocol）

4.10.1　IP 多播的概念（IP Multicast Concepts）

普通的网络通信是在一个发送者和一个接收者之间进行的，但是对于有些需要同时向大量接收者发送信息的应用（例如：多媒体网络教学、数字电话会议、分布式数据库等）在发送者和接收者之间依次建立连接的代价太大了！

可以用广播技术实现上述的应用，但这也并不总是可取的。要了解其原因，首先需要分析广播通信方式的优缺点。使用广播方式发送报文有不少优点：当越来越多的计算机进行交叉通信时，连接不会呈指数级上升，数据传输量相对减少；参与通信的计算机对程序的透明程度增加，并且可以方便地增加或减少参与通信的计算机。另外，利用广播进行通信的程序没有 Server/Client 之分，这减轻了程序员的编程负担。

虽然广播通信具有不少优点，但是它的缺点也不少，有些往往是致命的：当广播数据在整个网段上发送时，极易造成网络带宽的大幅占用，影响整个网络的通信效率；广播数据不能越过路由器；作为一种对等（peer-to-peer）通信，它没有权限设置，不利于网络维护。

为了弥补广播技术的不足，产生了多播技术（multicast）。多播技术可以有效地减轻网络通信的负担，避免资源的无谓浪费。它具有带宽利用率高、减轻主机/路由器的负担、避免目的地址不明确所引起的麻烦等优点。对一个网络内的工作站来说，只有在上面运行的进程表示自己"有兴趣"，多播数据才会复制给它们。然而，并非所有协议都支持多播通信，对Win32 平台而言，仅两种可从 Winsock 内访问的协议（IP 和 ATM）才提供了对多播通信的支持。

IP 多播通信需要"多播地址"，这个地址对一个指定的组进行命名，如图 4-40 所示。举个例子来说，假定 5 个节点都想通过 IP 多播，实现彼此间的通信，它们便可加入同一个组地址。全部加入之后，由一个节点发出的任何数据均会一模一样地复制一份，发给组内的每个成员，甚至包括始

图 4-40　多播地址标识

发数据的那个节点。在 IP 协议中用 D 类地址来做多播地址，多播地址范围：224.0.0.0～239.255.255.255。但是，其中还有许多地址是特别保留的，见表 4-12。

表 4-12　多播地址范围

特别保留地址	用　　途
224.0.0.0	基本地址
224.0.0.1	子网中所有的系统
224.0.0.2	子网中所有的路由器
224.0.1.1	网络时间协议
224.0.0.9	RIP 第 2 版本组地址（由 IGMP 协议使用）
224.0.1.24	WINS 服务器组地址（由 IGMP 协议使用）

在实际应用中，可使用除头三个保留多播地址之外的任何地址，因为它们是网络中的路由器专用的。IP 多播地址只能用于目的地址，而不能为源地址。ICMP 不能为多播报告出错报文。

由于最初设计 TCP/IP 尚未考虑多播通信，以致后来不得不进行大量改造以使 IP 支持多播。除了 IP 要求保留一系列特殊地址以外，还专门引入了 IGMP 协议以便管理多播组。

4.10.2　因特网组管理协议 IGMP（Internet Group Management Protocol）

IGMP 是在多播环境下使用的协议，它位于网络层。IGMP 使用 IP 数据报传递其报文（即 IGMP 报文加上 IP 首部构成 IP 数据报），但它也向 IP 提供服务。不把 IGMP 看成是一个单独的协议，而是属于整个网际协议 IP 的一个组成部分。

在同一个物理网络中的多播比较简单：可以通过 IP 多播地址到硬件多播地址的直接映射而实现。而要实现位于不同子网的两个工作站加入同一个多播组，就不能简单地将数据广播到多播地址，因为网络会立即由于数据泛滥而瘫痪。为了实现跨越多个物理网络的多播，主机需要把其成员状态报告给本地多播路由器，然后本地路由器和其他多播路由器之间交换各自网络中主机的组成员状态（多播路由器之间交换主机的组成员状态使用距离矢量多播路由协议），以实现多播路由。而其中主机把成员状态向本地多播路由器报告就需要

使用因特网网管协议 IGMP。IGMP 报文使用 IP 数据报发送报文(IP 报头协议字段＝2)，为 IP 提供服务。ICMP 为 IP(单播)提供差错信息，而 IGMP 为 IP 多播传递组状态信息。因此，和 ICMP 一样，一般也把 IGMP 作为 IP 的组成部分。IGMP 报文有固定的报文格式和长度，没有可选数据，报文格式如图 4-41 所示。

版本(1) 4位	类型4位	未用8位	校验和8位
组地址32位D类IP地址			

图 4-41　IGMP 报文格式

IGMP 是 IP 多播通信的基础，用于控制用户加入或离开多播组。多播路由协议，则用于建立多播路由表或称多播树。如果一个局域网中有一个用户通过 IGMP 宣布加入某多播组，则这个多播主机利用 IGMP 通知路由器，然后多播路由器就将该信息通过多播路由协议进行传播，最终将该局域网作为一个分枝加入多播树。当局域网中的所有用户退出该多播组后相关的分枝就从多播树中删掉。要想使 IP 多播正常工作，多播节点之间的所有路由器都必须提供对 IGMP 的支持。

多播路由选择相当复杂，体现在以下几个方面：

(1) 即使网络拓扑不发生变化，但由于某个应用程序加入或离开了一个多播组，多播路由都会发生变化。

(2) 多播转发要求路由器不仅要检查目的地址，而且还要检查源地址，以便确定何时需要复制多播数据报和转发多播数据报副本。

(3) 多播数据报可以由不是多播组成员的主机产生，并且可能通过没有任何组成员的网络。

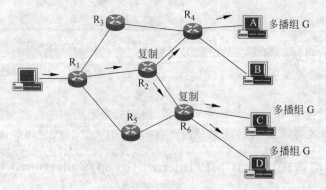

图 4-42　IGMP 协议

习　题　4

4.1　设置网络层主要解决的问题是什么？

4.2　一个 3200b 长的 TCP 报文传到 IP 层，加上 160b 的首部后成为数据报。下面的互联网由两个局域网通过路由器连接起来，但第二个局域网所能传送的最长数据帧中的数据部分只有 1200b，因此数据报在路由器必须进行分片。试问第二个局域网向其上层要传送多少比特的数据?

4.3 一数据报长度为 4000B(固定首部长度)。现在经过一个网络传送,但此网络能够传送的最大数据长度为 1500B。试问应当划分为几个短些的数据报片? 各数据报片的数据字段长度、片偏移字段和 MF 标志应为何数值?

4.4 辨认以下 IP 地址的网络类别:

(1) 128.36.199.3

(2) 21.12.240.17

(3) 183.194.76.253

(4) 192.12.69.248

(5) 89.3.0.1

(6) 200.3.6.2

4.5 一网络的子网掩码为 255.255.255.248,问该网络能够连接多少台主机?

4.6 一 A 类网络和一 B 类网络的子网号分别为 16b 和 8b,问这两个网络的子网掩码有何不同?

4.7 一个 B 类地址的子网掩码是 255.255.240.0,试问在其中每一个子网上的主机数最多是多少?

4.8 一个 A 类地址的子网掩码为 255.255.0.255,它是否为一个有效的子网掩码?

4.9 某个 IP 地址的十六进制表示是 C22F1481,试将其转换为点分十进制的形式。这个地址属于哪一类 IP 地址?

4.10 某单位分配到一个 B 类 IP 地址,网络地址为 129.250.0.0。该单位有 4000 台机器,平均分布在 16 个不同的地点。如选用子网掩码为 255.255.255.0,试给每一地点分配一个子网号码,并计算出每个地点主机的最小地址和最大地址。

4.11 找出可产生以下数目的 A 类子网的掩码:

(1) 2   (2) 6   (3) 20   (4) 62   (5) 122   (6) 250

4.12 以下有 4 个子网掩码,哪些是不推荐使用的?

(1) 176.0.0.0   (2) 96.0.0.0   (3) 127.192.0.0   (4) 255.128.0.0

4.13 有如下的 4 个网络地址块,试进行最大可能的聚合。

212.56.132.0/24

212.56.133.0/24

212.56.134.0/24

212.56.135.0/24

4.14 有两个地址块 208.128/11 和 208.130.28/22,是否有一个地址块包含了另一地址块? 如果有,请指出,并说明理由。

4.15 找出下述地址中不能分配给主机的 IP 地址,并说明原因。

A. 101.256.3.83   B. 231.202.0.15   C. 128.10.0.0

D. 192.168.22.255   E. 202.195.14.52

4.16 一台主机的 IP 地址为 192.168.1.193,子网掩码为 255.255.255.248,当这台主机将一条报文发往 255.255.255.255 时,写出能顺利接收到报文的主机 IP 地址范围。

4.17 一个网络(地址为 172.16.0.0)中有 5 个子网,子网最大的主机数目为 300 台,最少主机数目为 3 台,试为该网络选择子网规划方案,并写出子网掩码。

4.18 某网络中有四台主机的 IP 地址如下:

A. 192.168.155.68   255.255.255.224

B. 192.168.155.113   255.255.255.224

C. 192.168.155.33   255.255.255.224

D. 192.168.155.94   255.255.255.224

试问:哪两台主机可以直接通信?并求出跟主机 C 在同一子网的主机 IP 范围。

4.19 由 16 个 C 类网络组成一个超网,其网络掩码应为多少?

4.20 图 4-43 中有 7 个网络,通过 8 个路由器互联在一起。路由器 8 由于与三个网络相连,因此有三个 IP 地址和三个物理端口,请完善路由器 8 的路由表。

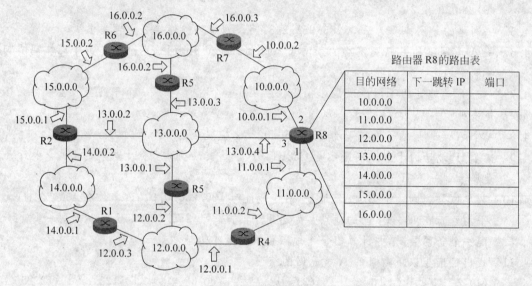

路由器 R8 的路由表

目的网络	下一跳转 IP	端口
10.0.0.0		
11.0.0.0		
12.0.0.0		
13.0.0.0		
14.0.0.0		
15.0.0.0		
16.0.0.0		

图 4-43

4.21 设某路由器建立了如下路由表,三列分别是目的网络、子网掩码和下一跳转路由,若直接交付则最后一列表示应当从哪一个接口转发出去。

128.96.39.0   255.255.255.128   接口 0

128.96.39.128   255.255.255.128   接口 1

128.96.40.0   255.255.255.128   R2

192.4.153.0   255.255.255.192   R3

*(默认)   R4

现共收到 5 个分组,其目的站 IP 地址分别为

(1) 128.96.39.10   (2) 128.96.40.12   (3) 128.96.40.151

(4) 192.4.153.17   (5) 192.4.153.90

分别计算其下一跳转地址。

4.22 某网络拓扑结构如图 4-44 所示,路由器 R1 通过接口 E1、E2 分别连接局域网 1、局域网 2,通过接口 L0 连接路由器 R2,并通过路由器 R2 连接域名服务器与互联网。

(1) 将 IP 地址空间 202.118.1.0/24 划分为两个子网,分别分配给局域网 1、局域网

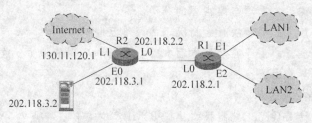

图 4-44

2, 每个局域网需分配的 IP 地址数不少于 120 个。要求给出子网划分结果, 写出必要的计算过程。

(2) 给出 R1 的路由表, 包括到局域网 1 的路由、局域网 2 的路由、域名服务器的路由和互联网的路由, 填入表 4-13 中。

表 4-13 R1 路由表

目的网络 IP 地址	子网掩码	下一跳转 IP 地址	端口

(3) 试采用路由聚合技术, 给出 R2 到局域网 1 和局域网 2 的路由, 填入表 4-14 中。

表 4-14 R2 路由表

目的网络 IP 地址	子网掩码	下一跳转 IP 地址	端口

4.23 如果一个公司有 2000 台主机, 则必须给它分配多少个 C 类网络? 为了使该公司网络在路由表中只占一行, 指定给它的子网掩码是多少?

4.24 在 Internet 中, 为什么要提出自治系统 AS 的概念? 它对路由选择协议有什么影响?

4.25 说明路由协议 RIP 的特点。

4.26 某通信子网如图 4-45 所示, 使用距离矢量路由算法。假设到达路由器 C 的路由器 B、D、E 的矢量分别为 (5,0,8,12,6,2)、(16, 12,6,0,9,10) 和 (7,6,3,9,0,4); C 到 B、D、E 的延迟分别为 6、3 和 5, 试画出 C 的新路由表并注明使用的输出线路及从 C 出发到达各路由器的延迟。

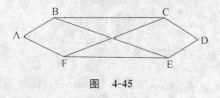

图 4-45

4.27 描述开放最短路径优先 OSPF 的基本工作原理与特点。

4.28 IGP 和 EGP 这两类协议的主要区别是什么?

4.29 网桥是从哪个层次上实现了不同的网络互联? 它具有什么特点?

4.30 路由器是从哪个层次上实现了不同网络互联? 具备的特点有哪些?

4.31 简述路由器的工作原理与路由器的分类。

4.32 什么是网关？它主要解决什么情况下的网络互联？

4.33 第三层交换机与路由器在功能方面有哪些相同和不同的地方？在网络中如何使用第三层交换机与路由器？

4.34 IPv6 的主要特点是什么？

4.35 为什么要设计 Internet 控制报文协议 ICMP？它有什么特点？

4.36 为了确定一个网络是否可以连通，主机应该发送什么 ICMP 报文？

4.37 什么是 IP 多播？IP 多播环境中使用的主要协议是什么？

实验指导 4-1 网络层协议分析

一、实验目的

理解 IP 协议报文的类型和格式，掌握 IPv4 每一个字段的功能。

二、实验原理

IP 报文协议是 Internet 最常用的协议，分析其协议组成对掌握计算机网络原理的重要意义，同时注意分析 IP 协议的上下层协议关系。

三、实验内容

WireShark 软件的安装、过滤规则的学习，除了捕获 IP 协议外，也可捕获同属网络层的其他协议如 ARP 和 ICMP 等，并对 ARP、ICMP 和 IP 数据包进行分析。

条件允许的话，可以捕获 IPv6 进行分析研究。

四、实验方法与步骤

1. 创建过滤规则

启动 WireShark，单击 Capture 按钮，选择 Capture Filters。

2. 捕获数据包

启动 WireShark 以后，选择菜单命令 Capture→Start。

Interface：指定在哪个接口（网卡）上抓包。

3. 分析数据包

五、实验要求

1. 记录捕获的 Ethernet、ARP、ICMP 及 IP 协议数据报。

2. 分析所捕获的协议之间的关系。

六、实验环境

在 Windows 环境下安装 WinPcap 和 WireShark，要求联网。

也可以在 Linux 环境下做此实验。

实验指导 4-2　IP 地址获取

一、实验目的

理解 IP 协议报文的类型和格式，掌握获取 IPv4 地址的编程方法。

二、实验原理

以 Visual C++ 提供的函数为例：要使用 Winsock，首先调用 WSAStartup，在结束时要调用 WSACleanup。获取 IP 地址，首先得到机器的主机名（host name），调用 gethostname 就可以实现，有了主机名，接下来调用 gethostbyname 来获取包括 IP 地址在内的更多的主机信息。gethostbyname 返回一个指向 hostent 数据结构的指针，这个结构在<winsock.h>文件中是这样定义的：

```
struct  hostent {                                //来自 winsock.h
    char FAR *          h_name;                  //正式的主机名
    char FAR * FAR *    h_aliases;               //别名列表
    short               h_addrtype;              //主机地址类型
    short               h_length;                //地址长度
    char FAR * FAR *    h_addr_list;             //地址清单
    };
```

这是个底层 API 使用的数据结构。其中，hostent 是一个变长的数据结构。h_name 是主机名，没有别名（h_aliases）。h_addrtype 是地址类型，在程序中的值为 2（AF_INET＝internet，其他内容参见 winsock.h）。h_length 是每一个地址的长度，以字节为单位。因为 IP 地址的长度是 4B，所以在程序中的值为 4。h_addr_list 是地址数组的开始点，它们一个接着一个存放，结尾是一个 NULL。每一个 x.y.z.w 数字占一个字节。为了将 IP 地址格式化为 x.y.z.w 的形式，必须将地址数组先复制到一个叫 sockaddr 的数据结构中，然后调用一个特殊的函数 inet_ntoa。

三、实验内容

利用 Visual C++ 提供的函数实现读取计算机自身 IP 地址的程序。

参考代码如下：

```
#include "winsock.h"
#pragma comment(lib,"ws2_32.lib")
void get_ip_addr(void)                           //读取计算机自身 IP 地址
{WORD wVersionRequested;
 WSADATA wsaData;
 char name[255];
 PHOSTENT hostinfo;
 wVersionRequested=MAKEWORD(2,0);
 if   (WSAStartup(wVersionRequested, &wsaData)==0)
```

```
{if   (gethostname(name,sizeof(name))==0)
      if   ((hostinfo=gethostbyname(name))!=NULL)
           //将点分 IP 地址转化为用二进制表示的网络字节顺序的 IP 地址
           {LPCSTR ip=inet_ntoa(*(struct in_addr *) * hostinfo->h_addr_list);
           printf("%s\n",ip);
           }
WSACleanup();
}
}
```

四、实验方法与步骤

1. 启动 Visual C++,进入 VS Studio 集成开发环境。

2. 建立一个"Win32 控制台应用程序"类型的工程。

3. 在该工程下,新建一个源程序文件,选择"C++ Source File"文件类型。

4. 生成可执行文件。

5. 执行程序。

五、实验要求

记录主要源代码和调试过程。

六、实验环境

操作系统:Windows 或 Linux。

建议编程调试软件工具:VC 或 GCC。

实验指导 4-3 路由器配置

一、实验目的

1. 掌握常用网络命令的使用,能对网络进行简单的分析、测试。

2. 掌握小规模网络的路由设置和管理。

二、实验原理

使用模拟软件 Boson Router Simulator,路由器可选择为 Cisco2514。

连接方法:以太网连接。

主机地址分配:

```
PC1:192.168.0.1;
PC2:192.168.0.2;
PC3:192.168.1.1;
PC4:192.168.1.2。
```

子网掩码均为 255.255.255.0。

两个路由器端口地址分配：

```
Router1.Ethernet0:  192.168.0.3;
Router1.Ethernet1:  192.168.2.1;
Router2.Ethernet0:  192.168.1.3;
Router2.Ethernet1:  192.168.2.2。
```

三、实验内容

在模拟软件上将两个网段通过两台路由器 Router1 和 Router2 连接起来，交换机 Switch1 通过以太网口连接 PC1 和 PC2，交换机 Switch2 通过以太网口连接 PC3 和 PC4，两个交换机通过路由器连接起来。通过使用配置网络和使用常用网络命令来加深对网络概念和结构的了解。

四、实验方法与步骤

1. 熟悉 Boson Network Designer。
2. 网络结构设计：4 台 PC、2 台交换机、2 台路由器。
3. 装入网络结构 Netmap，利用 Boson NetSim for CCNP。
4. 配置路由器接口。

五、实验要求

1. 记录 Netmap 网络拓扑结构。
2. 记录 Netsim 配置过程。

六、实验环境

在 Windows 环境下安装 Boson Router Simulator。

第5章

传输层(Transmission Layer)

两个主机进行通信实际上就是两个主机中的应用进程互相通信。应用进程之间的通信称为端到端的通信,应用层不同进程的报文通过不同的端口向下交到传输层,再往下就共用网络层提供的服务。在网络体系结构中设置传输层有以下两个原因。

(1) 网络上的主机通常运行多个进程。为允许多个进程共享网络,需要有一个层次来提供多路复用和多路析用功能。例如,在源主机上各个进程的数据被封装在不同的数据报中送入网络(多路复用),而在目的主机上从数据报中取出的数据被交给相应的进程处理(多路析用)。

(2) 网络层提供的服务是不可靠的(例如IP协议是一种不可靠协议),不能满足应用程序的需要,需要有一个层次将网络层低于可靠性要求的服务转变成应用程序需要的高级服务。比如,应用程序要求报文按顺序传输,并且是无差错的,而网络层提供的是不可靠无连接服务,这时传输层必须负责对数据报进行差错控制和排序,以使应用进程得到满意的服务。

传输层在网络体系结构中的层次及主要功能如图 5-1 所示。传输层负责主机中两个进程之间的通信,数据传输单位是报文段(message segment)。传输层主要完成的功能如下:

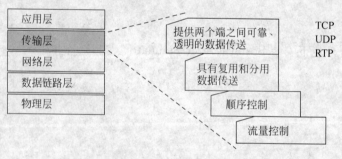

图 5-1 传输层在 TCP/IP 结构中的位置和作用

(1) 分割和重组报文;
(2) 提供可靠的端到端服务;
(3) 传输流量控制;
(4) 提供面向连接的和无连接数据的传输服务。

传输层协议是整个网络体系结构中的关键之一。传输层向高层用户屏蔽底层通信子网细节,使高层用户看不见实现通信功能的物理链路是什么,看不见数据链路采用的是什么协议。传输层使高层用户看见的好似两个传输层实体之间有一条端到端的、可靠的、全双工通信通路(即数字管道),也就是说:传输层实现一个主机中的进程与另一个主机中的应用进程之间的有序和可靠的通信。

两个对等传输实体在通信时传送的数据单位叫做传输协议数据单元（transport protocol data unit，TPDU）。TCP/IP 的传输层有两个不同的协议：用户数据报协议（User Datagram Protocol，UDP）和传输控制协议（Transmission Control Protocol，TCP）。TCP 传送的数据单元协议是报文段（segment），UDP 传送的数据单元协议是用户数据报（datagram）。

5.1　传输层的特征（Characteristic of Transport Layer）

为了实现传输层的功能，首先必须解决在一个主机中如何唯一地标识每一个进程，又如何在网络中唯一地标识这些进程，下面先讨论这个问题。

5.1.1　端口（Port）

端口是个非常重要的概念，对这个概念大家并不陌生，例如：计算机具有许多不同用途的端口，如显示端口、串行端口、键盘输入端口等，这些都是硬件端口。如果需要显示信息，就应向显示端口写入要显示的内容；如果要计算机执行某个命令，就必须从键盘端口读取表示该命令的字符或字符串。端口也可以是软件或程序，可用来唯一地标识主机中的每一个进程，它是传输层中进程的传输地址或进程地址，不同的端口表示实现不同应用的进程。

在 UDP 和 TCP 中均使用 16 个比特来定义进程的端口，其中，0～1023 被专门分配给一些最常用的应用层程序。通常把这类端口叫做周知端口（well-known port），类似于日常生活中的常用电话号码。

从表 5-1 中可以看出：登录到主机上使用 23 号端口，进行邮件传输使用 25 号端口。由于 UDP 提供的是无连接服务，而 TCP 提供的面向连接服务，因此，UDP 和 TCP 可采用相同的端口表示不同的进程。

表 5-1　部分常用端口号

端口号	传输层协议	应用层协议	端口号	传输层协议	应用层协议
21	TCP	FTP（文件传输协议）	69	UDP	TFTP（简单文件传送协议）
23	TCP	Telnet（远程登录的文本传送）	80	TCP	HTTP（超文本传送协议）
25	TCP	SMTP（简单邮件传送协议）			

端口号大于 1023 的是一般端口号，用来随时分配给请求通信的客户进程。

TCP 建立连接时采用客户服务器模式。主动发起连接建立的进程叫做客户（client），而被动等待连接建立的进程叫做服务器（server）。当两个用户同时向同一个服务器进行邮件传输服务时，服务器将如何区分这两个用户呢？这就要使用下面介绍的套接。

在基于 TCP/IP 的网络中，可用 IP 地址标识每一个主机，再用端口标识主机中的进程，这样"IP 地址＋端口号"就可以唯一地标识一个进程了。考虑到网络中多协议的特点，如 UDP、TCP，要唯一地标识一个进程，还应加上协议类型，即"协议类型＋IP 地址＋端口号"就是所谓的套接字。

有了套接的概念后，大家就可方便地使用某个特定主机上的各种网络服务，如文件传输、收发邮件等。但是，如果有多个用户要同时使用同一个主机上的同一个服务，例如收发邮件，那么，邮件服务器将如何正确地区分邮件来源和目的呢？也就是说，邮件服务器将如何将各个计算机送来的邮件信息区分开,而不会产生通信混乱。这个问题实际上就是如何标识连接的问题。

5.1.2　连接技术(Connection Modes)

连接是一对进程进行通信的一种关系。而进程又可以用套接唯　地标识,因此,可以用连接两端进程的套接字合在一起来标识连接,由于两个进程通信时必须使用相同的协议,故在 TCP/IP 的网络中,连接的表示应是这样的:

$$连接＝\{协议,源\ IP,源端口,目的\ IP,目的端口\} \tag{5-1}$$

现在从连接的表示又可提出另一个问题,这就是:用户的计算机中多个进程与同一个服务器的同一个服务进程进行连接时,应如何区分这些连接?

首先,在这些连接的表示中,协议、源 IP、目的 IP 肯定相同,不可改变,目的端口也是相同的。因此,唯一可以改变的是源端口号。

图 5-2 给出的例子说明了端口的作用与连接表示的方法。

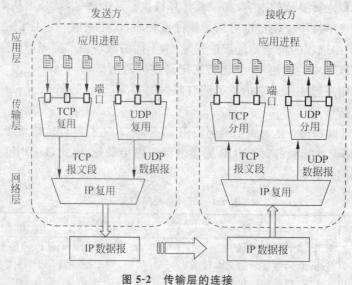

图 5-2　传输层的连接

从通信角度看,各层所提供的服务可分为两大类,即面向连接服务与无连接服务。

1. 面向连接服务

所谓连接,就是两个对等实体为进行数据通信而进行的一种结合。面向连接服务是在数据交换之前必须先建立连接,当数据交换结束后,则应终止这个连接。

在建立连接阶段,在有关的服务原语以及协议数据单元中,必须给出源用户(主叫用户)和目的用户(被叫用户)的全地址。但在数据传送阶段,可以使用一个连接标识符来表示上述这种连接关系。连接标识符通常比一个全地址的长度要短得多。在连接建立阶段,还可以协商服务质量以及其他任选项目。当被叫用户拒绝连接时,连接即告失败。

面向连接服务可获得可靠的报文序列服务。这就是说,在连接建立之后,每个用户都可以发送可变长度(在某一最大长度限度内)的报文,这些报文按顺序发送给远端用户。报文的接收也是按顺序的。有时用户可以发送一个很短(1～2B)的报文,但希望这个报文可以不按序号而优先发送。这就是"加速数据"，它常用来传送中断控制命令。

由于面向连接服务具有连接建立、数据传输和连接释放这三个阶段，以及在传送数据时是按序传送的，这点和电路交换的许多特性很相似，因此面向连接服务在网络层中又称为虚电路服务。"虚"表示：虽然在两个服务用户的通信过程中没有自始至终都占用一条端到端的完整物理电路（注意：采用分组交换时，链路是逐段被占用的），但却好像占用了一条这样的电路。面向连接服务比较适合于在一定期间内要向同一目的地发送许多报文的情况。对于发送很短的零星报义，面向连接服务的开销就显得过大了。

若两个用户需要进行频繁的通信，则可建立永久虚电路，这样可免除每次通信时连接建立和连接释放两个过程，这点和电话网中的专用电路通信是十分相似的。

2. 无连接服务

在无连接服务的情况下，两个实体之间的通信不需要先建立好一个连接，因此其下层的有关资源不需要事先进行预定保留。这些资源将在数据传输时动态地进行分配。

无连接服务的另一特征就是它不需要通信的两个实体同时是活跃的（即处于激活态）。当发送端的实体正在进行发送时，它才必须是活跃的，这时接收端的实体并不一定得是活跃的。只有当接收端的实体正在进行接收时，它才必须是活跃的。

无连接服务的优点是灵活方便和比较迅速，但无连接服务不能防止报文的丢失、重复或失序。当采用无连接服务时由于每个报文都必须提供完整的目的站地址，因此其开销也较大，可见无连接服务比较适合于传送少量零星的报文。

无连接服务有以下三种类型：

（1）数据报（datagram）

数据报的特点是发完了就算，而不需要接收端做任何响应。可见数据报的服务简单，额外开销小。虽然数据报的服务不像面向连接服务那样可靠，但可在此基础上由更高层构成可靠的连接服务。数据报服务适用于一般的电子邮件，特别适合于广播或组播服务。当数据具有很大的冗余度以及在要求较高的实时通信场合（如数字语音通信），应当采用数据报服务。

（2）证实交付（confirmed delivery）

证实交付又称为可靠的数据报。这种服务对每一个报文产生一个证实给发方用户，不过这个证实不是来自接收端的用户而是来自提供服务的层。这种证实只能保证报文已经发给远端的目的站了，但并不能保证目的站的用户已经收到了这个报文。挂号的电子邮件就属于这种类型。

（3）请求回答（request reply）

请求回答这种类型的数据报是收端用户每收到一个报文，就向发端用户发送一个应答报文，但是双方发送的报文都有可能丢失。如果收端发现报文有差错，则响应一个表示有差错的报文。事务（即 transaction，又可译为事务处理或交易）中的"一问一答"方式的短报文，以及数据库中的查询，都很适合使用这种类型的服务。

5.1.3 套接字（Socket）

UDP 和 TCP 都使用了端口进行寻址。端口是个重要概念，因为在通信时，只有找到了端口，才能最后找到所要的目的进程。

一个主机里往往有多个进程在运行。为了区分是哪一个进程在进行通信,就必须在传输层上设置一些端口。一个端口是一个 16 位的地址。对于一些最常用的应用层服务,都各有一个对应的端口号码。这种端口号码数值为 0~255。

在面向连接的 TCP 中使用"连接"(而不是"端口")作为最基本的抽象。一个连接由它的两个端点来标识,这样的端点就叫做套接字(socket)。套接字的概念并不复杂,但非常重要,套接字包括 IP 地址(32b)和端口号码(16b),共 48b。在整个 Internet 中,在传输层通信的一对套接字必须是唯一的。

5.1.4 TCP 和 UDP 协议的网络层次(Net Level of TCP and UDP Protocol)

在 OSI 的七层模式中,传输层恰好处于正中间。若从面向通信和面向信息处理来划分,则传输层属于面向通信的低层中的最高层。但从网络功能和用户功能来划分,则传输层又属于用户功能的高层中的最低层。应当指出,在通信子网中没有传输层,传输层只存在于通信子网以外的主机中。作为传输层的两个协议 TCP 和 UDP 在网络体系结构中的层次地位如图 5-3 所示。

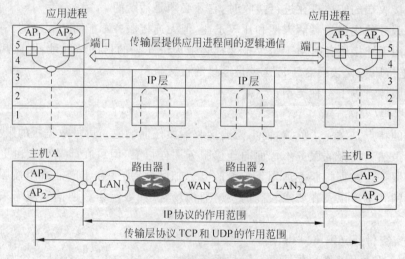

图 5-3　TCP 和 UDP 协议地位

对于通信子网的用户,也就是对用户进程来说,希望得到的是端到端的可靠通信服务。有时还可能希望得到其他服务,例如多对进程之间的通信复用到一个网络连接上。在互联网的情况下,各子网所能提供的服务往往是不一样的。为了能使通信子网的用户得到一个统一的通信服务,有必要设置一个传输层,它弥补了通信子网提供的服务的差异和不足,而在各通信子网提供的服务的基础上,利用本身的传输协议,增加了服务功能,使得对两端的网络用户来说,各通信子网都变成透明的,而对各子网的用户,面向通信的传输接口就成为通用的。换言之,传输层向高层用户屏蔽了底层通信子网的细节,使高层用户看不见实现通信功能的物理链路是什么,看不见数据链路采用的是什么规程,也看不见下面到底有几个子网以及这些子网是怎样互联起来的。传输层使得高层用户看见的只是两个传输层实体之间的一条端到端的可靠的通信通路。

显然,要实现上述的传输层的功能,在主机中就必须装有传输层协议,一个传输层协议通常可同时支持多个进程的连接。

　　若通信子网所提供的服务越多,传输协议就可以做的越简单;反之,若通信子网所提供的服务越少,传输协议就必然越复杂。由此可见,传输协议填补了用户的要求与子网提供的服务之间的间隙。可将传输协议看成传输层提供的服务与网络层提供的服务之差,在极端的情况下,若网络层提供的服务达到了传输层应提供的服务,则传输协议就不需要了。

　　传输层协议与前面讲过的数据链路层协议有相似之处,但区别甚大。例如当建立传输层的传输连接时,要有明确的寻址方法才能找到目的主机中的进程,因而建立连接也就复杂得多。由于分组在子网的各节点都要经过排队才能转发,所以子网有可能"存储"一些分组,这就可能使某些分组在迟延一段时间后突然又出现在收端,有时这将产生严重的后果。由于子网内同时存在多条连接,且连接数目经常在动态地变化着,因而流量控制也较为复杂。

　　两个主机进行通信实际上就是两个主机中的应用进程互相通信,应用进程之间的通信又称为端到端的通信。传输层的一个很重要的功能就是复用和分用,应用层不同进程的报文通过不同的端口向下交到传输层,再往下就共用网络层提供的服务。"传输层提供应用进程间的逻辑通信"中的"逻辑通信"的意思是:传输层之间的通信好像是沿水平方向传送数据,但事实上这两个传输层之间并没有一条水平方向的物理连接,而是一个逻辑上的功能。

5.2　传输控制协议 TCP(Transmission Control Protocol)

　　TCP 协议被设计为在不可靠的互联网络中提供可靠的端到端字节流服务,由于互联网络规模大,网络种类繁多,网络的拓扑及流量特性复杂且动态变化,因此 TCP 必须具有高度自适应性和健壮性。

　　每个支持 TCP 协议的终端有一个 TCP 实体,它负责管理 TCP 流并提供与 IP 层的接口。TCP 实体从本地进程接收用户数据流,将其划分成不超过 64KB 的段(一般是 1460B 以便能放进一个以太帧中),每个段封装在一个单独的 IP 数据报中传输。当包含 TCP 数据的数据报到达目的终端时,TCP 数据被交给 TCP 实体,TCP 实体将收到的数据重新恢复成字节流交给上层。由于 IP 层不保证数据报传输的可靠性和顺序,因此差错控制和排序的工作就要由 TCP 来完成。

　　TCP 是 TCP/IP 体系中的传输层协议,是面向连接的,因而可提供可靠的、按序传送数据的服务。TCP 提供的连接是双向的,即全双工的。

　　应用层的报文传送到传输层加上 TCP 的首部,就构成 TCP 的数据传送单位,称为报文段(segment),用 OSI 的记法就是 TCP PDU。在发送时,TCP PDU 作为 IP 数据报的数据,加上首部后,成为 IP 数据报。在接收时,IP 数据报将其首部去除后上交给传输层,得到 TCP PDU,再去掉其首部,得到应用层所需的报文。

5.2.1　TCP 段头结构(TCP Section Header)

　　TCP 数据报组成结构如图 5-4 所示。
　　TCP 数据报中的每个字段说明如表 5-2 所示。

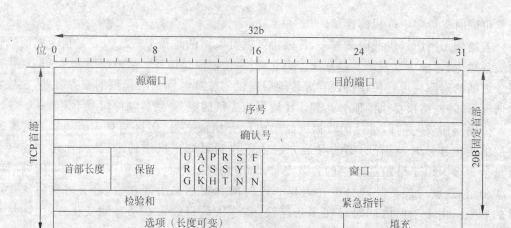

图 5-4 TCP 数据报格式

表 5-2 TCP 数据报格式说明

名 称	功 能
源端口/目的端口（source/destination port）	各包含一个 TCP 端口编号，分别标识连接两端的两个应用程序。本地的端口编号与 IP 主机的 IP 地址形成一个唯一的套接字。双方的套接字唯一定义了一次连接
序列号（sequence number）	用于标识 TCP 段数据区的开始位置
确认号（acknowledgement number）	用于标识接收方希望下一次接收的字节序号
TCP 报头长度（header length）	说明 TCP 头部长度，该字段指出用户数据的开始位置
标志位（code）	分为六个标志：紧急标志位 URG、确认标志位 ACK、急迫标志位 PSH、复位标志位 RST、同步标志位 SYN、终止标志位 FIN
窗口尺寸（window size）	在窗口中指明缓存器尺寸，用于流量控制和拥塞控制
校验和（checksum）	用于检验头部、数据和伪头部
紧急数据指针（urgent pointer）	表示从当前顺序号到紧急数据位置的偏移量。它与紧急标志位 URG 配合使用
任选项（options）	提供常规头部不包含的额外特性。如所允许的最大数据段长度，默认为 536B。其他还有选择重发等选项
数据（data）	用于封装上层数据

一个 TCP 报文分为首部和数据两部分。

首部的前 20B 是固定的，后面有 4NB 是可有可无的选项（N 为整数）。因此 TCP 首部的最小长度是 20B。

首部固定部分各字段的意义如下：

（1）源端口和目的端口：各占 2B。前面已讲过，端口是传输层与高层的服务接口，这些端口可用来将若干高层协议向下复用。

（2）序号：占 4B，是所发送的数据部分第一个字节的序号。

（3）确认序号：占 4B，是期望收到对方下次发送的数据的第一个字节的序号，也就是期望收到的下一个报文段的首部中的序号。由于序号字段有 32b 长，可对 4GB 的数据进行编号。这样就可保证当序号重复使用时,旧序号的数据早已在网络中消失了。

(4) 首部长度:占 4b。由于首部长度不固定(因选项字段的长度不确定),因此首部长度字段是必要的。但应注意,"首部长度"的单位是 32 位字,而不是字节或位。首部长度字段后面有 6 位是保留字段,供今后使用,但目前应置为 0。

下面 6 个位是说明本报文段性质的控制字段(或称为标志)。各位的意义如下:

① 紧急位 URG(urgent):当 URG=1 时,表明此报文段应尽快传送(相当于加速数据),而不要按原来的排队顺序传送。例如,已经发送了很长的一个程序要在远地主机上运行,但后来发现有些问题,要取消该程序的运行。因此从键盘发出中断信号,这就属于紧急数据,此时要与第 5 个 32 位字中的后一半"紧急指针"(urgent pointer)字段配合使用。紧急指针指出在本报文段中的紧急数据的最后一个字节的序号。

② 确认位 ACK:只有当 ACK=1 时确认序号字段才有意义,当 ACK=0 时,确认序号没有意义。

③ 急迫位 PSH(push):当 PSH=1 时,表明请求远地 TCP 将本报文段立即传送给其应用层。

④ 重建位 RST(reset):当 RST=1 时,表明出现严重差错,必须释放连接,然后再重建传输连接。

⑤ 同步位 SYN:当 SYN=1 而 ACK=0 时,表明这是一个连接请求报文段。对方若同意建立连接,则应在发回的报文段中使 SYN=1 和 ACK=1。

⑥ 终止位 FIN(final):当 FIN=1 时,表明欲发送字节串已经发完,并要求释放传输连接。

(5) 窗口:占 2B。窗口字段实际上是此报文段发送方的接收窗口,其单位为字节。通过这个报文段告诉对方,"在没有收到我的确认时,你能发送的数据字节数至多是此窗口的大小。"

(6) 校验和:占 2B。检验的范围包括首部和数据这两部分,但和用户数据报 UDP 一样,在具体计算检验和时,要在 TCP 报文段的前面加上一个伪首部。伪首部格式如图 5-5 所示。

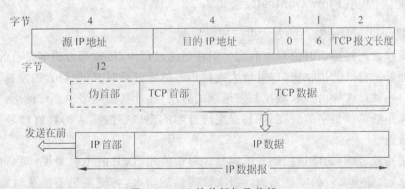

图 5-5　TCP 的首部与伪首部

(7) 选项:长度可变。TCP 只规定了一种选项,即最长报文段(maximum segment size,MSS)。MSS 告诉对方的 TCP:"我的缓冲区所能接收报文段的最大长度是 MSS。" MSS 的选择并不简单,当 MSS 长度减小时,网络的利用率会降低。设想在极端的情况下,当 TCP 报文段只有一个字节的数据时,在 IP 层传输的数据报的开销至少有 40B(包括 TCP 报文段的首部和 IP 数据报的首部)。这样,对网络的利用率就不会超过 1/41,到了数据链路层还要加上一些开销。但反过来,若 TCP 报文段非常长,那么在 IP 层传输时就可能要分解成多个短数据报,在目的站要将收到的各个短数据报装配成原来的 TCP 报文段,当传输出错时还要进行重传,这些也都会使开销增大。一般认为,MSS 应尽可能大些,只要在 IP 层传输时不需要再分段就行。

下面介绍 TCP 保证数据传送可靠、按序、无丢失和无重复的一些机制。

5.2.2　编号与确认(Number and Confirmation)

TCP 不是按传送的报文段来编号。TCP 将所要传送的整个报文(这可能包括许多个报文段)看成一个个字节组成的数据流,然后对每一个字节编一个序号。在连接建立时,双方要商定初始序号,TCP 将每一次所传送报文段中的第一个数据字节序号放在 TCP 首部的序号字段中。

TCP 的确认是对接收到的数据的最高序号(即收到的数据流中的最后一个序号)表示确认,但返回的确认序号是已收到的数据的最高序号加 1。也就是说,确认序号表示期望下次收到的第一个数据字节的序号。

由于 TCP 能提供全双工通信,因此通信中的每一方都不必专门发送确认报文段,而可以在传送数据时顺便捎带确认信息。

若发送方在规定的设置时间内没有收到确认,就要重新发送未被确认的报文段。接收方若收到有差错的报文段,则丢弃此报文段而并不发送否认信息。若收到重复的报文段,也要将其丢弃,但要发回(或捎带发回)确认信息。这与数据链路层的情况相似。

有一点需要注意,若收到的报文段无差错,只是未按序号,那么应如何处理? TCP 对此未作明确规定,而是让 TCP 的实现者自行确定:或者将未按序的报文段丢弃;或者先将其暂存于接收缓冲区内,待所缺序号的报文段收齐后再一起上交应用层。如有可能,采用后一种策略对网络的性能会更好些。

5.2.3　流量控制(Flow Control)

TCP 采用可变发送窗口的方式进行流量控制。

发送窗口在连接建立时由双方商定。但在通信过程中,接收端可根据自己的资源情况,随时动态地调整自己的接收窗口(可增大或减小),然后告诉对方,使对方的发送窗口和自己的接收窗口一致。这种由接收端控制发送端的做法,在计算机网络中经常使用。

窗口大小的单位是字节。在 TCP 报文段首部的窗口字段写入的数值就是当前设定的接收窗口数值。

要实现正确、及时的流量控制并不容易。对于使用 TCP 的主机来说,网络负荷过重所引起的拥塞,会使报文段的时延增大。报文段时延的增大,将使主机不能及时地收到确认,因此会重发报文段,而这又会进一步加剧网络拥塞。为了避免发生拥塞,主机应当降低发送速率。

因此,TCP 使主机的发送窗口按以下方式确定:

$$发送窗口＝Min[接收端通知的窗口大小,拥塞窗口] \tag{5-2}$$

也就是说,发送窗口取"接收端通知的窗口"和"拥塞窗口"中的较小的一个。在不发生拥塞时,拥塞窗口和接收端通知的窗口是一致的。但只要发生数据报丢失而引起超时重发,就要将拥塞窗口减半,同时还要将在此窗口中发送出的报文段的超时重发时间加倍,直到拥塞窗口缩小为 1 时为止。

当拥塞消除时,TCP 使拥塞窗口从 1 逐渐增大。采用的方法是:当收到发送出的报文段确认后,就将拥塞窗口增加 1。但当拥塞窗口增加到原有窗口值的一半时,就要在收到当前窗口中发送的所有报文段的确认以后,才将拥塞窗口加 1。

采用这样的流量控制方法使得 TCP 性能明显改进。TCP 采用大小可变的滑动窗口进行流量控制,窗口大小的单位是字节,在 TCP 报文段首部的窗口字段写入的数值就是当前给对方设置的发送窗口数值的上限。发送窗口在连接建立时由双方商定,但在通信的过程中,接收端可根据自己的资源情况,随时动态地调整对方的发送窗口上限值(可增大或减小)。

5.2.4　拥塞避免(Congestion Avoidance)

发送端的主机在确定发送报文段的速率时,既要根据接收端的接收能力,又要从全局考虑不要使网络发生拥塞。因此,每一个 TCP 连接需要有以下两个状态变量:接收端窗口 rwnd (receiver window) 和拥塞窗口 cwnd (congestion window)。

(1) 接收端窗口 rwnd

rwnd 是接收端根据目前的接收缓存大小所许诺的最新窗口值,来自接收端的流量控制。接收端将此窗口值放在 TCP 报文首部中的窗口字段,传送给发送端。

(2) 拥塞窗口 cwnd

cwnd 是发送端根据自己估计的网络拥塞程度而设置的窗口值,来自发送端的流量控制。

TCP 如何发现拥塞呢?

(1) 收到 ICMP 的源抑制报文;

(2) 超时包丢失;

(3) TCP 把发现包丢失解释为网络拥塞。

拥塞避免:指当拥塞窗口增大到门限窗口时,就将拥塞窗口指数增长速率降低为线性增长速率,避免网络再次出现拥塞。

迅速递减:TCP 总是假设大部分包丢失来源于拥塞,一旦包丢失,TCP 则降低发送数据的速率,这种方法能够缓和拥塞。

慢启动:TCP 开始时只发送一个报文;如果安全到达,TCP 将发送两个报文;如果对应的两个确认来了,TCP 就再发四个,如此指数增长一直持续到 TCP 发送的数据达到接收方通告窗口的一半,这时 TCP 将降低增长率。

TCP 重传机制:这是 TCP 中最重要和最复杂的问题之一。TCP 每发送一个报文段,就设置一次定时器。只要定时器设置的重传时间到而还没有收到确认,就要重传这一报文段。TCP 监视每一连接中的当前延迟,并适配重发定时器来适应条件的变化。重传机制算法还有许多需要研究的问题。

5.2.5 重发机制（Retransmission Mechanism）

TCP 在互联网环境下工作,发送的报文段可能只经过一个高速率局域网,但也可能经过多个低速率广域网,报文段的端到端时延可能相差很多倍。那么,定时器的重发时间究竟应设置为多大?

TCP 采用了一种自适应算法。这种算法记录每一个报文段发出的时间,以及收到相应的确认报文段的时间,这两个时间之差就是报文段的往返时延。将各个报文段的往返时延样本加权平均,就得出报文段的平均往返时延 T。每测量到一个新的往返时延样本,就按下式重新计算一次平均往返时延:

$$平均往返时延 T = a(旧的往返时延 T) + (1-a)(新的往返时延样本) \qquad (5-3)$$

在式(5-3)中,系数 a 的取值范围为:$0 \leqslant a < 1$。若 a 很接近 1,则表示新算出的往返时延 T 和原来的值相比变化不大,而新的往返时延样本的影响不大(T 值更新较慢)。若 a 接近于零,则表示加权计算的往返时延 T 受新的往返时延样本的影响较大(T 值更新较快)。定时器设置的重发时间应略大于上面得出的平均往返时延,即:

$$重发时间 = \gamma(旧的重发时间),系数 \gamma 的典型值为 2 \qquad (5-4)$$

在计算平均往返时延时,只要报文段重发了,就不采用其往返时延样本。而用重发时间 $= \gamma$(旧的重发时间),报文段每重发一次,就将重发时间增大一些。当不再发生报文段的重发时,才根据报文段的往返时延更新平均往返时延和重发时间的数值。

5.3 TCP 的传输连接管理（TCP Connection Setup）

传输层 TCP 协议在网络中有三个重要作用,分别是:

(1) TCP 提供了计算机程序间的连接

TCP 提供计算机程序之间的连接,是一种端到端的服务,包括请求、建立连接、通信、终止连接一系列过程。

(2) TCP 解决了分组交换系统中的三个问题

首先,TCP 解决了如何处理数据报丢失的问题,实现了自动重传以恢复丢失的分组;

其次,TCP 自动检测分组到来的顺序,并调整重排为原来的顺序;

再次,TCP 自动检测是否有重复分组,并进行相应处理。

对于恢复丢失的数据报,TCP 采用时钟和确认机制来解决这一问题。

(3) TCP 时钟具有自动调整机制

TCP 可以自动根据目标计算机离源计算机的远近、网络传输的繁忙情况自动调整时钟和确认机制中的重传超时值,使网上数据传输的效率更高。

图 5-6 是发送 TCP 报文段的过程,实际上传输连接有三个阶段,即:连接建立、数据传送和连接释放。传输连接的管理就是使传输连接的建立和释放都能正常地进行。

连接建立过程中要解决以下三个问题:要使每一方能够确知对方的存在,要允许双方协商一些参数(如最大报文段长度、最大窗口大小、服务质量等),能够对传输实体资源(如缓存大小、连接表中的项目等)进行分配。TCP 的连接和建立都是采用客户服务器方式,主动发起连接建立的应用进程叫做客户(client),被动等待连接建立的应用进程叫做服务器(server)。

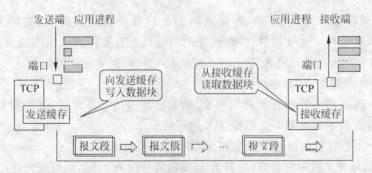

图 5-6 发送 TCP 报文段

5.3.1 建立连接（TCP Setup Transport Connection）

在 TCP 会话初期，有所谓的"三次握手"（three-way handshakes），即对每次发送的数据量进行协商以使数据段的发送和接收同步，根据所接收到的数据量而确定的数据确认数及数据发送、接收完毕后何时撤销联系，并建立虚连接。为了提供可靠的传送，TCP 在发送新的数据之前，以特定的顺序将数据包编号，还需要将这些包传送给目标主机之后得到对方的确认报文。TCP 总是用来发送大批量数据，当应用程序在收到数据后要做出确认时也要用到 TCP，由于 TCP 需要时刻跟踪，这需要额外开销，使得 TCP 格式显得有些复杂。

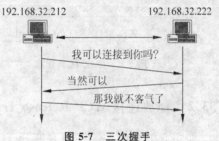

图 5-7 三次握手

TCP 协议提供可靠的连接服务，采用三次握手建立连接。图 5-7 用人之间的三次握手来模拟 TCP 的连接建立过程。

第一次握手：建立连接时，客户端发送 SYN 包（syn＝j）到服务器，并进入 SYN_SEND 状态，等待服务器确认；

第二次握手：服务器收到 SYN 包，必须确认客户的 SYN（ack＝$j+1$），同时自己也发送一个 SYN 包（syn＝k），即 SYN＋ACK 包，此时服务器进入 SYN_RECV 状态；

第三次握手：客户端收到服务器的 SYN＋ACK 包，向服务器发送确认包 ACK（ack＝$k+1$），此包发送完毕，客户端和服务器进入 ESTABLISHED 状态，完成三次握手。

完成三次握手后，客户端与服务器开始传送数据。在上述过程中，还涉及以下一些重要概念。

（1）未连接队列：在三次握手协议中，服务器维护一个未连接队列，该队列为每个客户端的 SYN 包（syn＝j）开设一个条目，该条目表明服务器已收到 SYN 包，并向客户发出确认，正在等待客户的确认包。这些条目所标识的连接表示服务器处于"Syn_RECV"状态，当服务器收到客户的确认包时，删除该条目，服务器进入"ESTABLISHED"状态。

（2）Backlog 参数：表示未连接队列的最大条目数。

（3）SYN-ACK：重传次数。服务器发送完 SYN-ACK 包，如果未收到客户确认包，则服务器进行首次重传，如等待一段时间仍未收到客户确认包，进行第二次重传，如果重传次数超过系统规定的最大重传次数，系统将该连接信息从半连接队列中删除。注意，每次重传等待的时间不一定相同。

（4）半连接存活时间：是指半连接队列的条目存活的最长时间，也即从服务器收到 SYN 包到确认这个报文无效的最长时间，该时间值是所有重传请求包的最长等待时间的总和。有时也称半连接存活时间为 Timeout 时间、SYN_RECV 存活时间。

下面详细介绍建立 TCP 连接的步骤：

（1）A 的 TCP 向 B 发出连接请求报文段，其首部中的同步比特 SYN 应置为 1，并选择序号 x，表明传送数据时的第一个数据字节的序号是 x。

（2）B 的 TCP 收到连接请求报文段后，如同意，则发回确认。

（3）B 在确认报文段中应将 SYN 置为 1，其确认号应为 $x+1$，同时也为自己选择序号 y。

（4）A 收到此报文段后，向 B 给出确认，其确认号应为 $y+1$。

（5）A 的 TCP 通知上层应用进程，连接已经建立。

当运行服务器进程的主机 B 的 TCP 收到主机 A 的确认后，也通知其上层应用进程，连接已经建立。以上的连接过程如图 5-8 所示。

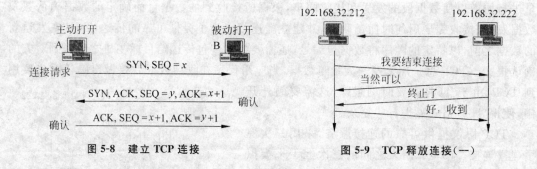

图 5-8　建立 TCP 连接　　　　　图 5-9　TCP 释放连接（一）

5.3.2　释放连接（TCP Release Transport Connection）

如图 5-9 所示，一台主机要断开 TCP 连接，采用对称释放法来释放连接，通信双方必须都向对方发送 FIN 置 1 的 TCP 段并得到对方的应答，连接才能释放。

需要断开连接时，TCP 需要互相确认才可以断开连接，采用四次握手断开一个连接，如图 5-10 所示。在第一次交互中，首先发送一个 FIN=1 的请求，要求断开，目标主机在得到请求后发送 ACK=1 进行确认；在确认信息发出后，就发送了一个 FIN=1 的包，与源主机断开；随后源主机返回一条 ACK=1 的信息，这样一次完整的 TCP 会话就结束了。

从 A 到 B 的连接就释放了，连接处于半关闭状态，相当于 A 向 B 说：
"我已经没有数据要发送了，但你如果还发送数据，我仍接收……"

图 5-10　TCP 释放连接（二）

图 5-11 说明了在一次 TCP 的完整通信过程中，从连接建立和释放连接的整个过程，包括了 3 次握手建立连接，开始传输数据，最后通过 4 次握手拆除连接。

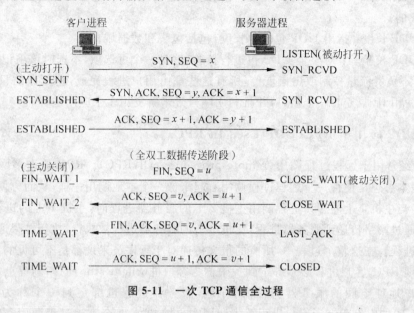

图 5-11　一次 TCP 通信全过程

5.4　用户数据报协议 UDP（User Datagram Protocol）

UDP 只在 IP 的数据报服务之上增加了很少一点功能，即端口功能和差错检测功能。虽然 UDP 用户数据报只能提供不可靠的交付，但 UDP 在某些方面有其特殊的优点：发送数据之前不需要建立连接，UDP 的主机不需要维持复杂的连接状态表，UDP 用户数据报只有 8B 的首部开销，网络出现的拥塞不会降低源主机的发送速率，这对某些实时应用是很重要的。

5.4.1　UDP 用户数据报的首部格式（UDP Header）

UDP 协议比 TCP 协议简单，其协议单元称为数据报，格式如图 5-12 所示。

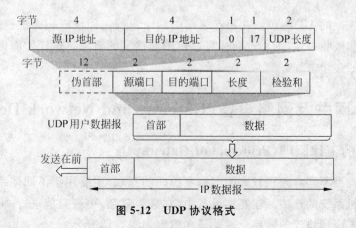

图 5-12　UDP 协议格式

（1）源端口和目的端口：用于标识源主机和目的主机内的通信端点,当一个 UDP 包到达时,它的数据域部分将交给与目的端口相连接的进程（端口与进程的绑定是通过执行原语 BIND 完成的）；

（2）UDP 长度：指出 UDP 包的总长度,包括包头和数据域；

（3）UDP 校验和：对整个 UDP 包进行校验,这是一个可选项,不选时该项记为 0。

UDP 不负责流量控制或出错重传,所有这些都由用户进程完成,它所做的只是向应用程序提供使用 IP 服务的一个接口,并且利用端口号来解复用多个应用进程。

5.4.2 UDP 应用于 RPC（UDP Used In RPC）

UDP 经常用于远程过程调用（remote procedure call,RPC）。RPC 是许多网络应用的基础,其基本思想是使得一个远程过程调用看起来像一个本地调用一样,从而方便程序员编程。比如,当主机 1 上的客户进程调用主机 2 上的服务器进程时,主机 1 上的进程被阻塞,调用参数通过网络传递到服务器进程,主机 2 上的服务器进程被执行,执行结果通过网络返回给客户进程。在这整个过程中,所有的报文传递对于程序员来说都是不可见的。

为实现 RPC,客户进程必须绑定到一个称为客户桩（client stub）的库例程上,客户桩代表了在客户地址空间的服务器例程；同样地,服务器进程也绑定到一个称为服务器桩（server stub）的库例程上。客户进程首先调用客户桩,这是一个本地过程调用,参数通过压栈的方式传递（像普通的本地调用一样）。客户桩将参数封装成一个报文,然后执行一个系统调用发送报文,内核通过调用传输层服务将报文发送至服务器桩。服务器桩用传过来的参数调用服务器例程,将返回的执行结果封装到一个报文中,然后执行一个系统调用将报文发送给客户桩,客户桩将结果返回给客户进程。至此,一次 RPC 过程结束。在这里,客户进程和客户桩在同一个地址空间,服务器进程和服务器桩也在同一个地址空间,客户机和服务器上进行的都是本地过程调用,而控制线程的转移则是利用客户-服务器交互实现的。这样,通过模拟一个普通的过程调用,实现了网络通信。

虽然 RPC 不一定要使用 UDP,但 RPC 和 UDP 是一对非常好的搭配,事实上 UDP 也常用于 RPC。但是,如果参数或结果超过 UDP 最大长度,或者要求的操作是不能被安全重复的（如增加计数器的值）,这时就不能使用 UDP,而必须建立 TCP 连接,并在 TCP 连接上发送请求。

若使用无连接的 UDP,虽然在相互通信的两个进程之间没有一条虚连接,但每一个方向一定有发送和接收端口,因而也同样可以使用套接字的概念。这样才能区分开同时通信的多个主机中的多个进程。

5.5 网关及网络设备（Gateway and Network Devices）

5.5.1 网关的工作原理（Principle of Gateway）

网关用于类型不同且差别较大的网络系统间的互联,主要用于不同体系结构的网络或者局域网与主机系统的连接。在互连设备中,它最为复杂,一般只能进行一对一的转换,或是少数几种特定应用协议的转换。网关概念模型如图 5-13 所示。

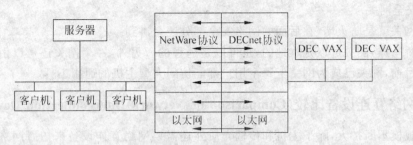

图 5-13 网关概念模型

图 5-14 给出了网关的工作原理示意图。如果一个 NetWare 节点要与 TCP/IP 的主机通信，因为 NetWare 和 TCP/IP 协议是不同的，所以局域网中的 NetWare 节点不能直接访问，它们之间的通信必须由网关来完成。网关的作用是为 NetWare 产生的报文加上必要的控制信息，将它转换成 TCP/IP 主机支持的报文格式。当需要反方向通信时，网关同样要完成 TCP/IP 报文格式到 NetWare 报文格式的转换。

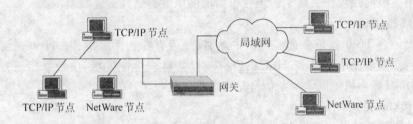

图 5-14 网关工作原理

网络的主要变换项目包括信息格式变换、地址变换、协议变换等。

（1）格式变换

格式变换是将信息的最大长度、文字代码、数据的表现形式等变换成适用于对方网络的格式。

（2）地址变换

由于每个网络的地址构造不同，因而需要变换成对方网络所需要的地址格式。

（3）协议变换

把各层使用的控制信息变换成对方网络所需的控制信息，由此可以进行信息的分割/组合、数据流量控制、错误检测等。

网关按其功能可以分为三种类型：协议网关、应用网关和安全网关。

（1）协议网关

协议网关通常在使用不同协议的网络间做协议转换工作，这是网关最常见的功能。协议转换必须在数据链路层以上的所有协议层实施，而且要对节点上使用这些协议层的进程透明。协议转换必须考虑两个协议之间特定的相似性和差异性，所以协议网关的功能十分复杂。

（2）应用网关

应用网关是在应用层连接两部分应用程序的网关，是在不同数据格式间翻译数据的系统。这类网关一般只适合于某种特定的应用系统的协议转换。

（3）安全网关

安全网关就是防火墙，在后面的网络安全部分还会讲到。

与网桥一样，网关可以是本地的，也可以是远程的。另外，一个网关还可以由两个半网关构成。目前，网关已成为网络上每个用户都能访问大型主机的通用工具。

5.5.2　网络互连设备比较（Comparison of Network Interconnection Devices）

网络规模不断扩大，除了主机和传输介质外还需要网络互连设备来拓展网络的地理范围，包括中继器、网桥、路由器和网关等多种网间设备。它们之间的区别是：中继器、集线器是物理层设备；网桥、交换机是数据链路层设备；路由器是网络层设备；网关是传输层设备。当然高层的网络设备包括了对低层协议的实现。

1. 中继器（repeater）

中继器分有源和无源两种，有源中继器起信号放大和整形作用，无源中继器的作用纯粹就是连接两个网段（或者两台设备）的物理链路，它不提供信号整形放大功能，使用无源中继设备和使用一根网线没什么区别。现在市面上的中继器已经被集线器淘汰。

2. 集线器（hub）

实际上一台 Hub 就是一台多端口中继器，分为有源和无源两种。Hub 能够连接的物理网段（设备）数量比中继器多，Hub 的所有端口共享一个冲突域，信号以广播方式在网内传输，最后由目标主机的网卡判断信号是否丢弃或接收。

3. 网桥（bridge）

网桥的主要作用是用来分割冲突域，减少网内广播流量。通常在早期的一些大型网络中，当 Hub 数量过多、冲突域过大时会造成广播风暴，这时在网络中适当地放置网桥就能够分割冲突域，减少发生广播风暴的可能。

4. 交换机（switch）

从理论上理解，交换机就是一台多端口网桥，分为直通式交换机、存储转发式交换机和碎片隔离式交换机，它利用物理地址（或称 MAC 地址）来确定转发数据的目的地址。交换机的工作特性是：交换机的所有端口共享一个广播域，交换机的每个端口是一个冲突域。交换机不懂得 IP 地址，但它可以"学习"数据链路层的 MAC 地址，并把其存放在内部地址表中，通过在数据帧的始发者和目标接收者之间建立临时交换路径，使数据帧直接由源地址到达目的地址。

5. 路由器（router）

路由器工作在 OSI 第三层（网络层）上，是具有连接不同类型网络的能力并能够选择数据传送路径的网络设备。因为它根据网络地址转发数据，故能做出决定为网络上的数据分组选择最佳传递路径。换句话说，与交换机或网桥不同，路由器知道应向何处发送报文数据。

6. 网关（gateway）

网关又称网间连接器、协议转换器。网关在传输层上实现网络互联，是最复杂的网络互连设备，仅用于两个高层协议不同的网络互联。网关的结构也和路由器类似，不同的是互连层。网关既可以用于广域网互联，也可以用于局域网互连。

中继器、网桥、路由器和网关四种网间设备的主要特点和比较如表 5-3 所示。

表 5-3　中继器、网桥、路由器和网关的比较

互连设备	互连层次	适用场合	功 能	优 点	缺 点
中继器	物理层	互联相同 LAN 的多个网段	信号放大，延长信号传输距离	互连简单，费用低，基本无延迟	互连规模有限，不能隔离不必要的流量，无法控制信息的传输
网桥	数据链路层	各种 LAN 互联	连接 LAN，改善 LAN 性能	互连简单，协议透明，隔离不必要的信号，交换效率高	可能产生数据风暴，不能完全隔离不必要的流量，管理控制能力有限，有延迟
路由器	网络层	LAN 与 LAN 互联 LAN 与 WAN 互联 WAN 与 WAN 互联	路由选择过滤信息网络管理	适用于大规模复杂网络互联，管理控制能力强，充分隔离不必要的流量，安全性好	网络设置复杂，费用较高，延迟大
网关	传输层应用层	互联高层协议不同的网络	在高层转换协议	互联差异很大的网络，安全性好	通用性差，不易实现

5.6　网络编程（Network Programing）

TCP/IP 协议的核心部分是传输层协议（TCP、UDP）。而网络层协议、数据链路层和物理层通常由操作系统内核实现，因此用户编程时一般不涉及。通常网络编程主要针对传输层协议，更多的是 TCP 协议。编程时的界面有以下两种形式：

(1) 由操作系统内核直接提供系统调用；

(2) 以库函数方式提供的各种函数。

前者为核内实现，后者为核外实现。用户服务要通过核外的应用程序才能实现，所以要使用套接字（socket）。TCP/IP 协议核心与应用程序的关系如图 5-15 所示。

图 5-15　TCP/IP 协议核心与应用程序关系

5.6.1　WinSock API 接口（WinSock Application Program Interface）

1. TCP/IP 协议与 WinSock 网络编程接口的关系

WinSock 并不是一种网络协议，它只是一个网络编程接口，它可以访问很多种网络协议，可以把 WinSock 视为这些协议的封装。现在的 WinSock 已经基本上实现了与协议无关，可以使用 WinSock 来调用多种协议的功能。那么，WinSock 和 TCP/IP 协议到底是什么关系呢？实际上，WinSock 就是 TCP/IP 协议的一种封装，可以通过调用 WinSock 的接口函数使用 TCP/IP 的各种功能。例如，若想用 TCP/IP 协议发送数据，则可以使用 WinSock 的接口函数 Send() 来调用 TCP/IP 的发送数据功能，至于具体怎么发送数据，已由 WinSock 封装好了。

2. TCP/IP 协议编程特点

TCP/IP 协议的范围非常广，包含了各种硬件、软件需求的定义。

一种方式是保护报文边界,就是指传输协议把数据当作一条独立报文在网上传输,接收端只能接收独立报文。也就是说存在保护报文边界,接收端一次只能接收发送端发出的一个报文。

而面向流传输则是指无保护报文边界的,如果发送端连续发送数据,接收端有可能在一次接收动作中会接收两个或者更多的报文。

举例来说,假如连续发送三个报文,大小分别是 2KB、4KB、8KB,这三个报文均已到达接收端的网络堆栈,如果使用 UDP 协议,不管使用多大的接收缓冲区,必须有三次接收动作,才能够把所有的数据包接收完。而使用 TCP 协议,只要把接收的缓冲区大小设置在14KB 以上,就能够一次把所有的报文接收下来,只需要有一次接收动作。

这就是因为 UDP 协议的保护报文边界使得每一个报文都是独立的,而流传输却把数据当作一串数据流,它不认为数据是一个一个的报文。所以在使用 TCP 协议通信时,要清楚 TCP 是基于流的传输,当连续发送数据的时候,只要当使用的缓冲区足够大时,有可能会一次接收到两个甚至更多的报文。不要忽视这一点,不能只解析检查第一个报文,而忽略已经接收的其他报文。

(1) 套接字

套接字是网络的基本构件。它是可以被命名和寻址的通信端点,使用中的每一个套接字都有其类型和一个与之相连的接听进程。套接字存在通信区域(通信区域又称地址簇)中,只与同一区域中的套接字交换数据(跨区域时,需要执行某种转换进程才能实现)。

Windows Socket 支持两种套接字:流套接字(SOCK_STREAM)和数据报套接字(SOCK_DGRAM)。

(2) Windows Sockets 实现

一个 Windows Sockets 实现是指实现了 Windows Sockets 规范所描述的全部功能的一套软件,一般通过动态链接库(DLL)文件实现。

(3) 阻塞处理例程

阻塞处理例程(blocking hook,阻塞钩子函数调用)是 Windows Sockets 实现为了支持阻塞套接字函数调用而提供的一种机制。

(4) 多址广播

多址广播是一种一对多传输方式,传输发起者通过一次传输将信息发送给一组接收者,与单点传送(unicast)和广播(broadcast)相对应。

5.6.2 WinSock 编程(WinSock Programming)

WinSock 编程分为服务器端和客户端两部分,TCP 服务器端的大体流程如下:
对于任何基于 WinSock 的编程,首先必须初始化 WinSock.DLL。

```
int WSAStartup(WORD wVersionRequested,LPWSADATA lpWsAData);
```

wVersionRequested 是要求使用的 WinSock 的版本,调用这个接口函数可以初始化WinSock,然后必须创建一个套接字。

```
SOCKET Socket(int af,int type,int protocol);
```

套接字可以说是 WinSock 通信的核心,WinSock 通信的所有数据传输都是通过套接字完成的。套接字包含了两个信息，一个是 IP 地址，一个是 Port 端口号。使用这两个信息，就可以确定网络中的任何一个通信节点。

当调用 Socket() 接口函数创建了一个套接字后，必须建立套接字与需要进行通信的地址的联系，可以通过绑定函数来实现这种联系。

```
int bind(SOCKET s,const struct sockaddr FAR* name,int namelen);
struct sockaddr_in{short          sin_family;
                   u_short        sin_prot;
                   struct in_addr sin_addr;
                   char           sin_sero[8];};
```

上面的数据结构包含了需要建立连接的本地地址，包括地址簇、IP 和端口信息。sin_family 字段必须设为 AF_INET，这是告诉 WinSock 使用的是 IP 地址簇，sin_prot 是要用来通信的端口号，sin_addr 是要用来通信的 IP 地址信息。

在这里，必须提一下"大头"（big-endian）和"小头"（little-endian）。各种不同的计算机系统处理数据的方法是不一样的，比如 Intel X86 处理器是用"小头"形式来表示多字节的编号，就是把低字节放在前面，把高字节放在后面；而互联网标准却正好相反。所以，必须把主机字节转换成网络字节的顺序。为此 WinSock API 提供了几个函数。

把主机字节转化成网络字节的函数：

```
u_long htonl(u_long    hostlong);
u_short htons(u_short  hostshort);
```

把网络字节转化成主机字节的函数：

```
u_long ntohl(u_long    netlong);
u_short ntohs(u_short  netshort);
```

这样，设置 IP 地址和 port 端口时，就必须把主机字节转化成网络字节，才能用 Bind() 函数来绑定套接字和地址。

当绑定完成之后，服务器端必须建立一个监听队列来接收客户端的连接请求。

```
int listen(SOCKET s,int backlog);
```

这个函数可以把套接字转成监听模式。如果客户端有连接请求，还必须使用

```
int accept(SOCKET s,struct sockaddr FAR* addr,int FAR* addrlen);
```

来接受客户端请求。

现在基本上已经完成了一个服务器的建立，而客户端的建立流程则是初始化 WinSock，然后创建 Socket 套接字，再使用

```
int connect(SOCKET s,const struct sockaddr FAR* name,int namelen);
```

来连接服务端。

下面是一个简单的创建客户端的例子。

客户端的创建：

```
WSADATA wsd;
SOCKET sClient;
UINT port=800;
char szIp[]="127.0.0.1";
int iAddrSize;
struct sockaddr_in server;
WSAStartup(0x11,&wsd);
sClient=Socket(AF_INET,SOCK_STREAM,IPPOTO_IP);
server.sin_family=AF_INET;
server.sin_addr=inet_addr(szIp);
server.sin_port=htons(port);
connect(sClient,(struct sockaddr * )&server,sizeof(server));
```

当服务器端和客户端建立连接以后，无论是客户端，还是服务器端都可以使用

```
int send( SOCKET s,const char FAR * buf,int len,int flags);
int recv( SOCKET s,char FAR * buf,int len,int flags);
```

函数来接收和发送数据，这是因为 TCP 连接是双向的。当要关闭通信连接时，任何一方都可以调用：

```
int shutdown(SOCKET s,int how);
```

来关闭套接字的指定功能，再调用：

```
int closeSocket(SOCKET s);
```

来关闭套接字句柄，这样一个通信过程就算完成了。

注意：上面的代码没有任何检查函数返回值，如果进行网络编程则一定要检查任何一个 WinSock API 函数的调用结果，因为很多时候函数调用并不一定成功。

上面介绍的仅仅是最简单的 WinSock 通信方法，而实际中很多网络通信有难以解决的意外情况。例如，WinSock 提供了两种套接字模式：锁定和非锁定。当使用锁定套接字时，使用的很多函数，例如 accept、send 和 recv 等，如果没有数据需要处理，这些函数都不会返回。而如果使用非阻塞模式，调用这些函数，不管有没有数据到达都会返回。所以有可能在非阻塞模式中，调用这些函数时在大多数情况下会返回失败，所以需要编写程序来处理意外出错。可以采用 WinSock 的通信模型来避免这些情况的发生，WinSock 提供了五种套接字 I/O 模型来解决这些问题，分别是 select（选择）、WSAAsyncSelect（异步选择）、WSAEventSelect（事件选择）、overlapped（重叠）和 completion port（完成端口）。

5.6.3 客户机/服务器模式（Client/Server Model）

在 TCP/IP 网络中两个进程间相互作用的主要模式是客户机/服务器模式，该模式的建立基于以下两点：

（1）非对等作用；

（2）通信完全是异步的。

客户机/服务器模式在操作过程中采取的是客户机主动请求方式，其建立连接、数据传输和关闭连接的过程如图 5-16 所示。

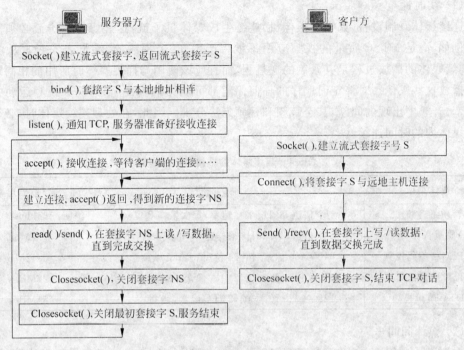

图 5-16 无连接协议的套接字调用时序图

首先，服务器方要先启动，并根据请示提供相应服务：

（1）打开一通信通道并告知本地主机，它愿意在某一个公认地址上接收客户请求；

（2）等待客户请求到达该端口；

（3）接收到重复服务请求，处理该请求并发送应答信号；

（4）返回第（2）步，等待另一客户请求；

（5）关闭服务器。

客户方：

（1）打开一通信通道，并连接到服务器所在主机的特定端口；

（2）向服务器发送服务请求报文，等待并接收应答；继续提出请求……

请求结束后关闭通信通道并终止。

5.7 实时传输协议 RTP（Realtime Transport Protocol）

随着高速网络技术、多媒体信息处理技术的不断发展，出现了很多网络化多媒体应用，如远程学习、远程医疗诊断、计算机会议系统、视频点播（video on demand，VoD）等。这些网络环境下的网络化多媒体应用对数据存储技术、数据处理技术、通信技术等都提出了很多新的需求。本节首先介绍网络化多媒体系统中涉及的一些重要的基本概念，然后从多媒体数据的存储与管理、通信方面出发讨论网络化多媒体应用的基本需求。

5.7.1 连续媒体数据基本特征(Continuous Media Data Basic Characteristics)

(1) 实时性

连续媒体录制设备(如视频摄像机)连续生成媒体量子流,这些媒体量子流必须实时录制。例如,满足 NTSC 质量的视频应用每秒将产生 30 个视频帧(参见表 5-4)。从本质上讲,连续媒体的播放过程是其录制的逆过程,而且应该使用与捕捉媒体时所用的相同定时顺序来播放这些媒体。对该定时顺序的任何偏离都可能导致不良后果,例如视频运动中出现的痉挛、音频中出现的间断,甚至音频和视频无法分辨。因此,在处理连续媒体时,必须保持同一媒体内的时间连续性。

表 5-4　连续媒体数据类型特征举例

媒体类型	说　明	数据速率
语音质量音频	1 个信道,8kHz 采样速率,每次采样 8 位	64kbps
CD 质量音频	2 个信道,44.1kHz 采样速率,每次采样 16 位	1.4Mbps
MPEG-2 编码视频	640×480 像素/帧,24 位/像素,30 帧/s	0.42MB/s
NTSC 质量视频	640×480 像素/帧,24 位/像素,30 帧/s	27MB/s
HDTV 质量视频	1280×720 像素/帧,24 位/像素,30 帧/s	81MB/s

(2) 媒体间同步

在多媒体应用中,还必须兼顾不同媒体间的同步问题。例如,播放一部影片,不仅需要维持视频和音频信号各自的时间连续性,而且需要视频与音频信号的严格同步,维持严格的"对口型"关系。又如,在播放动画片时,图像和伴音(包括背景音乐和解说词)之间也必须保持同步。

(3) 高数据传送速率和大存储空间

数字视频和音频播放产生的实时数据量庞大,例如 NTSC 质量的视频每秒产生高达27MB 的数据(参见表 5-4),因此,需要网络提供高数据传送速率支持连续媒体的实时传送,需要多媒体服务器和用户工作站具有足够的存储空间存储这些连续媒体数据。这就要求多媒体系统必须高效地实时存储、检索和处理连续媒体数据。

实际上,多媒体信息处理的复杂性主要来源于连续媒体数据,多媒体数据对存储、管理和通信等技术提出新的需求主要来源于连续媒体。

根据媒体类型,可以将网络中的多媒体通信分成以下两类。

(1) 等时通信

等时通信用于在端系统之间传送诸如语音与视频之类需要实时处理的连续媒体数据,生成低延迟、低抖动的连续位流。例如,对于 PAL 制式的视频信号,网络应该每隔 40ms 就向播放场地提交一视频帧;对于 NTSC 制式的视频信号,网络应该每隔 33ms 就向播放场地提交一视频帧。由于连续媒体通信具有等时性,因此,通常用"流"(stream)这一术语抽象地表示端到端连续媒体通信。

(2) 异步通信

异步通信用于在端系统之间交换那些不需要实时存储或者处理的静态媒体数据。面向分组的通信技术最适用于这些突发性通信量。

显然，这两类通信必须以并行或者"混合"方式在同一个网络（如 100Mbps 的高速以太网等）中传送，才能较好地支持多媒体通信。

网络环境下的网络化多媒体应用程序可以分成以下四类：

第一类是点对点非实时交互式应用程序，如个人多媒体电子邮件。这类应用程序可以利用现有的点对点通信技术实现，不需要进行实时交互式访问。

第二类是点对多点非实时交互式应用程序，例如多媒体新闻发布。这类应用程序需要将多媒体信息传送到多个目的地，但不需要实时交互式访问。广播可以看作该类通信的特例。

第三类是实时交互式点对点应用程序，如网络环境下的可视电话。这类应用程序所涉及的通信双方需要进行实时交互式通信。例如，用户可接受的往返延迟一般不能超过 800ms。

第四类是多点实时交互式应用程序，例如桌面计算机会议。这类应用需要在多个参加者之间进行实时交互式通信，而这些参加者可能分散在不同的地点。例如，对于大多数会议应用来说，端到端延迟应该保持在 250ms 以下，否则就会使会议参加者感觉信息交流不便利。

显然，具有实时交互作用的第三和第四类应用程序对网络通信系统的要求更高。

下面就基于客户/服务器模式讨论网络化多媒体应用的需求。图 5-17 是简化的基于客户/服务器模式的网络化多媒体系统构成逻辑示意图。

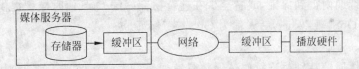

图 5-17　简化的基于客户/服务器模式的网络化多媒体系统

（1）压缩与解压缩

从表 5-4 可以看出，多媒体、特别是连续媒体信息源产生的实时数据量非常大，直接进行传送对网络带宽的压力太大。因此，在网络上传送多媒体数据之前，一般都是在信息源对其进行压缩，而在目的地解压缩后播出。图 5-18 是多媒体数据在网络中传送的示意图。

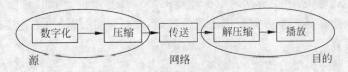

图 5-18　多媒体数据在网络中的流动

（2）高带宽

即使经过压缩，多媒体数据，特别是连续媒体数据的网络带宽需求依然相当可观，例如 MPEG-II 压缩编码的视频流的网络带宽需求依然高达 0.42MB/s。低速网络的带宽难以满足连续媒体数据的实时传送需要，特别是在有多个用户同时需要通过网络实时传送连续媒体数据时更是如此。因此，多媒体通信需要有高速网络技术提供强有力的技术保证。

（3）QoS 支持

服务质量（quality of service，QoS）说明网络服务的"良好"程度。随着数字视频、音频以及其他连续媒体类型的出现，对 QoS 支持的要求也不断提高。例如，为了支持视频连接，就需要高吞吐量，因此，必须保证提供高带宽。相比之下，音频则不需要很高的带宽。此外，视频和音频数据都可以容忍一定比例之内的分组丢失与位出错；当然，这也依赖于各媒体数据使用的编码技术。表 5-5 列出了几种通信量所需的 QoS 参数值。

表 5-5　QoS 参数举例

参　数	最大延迟 /s	最大延迟抖动 /ms	平均吞吐量 /Mbps	可接受位 出错率	可接受包 出错率
语音	0.25	10	0.064	$<10^{-1}$	$<10^{-1}$
视频（TV 品质）	0.25	10	100	$<10^{-2}$	10^{-3}
压缩视频	0.25	1	2～10	$<10^{-6}$	10^{-9}
数据（文件传送）	1		1～100	0	0
实时数据	0.001～1		<10	0	0
图像	1		2～10	$<10^{-4}$	10^{-9}

为了满足上述需求，多媒体通信网络必须进行必要的增强，以便能够支持更为灵活、更为动态的 QoS 选择，从而使传送用户可以对传送连接进行适当的剪裁以满足自己的特定需要。在建立连接时，用户应能量化和表达对这些 QoS 参数的希望值、可接受值和不可接受值。随后，通信双方应该就这些参数进行完全端到端的协商。最终达成一致的 QoS 参数值应该在连接持续期内得到保证，或者至少在违背协商好的 QoS 值时应该提供一定的指示信息。前者称为 QoS"硬"保证，后者称为 QoS"软"保证。

（4）连接

由于多媒体通信特别是连续媒体通信具有通信量大、实时性强等特点，因此在多媒体通信中一般是使用面向连接的服务而不是无连接服务。同时，在连续媒体通信中，提供单工连接似乎比提供全双工连接更好一些，因为许多连续媒体传送从本质上讲都是单工的。例如，在多媒体会议应用中，远程摄像机到本地视频监视器的连接就是单工的。由于必须为连续媒体连接明确地预约资源，因此，在只需要单工传送的时候使用全双工连接会造成网络容量的浪费。如果需要全双工通信，则通过建立第二条单工连接，通常也可以满足需要。此外，对于连续媒体传送来说，两个方向对服务质量的要求往往不同，例如，可能希望在一个方向上传送彩色视频而在另一个方向上传送单色视频，此时，使用两条单工连接就比使用一条全双工连接更为适宜。

（5）协议与服务类型的选择

网络化多媒体应用的种类繁多、需求各异。例如，仅就带宽而言，一个未经压缩的真彩色视频应用需要高达 220Mbps 的传送带宽（即 $720×512×24$b/帧$×25$ 帧/s），而一个电话质量的音频应用只需要 64kbps 的传送带宽。因此，很难设想能有一种全能的通用通信协议可以同样好地满足所有类型通信量的需要。不同类型的通信量和控制数据往往需要不同类型的通信协议，这就要求系统应该能够依据应用通信量的特征为其选择适当类型的通信协议。

（6）组通信

很多网络化多媒体应用都涉及分散用户组之间的交互作用，在有许多用户同时接收视听信息的多媒体会议系统中就是如此。其他多媒体应用系统,如共同编辑系统,也有组行为存在。因此,网络化多媒体系统应该支持组(group)概念。这就要求多媒体通信网络必须提供多点播送(multicast)能力,而且为了适应组规模的动态扩张与收缩要求,通信系统还应该支持动态组拓扑结构。

5.7.2　UDP 应用于 RTP（UDP Used In RTP）

UDP 被广泛应用的另一个领域是多媒体通信,如因特网电话、实时视频会议、流式存储音频与视频等。多媒体通信要求实时和按顺序交付数据,可以容忍少量数据丢失,因此可靠的数据传输对于这类应用并不是至关重要的。从本质上说,TCP 和 UDP 均不适合多媒体传输。TCP 虽然能够保证传输顺序,但是它的差错控制(重发出错或丢失的报文)和拥塞控制(在网络负载增加时降低发送速度)会导致应用的实时性能变差。UDP 的实时性虽然比TCP 好,但是 UDP 不能保证数据的交付顺序,另外 UDP 缺乏拥塞控制可能导致发送方和接收方之间的高丢包率。在权衡各种利弊之后,目前多媒体应用开发人员通常将应用运行在 UDP 之上,然后通过在 UDP 之上设计一个实时传输控制协议 RTP 来解决包序维持等问题。

RTP 是针对多媒体数据流的一个传输协议,由 IETF（Internet 工程任务组）作为RFC1889 发布,它被定义为在一对一或一对多的传输情况下工作,其目的是提供时间信息和实现流同步;它的典型应用是建立在 UDP 之上,但也可以在 TCP 等其他协议之上工作;它本身只保证实时数据的传输,并不能为按顺序传送数据包提供可靠的传送机制,也不提供流量控制或拥塞控制,它依靠实时传输控制协议（Realtime Transport Control Protocol, RTCP）提供这些服务,RTCP 负责管理传输质量,并在当前应用进程之间交换控制信息。在 RTP 会话期间,各参与者周期性地传送 RTCP 包,包中含有已发送数据包的数量、丢失数据包的数量等统计资料。因此,服务器可以利用这些信息动态地改变传输速率,甚至改变有效载荷类型。RTP 和 RTCP 配合使用,能以有效的反馈和最小的开销使传输效率最佳化,故特别适合传送实时数据。

RTP 在协议栈中的位置如图 5-19 所示,它设计为在用户空间实现并运行于 UDP 之上。多媒体应用通常由多个流组成,这些流经复用和编码后装入 RTP 包,RTP 包又被装入UDP 包中进入网络。虽然 RTP 运行在用户空间并链接到应用程序上,但它是一种通用的、独立于应用并且只提供传输功能的协议,所以可将它看成一种在应用层上实现的传输协议。

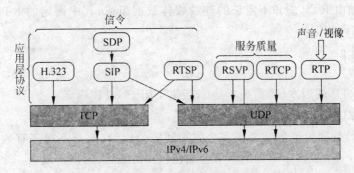

图 5-19　因特网的多媒体体系结构

RTP 的基本功能是将多个实时数据流复用到一个 UDP 报文流上,由于 RTP 使用的是普通的 UDP 包,这些包不会被路由器特殊处理,所以它们在传输过程中无法保证传输延迟及延迟抖动。RTP 流中的每个包都有一个序号,这些序号是连续递增的,接收端可用来检测不按顺序的交付或数据丢失。如果发现包丢失,接收端可以通过插值来估计丢失的数据。重传是不合适的,因此 RTP 没有流量控制、差错控制、确认及请求重传的机制。

RTP 包的载荷可以包含多个样本,这些样本可以应用所希望的任何编码算法进行编码。为了允许数据流交织,RTP 定义了几种类型的流,对于每一种流都允许采用多种编码格式。RTP 头中有一个载荷类型域,由数据源用来指明载荷使用的编码算法。RTP 头中还有一个时间戳,它给出了包中第一个样本的采样时间,它的绝对值没有意义,重要的是各个 RTP 包中时间戳的差。这个机制允许接收端选择回放时间,可以将收到的数据先进行缓存,然后在回放时间到来时播放样本。由于播放时间与包含样本的数据包什么时候到达没有关系,因此时间戳可以消除延迟抖动。除此之外,时间戳还允许多个流进行同步,如果从不同物理设备中出来的数据流使用相同的计数器产生时间戳,那么这些流在接收端就可以同步播放。

5.7.3　RTP 协议结构及工作机制（Format and Mechanism of RTP Protocol）

RTP 协议首部结构如图 5-20 所示。

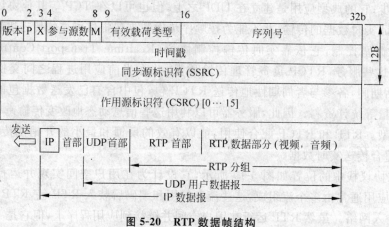

图 5-20　RTP 数据帧结构

RTP 数据帧由 RTP 头和不定长的连续媒体数据组成,其中固定的 RTP 头为 12B,媒体数据可以是编码数据。

各段含义如下:

（1）版本

2b。定义 RTP 的版本（当前版本是 2,版本 1 用于 RTP 草案）。

（2）P：间隙（padding）

1b。设置时,数据包包含一个或多个附加间隙位组,这部分不属于有效载荷。如果补齐位被设置成 1,一个或多个附加的字节会加在包头的最后,附加的最后一个字节放置附加的字节数。补齐是一些加密算法所必需的,在下层网络数据包携带多个 RTP 包时也需要补齐。

（3）X：扩展位

1b。如果被设置成 1，一个头部扩展域会加在 RTP 包头后。

（4）参与源数

包含标识符（在固定头后）的编号，4b，定义了本头部包含的参与源数目。

（5）M：标记

1b。其解释由具体应用所定义，可不定义标记字段，也可以定义多个标记字段。

（6）有效载荷类型

7b。记录后面资料使用哪种编码方式，接收端找出相应的解码器进行解码。

（7）序列号

16b。每发送一个 RTP 数据包，序列号增加 1。接收端可以依次检测数据包的丢失，并恢复数据包序列。序列号的初始值是随机的（不可预料的），即使源的本身没有被加密，但包流通过转换后就被加密了。不可预料的序列号初始值对加密的攻击变得更加困难。

（8）时间戳

32b。记录 RTP 包中数据开始产生的时钟时间，采样时间必须通过时钟及时提供线性无变化增量获取，以支持同步和抖动计算，可以让接收端知道在正确的时间将数据播放出来。时钟频率和数据格式有关，不能使用系统时钟。对固定速率的音频来说，每次取样时戳、时钟增 1，与包序号一样，时戳的开始值也是随机的。如果多个连续的 RTP 包在逻辑上是同时产生的，那么它们就具有相同的时戳。

（9）同步源标识符

32b。该标识符随机选择，旨在确保在同一个 RTP 会话中不存在两个同步源具有相同的 SSRC 标识符。

（10）作用源标识符

0 到 15 段，每段 32b。CSRC 列表表示包内对载荷起作用的源，标识数量由 CC 段给出，如果超出 15 个作用源，也只标识 15 个。CSRC 标识由混合器插入，采用作用源的 SSRC 标识。

威胁流媒体数据传输的一个尖锐问题就是不可预料数据到达的时间。但是，流媒体的传输需要数据的实时到达用以播放和回放，RTP 协议提供了时间标签、序列号以及其他结构用于控制适时数据的流放。在流的概念中，"时间标签"是最重要的信息，发送端依照即时采样，在数据包里隐蔽地设置了时间标签；当接收端收到数据包后，就依照时间标签并按照正确的速率恢复成原始的、适时的数据。不同的流媒体格式和属性是不一样的，但是，RTP 本身并不负责同步，它只是传输层协议。为了简化传输层处理，提高该层的效率，将部分传输层协议功能（比如流量控制）上移到应用层来完成。同步就属于应用层协议完成的，应用层没有传输层协议的完整功能，不提供任何机制来保证实时地传输数据，小支持资源预留，也不保证服务质量，RTP 报文甚至不包括长度和报文边界的描述，而且其协议的数据报文和控制报文使用相邻的不同端口，这就大大提高了协议的灵活性和处理的简单性。

RTP 协议和 UDP 协议共同完成传输层协议的功能。UDP 协议只传输数据包，不管数据包传输的时间顺序，它的多路复用使 RTP 协议利用它来支持显式的多点投递，可以满足多媒体会话的需求。RTP 协议的数据单元是用 UDP 分组来承载的，在承载 RTP 数据包时，有时候一帧数据被分割成几个具有相同时间标签的包，由此可见时间标签并不是必需的。RTP 协议虽然是传输层协议，但是它并没有作为 OSI 体系结构中单独的一层来实现，通常它只提供协议框架,并根据具体的应用来提供服务,开发者可以根据应用的具体要求对协议进行充分的扩展。

习 题 5

5.1 端口和套接字有什么不同,为什么要引入这两个概念?

5.2 一个端口能否同时与远地的两个端口相连?

5.3 数据链路层的 HDLC 协议和传输层的 TCP 协议都使用滑动窗口技术,从这方面来进行比较,数据链路层协议和传输层协议的主要区别是什么?

5.4 TCP 协议能够实现可靠的端到端传输,在数据链路层和网络层的传输还有没有必要来保证可靠传输呢?

5.5 在 TCP 报文段的首部中只有端口号而没有 IP 地址,当 TCP 将其报文段交给 IP 层时,IP 协议怎样知道目的 IP 地址呢?

5.6 简述 TCP 协议发送超时定时器的作用。

5.7 在 TCP 协议包的校验和中包括对"伪包头"的校验,这样做有什么目的吗?

5.8 一个 TCP 报文段的数据部分最多为多少字节?为什么?如果用户要传送的数据的字节长度超过 TCP 报文段中的序号字段可能编出的最大序号,问还能否用 TCP 来传送?

5.9 设 TCP 使用的最大窗口为 64KB,而传输信道的带宽可认为是不受限制的。若报文段的平均时延为 20ms,问所能得到的最大吞吐量是多少?

5.10 试计算一个包括 5 段链路的传输连接的单程端到端时延。5 段链路程中有 2 段是卫星链路,每条卫星链路又由上行链路和下行链路两部分组成,可以取这两部分的传播时延之和为 250ms。每一个广域网的范围为 1500km,其传播时延可按 150 000km/s 来计算。各数据链路数率为 48kb/s,帧长为 960b。

5.11 用 TCP 传送 512B 的数据,设窗口为 100B,而 TCP 报文段每次也是传送 100B 的数据,再设发送端和接收端的起始序号分别选为 100 和 200。画出工作示意图,从连接建立阶段到连接释放都要画上。

5.12 一个 UDP 用户数据报的数据字段为 8192B,使用以太网来传送。试问应当划分为几个数据报片?说明每一个数据报片的数据字段长度和片偏移字段的值。

5.13 在 TCP 的拥塞控制中,什么是慢开始、拥塞避免、快重传和快恢复算法?这里每一种算法各起什么作用?"乘法减少"和"加法增大"各用在什么情况下?

5.14 TCP 发送方和接收方都需要滑动窗口吗?各有什么作用?

5.15 滑动窗口的大小可以动态调整吗?调整窗口大小可以起到什么作用?

5.16 网络允许的最大报文段长度为 128B,序号用 8b 表示,报文段在网络中的生存时间为 30s。试求每一条 TCP 连接所能达到的最高传输速率。

5.17 一个 TCP 连接下面使用 256kb/s 的链路,其端到端时延为 128ms。经测试,发现吞吐量只有 120kb/s,试问发送窗口是多少?

5.18 通信信道带宽为 1Gb/s,端到端时延为 10ms,TCP 的发送窗口为 65 535B。可能达到的最大吞吐量是多少?信道的利用率是多少?

5.19　在 TCP 传送数据时,有没有规定一个最大重传次数?

5.20　TCP 和 UDP 是否都需要计算往返时延 RTT?

5.21　假定 TCP 开始进行连接建立,当 TCP 发送第一个 SYN 报文段时,显然无法利用课中所介绍的方法计算往返时延 RTT。那么这时 TCP 又怎样设置重传计时器呢?

5.22　假定在一个互联网中,所有的链路的传输都不出现差错,所有的节点也都不会发生故障。试问在这种情况下,TCP 的"可靠交付"功能是否就是多余的?

5.23　进行 TCP 通信的一方 A 收到了确认号为 4001 的报文段,这是否表示对方 B 已经收到了 4000B 的数据,而期望接收编号为 4001 的数据字节?

5.24　主机 A 向主机 B 连续发送了两个 TCP 报文段,其序号分别为 70 和 100。试问:

(1) 第一个报文段携带了多少个字节的数据?

(2) 主机 B 收到第一个报文段后发回的确认中的确认号应当是多少?

(3) 如果主机 B 收到第二个报文段后发回的确认中的确认号是 180,试问 A 发送的第二个报文段中的数据有多少字节?

(4) 如果 A 发送的第一个报文段丢失了,但第二个报文段到达了 B,B 在第二个报文段到达后向 A 发送确认。试问这个确认号应为多少?

5.25　课堂练习,2 个人一组,分为 A 和 B,由 A 端发起 TCP 连接,经过 3 次握手后建立 TCP 连接。要求:A、B 两端分别填入各自发送 TCP 报文的空白字段。

A:第一次握手

A 的学号(后 4 位)						B 的学号(后 4 位)	
			0				
			xxxx				
7	000000	0		0	0	65 535	
		0x31ea				0000	

B:第二次握手

B 的学号(后 4 位)						A 的学号(后 4 位)	
			0				
5	000000	0		0	0	1480	
		0x6d06				0000	

A:第三次握手

A 的学号(后 4 位)						B 的学号(后 4 位)	
5	000000	0		0	0	65 535	
		0x72cf				0000	

5.26 TCP 释放连接练习

由 B 端发起 TCP 释放连接，要求：A、B 两端分别填入各自发送 TCP 报文的空白字段。

B：第一次握手

B 的学号（后 4 位）							A 的学号（后 4 位）
B 的学号（8 位）							
A 的学号（8 位）							
5	000000	0		0	0		16 987
0x22c4							0000

A：第二次握手

A 的学号（后 4 位）							B 的学号（后 4 位）
5	000000	0		0	0		49 640
0xa336							0000

注：第二次和第三次握手之间不传送数据。

A：第三次握手

A 的学号（后 4 位）							B 的学号（后 4 位）
5	000000	0		0	0		49 640
0xa335							0000

B：第四次握手

B 的学号（后 4 位）							A 的学号（后 4 位）
5	000000	0		0	0		16 987
0x22c3							0000

5.27 一 UDP 用户数据报的首部十六进制表示是：06 12 00 45 00 1C E2 17，试求源端口号、目的端口号、数据报总长度、数据部分长度。这个用户数据报是从客户发送给服务器还是从服务器发送给客户？使用 UDP 的这个服务器程序是什么？

5.28 转发器、网桥、路由器和网关有何区别？

5.29 什么是等时通信？

5.30　什么是 QoS?

实验指导 5-1　TCP/UDP 协议分析

一、实验目的

通过对 TCP 和 UDP 协议的分析,掌握 TCP/UDP 协议的组成及在网络体系结构中的作用。只有深入理解 TCP 协议和 UDP 协议的某些特征,才能更容易编写健壮的、高效的客户/服务器程序。

二、实验原理

绝大多数客户/服务器应用程序都使用 TCP 协议或 UDP 协议。这两个协议使用网络层协议 IP: IPv4 或 IPv6,尽管应用程序可以绕过传输层直接使用 IPv4 或 IPv6,但这种方法(称为原始套接口)较少使用。

UDP 是一个简单的传输层协议,应用程序写一个数据报到 UDP 套接口,由它封装成 IPv4 或 IPv6 数据报,然后发送到目的地址。

每个 UDP 数据报都有一定的长度,可以把一个数据报看作一个记录。如果数据报最终正确地到达目的地(即分组到达目的地且校验和正确),那么该数据报的长度将传递给接收方的应用进程。

而 TCP 是一个字节流协议,无记录边界。首先,TCP 提供客户与服务器的连接;其次,TCP 提供可靠性;第三,TCP 通过给所发送数据的每一个字节关联一个序列号进行排序;第四,TCP 提供流量控制。

三、实验内容

使用 WireShark 捕获 TCP 和 UDP 协议数据包,并对传输层数据包进行分析。

1. 捕获 UDP 数据报,记录 1 个数据报的首部,并说明其上、下层协议类型。
2. 捕获 TCP 数据报,记录 1 个数据报的首部,并说明其上、下层协议类型。

四、实验方法与步骤

1. 启动 WireShark。
2. 配置所需要的参数。
3. 捕获 TCP 和 UDP 的协议。

五、实验要求

1. 记录 TCP 协议组成和格式。
2. 记录 UDP 协议组成和格式。

六、实验环境

在 Windows XP 环境下安装 WireShark,要求联网。

实验指导 5-2　TCP 协议通信过程分析

一、实验目的

通过使用 WireShark 捕获 TCP 协议的连接过程，掌握 TCP 协议三次握手的原理和过程，以及拆除连接的过程，加深对面向连接的理解。

二、实验原理

TCP 是一个面向连接的协议，通信双方在发送数据之前都必须建立一个 TCP 连接。为了建立一个 TCP 连接，通常需要以下一些操作：

1. 请求端发送一个 SYN 段指明客户想要连接的服务器的端口，以及初始序号（ISN）。这个 SYN 段为报文段 1。

2. 服务器发回包含服务器的初始序号的 SYN 报文段（报文段 2）作为应答。同时，将确认序号设置为客户的 ISN 加 1 以对客户的 SYN 报文段进行确认。一个 SYN 占用一个序号。

3. 客户必须将确认序号设置为服务器的 ISN 加 1 以对服务器的 SYN 报文段进行确认（报文段 3）。

这三个报文段的传递完成了一个 TCP 连接的建立，称为三次握手。

建立一个 TCP 连接需要三次握手，而释放一个 TCP 连接需要经过四次握手，这是由于 TCP 的半关闭造成的。一个 TCP 连接是全双工的，因此每个方向必须单独地进行关闭。即当 TCP 连接的一方完成它的数据发送后就能发送一个 FIN 来终止这个方向的连接；当 TCP 连接的另一端收到一个 FIN，它必须通知应用层对方已经终止了那个方向上的数据传送。发送 FIN 通常是应用层进行关闭的结果。

三、实验内容

使用 WireShark 捕获 TCP 协议建立连接、通信和拆除连接的过程，并进行分析。

1. 捕获 TCP 建立连接时所传输的协议报文段，记录这些报文段的首部。

2. 捕获 TCP 拆除连接时所传输的协议报文段，记录这些报文段的首部。

四、实验方法与步骤

1. 启动 WireShark。

2. 配置所需要的参数。

3. 捕获 TCP 和 UDP 的协议。

五、实验要求

1. 记录 TCP 协议组成和格式。

2. 记录 UDP 协议组成和格式。

六、实验环境

在 Windows XP 环境下安装 WireShark，要求联网。

实验指导 5-3　基于 Socket 的传输层网络编程

一、实验目的

1. 进一步了解传输层协议。
2. 熟悉原始套接字编程。
3. 熟悉面向连接的客户机/服务器模式的应用软件的开发。

二、实验原理

1. 使用 Winsock 异步选择模型
2. 主要函数
(1) 创建套接字——socket()，使用前创建一个新的套接字。
(2) 指定本地地址——bind()，将套接字地址与所创建的套接字号联系起来。
(3) 建立套接字连接——connect() 和 accept()，共同完成连接工作。
(4) 监听连接——listen()，用于面向连接服务器，表明它愿意接收连接。
(5) 数据传输——send() 与 recv()，数据的发送与接收。
(6) 多路复用——select()，用来检测一个或多个套接字状态。
(7) 关闭套接字——closesocket()，关闭套接字。

3. 参考代码
(1) 公共初始化 WinSock

```
#include "winsock2.h"
#pragma comment(lib,"ws2_32.lib")
WSADATA wsaData;                        //创建套接字
WORD myVersionRequest=MAKEWORD(1,1);    //创建一个指定参数连接的 WORD 值,低位,高位
int err=WSAStartup(myVersionRequest,&wsaData);  //协议库的版本信息
if (!err)
    printf("套接字已打开。\n");
else
    {printf("错误:套接字未打开!");
     return 1;
    }
```

(2) 客户端程序

```
SOCKET clientSocket=socket(AF_INET,SOCK_STREAM,0);  //创建套接字
SOCKADDR_IN  clientsock_in;                  //客户端主机套接字地址,包括了 IP 地址和端口号
clientsock_in.sin_addr.S_un.S_addr=inet_addr("x.y.z.n");
                                    //把主机字节转换为网络地址字节顺序
```

```
clientsock_in.sin_family=AF_INET;
clientsock_in.sin_port=htons(6000);
connect(clientSocket,(SOCKADDR * )&clientsock_in,sizeof(SOCKADDR));      //开始连接
char receiveBuf[100];
printf("Send:%s\n","hello,this is client");
send(clientSocket,"hello,this is client",strlen("hello,this is client")+1,0);
recv(clientSocket,receiveBuf,101,0);
printf("Recv:%s\n",receiveBuf);
closesocket(clientSocket);
WSACleanup();                                                            //释放资源
```

(3) 服务器端程序

```
char sendBuf[100],receiveBuf[100];
SOCKET serSocket= socket(AF_INET,SOCK_STREAM,0);                    //创建了可识别套接字
SOCKADDR_IN addr;                                                   //需要绑定的参数
addr.sin_family=AF_INET;
addr.sin_addr.S_un.S_addr=htonl(INADDR_ANY);                       //IP 地址
addr.sin_port=htons(6000);
bind(serSocket,(SOCKADDR * )&addr,sizeof(SOCKADDR));               //绑定端口
listen(serSocket,5);                        //其中第二个参数代表能够接收的最多的连接数
SOCKADDR_IN clientsocket;                                          //开始进行监听
int len= sizeof(SOCKADDR);
while (1)
{ SOCKET serConn=accept(serSocket,(SOCKADDR * )&clientsocket,&len);     //监听
  sprintf_s(sendBuf,"hello,%s !",inet_ntoa(clientsocket.sin_addr));    //对应的 IP
  printf("Send:%s\n",sendBuf);
  send(serConn,sendBuf,strlen(sendBuf)+1,0);
  recv(serConn,receiveBuf,sizeof(receiveBuf),0);
  printf("recv:%s\n",receiveBuf);
  closesocket(serConn);                                           //关闭
  WSACleanup();                                                   //释放资源的操作
}
```

三、实验内容

使用 Winsock 异步选择模型编程实现一个基于 TCP 协议的通信程序,建立连接后,客户机给服务器发送信息。

四、实验方法与步骤

1. 进入 C 语言开发环境。
2. 输入源程序:两人作为 1 组,分别输入客户端程序和服务器端程序。
3. 编译连接。
4. 调试:服务器程序首先运行,等待客户连接。客户连接上服务器后,发送信息。客户端的连接方式为:程序名 服务器 IP 地址 姓名 学号。

5. 两人交换客户和服务器身份后，再按上面 2～4 步骤做一次。

五、实验要求

1. 记录主要程序源代码。
2. 记录调试过程和输入输出结果。

六、实验环境

操作系统：Windows 或 Linux。

建议编程调试软件工具：VC 或 GCC。

第 *6* 章

加密安全（Encryption ＆ Security）

"传输层"(transport layer)相关章节讲了两种协议——TCP 和 UDP，按照 TCP/IP 协议体系结构，再往上就是"应用层"，但按照 OSI 协议体系结构，在传输层和应用层之间还有会话层和表示层。而 TCP/IP 协议为了简化体系结构，将 OSI 中会话层和表示层合并到应用层了。但随着网络技术的发展，网络协议越来越复杂，特别是多媒体信息传输和网络信息安全越来越重要，因此有必要在 TCP/IP 的传输层和应用层中增加一层协议，将多媒体数据传输协议和网络安全加密等协议放在这一层。因此，本书将数据加密安全相关的协议放在 OSI 的表示层，相当于在 TCP/IP 的传输层和应用层之间增加了一层数据表示层，解决了原来网络安全加密内容游离于网络体系结构外的问题。表示层在网络体系结构中的层次和功能如图 6-1 所示。

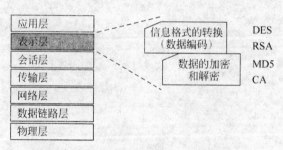

图 6-1　表示层在 OSI 结构中的位置和作用

表示层(presentation layer)包含了处理网络应用程序数据格式的协议，位于应用层的下面和会话层的上面(对于 TCP/IP 来说在传输层的上面)，它从应用层获得数据并进行格式化以供网络通信使用。该层将应用程序数据排序成一种有含义的格式并提供给下层会话层，通过提供诸如数据加密的服务来负责安全问题，对多媒体数据压缩以使得网络上需要传送的数据尽可能少。

传输层及下层用于将数据从源主机传送到目的主机，而表示层则要保证所传输的数据经传送后其意义不改变。表示层要解决的问题是：如何描述数据结构并使之与机器无关。在计算机网络中，互相通信的应用进程需要传输的是信息的语义，它对通信过程中信息的传送语法并不关心。表示层的主要功能是通过一些编码规则定义在通信中传送这些信息所需要的传送语法。表示层提供两类服务：相互通信的应用进程间交换信息的表示方法与表示连接服务。

虽然网络安全在网络体系结构中的每层协议中都可涉及，但考虑网络安全的基础——数据"加密和解密"——在 ISO 网络体系结构中属于表示层，协议层次在上一章"传输层"和后一章应用层之间，因此将整个网络安全的技术内容都放在了这一章。

6.1　网络安全分类(Security Classes)

网络安全是指网络系统的硬件、软件及其系统中的数据受到保护,不因偶然的或者恶意的原因而遭受破坏、更改、泄露,系统连续、可靠、正常地运行,网络服务不中断。网络安全从其本质上来讲就是网络上的信息安全,从广义来说,凡涉及网络信息的保密性、完整性、可用性、真实性和可控性的相关技术和理论都是网络安全的研究领域。网络安全是一门涉及计算机科学、网络技术、通信技术、密码技术、信息安全技术、应用数学、数论和信息论等多种学科的综合性学科。

开放系统互连(OSI)安全体系结构是国际电信联盟电信标准部(ITU-T)在 X. 800 建议中提出的,OSI 安全体系结构集中在三个方面:安全攻击、安全机制和安全服务。安全攻击是指任何损害信息安全的行为;安全机制是用于检测和预防安全攻击或从安全攻击中恢复的任何机制;安全服务是用于增强信息系统安全性及信息传输安全性的服务,它使用一种或多种安全机制来提供服务。

6.1.1　安全攻击(Safety Attack)

安全攻击分为被动攻击(passive attacks)和主动攻击(active attacks)两类。被动攻击试图从系统中获取信息,但并不影响系统资源;主动攻击则试图改变系统资源或影响系统的操作。攻击的方式如图 6-2 所示。

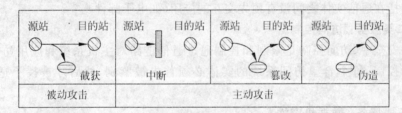

图 6-2　安全攻击方式

被动攻击只是静悄悄地监听正在进行的网络传输,不发出任何信号。被动攻击有两类:偷听和流量分析。偷听是为了获得正在传输的内容,流量分析则是为了从通信频度、报文长度等流量模式来推断通信的性质。由于被动攻击不发出任何信号,因而这类攻击很难检测。最好的办法是用加密来保护正在传输的信息,并且通过制造一些虚假流量来蒙蔽对手。因此,对付被动攻击的方法是预防而不是检测。

主动攻击涉及对数据流的修改及伪造等。主动攻击分为四类:伪装(masquerade)、重放(replay)、报文修改(modification of messages)和拒绝服务(denial of service)。伪装是指一个实体假冒另一个实体,伪装攻击通常还涉及其他类型的主动攻击,比如,截获一个有特权实体的身份鉴别序列并在合法的鉴别过程结束后重放,从而使得一个无特权的实体通过假扮一个有特权的实体而获得特权。重放是指从网络中被动地获取一个数据单元(不影响该数据单元的正常传输),并在经过一段时间后重新发送到网络中,以获得越权的效果。报文修改是指改变合法报文的部分内容、推迟发送报文或者改变报文的发送顺序等,以产生越权的效果。拒绝服务是指阻止通信设施的正常使用或管理,拒绝服务攻击可能有一个特定的目标,如抑制去往某个特定主机(如提供安全审计服务的主机)的所有报文;也可能是针对整个网络,比如通过发送大量的报文使网络过载,导致网络性能下降甚至瘫痪。

与被动攻击不同,要想完全阻止主动攻击非常困难,因为这要求对所有通信设施及路径进行物理保护。对付主动攻击的主要方法是检测攻击,然后设法从攻击造成的破坏中恢复出来。由于攻击检测具有一定的威慑作用,因此也有助于预防攻击。

6.1.2　安全服务(Safety Service)

X.800 将安全服务定义为由开放系统的某个协议层次提供的用于确保系统或数据传输充分安全的服务。X.800 将安全服务划分为五类共十四种服务。

1. 第一类服务:鉴别

鉴别的目的是要证实通信过程涉及的另一方确实具有其所声称的身份,从而确保通信是可信的。如果是针对单个报文(如一个警告或通知报文),则鉴别的作用是让接收者确信报文来自声称的发送者。如果是针对一个将要开始的交互过程,如连接到一个主机,则鉴别涉及两个方面。首先,在连接初始化阶段,该服务确保两个通信实体可以相互证实对方的身份。其次,该服务确保不会有第三方能假冒其中任何一个合法实体进行越权传输或接收。X.800 中定义了两种鉴别服务:

(1) 对等实体鉴别:在连接建立及数据传输阶段对对等实体的身份进行证实,防止对等实体是假冒的或是一次重放攻击。

(2) 数据起源鉴别:该服务提供对报文起源的证实,但不能保护报文免遭修改或复制。这类服务支持在通信实体之间没有预先交互的应用(如电子邮件)。

2. 第二类服务:访问控制

在网络安全中,访问控制是限制和控制通过通信链路对主机系统和应用访问的能力。为实现访问控制,每个希望访问系统的实体必须首先被鉴别,然后才被授予适当的访问权限。

3. 第三类服务:数据机密性

数据机密性服务保护被传输的数据免遭被动攻击。X.800 定义了三种内容保护等级:

(1) 保护在一条连接上传输的所有用户数据;

(2) 保护在一个数据块中的所有用户数据;

(3) 保护一个连接或一个数据块中用户数据的某些域。

保护范围较窄的服务实现起来比较复杂,代价也高,而实际上并不如保护范围大的服务有用。数据机密性的另一个方面是保护通信流量免受流量分析攻击,这要求隐藏数据传输的源和目的、数据发送频度、报文长度或其他流量特征。X.800 定义了四种数据机密性服务:连接机密性、无连接机密性、选择域机密性和通信流量机密性,前三种服务分别对应上面所说的三种内容保护等级,第四种服务保护可从通信流量中观察到的信息。

4. 第四类服务:数据完整性

和数据机密性一样,数据完整性可应用于一个报文流、一个报文或报文中的一些域;同样,最有用和最简单的方法是对整个流进行完整性保护。面向连接的完整性服务保护一个报文流,它令接收方确信收到的报文与最初发出的报文是完全一样的,没有被复制、修改、重排序或重放。无连接的完整性服务只保护单个报文,令接收方确信收到的报文没有被修改。

X.800 区分有恢复机制和无恢复机制的完整性服务。由于完整性服务是为抵抗主动攻击而设计的，所以该类服务主要着眼于检测攻击而不是预防攻击。假如检测到数据完整性的缺失，无恢复机制的完整性服务只是简单地报告这个事件，需要其他软件功能或人工干预来进行恢复。有恢复机制的完整性服务在检测到完整性缺失后，还试图从该状态恢复，这种集成了自动恢复机制的服务一般来说更有吸引力。

X.800 定义了五种数据完整性服务：

（1）有恢复机制的连接完整性：提供对一个连接上所有用户数据的完整性保护，并试图从数据完整性被破坏的状态中恢复。

（2）无恢复机制的连接完整性：提供对一个连接上所有用户数据的完整性保护，没有恢复措施。

（3）选择域连接完整性：提供对一个连接上的用户数据中某些域的完整性保护。

（4）无连接完整性：提供对一个无连接数据块的完整性保护。

（5）选择域无连接完整性：提供对一个无连接数据块中某些域的完整性保护。

5. 第五类服务：不可否认性

该服务防止发送方或接收方否认已发送或已接收了一个报文的事实。因此，当一个报文被发送后，接收方可以证明声称的发送者确实发送了报文；同样地，当一个报文被接收后，发送方可以证明声称的接收者已经接收了报文。X.800 定义了两种不可否认性服务：

（1）源不可否认性：证明报文由声称的发送者发送。

（2）目的不可否认性：证明报文已被指定的接收者接收。

X.800 定义可用性为系统或资源可被授权实体访问和使用的特性，许多攻击导致可用性的降低或丧失。自动对抗措施（如鉴别和加密等）可以用来对付一些攻击，另一些攻击则要求采取某些物理动作来防范，或者使失去可用性的部件重新恢复工作。X.800 将可用性看成与多种安全服务相关联的特性，然而专门定义一种可用性服务也是有道理的。可用性服务是保护系统以确保其可用性服务，该服务解决由拒绝服务攻击引起的安全问题。可用性服务要依靠适当的系统资源管理和控制，因而依赖于访问控制服务和其他安全服务。

X.800 定义的安全服务与安全攻击之间的关系如表 6-1 所示。

表 6-1　安全服务与安全攻击之间的关系

服务＼攻击	偷听	流量分析	伪装	重放	报文修改	拒绝服务
对等实体鉴别			√			
数据起源鉴别			√			
访问控制			√			
机密性	√					
通信流量机密性		√				
数据完整性				√	√	
不可否认性						
可用性						√

6.1.3 安全机制(Safety Mechanism)

X.800 定义了 13 种安全机制。这些安全机制被分成两类,一类称为特定安全机制,这类机制是在某一个特定协议层中实现的;另一类称为普遍安全机制,它们不限于某个特定的安全服务或协议层次。

1. 特定安全机制

- 加密:使用数学算法对数据进行变换,使其不易理解。
- 数字签名:附加在一个数据单元后面的数据,允许接收者用来证明数据单元的起源及完整性,以防伪造。
- 访问控制:各种实施访问授权的机制。
- 数据完整性:用于保护数据单元或数据单元流完整性的各种机制。
- 鉴别交换:通过信息交换确信一个实体身份的机制。
- 流量填充:在数据流间隙中插入比特,以挫败流量分析的企图。
- 选路控制:允许为某些数据选择特定的物理安全路由,并在怀疑安全受到威胁的情况下改变路由。
- 公证:使用一个可信第三方来确保数据交换的某些特性。

2. 普遍安全机制

- 可信功能性:根据某个安全标准被认为是正确的功能。
- 安全标签:与资源绑定、用于指定该资源的安全属性的一个标记。
- 事件检测:安全相关事件的检测。
- 安全审计跟踪:为安全审计而收集的数据,这是对系统记录和行为的独立回顾和检查。
- 安全恢复:处理来自安全机制的请求,如事件处理和管理功能,并采取恢复行动。

X.800 定义的安全服务和安全机制之间的关系如表 6-2 所示。

表 6-2　安全服务和安全机制之间的关系

机制 ＼ 服务	加密	数字签名	访问控制	数据完整性	鉴别交换	流量填充	选路控制	公证
对等实体鉴别	√	√			√			
数据起源鉴别	√	√						
访问控制			√					
机密性	√						√	
通信流量机密性	√					√	√	
数据完整性	√	√		√				
不可否认性		√		√				√
可用性				√	√			

6.2 对称数据加密（Symetric Data Encryption）

对称加密采用了对称密码编码技术，它的特点是文件加密和解密使用相同的密钥，即加密密钥也可以用作解密密钥，这种方法在密码学中叫做对称加密算法。对称加密算法使用起来简单快捷，密钥较短，且破译困难，除了数据加密标准（DES），另一个对称密钥加密系统是国际数据加密算法（IDEA），它比 DES 的加密性好，而且对计算机功能要求也没有那么高。

非对称加密技术允许在不安全的媒体上交换信息，也称之为"公开密钥系统"。与对称加密算法不同，非对称加密算法需要两个密钥：公开密钥和私有密钥。公开密钥与私有密钥是一对，如果用公开密钥对数据进行加密，只有用对应的私有密钥才能解密；如果用私有密钥对数据进行加密，那么只有用对应的公开密钥才能解密。因为加密和解密使用的是两个不同的密钥，所以称这种算法是非对称加密算法。

先介绍对称加密算法。DES 是数据加密标准（Data Encryption Standard）的缩写，它是由 IBM 公司研制的一种加密算法。

加密是将明文（plain text）变成密文（cypher text），而解密是将密文变成明文。DES 是一个分组加密算法，以 64 位为分组对数据加密。同时 DES 也是一个对称算法：加密和解密用的是同一个算法。它的密钥长度是 56 位（共 8 个字节，每个字节的第 8 位都用作奇偶校验），密钥可以是任意的 56 位数，而且可以在任意时候改变。其中有极少量的数被认为是弱密钥，但是很容易避开它们，所以保密性依赖于密钥。

6.2.1 DES 算法（Algorithm）

DES 算法需要经过以下步骤：

（1）DES 对 64b 的明文分组 M 进行操作。

（2）M 经过一个初始置换（initial permutation，IP），置换成 M_0，如表 6-3 所示。初始置换是对一个 64 位的分组进行比特打乱：将原分组的第 58 位移至第 1 位，第 50 位移至第 2 位，第 42 位移至第 3 位，依次类推。

（3）将 M_0 明文分成左半部分和右半部分，$M_0=(L_0,R_0)$，各 32b 长。

（4）然后进行 16 轮完全相同的运算，这些运算被称为函数 f，在运算过程中数据与密钥结合。

（5）经过 16 轮后，左右半部分合在一起经过一个末置换 IP^{-1}，如表 6-4 所示。

表 6-3 IP

58	50	42	34	26	18	10	2
60	52	44	36	28	20	12	4
62	54	46	38	30	22	14	6
64	56	48	40	32	24	16	8
57	49	41	33	25	17	9	1
59	51	43	35	27	19	11	3
61	53	45	37	29	21	13	5
63	55	47	39	31	23	15	7

表 6-4 IP^{-1}

40	8	48	16	56	24	64	32
39	7	47	15	55	23	63	31
38	6	46	14	54	22	62	30
37	5	45	13	53	21	61	29
36	4	44	12	52	20	60	28
35	3	43	11	51	19	59	27
34	2	42	10	50	18	58	26
33	1	41	9	49	17	57	25

（6）输出,完成。

算法的详细描述:

（1）比特串被分为 32 位的 L_0 和 32 位的 R_0 两部分。

（2）R_0 子密钥 K_1 经过变换 $f(R_0,K_1)$ 输出 32 位的比特串 f_1,见公式(6-1),f_1 与 L_0 做不进位的二进制加法运算,结果赋给 R_1,见公式(6-2),R_0 则原封不动的赋给 L_1,见公式(6-3)。

$$f_1 = f(R_0,K_1) \tag{6-1}$$
$$R_1 = f_1 \oplus L_0 \tag{6-2}$$
$$L_1 = R_0 \tag{6-3}$$

（3）L_1 与 R_0 又做与以上完全相同的运算,生成 L_2,R_2,…。

（4）一共经过 16 次运算,最后生成 R_{16} 和 L_{16}。其中 R_{16} 为 L_{15} 与 $f(R_{15},K_{16})$ 做不进位二进制加法运算的结果,L_{16} 是 R_{15} 的直接赋值。

在 DES 算法中,密钥 $K_i(i=1,2,…,16)$ 的生成步骤如下:

（1）将 56 位密钥插入第 8、16、24、32、40、48、56、64 位奇偶校验位,然后根据压缩置换表压缩至 56 位。

（2）将压缩后的 56 位密钥分成左右两部分,每部分 28 位;根据 i 的值这两部分分别循环左移 1 位或 2 位。

（3）左右两部分合并,根据压缩置换表选出 48 位子密钥 K_i。

具体计算过程如图 6-3 所示。

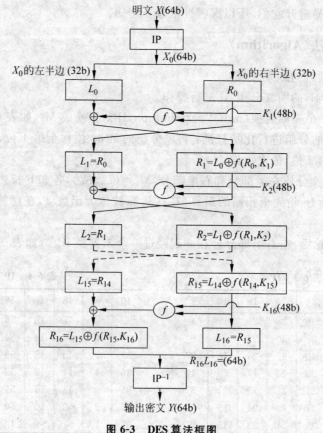

图 6-3 DES 算法框图

加密和解密使用相同的算法，DES 加密和解密唯一的不同是密钥的次序相反，如果各轮加密密钥分别是 K_1、K_2、K_3、…、K_{16}，那么解密密钥就是 K_{16}、K_{15}、K_{14}、…、K_1。

6.2.2　3DES 算法

3DES 是 DES 加密算法的一种增强模式，它使用 3 个 64 位的密钥对数据进行三次加密。数据加密标准（DES）是美国的一种由来已久的加密标准，它使用对称密钥加密法。3DES 是向 AES 过渡的加密算法，是 DES 的一个更安全的变形，它以 DES 为基本模块，通过组合分组方法设计出分组加密算法，比 DES 更加安全。

设 $E_k()$ 和 $D_k()$ 代表 DES 算法的加密和解密过程，K 代表 DES 算法使用的密钥，P 代表明文，C 代表密文，这样，3DES 加密过程为

$$C = E_{k3}(D_{k2}(E_{k1}(P))) \tag{6-4}$$

3DES 解密过程为

$$P = D_{k1}(E_{k2}(D_{k3}(C))) \tag{6-5}$$

k_1、k_2、k_3 决定了算法的安全性，若三个密钥互不相同，本质上就相当于用一个长为 168 位的密钥进行加密，它在对付强力攻击时是比较安全的。若数据对安全性要求不那么高，k_1 可以等于 k_3。三重 DES 加密的过程如图 6-4 所示。

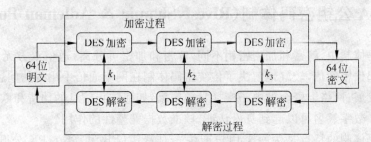

图 6-4　三重 DES 加密

6.2.3　AES 和 IDEA

1. AES（advanced encryption standard）

AES 也是分块对数据加密，只是块的长度并不像 DES 那样固定为 64 位。Rijndael 是其中的一种实现算法，其密钥长度可以从 128 位起以 32 位为间隔递增到 256 位。Rijndael 算法完全公开、安全性好、运算速度极快。如果取密钥长度为 128 位，想用穷举法破解密钥，就算有一台内含 1000 亿个处理器的计算机，并且每个处理器每秒处理 100 亿个密钥，也要运行 100 亿年才能搜索完整个密钥空间。

2. IDEA（internation data encryption algorithm）

相对于 DES 的 56 位密钥，IDEA 使用 128 位密钥，每次加密一个 64 位的数据块，安全性相对 DES 算法有很大的提高。其密钥是 128 位，在穷举攻击的情况下，需要经过 2^{128} 次加密才能恢复出密钥，假设一个芯片能每秒产生和运行 10 亿个密钥，它将检测 10^{13} 年。且被认为循环四次就可以抵御差分密码分析。因此 IDEA 是非常安全的，而且它比 DES 在软件实现上快得多。IDEA 的软件实现速度与 DES 差不多，但硬件实现速度要比 DES 快得多，快将近 10 倍。

算法安全性比 DES 好(和 AES 差不多),能抵抗差分密码分析的攻击。IDEA 的加密速度比 DES 快,加密数据速率可达到 177MB/s,也和 AES 差不多。

3. 四种对称加密算法的比较

上面所述四种对称加密算法的比较见表 6-5。

表 6-5　四种对称加密算法的比较

类型	定　　义	密钥长度	分组长度	循环次数	安　全　性
DES	数据加密标准,速度较快,适用于加密大量数据的场合	56	64	16	依赖密钥,受穷举搜索法攻击
3DES	基于 DES 对称算法,对一块数据用三个不同密钥进行三次加密,强度更高	112 168	64	48	军事级,可抗差值分析和相关分析
AES	高级加密标准,对称算法,是下一代的加密算法标准,速度快,安全级别高	128 192 256	64	10 12 14	安全级别高,高级加密标准
IDEA	国际标准数据加密算法,使用 128 位密钥提供非常强的安全性	128	64	8	能抵抗差分密码分析的攻击

6.3　RSA 公钥密码体制(Rivest,Shamir & Adleman Public Key)

公钥密码体制中,解密和加密密钥不同,解密和加密可分离,通信双方无须事先交换密钥就可建立起保密通信,较好地解决了传统密码体制在网络通信中出现的问题。另外,随着电子商务的发展,网络上资金的电子交换日益频繁,如何防止信息的伪造和欺骗也成为非常重要的问题。数字签名可以起到身份认证、核准数据完整性的作用。

公钥密码体制的特点是为每个用户产生一对密钥(PK 和 SK);PK 公开、SK 保密,从 PK 推出 SK 是很困难的。A、B 双方通信时,A 通过任何途径取得 B 的公钥,用 B 的公钥加密信息,加密后的信息可通过任何不安全信道发送;B 收到密文信息后,用自己的私钥解密恢复出明文。

6.3.1　公开密钥体制的提出(The Public Key Infrastructure Was Proposed)

1. 传统密钥体制遭遇的困难

(1)用户的增加使大量密钥管理成为严重问题。

在传统的秘密密钥保密通信中,每一对发方和收方都要拥有一对密钥:加密密钥 E 和解密密钥 D。发方把要发送的明文信息 x 用加密密钥加密成密文 y 发送;收方收到密文 y 后用解密密钥 D 将之解密为明文 x。所以从数学上说,加密密钥 E 和解密密钥 D 是互逆的,经过它们的共同作用,明文信息 x 经过加密和解密仍旧变换为明文信息:

$$D(E(x)) = E(D(x)) = x \tag{6-6}$$

所以,只要知道 E、D 中的任何一个就能很容易地求出另一个,因而密钥 E、D 都要保密。

从 20 世纪 60 年代起,由于 Internet 为通信提供的便利,保密通信的应用领域不断扩大,用户大量增加。假设有 2000 个用户彼此进行保密通信,因每 2 个用户就需一对密钥,整

个通信系统一共需要

$$C_{2000}^2 = (2000 \times 1999) \div 2 = 1\,999\,000（对密钥）$$

每个用户要保管他和其余 1999 个用户间的 1999 对密钥，这让我们不难理解巨大的密钥量给密钥管理、分配和为了确保信息安全而对密钥定期更换方面带来的困难。

（2）数字签名和身份认证的问题亟待解决。

在通常的书信和文件中，人们常常用签名、印章或指纹来表明自己的身份，收方也凭此来确认信.文是否来自发方。在数字通信中同样存在这类问题，但发方如何在信息上签名？收方如何确认发方的身份？如何辨认信息是否系伪造或被修改？这些问题因与信息的安全密切相关都亟待解决。

2. 大整数因子分解的无奈

根据数论基本定理：任何大于 1 的整数总可以分解成素因数乘积的形式，并且，如果不计分解式中素因数的次序，这种分解式是唯一的。这个定理在理论上十分漂亮，但操作起来对大整数却非易事甚至实际并不可能。表 6-6 列出了用现代最快速的分解算法，在大型计算机上分解一个大整数所需的时间。这让我们看到大整数分解在目前是一个非常困难的问题。让人未曾想到的是，正是这种困难为一种新的密钥体制的"核心部件"——单向函数的构造提供了重要的机会。

表 6-6　大整数的分解时间估算

十进制整数位数	操作次数	所需时间	十进制整数位数	操作次数	所需时间
50	1.4×10^{10}	3.9 小时	200	1.2×10^{23}	3.8×10^9 年
75	9.0×10^{12}	104 天	300	1.3×10^{29}	4.9×10^{15} 年
100	2.3×10^{15}	74 年	500	1.3×10^{39}	4.2×10^{17} 亿年

3. 公开密钥思想的提出

（1）单向函数

1976 年，狄菲和海尔曼在《密码学的新方向》一文中，提出采用"单向函数"来设计公钥体制的思路。所谓"单向函数"，是指加密函数 E 和解密函数 D 的运算都容易实现，但由 E 求其逆运算 D 却非常困难。这样，即使把加密函数 E 和具体的加密与解密的算法过程都公开，如果不知道解密函数 D，把密文解密成明文的计算也无法实现。单向函数是公钥体制的基础。

（2）公钥体制的基本思想

在公钥体制中，密钥管理中心为每个用户设计一对密钥——加密密钥和解密密钥，加密密钥可以公开，称为公钥；解密密钥由用户自己秘密保管，称为私钥。每个用户与其他任何一个用户的密钥都不相同，在他拥有的一对密钥中，公钥与私钥也不相同，而且由公钥推导出私钥也绝不可行。但它们又密切联系着：用公钥加密的信息只能用与之配对的私钥才能解密，用私钥加密的信息也只能用与之配对的公钥才能解密。

6.3.2　公钥体制工作原理（Principle of Public Key Infrastructure）

设某公司的 n 个用户要进行保密通信，密钥管理中心分别为每个用户 $A_i (i=1,2,\cdots,n)$设计一对密钥(E_i, D_i)，将公钥 E_i 汇编成公钥簿供所有用户查找，将私钥 D_i 秘密提供给

用户 A_i 使用并由 A_i 秘密保管。当某用户要发信息 x 给用户 A_i 时,先在公钥簿上查找到 A_i 的公钥 E_i,用它将明文信息 x 加密成密文信息 $y = E_i(x)$,然后通过公开信道发给 A_i。 A_i 收到密文信息 y 后,用私钥 D_i 作用于 y:

$$D_i(y) = D_i(E_i(x)) = x \tag{6-7}$$

由于用 A_i 的公钥 E_i 加密的密文信息只有用 A_i 的私钥 D_i 才能解密成明文信息,所以即使密文信息被他人截获,也无法解密成明文,因而保证了公钥体制通信的安全性,是公钥体制安全的基本原理。

在前述 2000 个用户秘密通信的问题中,假如采用公钥体制,由于 1 个用户只需要拥有 1 对密钥,所以整个通信系统只需 2000 个密钥对,每个用户也需记忆与保管属于自己的 1 个私钥就行,与前述相应的 1 999 000 对和 1999 对相比,分别减少了近 1000 倍和近 2000 倍!

1. RSA 公钥体制的基本原理

其实,由狄菲和海尔曼提出的公钥体制只是一种思想,他们开创性的论文引进了密码学的一种新方法,但同时也给密码学专家提出了一个挑战性的问题:能否设计一个满足公钥体制要求的加密与解密的算法? 1977 年,美国麻省理工学院的 Rivest、Shamir 和 Adleman (见图 6-5)联合设计出著名的 RSA 公钥体制。这种以他们姓氏首字母命名的密钥体制的主要数学基础是 RSA 定理,该定理牵涉较多的数论知识。下面先来做些简单的数论方面的准备,以便理解 RSA 的工作原理。

图 6-5　RSA 的发明人(从左至右依次为 Ron Rivest, Adi Shamir, Leonard Adleman,摄于 1978 年)

2. RSA 定理相关的数论知识

(1) 一个大于 1 的整数 p,如果除 1 和它本身外没有其他正整数因数,则称 p 是素数。

(2) 若整数 a、b 的最大公因数为 1(记为 $(a, b) = 1$),称 a、b 互素。

(3) 设 n 为正整数,a 和 b 为整数,如果 a 和 b 被 n 除后的余数相同,称 a 和 b 模 n 同余,记为 $a \equiv b (\bmod n)$,称此式为同余式。n 能整除 a 一般可用同余式 $a \equiv 0 (\bmod n)$ 表示。

两个整数 a、b 模 n 同余的等价说法有:a 和 b 被 n 除余数相同;a 和 b 在模 n 的同一个剩余类中;$a - b$ 能被 n 整除;存在整数 s,使得 $a = sn + b$。

6.3.3　RSA 算法(RSA Algorithm)

1. 定理

设 p、q 是不同的素数,$n = pq$,记

$$\varphi(n) = (p-1)(q-1) \tag{6-8}$$

如果 e、d 是与 $\varphi(n)$ 互素的两个正整数,并满足

$$ed \equiv 1 (\bmod \varphi(n)) \tag{6-9}$$

则对于每个整数 x,都有

$$x^{ed} \equiv x (\bmod n) \tag{6-10}$$

2. RSA 公钥体制的原理

以下是 RSA 公钥体制实施的步骤，会帮我们理解它的基本原理。

（1）取两个超过 100 位（十进制）的大整数 p 和 q，求出

$$n = pq \tag{6-11}$$

$$\varphi(n) = (p-1)(q-1) \tag{6-12}$$

（2）选一个与 $\varphi(n)$ 互素的正整数 e，解同余方程

$$ed \equiv 1 (\mathrm{mod}\ \varphi(n)) \tag{6-13}$$

得到解 d，则 $\{e, d\}$ 是可供一个用户使用的密钥对。其中 e 为公钥，d 为私钥。

（3）构造两个定义域为 $\{0, 1, 2, \cdots, n-1\}$ 的函数：

$$E(x) = x^e (\mathrm{mod}\ n) \tag{6-14}$$

$$D(x) = x^d (\mathrm{mod}\ n) \tag{6-15}$$

其中 $E(x)$ 为加密函数，$D(x)$ 为解密函数。

（4）根据 RSA 定理，有

$$D(E(x)) = D(x^e) = (x^e)^d = x^{ed} \equiv x (\mathrm{mod}\ n) \tag{6-16}$$

即在 $D(x)$ 和 $E(x)$ 的作用下，经加密和解密后，明文信息 x 变换为密文 y 后又恢复为明文 x。所以 $E(x)$ 和 $D(x)$ 是互逆的。

（5）把供某用户使用的私钥 d 交该用户，并将其公钥 e 和 n 公开，$\varphi(n)$ 则由密钥制作者秘密保管。

（6）别的用户要与该用户秘密通信时，先将明文信息 x 用该用户的公钥 e 建立的加密函数 $E(x)$ 加密，得密文

$$y = E(x) \equiv x^e (\mathrm{mod}\ n) \tag{6-17}$$

该用户收到密文 y 后，用自己的私钥 d 建立解密函数 $D(x)$ 解密，得明文

$$x = D(y) \equiv y^d (\mathrm{mod}\ n) \equiv (x^e)^d \equiv x^{ed} \equiv x (\mathrm{mod}\ n) \tag{6-18}$$

为什么这里构建的加密函数 $E(x) \equiv x^e (\mathrm{mod}\ n)$ 是单向函数？

因为 n 是具有素因数 p 与 q 的很大的整数，所以即使知道 n，也极难求出 p 和 q，从而也无法得到 $\varphi(n)$。因此在能查到公钥 e 的情况下，也不能建立同余方程 $ed \equiv 1 (\mathrm{mod}\ n)$，不能得到私钥 d。故 $E(x) \equiv x^e (\mathrm{mod}\ n)$ 为单向函数。

3. RSA 公钥体制的实施举例

RSA 公钥体制中，单向函数的构造基于大整数 n 因数分解的困难，因而 n 的两个因数 p 与 q 都应取大素数。为便于理解，选取两个较小的素数来说明该体制的实施。

例：给定两个素数 $p = 13$ 和 $q = 17$，

（1）试为用户 A_1 和 A_2 设计 RSA 公开密钥；

（2）用户 A_1 要把信息 $x = 3$ 加密后发送给用户 A_2，试把加密通信过程详细写出；

解：（1）计算得

$$n = pq = 13 \times 17 = 221$$

$$\varphi(n) = (p-1)(q-1) = 12 \times 16 = 192$$

随机选取与 192 互素，且满足 $1 < e_1, e_2 < 192$ 的正整数 $e_1 = 7, e_2 = 13$，分别建立同余方程

$$e_1 x \equiv 1 (\mathrm{mod}\ \varphi(n)), \quad 即 \quad 7x \equiv 1 (\mathrm{mod}\ 192) \qquad ①$$

$$e_2 x \equiv 1 (\mathrm{mod}\ \varphi(n)), \quad 即 \quad 13x \equiv 1 (\mathrm{mod}\ 192) \qquad ②$$

解同余方程①得

$$7x \equiv 1 (\mathrm{mod}\ 192) \equiv 193 \equiv 385 (\mathrm{mod}\ 192)$$

因为 7 与 192 互素,根据消去律得

$$x \equiv 55 (\mathrm{mod}\ 192)$$

类似地解同余方程②得

$$x \equiv 133 (\mathrm{mod}\ 192)$$

即 $d_1 = 55, d_2 = 133$。

将密钥 $\{e_1, d_1\} = \{7, 55\}, \{e_2, d_2\} = \{13, 133\}$ 分别提供给用户 A_1 和 A_2 使用,并将 $n = 221, e_1 = 7, e_2 = 13$ 公开,$d_1 = 55, d_2 = 133$ 分别是用户 A_1 和 A_2 的私钥,由各自秘密保管,$\varphi(n) = 192$ 则由密钥制作者秘密保管。

(2) A_1 在公钥簿上查到 A_2 的公钥 $e_2 = 13$,得到加密函数

$$E_2(x) \equiv x^{13} (\mathrm{mod}\ 221)$$

对信息 $x = 3$ 加密,得密文

$$y = 3^{13} (\mathrm{mod}\ 221)$$

因为

$$3^2 \equiv 9 (\mathrm{mod}\ 221), \quad 3^4 \equiv 9 \times 9 \equiv 81 (\mathrm{mod}\ 221),$$
$$3^8 \equiv 81 \times 81 \equiv 6561 \equiv 152 (\mathrm{mod}\ 221)$$

所以密文

$$y = 3^{13} \equiv 3^{8+4+1} \equiv 152 \times 81 \times 3 \equiv 29 (\mathrm{mod}\ 221)$$

A_1 密文 $y = 29$ 发出。

A_2 收到密文 $y = 29$ 后,用自己的私钥 $d_2 = 133$ 得到解密函数

$$D_2(x) \equiv x^{133} (\mathrm{mod}\ 221)$$

用之解密得明文

$$x = D_2(y) \equiv y^{133} (\mathrm{mod}\ 221) \equiv 29^{133} (\mathrm{mod}\ 221)$$

用与上述同样的方法计算得出

$$29^4 \equiv 81 (\mathrm{mod}\ 221), \quad 29^{128} \equiv 35 (\mathrm{mod}\ 221)$$

得到

$$x = 29^{133} = 29^{128+4+1} \equiv 35 \times 81 \times 29 \equiv 3 (\mathrm{mod}\ 221)$$

A_2 就得到了明文信息 $x = 3$。

4. RSA 算法的时间复杂性

RSA 算法的时间复杂性取决于它所设计的几个基本运算的时间复杂性。

密钥生成过程时间主要是生成随机素数的时间及计算公钥和私钥的模乘法的时间。生成随机素数的时间在于完成对随机大数的测试时间,时间复杂度为

$$O((\log_2 n)^3) \tag{6-19}$$

式中,n 为所测试的整数。

模乘法的计算方法采取先计算两个数的乘积,再取模 n,时间复杂性为

$$O((\log_2 n)^2) \tag{6-20}$$

RSA 加密解密计算的时间主要是模幂运算的时间,即形式为 $x^c \bmod n$ 的函数运算时间。模幂算法采取平方乘算法,设 l 是 c 的长度,则计算 $x^c \bmod n$ 至多需要 $2l$ 次模乘法,

因为

$$l \leqslant \lceil \log_2 n \rceil + 1 \tag{6-21}$$

所以模幂运算能在时间 $O((\log_2 n)^3)$ 内完成。因此，RSA 的加密和解密均可在多项式时间内完成。

6.4　报文鉴别（Message Authenticating）

6.4.1　报文鉴别的意义（Purpose of Message Authenticating）

在信息安全领域中，对付被动攻击的重要措施是加密，而对付主动攻击中的篡改和伪造则要用报文鉴别（message authentication）的方法。报文鉴别是一种过程，它使得通信的接收方能够验证所收报文（发送者和报文内容、发送时间、序列等）的真伪。

使用传统的加密方法就可达到报文鉴别的目的。如果能确信只有报文的发送者和接收者才知道所用的加密密钥，那么可以推断，只有发送者才能制作此秘密报文。若报文内容还包括时间戳和序号，这就可以用来鉴别这一报文。

因前面已讨论了各种加密方法，所以本节所要讨论的报文鉴别是不基于报文加密的。在网络的应用中，许多报文并不需要加密。例如，通知网络上所有的用户有关网络的一些情况，或网控中心发出的某种告警信号。若不将报文加密而让接收报文的目的站来鉴别报文真伪，则这种方法既便宜又可靠。对于不需要加密的报文进行加密和解密，会使计算机增加很多不必要的额外负担。这是因为在使用硬件加密时，费用并不会很便宜，而使用软件进行加密时，往往会耗费很长的时间。但传送明文时，应使接收者能用很简单的方法鉴别报文的真伪。

6.4.2　报文鉴别码（Message Authentication Code）

报文鉴别的一种方法是使用报文鉴别码（message authentication code，MAC）。报文鉴别码是用一个密钥生成的一个小的数据块追加在报文的后面。这种技术是假定通信的双方（例如用户 A 和用户 B）共享一个密钥 K。当用户 A 向用户 B 发送报文 M 时，就根据此密钥和报文计算出报文鉴别码：

$$\text{MAC} = F(K, M) \tag{6-22}$$

这里 F 就是加密算法的某一函数。当报文与其报文鉴别码一起传送到用户 B，用户 B 用收到的报文（不包括报文鉴别码），使用同样的密钥 K，再计算一次报文鉴别码，并与收到的报文鉴别码相比较。如一致，则鉴别此报文是真的。报文鉴别过程见图 6-6。

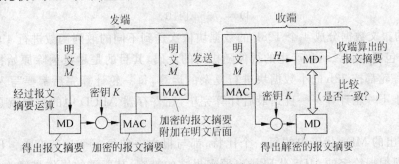

图 6-6　报文鉴别过程

有不少算法可用来生成报文鉴别码,例如 DES 算法就可以生成报文鉴别码,这时可使用密文的最后若干个比特(如 16b 或 32b)作为报文鉴别码。

值得注意的是,生成报文鉴别码的过程与加密的过程十分相似。但区别是,鉴别算法不进行反向计算。也就是说,对 MAC 不进行类似加密过程的反向计算。由于鉴别函数的这一特点,鉴别是较难攻破的。

6.4.3 MD5 报文摘要算法(MD5 Message Digest Algorithm)

在 1992 年(RFC 1321)公布了 MD 报文摘要算法的细节,这是 Rivest(即 RSA 中的第一个人"R")提出的第 5 个版本的 MD。此算法可对任意长的报文进行运算,然后得出 128b 的 MD 代码。

MD5 算法的大致过程如下:

(1)先将任意长的报文(Mb)按模 2^{64} 计算其余数(64b),追加在报文的后面。这就是说,最后得出的 MD 代码已包含了报文长度的信息。

(2)在报文和余数之间填充 1~512b,使得填充后的总长度是 512 的整数倍。填充比特的首位是"1",后面都是"0"。

(3)将追加和填充后的报文分割为一个个 512b 的数据块,进行复杂的处理,如图 6-7所示。

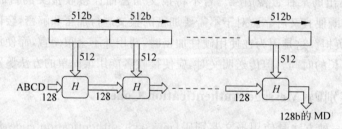

图 6-7　报文摘要 MD 的生成

(4)这里最为关键的就是散列函数 H。散列函数非常复杂,在此不作详细讨论,但 MD算法中散列函数中的每一步骤都是公开的。图中的 ABCD 是 4 个 32 位的寄存器,其十六进制初始值(低位字节在前)为

$$A = 01234567$$
$$B = 89ABCDEF$$
$$C = FEDCBA98$$
$$D = 76543210$$

512b 的报文数据分成 4 个 128b 的数据块依次送到不同的散列函数进行 4 轮计算(这里的变量还包括由正弦函数产生的很像随机码的乱码,其目的是尽量消除原始报文中的规律性)。每一轮都按 32b 的小数据块进行复杂的运算,每一轮计算完后都要写入 ABCD 寄存器,并用于下一轮计算。一直到最后计算完毕,在寄存器 ABCD 中的数据就是所要求的MD5 代码。

这样得出的 MD5 代码中的每一个比特,都与报文中的每一个比特有关。Rivest 提出一个猜想,即根据给定的 MD5 代码找出原来报文的难度,其所需的操作量级为 2^{128}。到目

前为止,还没有任何分析可以证明这种猜想是错误的。

MD5 已在 Internet 上大量使用。还有一种安全散列算法(secure hash algorithm,SHA)和 MD5 相似,但码长为 160b,比 MD5 多了 32b,它也是用 512b 长的数据块经过复杂的运算得出的。SHA 比 MD5 更安全(多了一个 2^{32} 的因子),但计算起来比 MD5 要慢些。

6.5　数字签名及公钥管理(Digital Signature and Public Key Management)

数字签名应该具有以下三个功能:接收方能够验证发送方声称的身份,发送方过后不能否认他发过报文,接收方不能够伪造报文。

6.5.1　数字签名(Digital Signature)

1. 对称密钥签名

这种方法需要一个所有用户都信任的中心机构,每个用户和这个机构有一个共享的秘密密钥,除此之外,该机构还有一个对任何用户都保密的密钥。当用户 A 希望向 B 发送一条签名的报文时,A 用与中心机构共享的秘密密钥对报文进行加密,发送给中心机构。中心机构解密后,用自己的密钥对报文进行加密形成签名,然后将签名附加在报文后面,再用与 B 共享的秘密密钥加密所有内容,发送给 B。为防止重放攻击,报文中还需要加上序号和时间戳。

对称密钥签名可以采用 DES、AES、IDEA 等算法。

2. 公开密钥签名

使用对称密钥签名需要一个大家都信任的中心机构,公开密钥签名没有这个限制,但使用公开密钥签名对公开密钥算法有一个额外的要求,就是必须满足

$$E(D(P)) = P \qquad (6\text{-}23)$$

当 A 希望向 B 发送一条签名的报文 P 时,他发送 $E_B(D_A(P))$,$D_A(P)$ 就是 A 的数字签名。B 用自己的私有密钥 D_B 解密 $E_B(D_A(P))$,保存好 $D_A(P)$,然后用 A 的公开密钥 E_A 解密 $D_A(P)$,得到 P。

RSA 数字签名算法,包括签名算法和验证签名算法。首先用 MD5 算法对信息作散列计算。签名的过程需用户的私钥,验证过程需用户的公钥。A 用签名算法将字符串形式的报文处理成签名;B 用验证签名算法验证签名是否是 A 对报文的签名,确认是 A 发送的报文;报文没有被篡改过;A 一定发送过报文。

3. 签名算法

签名算法包括:报文摘要计算和 RSA 加密。

(1) 报文摘要计算

报文在签名前首先通过 MD5 计算,生成 128b 的报文摘要。

(2) 对摘要作 RSA 计算

用加密算法,采用签名者的私钥加密报文摘要,得到加密后的字符串。

4. 验证签名算法

验证签名算法包括两步：RSA 解密得签名者的报文摘要，验证者对原报文计算摘要，比较两个报文摘要。验证签名的过程输入为报文、签名者的公钥和签名，输出为验证的结果，即是否是正确的签名。

（1）RSA 解密

签名实际是加密的字符串，采用签名者的公钥对这个加密的字符串解密，解密的结果应为 128b 的报文摘要。在解密过程中，若出现得到的加密块的类型不对，则解密失败，签名不正确。

（2）报文摘要计算和比较

验证者对报文用 MD5 算法重新计算，得到验证者自己的报文摘要。验证者比较解密得到的报文摘要和自己的报文摘要，如果两者相同，则验证成功，可以确认报文的完整性及签名确实为签名者的；否则，验证失败。

5. 通过加密报文摘要进行签名

以上两种签名方案将鉴别和保密混在了一起。有时候只想用签名来表示报文是有效的，而并不想对报文进行加密，将报文整个加密会增加很多的开销。将签名和保密区分开来可以使用报文摘要。发送方在计算出报文摘要后，使用对称密钥算法或公开密钥算法对其加密，就生成了数字签名。比如，中心机构在发给某用户的报文中用 KBB(A,t,MD(P)) 来代替 KBB(A,t,P)。实际中最常用的数字签名方法是用发送方的私钥对报文摘要进行加密。

采用公开密钥算法进行签名的有效性是建立在私钥保密的前提下的，一旦私钥泄露或被故意公开，则签名的有效性就不存在了，另外用户也可能会定期地改变他的密钥，因此需要有一个可信任的密钥管理机构来记录密钥的改变及改变的时间。

使用公开密钥算法的一个关键问题是如何可靠地发布公钥。如果只是将公钥简单地发布在一个可公开访问的文件中，那么很容易受到欺骗攻击。因此，为使公钥密码体系有实际应用，每个实体必须能够确定它得到的公钥确实来自声称的实体。

6.5.2　数字证书和公钥基础设施 PKI（Certificate and Public Key Infrastructure）

为了使密钥分发具有可扩展性，没有使用集中式的密钥分发中心，而是引入了证书机制，即用证书来证明某个主体（如个人、公司、组织等）拥有某个公钥，颁发证书的机构称为认证机构（certification authority，CA）。

数字证书的主要作用是将一个公钥绑定到一个主体上，证书本身并不需要保密，因此当一个主体获得证书后，可以将证书放在任何可公开访问的地方，比如他的主页上。由于证书上有 CA 的签名（对证书内容进行 SHA-1 散列，并用 CA 的私钥对报文摘要加密），因此任何人都无法篡改证书内容，攻击会被挫败。

尽管证书的标准功能是将一个公钥绑定到一个主体上，但证书也可以将一个公钥绑定到一个属性上，这一点在安全系统中特别有用，因为在安全控制中常常是基于属性而不是单个的主体来授予对资源的访问权限。当证书的持有者想要访问某个资源时，必须提交相关的证书。访问控制模块要对访问者进行认证，方法是选取一个随机的大数，用证书中的公钥加密后发给访问者，访问者用私钥解密后将这个随机数返回，访问控制模块检查这两个数是否相同，如果相同则说明访问者确实拥有这个证书，然后根据证书中携带的属性授予访问者相应的资源访问权限。

　　X.509 是通用的证书标准，它规定了证书的格式。证书中主要的一些域中，其中主体名字在第 3 版中可以使用 DNS 域名字，在扩展域中可以放入主体的属性。X.509 建立在公开密钥算法和数字签名的基础上，数字签名方案要求先使用一个散列函数，除此之外，X.509 没有规定必须采用哪种公开密钥算法（建议采用 RSA）和散列算法。

　　假如 A 和 B 进行通信，当 B 获得了 A 的公钥证书后，如果 B 有签发该证书的 CA 的公钥，则可用以下方法鉴别证书：B 用 CA 的公钥解开证书的签名，得到证书内容的散列码；然后 B 对收到的证书内容计算一个散列码；如果与解密得到的散列码相同，B 可以确信这就是 A 的公钥证书，而证书中的公钥就是 A 的公钥。

　　从可扩展性和安全性的角度出发，采用统一和集中式的 CA 签发证书是不合适的，目前采用的技术称为公钥基础设施 PKI。它包含由不同组织运行的 CA，每个 CA 拥有自己的私钥，负责为一部分用户签发证书。

　　PKI 由多个要素组成，包括用户、CA、证书和目录等。PKI 提供了一种组织这些要素的方法，并为各种文档和协议制定标准。PKI 的一种最简单的形式是分级的 CA 结构。它包括三个等级（实际情况可能与此不同），根 CA 证明第二级 CA，第二级 CA 证明第三级 CA，第三级 CA 向组织或个人颁发 X.509 证书。当根 CA 授权一个第二级 CA 时，它会生成一个 X.509 证书，声明批准这个 CA，证书中放入这个第二级 CA 的公钥，签名后发送给新的 CA。类似地，第二级 CA 授权一个第三级 CA 时，它也会生成并签名一个包含新 CA 公钥的证书，声明它批准这个 CA，然后将证书发送给新的 CA。PKI 的运行如图 6-8 所示。

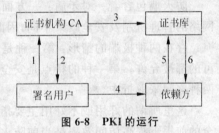

图 6-8　PKI 的运行

6.6　防火墙（Firewall）

　　随着计算机网络的广泛使用和网络之间信息传输量的急剧增长，一些机构和部门在得益于网络加快业务运作的同时，其上网的数据也遭到了不同程度的破坏，或被删除或被复制，数据安全性和自身利益受到了严重威胁。

　　Internet 的日益普及，Web 服务器的浏览访问，不仅使数据传输量增加，网络被攻击的可能性增大，而且由于 Internet 的开放性，网络安全防护的方式发生了根本性变化，使得安全问题更为复杂。传统的网络强调统一而集中的安全管理和控制，可采取加密、认证、访问控制、审计以及日志等多种技术手段，且它们的实施可由通信双方共同完成；而由于 Internet 是一个开放的全球网络，其网络结构错综复杂，因此安全防护方式截然不同。

　　Internet 的安全技术涉及传统的网络安全技术和分布式网络安全技术，且主要是用来解决如何利用 Internet 进行安全通信，同时保护内部网络免受外部攻击。在此情形下，防火墙技术应运而生。防火墙在网络中的位置和作用如图 6-9 所示。

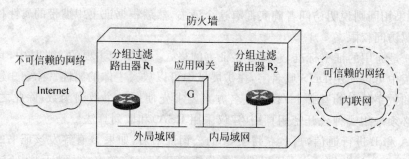

图 6-9　防火墙在网络中的位置

6.6.1　防火墙的概念(Fundamental Concepts of Firewall)

1. 何谓防火墙

防火墙是设置在被保护网络和外部网络之间的一道屏障,以防止发生不可预测的、潜在破坏性的侵入。它可通过监测、限制、更改跨越防火墙的数据流,尽可能地对外部屏蔽网络内部的信息、结构和运行状况,以此来实现网络的安全保护。

2. 防火墙的实质

防火墙包含着一对矛盾:一方面它限制数据流通,另一方面它又允许数据流通。由于网络的管理机制及安全策略不同,因此这对矛盾呈现出不同的表现形式。

存在两种极端的情形:第一种是除了非允许不可的都被禁止,第二种是除了非禁止不可的都被允许。第一种的特点是安全但不好用,第二种是好用但不安全,而多数防火墙都在两种之间采取折中。

这里所谓的好用或不好用主要指跨越防火墙的访问效率。在确保防火墙安全或比较安全的前提下提高访问效率是当前防火墙技术研究和实现的热点。

6.6.2　防火墙的类型(Classification of Firewall)

根据防范的方式和侧重点的不同,防火墙可分为三大类。

1. 数据包过滤

数据包过滤(packet filtering)技术是在网络层对数据包进行选择,选择的依据是系统内设置的过滤逻辑,被称为访问控制表(access control label,ACL)。通过检查数据流中每个数据包的源地址、目的地址、所用的端口号、协议状态等因素,或它们的组合来确定是否允许该数据包通过。包过滤方式的防火墙结构如图 6-10 所示。

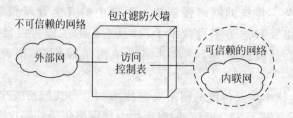

图 6-10　包过滤防火墙

数据包过滤防火墙逻辑简单,价格便宜,易于安装和使用,网络性能和透明性好,它通常安装在路由器上。路由器是内部网络与 Internet 连接必不可少的设备，因此在原有网络上增加这样的防火墙几乎不需要任何额外的费用。

数据包过滤防火墙的缺点有二：一是非法访问一旦突破防火墙，即可对主机上的软件和配置漏洞进行攻击；二是数据包的源地址、目的地址以及 IP 的端口号都在数据包的头部，很有可能被窃听或假冒。

包过滤防火墙可以过滤网络层和传输层分组数据：包过滤是所有防火墙中最核心的功能，进行包过滤的标准是根据安全策略制定的。通常情况下靠网络管理员在防火墙设备的访问控制表中设定。与代理服务器相比，它的优势是不占用网络带宽来传输信息。

包过滤规则一般存放于路由器的 ACL 中。在 ACL 中定义了各种规则来表明是否同意或拒绝数据包的通过，如图 6-11 所示。

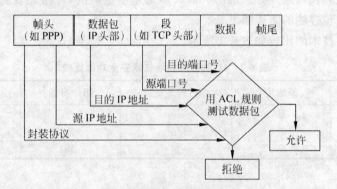

图 6-11　ACL 规则过滤传输层、网络层和链路层协议

如果没有一条规则能匹配，防火墙就会使用默认规则，一般情况下，默认规则要求防火墙丢弃该包。包过滤的核心是安全策略即包过滤算法的设计。

显然，这种常用的过滤路由防火墙是不安全的。它采取的安全政策属于"除了非禁止不可的都被允许"这种极端类型。

2. 应用级网关

应用级网关（application level gateways）是在网络应用层上建立协议过滤和转发功能。它针对特定的网络应用服务协议使用指定的数据过滤逻辑，并在过滤的同时，对数据包进行必要的分析、登记和统计，形成报告。实际中的应用网关通常安装在专用工作站系统上。

数据包过滤和应用网关防火墙有一个共同的特点，就是它们仅仅依靠特定的逻辑判定是否允许数据包通过。一旦满足逻辑，则防火墙内外的计算机系统建立直接联系，防火墙外部的用户便有可能直接了解防火墙内部的网络结构和运行状态，这有利于实施非法访问和攻击。

3. 代理服务

代理服务（proxy service）也称链路级网关或 TCP 通道，也有人将它归于应用级网关一类。它是针对数据包过滤和应用网关技术存在的缺点而引入的防火墙技术，其特点是将所有跨越防火墙的网络通信链路分为两段。防火墙内外计算机系统间应用层的"链接"，由两个终止代理服务器上的"链接"来实现，外部计算机的网络链路只能到达代理服务器，从而起到了隔离防火墙内外计算机系统的作用，如图 6-12 所示。此外，代理服务也对过往的数据包进行分析、注册登记,形成报告,同时当发现被攻击迹象时会向网络管理员发出警报,并保留攻击痕迹。

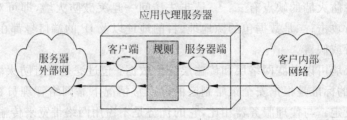

图 6-12　代理服务防火墙

应用级网关和代理服务方式的防火墙大多是基于主机的,价格比较贵,但性能好,安装和使用也比数据包过滤的防火墙复杂。

三种防火墙技术的比较如表 6-7 所示。

表 6-7　IP 三种防火墙技术安全功能比较

类　别	源地址	目的地址	用户身份	数据内容
包过滤	是	是	否	否
应用代理	是	是	是	是
电路级网关	是	是	是	否

习　题　6

6.1　被动安全威胁和主动安全威胁之间的区别是什么?

6.2　列举并解释 ISO 定义的 5 种标准的安全服务。

6.3　对称密钥体制与公钥密码体制的特点各如何? 各有何优缺点?

6.4　实体认证(身份认证)和报文认证的区别是什么?

6.5　公钥和私钥的作用是什么?

6.6　说明 DES 算法的主要步骤。

6.7　在 DES 算法中,密钥 K_i 的生成分几步?

6.8　在 RSA 中,n 表示两个素数乘积,e 表示加密钥,d 表示解密钥,则:

给出 $n=221$,$e=5$,计算出 d;

给出 $n=3937$,$e=17$,计算出 d;

给出 $p=19$,$q=23$,$e=13$,计算出 d。

6.9　已知 RSA 密码体制的公开密码为 $n=65$,$e=5$,试加密明文 $m=9$,通过求解 p、q 和 d 破译该密码体制。设截获到密文 $C=4$,求出对应的明文。

6.10　在 RSA 中,给出 $e=13$ 和 $n=100$,运用"00"~"25"表示字母"A"~"Z",并且用"26"表示空格,加密信息"HOW ARE YOU"。

6.11　在 RSA 中,给出 $n=12091$ 和 $e=13$,运用"00"到"26"编码方案加密信息"THIS IS TOUGH",然后再解密密文,求出原信息。

6.12　试述数字签名的原理。

6.13 试述实现报文鉴别和实体鉴别的方法。

6.14 什么是 MD5？

6.15 MD5 算法中，1000 位的信息经过处理后，要填充多少位？写出附加位的二进制表示。

6.16 什么是证书和 CA？X.509 证书包含哪些内容？

6.17 说明 PKI 的组成。

6.18 试述防火墙的工作原理和所提供的功能。

6.19 什么叫做网络级防火墙和应用级防火墙？

6.20 简述包过滤技术。

实验指导 6-1 网络常规加密 DES

一、实验目的

理解 DES 加密与解密的设计思想，编写 DES 加密与解密程序，初步掌握网络安全的编程能力。

二、实验原理

1. 算法

DES 使用一个 56b 的密钥以及附加的 8b 奇偶校验位，产生最大 64b 的分组大小。这是一个迭代的分组密码，其中将加密的文本块分成两半。使用子密钥对其中一半应用循环功能，然后将输出与另一半进行"异或"运算；接着交换这两半，这一过程会继续下去，但最后一个循环不交换。DES 使用 16 个循环，使用异或、置换、代换和移位操作四种基本运算。

2. 参考代码（由于篇幅限制，代码排版格式偏于紧凑，实际编程时注意代码结构化）：

```
#include    <memory.h>
#include    <stdlib.h>
enum{ENCRYPT,DECRYPT};
static char ip_table[64];              //64 位数据,初始置换表:IP
static char ipr_table[64];             //64 位数据,逆置换 IP 表
static char e_table[48];               //32 位数据扩展成位,E 位选择表
static char p_table[32];               //32 位数据,P 换位表
static char pc1_table[56];             //PC1 选位表
static char pc2_table[48];             //PC2 选位表,将位密钥压缩成位。
static char s_box[8][4][16];           //s 盒
static bool subkey[16][48];            //16 圈子密钥
static char loop_table[16]={1,1,2,2,2,2,2,2,1,2,2,2,2,2,2,1};              //左移位数表
void transform(bool * out,bool * in,const char * table,int len)
{   static bool tmp[256];
    for   (int i=0;i<len;i++)          tmp[i]=in[table[i]-1];
    memcpy(out,tmp,len);
}
```

```
void f_func(bool in[32],const bool ki[48])
{   int i,j,k,m;
    static bool mr[48];
    transform (mr,in,e_table,48);              //转换
    for (i=0;i<48;i++)      mr[i] ^=ki[i];
    for (i=0;i<8;i++)
        {j=(mr[0+6*i]<<1)+mr[5+6* i];
        K=(mr[1+6*i]<<3)+(mr[2+6* i]<<2)+(mr[3+6*i]<<1)+mr[4+6* i];
        for (m=0;m<4;m++)
            in[4*i+m]=(s_box[i][j][k]>>m);
        }
    transform(in,in,p_table,32);
}


void rotatel(bool * in,int len,int loop)
{   static bool tmp[256];
    memcpy(tmp,in,loop);
    memcpy(in,in+loop,len-loop);
    memcpy(in+len-loop,tmp,loop);
}
void DES_Init(void)                        //初始化,先生成各置换表
{   int i,j,k,m;
    //64 位明文,按下表初始换位值换,生成置换 IP 表,16 轮加密开始先进行初始置换
    for (i=0;i<32;i++)      ip_table[i]=66-(8 * (i+1)) %66;
    for (i=0;i<32;i++)      ip_table[i+32]=65-(8 * (i+1)) %66;
    //64 位密文,逆置换 IP 表,16 轮加密结束后,64 位数据进行逆置换
    for (i=0;i<64;i++)      ipr_table[ip_table[i]-1]=i+1;
    for (i=0;i<8;i++)                       //E 位选择表
        for (j=0;j<6;j++)
            e_table[i * 6+j]=1+((31+4 * i) %32+j) %32;
        for (i=0;i<8;i++)                 //s 盒
        for (j=0;j<4;j++)
          for (k=0;k<16;k++)
            do {s_box[i][j][k]=rand()%16;
                m=0; while (s_box[i][j][k] !=s_box[i][j][m++]);
                }while (m<=k);
    for (i=0;i<32;i++)
      do {p_table[i]=1+rand()%32;;
        m=0; while (p_table[i] !=p_table[m++]);
        } while (m<=i);
    //PC1 选位表
    for (i=0;i<28;i++)      pc1_table[i]=65-(8 * (i+1))%65;
    for (i=0;i<24;i++)      pc1_table[i+28]=63-(8 * i)%63;
    for (i=0;i<4; i++)      pc1_table[i+52]=28-8 * i;
    for (i=0;i<48;i++)                     //PC2 选位表
```

```
            do {pc2_table[i]=1+rand()%56;;
                m=0; while (pc2_table[i] !=pc2_table[m++]);
            } while (m<=i);
    }
void DES_run(char out[8],char in[8],bool type)
{    int i,j;
     static bool m[64],tmp[32],* li=&m[0],*ri=&m[32];
     for(int i=0;i<64;i++) m[i]=(in[i/8]>>(i%8))&1;        //字节变成比特
     transform(m,m,ip_table,64);
     if (type==ENCRYPT)                      //加密
         for    (i=0;i<16;i++)
                {memcpy(tmp,ri,32);
                    f_func(ri,subkey[i]);
                    for (j=0;j<32;j++)    ri[j]^=li[j];
                    memcpy(li,tmp,32);
                }
     else                             //解密
         for   (i=15;i> =0;i--)                //解密子密钥顺序与加密子密钥相反
                {memcpy(tmp,li,32);
                    f_func(li,subkey[i]);
                    for (j=0;j<32;j++)    li[j]^=ri[j];
                    memcpy(ri,tmp,32);
                }
     transform(m,m,ipr_table,64);
     memset(out,0,(64+7)/8);
     for (int i=0;i<64;i++) out[i/8] |=m[i]<<(i%8);            //比特变成字节
}
void DES_setkey(const char key[8])                    //计算子密钥
{   static bool k[64],
    * kl=&k[0],* kr=&k[28];
    for (int i=0;i<64;i++)   k[i]=(key[i/8] >>(i%8)) & 1;    //字节变成比特
    transform(k,k,pc1_table,56);
    for   (int i=0;i<16;i++)
            {rotatel(kl,28,loop_table[i]);
            rotatel(kr,28,loop_table[i]);
            transform(subkey[i],k,pc2_table,48);
            }
}
void main()
    {  char key[8]={1,9,8,0,9,1,7,2};
    char strs[ ]="HiWorld!",strd[]="    ",desstr[ ]="    ";
    DES_Init();DES_setkey(key);           printf("加密前：%s\n",strs );
    DES_run(desstr,strs,ENCRYPT);       printf("加密后：%s\n",desstr);
    DES_run(strd,desstr,DECRYPT);       printf("解密后：%s\n",strd );
    }
```

三、实验内容

编写 DES 加密与解密程序,分为客户端和服务器,客户端加密,服务器解密。双方约定一个密钥,一方将加密后的本人姓名存入文件中,将此文件发送给另一方。另一方将此文件中的姓名解密并显示出来。

四、实验方法与步骤

1. 分为客户端和服务器端,双方约定一个密钥。

2. 客户端输入自己的姓名,对姓名用 DES 加密后存入文件中,将带密码的文件发送给服务器端。

3. 服务器端接收到加密的文件后,将客户姓名解密,并显示出来。

4. 双方交换身份,重做步骤 1、2 和 3。

五、实验要求

1. 记录程序调试过程。
2. 写出源程序调用的主要函数名称、参数及功能。

六、实验环境

操作系统:Windows 或 Linux。

建议编程调试软件工具:VC 或 GCC。

实验指导 6-2　网络公钥加密 RSA

一、实验目的

理解 RSA 加密与解密的设计思想,初步掌握网络安全中非对称密码体系的编程方法。

二、实验原理

1. 算法

RSA 设明文分组 $m=(m_1,m_2,m_3,\cdots,m_k)$,相应的密文分组为 $c=(c_1,c_2,c_3,\cdots,c_k)$,$n$ 为两个大素数积,则按照 RSA 算法,有:

(1) 加密运算

$$c_i = m_i^e \pmod n, \quad i=1,2,3,\cdots,k$$

为了提高计算速度,可改成:

$$c_j = m_j + m_{j-1} \pmod n, \quad j=k,k-1,k-2,\cdots,2$$

$$c_1 = m_1^e \pmod n$$

(2) 解密运算

$$m_i = c_i^d \pmod n, \quad i=1,2,3,\cdots,k$$

为了提高计算速度,可改成:

$$m_1 = c_1^d \pmod{n}$$

$$m_j = c_j - m_j - 1 \pmod{n}, \quad j = 2,3,4,\cdots,k$$

2. 参考代码

```
int p,q;            //两个素数
int e,d;            //加密和解密密钥
int n,t;            //n=p*q,t=(p-1)(q-1)
int m,c;            //m是明文,n是密文
char sel='1';       //选择加密还是解密

printf("输入两个素数 p,q:");
scanf("%d,%d",&p,&q);
n=p*q;
printf("两个素数的乘积 n=%3d\n",n);
t=(p-1)*(q-1);
printf("欧拉函数Φ(n)=%3d\n",t);
printf("选择加密钥 e (要与Φ(n)互素):");
scanf("%d",&e);

d=1;
while  ((e*d)%t !=1) d++;
printf("解密钥 d=%5d\n",d);
while (sel!='0')
  {
  if  (sel=='1')
    {printf("输入明文(自然数)m:");
     scanf("%d",&m);
     c=1;
     while (e--!=0) c=(c*m)%n;
     printf("\n加密文:%4d\n",c);
    }
  if  (sel=='2')
    {printf("输入密文 c:");
     scanf("%d",&c);
     m=1;
     while (d--!=0)m=(m*c)%n;
     printf("\n解明文:%4d\n",m);
    }
  printf("输入明文、密文或结束(1/2/0):\n");
  sel=getchar();
}
```

三、实验内容

编写 RSA 加密与解密程序,分为客户端和服务器,客户端加密,服务器端解密。一方将

加密后的本人姓名存入文件中,将此文件发送给另一方。另一方将此文件中的姓名解密并显示出来。

四、实验方法与步骤

1. 分为客户端和服务器端,双方约定一个密钥。

2. 客户端输入自己的姓名,对姓名用 RSA 加密后存入文件中,将带密码的文件发送给服务器端。

3. 服务器端接收到加密的文件后,将客户姓名解密,并显示出来。

4. 双方交换身份,重做步骤 1、2 和 3。

五、实验要求

1. 记录程序调试过程。

2. 写出源程序调用的主要函数名称、参数及功能。

六、实验环境

建议操作系统:Windows 或 Linux。

建议编程调试软件工具:VC 或 GCC。

第**7**章

应用层（Application Layer）

应用层是 OSI 和 TCP/IP 参考模型中最靠近用户的一层，它直接提供文件传输、电子邮件、网页浏览等服务给用户。网络用户实际直接接触的网络协议是网络体系结构中的最高层——应用层，前面几章所讲的从物理层到传输层都是为应用层服务的。应用层在网络体系结构中的层次和功能如图 7-1 所示。

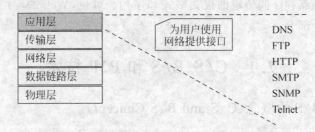

图 7-1　应用层在 TCP/IP 结构中的位置和作用

应用层也有很多不同的协议，以服务于用户对网络的不同需求。应用层最重要的协议是 HTTP（Hyper Text Transport Protocol），最重要的应用是 WWW（World Wide Web），起源于 1989 年 3 月欧洲粒子所 CERN，如图 7-2 所示。

构建一种网络应用时，首先需要决定应用的体系结构，应用的体系结构规定了在各种端系统上应如何组织应用程序。现代网络应用有 3 种主流的体系结构：客户/服务器体系结构、P2P 体系结构以及客户/服务器和 P2P 混合的体系结构。

在客户/服务器体系结构中，有一个总是打开的主机称为服务器，它在固定的、众所周知的地址上为其他称为客户机的主机提供服务，客户机之间不直接通信。经典的网络应用，如电子邮件、文件传输、远程访问、万维网等，都采用了这种体系结构。

在纯 P2P 体系结构中，没有一个总是打开的服务器，任意一对主机（称为对等方 peer）之间直接通信。对等文件共享采用了这种体系结构，任何主机都能向其他主机请求文件，也能向其他主机发送文件。每个

图 7-2　CERN 是 WWW 的发明地

主机的作用都像一台服务器,向它所在的共享文件社区贡献资源。在今天的因特网中,P2P 文件共享流量在所有流量中占了很大一部分。

混合体系结构同时使用客户/服务器结构和 P2P 结构,即时信息采用了这种结构。在即时信息中,两个聊天的用户之间通常是 P2P,即这两个用户之间发送的报文不通过总是打开的中间服务器。然而,一个用户在开始他的即时信息应用前必须在某个中心服务器上注册,当他要与联系人列表中的某个人聊天时,他的即时信息客户机要与中心服务器联系,以找出可以聊天的在线联系人。

除了确定应用的体系结构外,每一种应用还应规定相应的应用层协议。应用层协议定义了运行在不同端系统上的应用程序如何进行通信,包括它们之间交换的报文类型、各种报文类型的语法、各个字段的语义以及对各种报文的处理等。区分网络应用和应用层协议是很重要的,应用层协议只是网络应用的一部分。比如,Web 应用是一种客户/服务器应用,它允许客户机从 Web 服务器获取所需的文档。Web 应用有好几个组成部分,包括文档格式标准、Web 浏览器、Web 服务器程序以及一个应用层协议 HTTP,HTTP 定义了在浏览器程序和 Web 服务器程序间传输的报文格式和序列。可见,Web 的应用层协议 HTTP 只是 Web 应用的一个部分。

7.1　C/S、B/S 和 P2P 技术

7.1.1　C/S 和 B/S 的概念(C/S and B/S Concept)

1. 什么是 C/S 结构

现在大多数的分布式计算模型是基于 Client/Server 形式的。图 7-3 描述了一个典型的 Client/Server 架构。

图 7-3　客户服务器模式

这种架构下的工作模式是,客户机发出服务请求,服务器响应服务请求并提供服务。在 Internet 上存在着大量各种各样的服务器:Web 服务器、E-mail 服务器和 FTP 服务器等。Client/Server 架构是一种典型的中央集中式架构,整个网络服务都依存中央节点(服务器)而存在。如果没有服务器,网络的存在就没有价值。所以说无论有多少浏览器和用户存在,网络只有在存在 Web 服务器的情况下才能工作。C/S 模式是软件系统体系结构,通过它可以充分利用两端硬件环境的优势,将任务合理分配到客户端和服务器端来实现,降低了系统的通信开销。目前大多数应用软件系统都是 Client/Server 形式的两层结构,由于现在的软件应用系统正在向分布式的 Web 应用发展,Web 和 Client/Server 应用都可以进行同样的业务处理,应用不同的模块共享逻辑组件。因此,内部的和外部的用户都可以访问新的和现有的应用系统,通过现有应用系统中的逻辑可以扩展出新的应用系统。这也就是目前应用系统的发展方向。

传统的 C/S 体系结构虽然采用的是开放模式,但这只是系统开发一级的开放性,在特定的应用中无论是客户端还是服务器端都还需要特定的软件支持。由于没能提供用户真正

期望的开放环境,C/S 结构的软件需要针对不同的操作系统开发不同版本的软件,加之产品的更新换代十分快,已经很难适应百台电脑以上局域网用户同时使用。而且代价高,效率低。

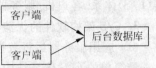

图 7-4   二层网络分布结构

C/S 结构采用二层网络分布结构,如图 7-4 所示。数据库在服务器上,应用程序在客户端上。这种模式由于网络的普及与发展,客户端上的应用程序的发布与更新升级的工作量越来越大,安全性也带来了一定的问题。因此,一种新的网络分布结构越来越多地用于互联网中。

2. 什么是 B/S 结构

B/S(Browser/Server)结构,即浏览器和服务器结构,它是随着 Internet 技术的兴起,对 C/S 结构的一种变化或者改进的结构。在这种结构下,用户工作界面是通过 WWW 浏览器来实现,极少部分事务逻辑在前端(浏览器)实现,但是主要事务逻辑在服务器端(服务器)实现,形成所谓三层结构。这样就大大简化了客户端电脑载荷,减轻了系统维护与升级的成本和工作量,降低了用户的总体成本。以目前的技术看,局域网建立 B/S 结构的网络应用,并通过 Internet/Intranet 模式下的数据库应用,相对易于把握,成本也是较低的。它是一次性到位的开发,能实现不同的人员、从不同的地点、以不同的接入方式(比如 LAN、WAN、Internet/Intranet 等)访问和操作共同的数据库;它能有效地保护数据平台和管理访问权限,服务器数据库也很安全。特别是在 JAVA 这样的跨平台语言出现之后,B/S 架构管理软件更是方便、快捷、高效。与传统的 C/S 模式相比,B/S 结构把处理功能全部移植到了服务器端,用户的请求通过浏览器发出,无论是使用还是数据库维护都比传统模式更加经济方便。而且使维护任务层次化:管理员负责服务器硬件日常管理和维护,系统维护人员负责后台数据库数据更新维护。

B/S 结构是真正的三层结构,它以访问 Web 数据库为中心,HTTP 为传输协议,客户端通过浏览器访问 Web 服务器和与其相连的后台数据库。其三级结构组成如图 7-5 所示,从左到右,分为三个层。

第一层是客户端即浏览器,主要完成客户和后台的交互及最终查询结果的输出功能。在客户端向指定的 Web 服务器提出服务器请求,Web 服务器用 HTTP 协议把所需

图 7-5   三层网络分布结构

文件资料传给用户,客户端接收并显示在 WWW 浏览器上。

第二层 Web 服务器是功能层,完成客户的应用功能,即 Web 服务器接受客户请求,并与后台数据库连接,进行申请处理,然后将处理结果返回 Web 服务器,再传至客户端。应用程序放在了 Web 服务器这一层。由于是集中储存,有利于应用程序的升级更新和发布。

第三层数据库服务器是数据层,数据库服务器应客户请求独立地进行各种处理。

由以上的比较分析可知,三层结构也可以理解为增加 Web 服务器的 C/S 模式。

从计算机软件技术的发展历史来看,经历了三个发展时期。首先,界面技术从 20 世纪的 DOS 字符界面到 Windows 图形界面(或图形用户界面 GUI),直至 Browser 浏览器界面三个不同的发展时期。其次,今天所有电脑的浏览器界面不仅直观和易于使用,更主要的是基于浏览器平台的任何应用软件其风格都是一样的,对使用者操作培训的要求不高,而且软件可操作性强,易于识别。再者,平台体系结构也从过去的单用户发展到今天的文件/服务器(F/S)体系、客户机/服务器(C/S)体系和浏览器/服务器(B/S)体系。

3. C/S 架构软件的优势与劣势

(1) 应用服务器运行数据负荷较轻。

最简单的 C/S 体系结构的数据库应用由两部分组成,即客户应用程序和数据库服务器程序,二者可分别称为前台程序与后台程序。运行数据库服务器程序的机器,也称为应用服务器。一旦服务器程序被启动,就随时等待响应客户程序发来的请求;客户应用程序运行在用户自己的电脑上,对应于数据库服务器,可称为客户电脑,当需要对数据库中的数据进行任何操作时,客户程序就自动地寻找服务器程序,并向其发出请求,服务器程序根据预定的规则做出应答,送回结果,应用服务器运行数据负荷较轻。

(2) 数据的储存管理功能较为透明。

在数据库应用中,数据的储存管理功能是由服务器程序和客户应用程序分别独立进行的。前台应用可以违反的规则,并且通常把那些不同的(不管是已知还是未知的)运行数据在服务器程序中不集中实现,例如访问者的权限,编号可以重复,必须有客户才能建立订单这样的规则。所有这些,对于工作在前台程序上的最终用户是"透明"的,他们无须过问(通常也无法干涉)背后的过程,就可以完成自己的一切工作。在客户服务器架构的应用中,前台程序不是非常"瘦小",麻烦的事情都交给了服务器和网络。在 C/S 体系下,数据库不能真正成为公共、专业化的仓库,它受到独立的专门管理。

(3) C/S 架构的劣势是高昂的维护成本且投资大。

首先,采用 C/S 架构要选择适当的数据库平台来实现数据库数据的真正"统一",使分布于两地的数据同步完全交由数据库系统去管理,但逻辑上两地的操作者要直接访问同一个数据库才能有效实现。有这样一些问题:如果需要建立"实时"的数据同步,就必须在两地间建立实时的通信连接,保持两地的数据库服务器在线运行,网络管理工作人员既要对服务器进行维护管理,又要对客户端进行维护和管理,这需要高昂的投资和复杂的技术支持,维护成本很高,维护任务量大。

其次,传统的 C/S 结构的软件需要针对不同的操作系统系统开发不同版本的软件,由于产品的更新换代十分快,代价高和低效率已经不适应工作需要。在 JAVA 这样的跨平台语言出现之后,B/S 架构更是猛烈冲击 C/S,并对其形成威胁和挑战。

4. B/S 架构软件的优势与劣势

(1) 维护和升级方式简单。

目前,软件系统的改进和升级越来越频繁,B/S 架构的产品明显体现着更为方便的特性。对一个稍微大一些的单位来说,系统管理人员如果需要在几百甚至上千部电脑之间来回奔跑,效率和工作量是可想而知的,但 B/S 架构的软件只需要管理服务器就行了,所有的客户端只是浏览器,根本不需要做任何的维护。无论用户的规模有多大、有多少分支机构都不会增加任何维护升级的工作量,所有的操作只需要针对服务器进行;如果是异地,只需要把服务器连接专网即可,实现远程维护、升级和共享。所以客户机越来越"瘦",而服务器越来越"胖"是将来信息化发展的主流方向。今后,软件升级和维护会越来越容易,而使用起来会越来越简单,这对用户人力、物力、时间、费用的节省是显而易见的、惊人的。因此,维护和升级革命的方式是"瘦"客户机、"胖"服务器。

（2）成本降低，选择更多。

大家都知道 Windows 在桌面电脑上几乎一统天下，浏览器成为了标准配置，但在服务器操作系统上 Windows 并不是处于绝对的统治地位。现在的趋势是凡使用 B/S 架构的应用管理软件，只需安装在 Linux 服务器上即可，而且安全性高。所以服务器操作系统的选择是很多的，不管选用哪种操作系统都可以让大部分人使用 Windows 作为桌面操作系统电脑不受影响，这就使得最流行的免费 Linux 操作系统快速发展起来，Linux 除了操作系统是免费的以外，连数据库也是免费的，这种选择非常盛行。

比如说很多人每天上网，只要安装了浏览器就可以了，并不需要了解网站的服务器用的是什么操作系统，而事实上大部分网站服务器确实没有使用 Windows 操作系统，但用户的电脑本身安装的大部分是 Windows 操作系统。

（3）应用服务器运行数据负荷较重。

由于 B/S 架构管理软件只安装在服务器端上，网络管理人员只需要管理服务器就行了，用户界面主要事务逻辑在服务器端完全通过浏览器实现，极少部分事务逻辑在前端（浏览器）实现，所有的客户端只有浏览器，网络管理人员只需要做硬件维护。但是，应用服务器运行数据负荷较重，一旦发生服务器"崩溃"等问题，后果不堪设想。因此，许多单位都备有数据库存储服务器，以防万一。

7.1.2　P2P 技术（Peer to Peer）

P2P 称为点对点技术或对等网络，它提出了一种对等网络模型，在这种网络中各个节点是对等的，具有相同的责任和义务，彼此互为客户端/服务器，协同完成任务。对等点之间通过直接互连共享信息资源、处理器资源、存储资源甚至高速缓存资源等，无须依赖集中式服务器资源就可以完成，与传统的 C/S 模式形成鲜明对比。P2P 技术主要指由硬件形成网络连接后的信息控制技术，表现形式在应用层上基于 P2P 网络协议的各种客户端软件。P2P 系统由若干互连协作的计算机构成，且至少具有如下特性之一：系统依存于边缘化（非中央式服务器）设备的主动协作，每个成员直接从其他成员而不是服务器的参与中受益；系统中的成员同时扮演服务器与客户端的角色；系统应用的用户能够意识到彼此的存在，构成一个虚拟或实际的群体。P2P 网络是互联网整体架构的基础，互联网最基本的 TCP/IP 协议并没有客户端和服务器的概念，在通信过程中，所有的设备都是平等的一端。

和 Client/Server 架构有一个显著的不同点是 P2P 架构是一种非集中架构，在网络中没有服务器或是客户机的概念，图 7-6 描述了 P2P 架构模型。对于网络中的每一个实体，都会被认为是一个对等点，它们拥有相同的地位，任何一个实体都可以请求服务（客户的特性）和提供服务（服务器的特性）。

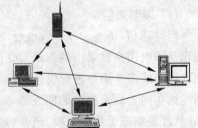

图 7-6　P2P 模型

可以看出，P2P 模式与 C/S 模式的拓扑结构明显不同，与传统的 Client/Server 模式相比，P2P 模式有明显的优点：

（1）资源利用率高，这也是 P2P 最主要的优点；

（2）节点越多网络越稳定，不存在瓶颈问题；

（3）信息在对等节点间直接交换，高速及时，降低中转成本；

（4）基于内容的寻址方式处于一个更高的语义层。

当然，P2P 也有许多不足之处。首先 P2P 缺乏管理机制，不像在 Client/Server 模式中只需要在中心点进行管理；其次 P2P 网络中数据的安全性难以保证；另外还存在吞噬网络带宽问题、版权问题；还有就是目前国际上还没有制定出一致的 P2P 标准，这对 P2P 技术进一步发展也是一个障碍。

表 7-1 具体给出了 P2P 模式与传统的 Client/Server 模式在多方面性能上的比较。

表 7-1　Client/Server 模式与 P2P 模式的比较

性能 ╲ 模式	C/S 模式	P2P 模式
信息所有权	服务器 server	端节点 peer
内容分组	领域	按主题或 peer 组
内容是否备份	一级镜像或站点	每个节点都可以是镜像站点
终端的主要行为	作为客户端	客户端；服务器
路由方式	通过路由器	通过路由节点
主要的连接点	中央服务器	节点组或集合节点
客户间的通信	由中央服务器调节	各节点间自我调节
可测量性	由服务器决定	受网络限制
增加新的客户	造成对服务器的资源请求需要	增加了有效的数据资源量
拒绝服务攻击	导致网站的倒闭	导致一个节点崩溃，也可能导致网络受破坏
内容管理和报文过滤	在服务器上进行	各节点自己决定

从应用类型角度可将 P2P 应用分为以下几种。

（1）P2P 文件共享

随着计算机的普及以及网络的飞速发展，人们越来越享受到网络带来的乐趣，其中主要一方面就是视频类文件的下载。视频类文件大致分娱乐类（电影、电视剧等）、教学类（教学录像等）类别，其共同特点是文件一般比较大（几百 MB 至几 GB 或者十几 GB 不等）。P2P技术的出现让人们有了更新、更酷的体验，利用集群进行下载的对等网络应用方式引领了视频类文件下载的新浪潮。

（2）即时通信

即时通信（instant messenger，IM）软件是目前我国上网用户使用率最高的 P2P 软件，无论是国内用户量第一的腾讯 QQ 还是微软的 MSN Messenger 都是大众关注的焦点，它们允许两个或多个用户进行快速、直接的交流，易于同非终端计算机设备进行通信，能让用户迅速地在网上找到自己的朋友或者工作伙伴，可以实时交谈和互传信息。而且，现在不少IM 软件还集成了数据交换、语音聊天、网络会议和电子邮件的功能。

（3）P2P 网络游戏

网络游戏采用 P2P 技术建立起分布小组服务模型，配以动态分配的技术，每个服务器的承载人数将在数量级上超过传统的服务器模式，这将大大提高目前多人在线交互游戏的性能；同时每个游戏用户成为一个对等节点，各个节点可以进行大量的点对点通信，从而减少服务器的通信任务，提高性能。

（4）P2P 流媒体应用

P2P 流媒体技术是在 P2P 文件共享之后业内最受关注的一类 P2P 应用，在网络电台、网络电视方面有很多应用，常见的有 PPLive、MySee 等网络电视软件。这些系统的运行首先需要流媒体的源，可以是流媒体文件如 wmv/rm/mp3 文件，也可以是其他流媒体服务器的输出内容如 Windows Media Server 输出的流。其次需要 P2P 的服务端软件来控制和转发媒体流，客户端则需要 P2P 的客户端来接收媒体流。由于系统资源消耗不多，采用普通的电脑就可以建立直播系统。

（5）P2P 网络电话

基于 P2P 技术的网络电话应用包括 IP Phone、Skype、Teltel 等，它们都采用信令、语音分离体系。信令流根据自己的协议体系集中完成寻址/定位、呼叫建立、呼叫拆除等工作，实时语音流直接在主叫与被叫之间流动。

（6）P2P 协同计算

P2P 协同计算又称为分布计算或对等计算，通过协调利用对等实体向外提供的计算能力来解决大型计算问题（如空间探测、分子生物计算、破译加密算法、芯片设计等）。本质而言，协同计算就是网络上 CPU 资源的共享。

（7）P2P 数据存储

数据存储类软件用于在网络上将文件分散化存放，而不像现在存放于专用服务器。这样既减轻了服务器负担，又增加了数据的可靠性和传输速率。

（8）P2P 数据搜索及查询

数据搜索及查询类软件用于在 P2P 网络中完成信息检索，由于对等网用户的联网方式、联网时间及使用的操作系统是多种多样的，所以，P2P 专用网上的数据搜索与现在互联网中数据存储在中央服务器的情况有所不同，必须要考虑动态地将当前 P2P 网络中各个节点的内容进行收集，并有效地向用户传递。

7.2 HTML、HTTP 和 Web（Hyper Text Markup Language，Hyper Text Transport Protocol & Web）

先介绍一下浏览器的结构。浏览器的主要组成部分为一组客户、一组解释程序以及管理这些客户和解释程序的控制程序。控制程序是其中的核心部件，它解释鼠标的单击和键盘的输入，并调用有关的组件来执行用户指定的操作。

例如，当用户用鼠标单击一个超链接的起点时，控制程序就调用一个客户从所需文档所在的远地服务器上取回该文档，并调用解释程序向用户显示该文档。

解释程序：HTML 解释程序是必不可少的，而其他的解释程序则是可选的。解释程序把 HTML 规格转换为适合用户显示硬件的命令来处理版面的细节。许多浏览器还包含 FTP 客户，用来获取文件传送服务，一些浏览器也包含电子邮件客户，使浏览器能够发送和接收电子邮件。

浏览器中的缓存：浏览器将它取回的每一个页面副本都放入本地磁盘的缓存中。当用户用鼠标单击某个选项时，浏览器首先检查磁盘的缓存。若缓存中保存了该项，浏览器就直接从缓存中得到该项副本而不必从网络获取，这样就会明显地改善浏览器的运行特性。但缓存要占用磁盘大量的空间,而浏览器性能的改善只有在用户再次查看缓存中的页面时才有帮助。许多浏览器允许用户调整缓存策略。

7.2.1 HTML(HyperText Markup Language)

超文本标记语言 HTML 中的 Markup 的意思就是"设置标记"。

HTML 定义了许多用于排版的命令(标签),HTML 把各种标签嵌入到万维网的页面中,这样就构成了所谓的 HTML 文档,是一种可以用任何文本编辑器创建的 ASCII 码文件。

HTML 文档:仅当 HTML 文档是以 .html 或 .htm 为后缀时,浏览器才对此文档的各种标签进行解释。如 HTML 文档改换以 .txt 为其后缀,则 HTML 解释程序就不对标签进行解释,而浏览器只能看见原来的文本文件。

当浏览器从服务器读取 HTML 文档后,就按照 HTML 文档中的各种标签,根据浏览器所使用的显示器的尺寸和分辨率大小,重新进行排版并恢复出所读取的页面。

元素(element)是 HTML 文档结构的基本组成部分,一个 HTML 文档本身就是一个元素。每个 HTML 文档由两个主要元素组成:首部(head)和主体(body)。首部包含文档的标题(title),以及系统用来标识文档的一些其他信息,标题相当于文件名。文档的主体是 HTML 文档的最主要的部分,主体部分往往又由若干个更小的元素组成,如段落(paragraph)、表格(table)和列表(list)等。

HTML 的标签:HTML 用一对标签(即一个开始标签和一个结束标签)或几对标签来标识一个元素。开始标签由一个小于字符"<"、一个标签名和一个大于字符">"组成,结束标签和开始标签的区别只是在小于字符的后面要加上一个斜线字符"/"。虽然标签名并不区分大写和小写,有一些标签可以将结束标签省略。

1. 链接到其他网点上的页面

定义一个超链的标签是<A>。字符 A 表示锚(anchor)。

在 HTML 文档中定义一个超链接的语法是:

```
<A HREF="...">X</A>
```

链接举例:

```
<A HREF="http://www.edu.cn">中国教育和科研计算机网</A>
```

2. 链接到一个本地文件

远程链接:超链接的终点是其他网点上的页面。

本地链接:超链接指向本计算机中的某个文件。

本地链接可进行许多的简化:

- 协议(http://)被省略——表明与当前页面的协议相同。
- 主机域名被省略——表明是当前的主机域名。
- 目录路径被省略——表明是当前目录(对于远程链接,表明是主机的默认根目录)。
- 文件名被省略——表明是当前文件(对于远程链接,表明是对方服务器上默认的文件名,通常是一个名为 index.html 的文件)。
- 相对路径名与绝对路径名:使用简化的 URL,在 HREF＝的后面使用的是相对路径名。使用完整的 URL 则是使用绝对路径名。使用相对路径名的好处不仅是可以少输入一些字符，而且也便于目录的改动。

3. HTML5

目前的 HTML 版本是 HTML4，是 20 世纪 90 年代末开发的，是十几年来互联网 Web 页面设计和浏览的主要技术，而 HTML5 是 HTML4 的升级版，它比 HTML4 增加了许多新的技术。HTML5 每一个"特性"都是一套 API，下面是部分新增的 API。

（1）Canvas——2D 绘图 API

应用场景：游戏、地图、应用服务展示层。

浏览器向来是文档型界面的天下，而绘图 API 的引入则把 Web 界面引入另外一个世界。标签＜canvas＞是参考其他绘图引擎设计的一套 API，只提供一些常用的绘图接口，开发者可以用＜canvas＞做任何表现层可以做的事情：动画引擎、交互界面等，可以制作一款＜canvas＞版的游戏引擎。

（2）Video——视频处理 API

应用场景：视频播放、视频处理应用。

标签＜video＞其实也就是浏览器内置解码器，以及开放部分图形处理的能力（比如视频截图），它是移动设备上网络视频播放的 Flash 的替代方案，然而如果要让网站支持 HTML5 视频播放，主要工作还是把视频文件编码成用户浏览器支持的格式。

（3）Audio——音频播放 API

应用场景：音乐播放器、游戏、乐器软件以及其他所有需要音效的地方。

除了借助插件或者一些特定的浏览器接口，以前的网页是无法播放声音的，而今标签＜audio＞提供了音频播放的能力，每个浏览器都有默认的＜audio＞播放器外观，当然也可以利用它的 API 自己实现一个播放器外观。

（4）SVG——可扩展矢量图形（Scalable Vector Graphics）

应用场景：可编程图形场景、图表、机械、工业设计。

SVG 是一种使用 XML 来表示矢量图形的 Web 解决方案，W3C 早在 2000 年的时候就已经制定了标准，后来经过一部分的修改重新定义后纳入 HTML5 标准。在 Web 上，SVG 可以作为一种替代像素图片开发网页图标（缩放后不会出现锯齿），由于是 XML 文本的形式，它可以嵌入到页面中，也可以以单独文件的形式存在，有极高的压缩比。

（5）MathML——数学公式标记语言

应用场景：科教应用。

MathML 是一种用 XML 标示数学公式的一套标记应用，早在十几年前就被制定，后来纳入 HTML5 标准，以前只有一些专门的科教类软件使用，现在浏览器也可以解析和显示以下公式：

$$x = \frac{-b \pm \sqrt{b^2 - 4ac}}{2a} \tag{7-1}$$

（6）WebSocket

应用场景：网络游戏、即时通信、推送业务。

（7）Webcam API——摄像头 API

（8）二进制数据操作

Javascript 中并没有原生数据流处理对象，而现在 HTML5 标准中已经出现了对二进制数据处理的 API,这也是 Web 应用越来越接近本地应用的一个重要标志。

(9) 表单控件

应用场景:简化程序复杂度,统一表单开发体验。

HTML4 的时代,Web 上大概只有 10 种表单控件,HTML5 标准增加了 20 种左右,包括输入数字、日期、邮件地址、颜色选择器、搜索框等。

(10) 地理位置定位

应用场景:地图类应用、微聊等。

一个通过获得用户所在地的地理经纬度的接口,在不同的设备上有不同的实现方法,如一般的 PC 是使用 IP 定位(不准确,如果不联网无法获取),而支持 GPS 的手机则可以获得更加精确的位置(不需要接入互联网)。

(11) 本地存储

应用场景:为复杂的应用程序提供存储控件。

它是一个以哈希表的形式提供简单存储的 API,工作方式如:本地存储[关键字]=值;允许每个网站(域名)存储 5MB 大小的数据,数据没有过期的时间。

7.2.2　HTTP(HyperText Transfer Protocol)

HTTP(Hypertext Transfer Protocol)是 Internet 上使用得最为广泛的一种协议,是基于超文本(hypertext)方式的。客户与服务器之间的通信按照 HTTP 的协议进行,它将 Internet 上不同地点的相关数据信息有机地编制在一起。WWW 就是利用 HTTP 协议的 Internet 上最广泛的一种应用,用户只需提出查询要求,而到什么地方查询和如何查询则由 WWW 自动完成。WWW 除了可浏览文本信息外,还可通过相应的 Mosaic 软件显示与文本内容相配合的图形、图像和声音等信息。

HTTP 是基于客户/服务器模式,即服务器负责数据、图像等的存储、维护与管理,客户端则负责人-机界面操作送出请求及取回数据。WWW 服务器上存放各种 HTML 语言编写的超文本超媒体文件,在阅读的同时可以一并获取文内提及的相关信息。也就是说,文中插有链接到其他文件的指针,只要在其上单击鼠标,就会呈现出所链接的关联文件的内容。超文本的这种写作方式,既能提供丰富的信息,又不会造成重点的混杂。所谓超媒体,是指文件中既可以有文字信息,又可以有图像、声音、影像等信息。

客户端则是各种能够处理 HTML 文件的浏览器。当运行一个浏览器时,用户通过输入一个称为 URL(uniform resource locator,统一资源地址)的 WWW 地址来指定其想要看的 Web 页。由浏览器向服务器指定数据类型,随后由服务器取出该页,并把数据动态地转换成客户指定的格式。如果不能转换成指定的格式,服务器送回一个适当的错误信息。这个过程叫做"格式协商"。最后,服务器把 Web 页数据以客户指定的方式传给客户,并且等待下一个请求。在这种方式下,一个服务器能为许多不同的客户抽取多个 Web 页,并且将客户请求排队。

超文本传输协议(HTTP)版本 1.1 是目前互联网正在使用的标准,其描述见 RFC 2616。旧的 HTTP 1.0 是一个指示性协议,RFC 1945 对它进行了描述。HTTP 基于请求—响应活动。客户端运行浏览器应用程序以请求的形式发送一个请求到服务器。服务器用一个状态行做出响应,包括信息的协议版本以及成功或者错误代码,后面跟着一个报文,它包含服务器信息、实体信息和可能的内容。HTTP 报文分为请求报文和响应报文,其格式如表 7-2 所示。

表 7-2　HTTP 报文的通用格式

请 求 报 文	响 应 报 文	请 求 报 文	响 应 报 文
Request line 请求行	Response line 状态行	Entity header 实体首部	Entity header 实体首部
General header 通用首部	General header 通用首部	Entity body 实体主体	Entity body 实体主体
Request header 请求首部	Response header 响应首部		

请求报文的具体格式如图 7-7 所示。响应报文将请求行换为响应行,"URL"和"版本"字段换为"状态码"和短语。

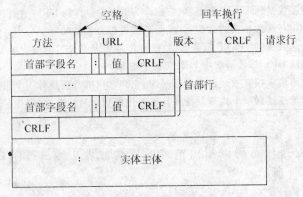

图 7-7　请求报文的格式

1. 报文头

HTTP 报文头字段为如下形式之一:

- 一般报文头
- 请求报文头
- 响应报文头
- 实体报文头
- 报文体:若未用传输编码,报文体称为实体
- 报文长度

2. 一般报文头

一般报文头字段既可以用于请求报文,又可以用于响应报文。当前的一般报文头字段选项如下:

- 缓存控制(Cache-Control)
- 连接(Connect)
- 日期(Date)
- 标记(Pragma)
- 传输编码(Transfer-Encoding)
- 升级(Upgrade)
- 通过(Via)

3. HTTP 方法

HTTP 方法是 HTTP 客户机向服务器发出的命令。HTTP 1.0 版本仅定义了三种方法,HTTP 1.1 版本对其作了扩充,增加了 OPTIONS 方法,它允许客户端获取一个服务器支持的方法列表。为了与未来的协议规范兼容,HTTP 1.1 在请求报文中包含了 Upgrade 头域,通过该头域,客户端可以让服务器知道它能够支持的其他备用通信协议,服务器可以据此进行协议切换,使用备用协议与客户端进行通信。表 7-3 为 HTTP 1.1 版协议所提供的方法。

表 7-3　HTTP 方法

方 法	描　　述
GET	提取请求中包含的 URI 所标识的信息
HEAD	提取与目标 URI 相关的元信息
POST	发送数据到 HTTP 服务器(数据作为请求中包含的 URI 所标识的源的一个新从属)
OPTIONS	确定与资源相关的选项和/或要求或者服务器的功能
PUT	发送数据到 HTTP 服务器(数据应该存储于 POST 请求中指明的 URI)
DELETE	删除 DELETE 请求中 URI 定义的资源
TRACE	调用请求报文的远程应用层回送,允许客户机看到是哪一个服务器从客户机接收
CONNECT	用于连接到一个代理设备并且通过代理到达最终节点(例如:SSL 通道)

4. 状态码

HTTP 服务器发送状态码以指出请求的成功或者失败。HTTP 1.1 版本定义的 HTTP 状态码如表 7-4 所示。

表 7-4　HTTP 状态码

1xx:报告类		2xx:成功类		3xx:重定向类		4xx 客户机错误类		5xx 服务器错误类	
状态码	定义	状态码	定义	状态码	定义	状态码	定义	状态码	定义
100	继续	200	认可,同意	300	多重选择	400	错误请求	500	服务器内部错
101	关闭协议	201	已建立	301	永久被移动	401	非授权的	501	未执行
		202	已接受	302	已找到	402	要求付费	502	错误的网关
		203	不可信信息	303	参见	403	禁止	503	服务器不可用
		204	无内容	304	未修改	404	未找到	504	网关超时
		205	复位内容	305	使用代理	405	方法不允许	505	HTTP 版本不支持
		206	部分内容	306	(保留)	406	未被接受		
				307	临时重定向	407	要求代理证明		
						408	请求超时		
						409	冲突		
						410	离开的		
						411	要求长度		
						412	前提失败		
						413	请求实体太大		
						414	请求 URI 太长		
						415	不支持的介质类型		
						416	请求的范围不满足		
						417	预期失败		

基于 HTTP 协议的客户机访问包括 4 个过程，分别是建立 TCP 套接字连接、发送 HTTP 请求报文、接收 HTTP 应答报文和关闭 TCP 套接字连接。

（1）创建 TCP 套接字连接

客户端与 Web 服务器创建 TCP 套接字连接，其中 Web 端服务器的地址可以通过域名解析确定，Web 端的套接字侦听端口一般是 80。

（2）发送 HTTP 请求报文

客户端向 Web 服务端发送请求报文，HTTP 协议中请求报文的方法描述了对指定资源执行的动作，常用的方法 GET、HEAD 和 POST 等 3 种，它们的含义如表 7-3 所示。

GET 从 Web 服务器中获取对象，不同类型的对象将获取不同的信息，比如：

① 文件类型对象，获取该文件的内容。

② 程序类型对象，获取该程序执行的结果。

③ 数据库查询类型对象，获取查询结果。

HEAD 要求服务器查找对象的元信息。

POST 从客户端向 Web 服务器发送数据。

"实体头信息"中记载了报文的属性，利用这些信息可以实现客户端与 Web 服务器之间的请求或应答，它包括报文的数据类型、压缩方法、语言、长度、压缩方法、最后一次修改时间、数据有效期等信息。

实体内容是报文传送的附加信息，一般供 POST 请求填写。一般情况下，采用 POST 报文传送信息的数据存储在"实体"部分中。

（3）接收 HTTP 应答报文

Web 服务器处理客户请求，并向客户机发送应答报文，HTTP 协议的应答报文状态码描述了 Web 服务器执行客户机请求的状态信息，其取值含义如表 7-4 所示。一般情况下，POST 应答报文的"实体"部分存储实际传输的信息。

（4）关闭 TCP 套接字连接

客户机与服务器双方关闭套接字连接，结束 TCP/IP 对话，如图 7-8 所示。

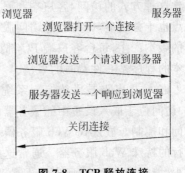

图 7-8　TCP 释放连接

7.2.3　Web 设计流程（Flow of Web Design）

建立一个 Web 网站可分为以下 5 个步骤来完成：

（1）域名申请；

（2）网络平台建立；

（3）网页设计及维护；

（4）网站宣传与推广；

（5）开展网络业务。

下面简单地说明 Web 网站设计的工作划分，工具选择和开发流程等。

1. 开始 Web 网站的工作划分

Web 开发除了程序员外，还需要有一定艺术功底的美工角色。程序员负责项目的需求分析、策划、设计、代码编写、网站整合、测试、部署等环节的工作，美工负责网站的界面设计、版面规划，把握网站的整体风格。

2. 开发工具的选取

程序员开发一个 Web 网站可能需要多种开发工具,如 J2EE、. NET、ASP. net、JSP、PHP、Perl、Javascript、Vbscript 等。美工工作也需要掌握不少的工具,如 Photoshop、CorelDraw 等。

3. 项目开发流程

Web 设计流程要注重交互,注重人性化和用户体验,所以一切以设计师和用户体验师为中心。大致是:体验需求分析→总体设计→UI(user interface,用户接口)设计→页面设计→程序设计→项目整合→调试→架设+维护,采用开发/任务为主导的页面 UI 设计。

7.3 嵌入式 Web 技术(Embedded Web)

目前,将 Web 技术用于工业控制中已经成为一个热点,通过在工业控制底层的现场设备中运行嵌入式 Web 服务器,可用标准浏览器在 Internet 网络的远端对这些设备进行访问与控制,通过存储在现场设备中的网页,动态地反映现场设备的运行状态以及执行操作后的反馈信息。这势必给采集、检测、分析、控制、系统维护等带来新的功能优势,如远程采集、系统维护等。这种嵌入式 Web 服务器与现场控制系统、仪器仪表相结合,就可通过 Internet 实现远程和系统维护。同时,控制系统、仪器仪表在 Web 功能延伸的同时,还必须保证系统本身具备的特性,如实时性、可靠性、安全性等。

嵌入式 Web 是计算机通信网络与嵌入式系统的融合技术,也是互联网技术已经深入到工业自动化监控中的标志。

7.3.1 传统控制与 Web 控制系统比较(Traditional vs. Web Control System)

在工业控制系统中,对远端嵌入式控制设备进行访问往往通过专用通信协议和软件。通常这种方式的访问,客户端和服务器端的程序都是专为用户定制的,具有良好的响应。但缺点也十分明显,即每台想访问服务器的客户 PC 都要安装给定版本的客户端程序,一旦有新的版本产生,每台客户端 PC 都得重新安装新的版本,要让每台客户机都尽快更新成最新版本的程序是一件费时的事情。

嵌入式 Web 技术的控制系统的功能,是通过位于 PC 上的通用客户端程序(如 IE 软件)访问位于嵌入设备中的服务器端程序来完成,嵌入式 Web 服务器却可简化和实现远程访问和控制。嵌入式 Web 服务器就是一个 HTTP 文本服务器,它是在非 PC 的现场设备上运行的特殊 Web 服务器。通常这些现场设备资源有限,如 CPU 运算处理能力不强、存储空间少、能耗要求严格,所以嵌入式 Web 服务器在工业控制中应用通常都有一些特殊的要求。由于嵌入式 Web 服务器遵循 HTTP 协议,可通过标准的浏览器进行访问,就不需要定制特殊的客户端程序,只需安装标准的浏览器软件,如 Internet Explorer。这样只有现场设备的应用程序需要定制和更新,客户端程序就不需要。典型的采用嵌入式 Web 服务器的控制系统结构如图 7-9 所示。

工业控制采用嵌入式 Web 技术,具有以下优势:

(1)无须研发客户端软件,网络浏览器作为通用客户端的人-机界面可运行于各个平台,无论是 Windows、UNIX 均可,与所在工作站的操作系统无关;

(2)浏览器的界面简单易用,无须进行额外的使用培训;

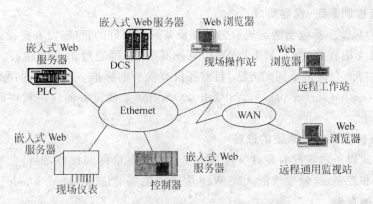

图 7-9　控制系统中的嵌入式 Web 技术结构

（3）可通过浏览器进行服务器端软件的下载、升级和更新，使管理和升级现场设备应用软件更加轻松和方便；

（4）同一个服务器设备可被多个浏览器同时访问，只需通过安全认证，可以使用户通过 Internet 进行远程监测、控制、升级，节省人力资本；

（5）服务器端软件可以进行自诊断，能实时进行故障报警、故障分析，并通过 Internet 通知不在现场的管理者，可加快故障排除，缩短故障响应和维修时间。

7.3.2　嵌入式与标准 Web 服务器的差别（Embedded vs. Standard Web Server）

采用标准的 Web 服务器，目的是用于电子商务或在 Internet 上发布网络服务供大多数人访问，定位在"集中所有的 Web 服务软件的优点，提供最稳定的、全功能的 HTTP 服务器"，其全功能的许多特性都是以牺牲代码空间并占用大量硬件资源为代价的，而工业底层的各种现场设备的各种资源均有限，和 PC 有很大的差别，上面这些要求对嵌入式 Web 服务器来说难以实现。嵌入式 Web 服务器则更多地关注根据仪表、控制系统的特点设计，以下是嵌入式 Web 服务器的具体特征。

1. 有限的嵌入式系统资源和较少的代码空间

这是最重要的需求。许多嵌入式设备通常只有有限的存储空间（Flash 和 RAM），这就要求服务器程序所占的存储空间要小（包括代码空间、堆和栈的大小）。同时，由于大多数嵌入式设备没有很好的存储管理功能，不能对已经分配的存储空间进行有效的回收，所以一旦用于打开某个网页的内存空间被释放之后，很难与邻近的内存空间合并，导致将来无法使用。这就要求严格控制嵌入式 Web 服务器的代码大小，所需内存大小，并采用预分配和静态分配的机制进行存储管理，防止出现内存碎片。

2. 能够支持动态网页的生成

标准 Web 服务器通常含有大量的静态存储网页，而嵌入式 Web 服务器要根据需求动态生成网页。这些网页需要实时地反映设备的状态、采集的信号、报警信息，反馈操作的执行结果等。嵌入式 Web 服务器必须要求网页能随现场设备的变化而动态更新和生成，通常有以下两种做法来实现动态数据的生成：

（1）通过纯 C 代码在程序执行时生成 HTML 的标签来反映动态的数据；

（2）直接生成动态网页，并通过扩展标签来嵌入动态数据。

3. 可以与控制系统、仪器集成

嵌入式 Web 服务器应当能与现有的控制设备进行很好的集成,以方便设计。将已有的与设备相关的应用程序接口 API 与 Web 服务器集成,可通过不同的途径。不同的嵌入 Web 服务器供应商会提供不同的方法,目前还没有统一的标准。但比较通用的做法是通过动态服务网页(active server pages,ASP)和 JavaScript 来使设备的应用程序产生的动态结果链接到网页上。

4. 能够支持没有文件系统的设备

许多嵌入式设备通常没有磁盘文件系统或其他大容量存储设备,但仍希望通过网页来对其进行访问和控制,这就要求嵌入式 Web 服务器能够通过 ROM 或 Flash 这样的存储设备来进行网页的存储。

5. 可以移植到新的平台上

不同 CPU 体系结构中嵌入式 Web 服务器通常要应用在不同的现场设备中,这些设备具有不同的处理器体系,如果 Web 服务器具有高度可移植性,则不仅可使更多的不同现场设备提供 Web 服务,而且能让在 Web 服务器上的开发经验从一个项目转移到另一个项目上来。

6. 严格认证关键信息的访问以及组态、配置的操作

对嵌入式控制系统、仪表设备的信息安全是十分重要的,通常使用的安全模型都应该在嵌入式设备中得到相应的实现,如 SSL 加密和认证、用户操作权限设置等,保证控制系统信息实时控制的安全可靠。

7.3.3 嵌入式 Web 的实现方式(Implement Way of Embedded Web Technology)

由于在工业现场中,各种智能仪表的运算能力、储存空间及其他各种硬件资源均有不同,其接入到网络中的方式也有不同,导致嵌入式 Web 技术在具体的实现中有以下几种方式。

1. 运行软件 TCP/IP 协议栈的设备内部实现 Web 服务器

这种方式的关键是用纯软件来实现 TCP/IP 的协议栈,让嵌入式 Web 服务器软件在此之上运行,并可直接连接到网络上。这种直接连接的方式,通常需要 CPU 具有很强的运算

图 7-10 协议内部实现 Web 服务器

处理能力,要求 32 位处理器,如 ARM 系列 CPU、PowerPC、MIPS 处理器等,它们通常用现场总线相连,或者连接到以太网上,从而让 TCP/IP 协议栈软件与外界进行通信,其结构如图 7-10 所示。

其技术优点是:设备可直接挂接到网络上,整体性好,不需要其他辅助硬件,全部硬件就是 CPU 和接口芯片,硬件设计简单。

其缺点是:需要处理能力较高的 CPU,通常为 32 位运算能力的处理器,代码量和数据内存耗费很大,需要较大的存储空间,纯软件协议栈,软件调试复杂。

2. 通过辅助硬件实现 TCP/IP 协议栈实现 Web 服务器

这种方式如图 7-11 所示,完全由硬件来实现 TCP/IP 协议栈,只需在硬件规划时设计好接口即可。也可采用能实现 TCP/IP 的硬件电路板,通过串口接入到现场智能设备上,从而实现硬件 TCP/IP 协议。现场设备的控制处理器只需运行嵌入式 Web 服务器软件即可,大大减轻了负担。

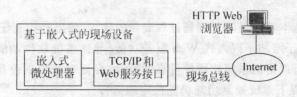

图 7-11　采用硬件集成实现 Web 服务器

该方案的优点是：设备可以直接挂接到网络上，全部的 TCP/IP 协议栈由外围芯片硬件实现，减轻了调试软件的负担；CPU 不用运行 TCP/IP 协议栈软件，减轻了处理负担，对 CPU 的性能要求降低，减少了存储器的使用空间。

其缺点是：增加了外围芯片，成本增加，增加了硬件设计复杂度和产品成本。

3. 外部网关形式实现嵌入式 Web 服务器

这种方式通常让一台 PC 来充当外部网关，对多设备进行调度。在此之上运行完整的 TCP/IP 协议和部分嵌入式 Web 服务软件，通过串口等方式使每台 PC 可控制一个或者多个现场设备。外界对现场设备的访问，先要通过网关进行解析，然后与现场设备交换信息，提取网页等，并将最终的信息送给外部访问者。

其优点是：现场设备不需其他辅助的硬件，只需有简单的 RS-232/RS-485 等通信接口，极大减轻了 CPU 的负载，对 CPU 的性能和存储器空间的要求大大降低。基于 8 位或 16 位微处理器使得控制设备比较适合采用外部网关形式的 Web 服务器，由于软硬件的修改很少，极大缩短了产品的研发时间。

其缺点是：由于需要外部的网关（通常是 PC），增加了产品的成本和系统复杂性。在网关与现场设备之间的协议没有标准可循，通常不同的厂商之间的协议各不相同，增加了互联的难度。

通常，采取何种方式实现网络互联并运行嵌入式 Web 服务器，取决于硬件资源、产品成本和用途。对于 CPU 处理能力强的硬件设备，可采用第一种或者第二种方式；而对于 CPU 处理能力不强，产品数量不多，或者是老设备的改造等，可在原有硬件的基础上考虑第二种或者第三种实现方式。

4. 嵌入式 Web 技术发展展望

将嵌入式 Web 技术应用到工业控制现场具有许多优点，但同时还有一些关键问题需要进一步解决。

（1）实时性

在用户浏览器和工业控制底层的嵌入 Web 服务器之间，通常采用 10Mbps/100Mbps 以太网。如果要将实时采集的信息及时反映到用户的浏览器上，可用路由器或者交换器把关键网段隔离开，这样可避免更多的冲突，保证足够的通信速率。同时在 CPU 的处理能力上也要有所考虑，采用高运算能力 32 位嵌入式微处理器，以保证控制运算的实时性，以及在多用户访问同一个嵌入式 Web 服务器时可有较快的响应速度。

（2）工业标准的选择

Internet 相关各种标准在不停地发展。从使用的语言上来看，HTML 语言已经有了更多替代，如 XML 可扩展标识语言，可使表示形式和具体内容分开，具有更强的数据交换功能，更有利于控制系统通过标准方式来交换数据。所以在现场设备中，会得到更多的推广。

（3）可靠性

工业控制设备基本功能是实现现场过程变量的输入、输出和控制任务，现场控制设备的可靠性至关重要，由于增加了嵌入式 Web 服务功能，导致系统软件功能变得复杂而且耗费资源。因此必须进行严格的系统软硬件可靠性设计，保证现场控制设备增加了远程服务的 Web 服务功能的前提下系统控制功能仍能稳定地运行。

（4）安全性

对工业现场关键设备的访问和操作，以及网页信息的显示，均要保证安全性，通常不能用明文在网络上传输信息，而是采用加密措施以及鉴别认证进行用户管理。

7.4 DNS 和 DHCP（DNS and Dynamic Host Contribution Protocol）

7.4.1 因特网的域名结构（Internet Domain Name Structure）

Internet 使用域名系统（domain name system，DNS）来进行主机名字与 IP 地址之间的转换。

Internet 最初采用的是非层次结构的命名系统。但当网络规模变大后，这种非层次结构的命名系统就很难进行管理。因此在 1983 年 Internet 开始采用层次结构的命名树，它实际上是一个倒过来的树，树根在最上面。如图 7-12 所示。

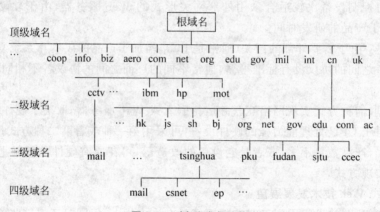

图 7-12 树形域名结构

Internet 将所有连网主机的名字空间划分为许多不同的域（domain），树根下是最高一级的域。国际互联网以前共分六个域（与地理位置无关），即：COM（商业机构）、EDU（教育单位）、GOV（政府部门）、MIL（军事单位）、NET（提供网络服务的系统）、ORG（非 COM 类的组织）。现在又增加了七个域：firm、shop、web、arts、rec、info、nom，但应用最多的还是原来的六个域。

在命名树中的名字一律不分大写和小写，每个域的下面又分为许多的子域。例如，在 COM 下面有 IBM、Microsoft、Haier、CCTV 等。显然，这些子域的名字都必须不同。每个公司下面再如何划分子域，则由该公司自己决定。最高一级的域还有一个 Internet 的命名树叫 INT，是为国际组织使用的。在最高一级的其他域名都是由两个字母组成的国家名，例如 CN（中国）、UK（英国）、FR（法国）、JP（日本）等，每个国家自己决定其下属子域的划分方法。

一个完整的名字就是将最低层到最高层的域名串起来,但在域名之间加上一个点。

需要注意的是域名系统的命名习惯反映的是西方英语文化,最高域名在最后,与中文习惯不同。

还需要注意的是中文域名的使用,中文域名随着国家的发展越来越重要,其注册查询同英文域名一样,是互联网上的门牌号码。中文域名在技术上符合 2003 年 3 月份 IETF 发布的多语种域名国际标准(RFC3454、RFC3490、RFC3491、RFC3492),中国互联网络信息中心(CNNIC)负责运行和管理以. CN、. 中国、. 公司、. 网络结尾的四种中文域名。

". 中国"域名,是全球互联网上代表中国的纯中文顶级域名,与. CN 域名一样,全球通用,具有唯一性。如:http://新浪. 中国/。

域名系统 DNS 是一个处于应用层的联机分布式数据库系统,DNS 将便于人们阅读的主机名字转换为 32 位的 IP 地址。

连在 Internet 上的每一个主机都可通过名字转换软件利用 TCP 协议,向网络上的某个名字服务器发出地址的转换请求。

在 Internet 命名树的每一个节点上都有一个名字服务器。当某个名字服务器找不到所需的 IP 地址的主机名时,就将地址转换请求向着树根的方向传给上一级的名字服务器。这样一直找下去(在最坏的情况下是经过命名树的根节点),最后就能将所需的主机名字找到。

许多应用层软件经常直接使用域名系统 DNS,但计算机的用户只是间接而不是直接使用域名系统。因特网采用层次结构的命名树作为主机的名字,并使用分布式的域名系统 DNS。名字到域名的解析是由若干个域名服务器程序完成的,域名服务器程序在专设的节点上运行,运行该程序的机器称为域名服务器。

因特网采用了层次树状结构的命名方法,域名的结构由若干个分量组成,各分量之间用点隔开:

…. 三级域名. 二级域名. 顶级域名

各分量分别代表不同级别的域名。其树形域名结构如图 7-12 所示。

7.4.2　域名高速缓存(Cache of Domain Name)

使用名字的高速缓存可优化查询的开销。每个域名服务器都维护一个高速缓存,存放最近用过的名字以及从何处获得名字映射信息的记录。当客户请求域名服务器转换名字时,服务器首先按标准过程检查它是否被授权管理该名字。若未被授权,则查看自己的高速缓存,检查该名字是否最近被转换过。域名服务器向客户报告缓存中有关名字与地址的绑定(binding)信息,并标志为非授权绑定,以及给出获得此绑定的服务器的域名,本地服务器同时也将服务器与 IP 地址的绑定告知客户。

7.4.3　DNS 域名解析工作过程

(1) 客户机提交域名解析请求,并将该请求发送给本地的域名服务器。

(2) 当本地的域名服务器收到请求后,就先查询本地的缓存。如果有查询的 DNS 信息记录,则直接返回查询的结果;如果没有该记录,本地域名服务器就把请求发给根域名服务器。

（3）根域名服务器再返回给本地域名服务器一个所查询域的顶级域名服务器的地址。

（4）本地服务器再向返回的域名服务器发送请求。

（5）接收到该查询请求的域名服务器查询其缓存和记录，如果有相关信息则返回本地域名服务器查询结果，否则通知本地域名服务器下级的域名服务器的地址。

（6）本地域名服务器将查询请求发送给下级的域名服务器的地址，直到获取查询结果。

（7）本地域名服务器将返回的结果保存到缓存，并且将结果返回给客户机，完成解析过程。

7.4.4 引导程序协议 BOOTP（Boot Protocol）

为了将软件协议做成通用的和便于移植，协议软件的编写者把协议软件参数化。这就使得在很多台计算机上使用同一个经过编译的二进制代码成为可能。

一台计算机和另一台计算机的区别，都可通过一些不同的参数来体现。在软件协议运行之前，必须给每一个参数赋值。

协议配置：在协议软件中给这些参数赋值的动作叫做协议配置。一个软件协议在使用之前必须是已正确配置的，具体的配置信息有哪些则取决于协议栈。

连接到因特网的计算机的协议软件需要配置的项目有：

（1）IP 地址；

（2）子网掩码；

（3）默认路由器的 IP 地址；

（4）域名服务器的 IP 地址。

这些信息通常存储在一个配置文件中，计算机在引导过程中可以对这个文件进行存取。

1. BOOTP 概念

BOOTP 也称为自举协议。它使用客户服务器工作方式，协议软件广播 BOOTP 请求报文，此报文作为 UDP 用户数据报的数据，UDP 用户数据报再作为 IP 数据报的数据。收到请求报文的 BOOTP 服务器查找发出请求的计算机的各项配置信息，把配置信息放入 BOOTP 回答报文中，并把回答报文返回给提出请求的计算机。

2. BOOTP 报文传送

由于计算机发送 BOOTP 请求报文时自己还没有 IP 地址，因此它使用全 1 广播地址（只在本网络上广播）作为目的地址，而用全 0 地址作为源地址。

BOOTP 服务器可使用广播方式将回答报文返回给该计算机，或使用收到广播帧上的硬件地址进行单播。

只需发送一个 BOOTP 广播报文就可获取所需的全部配置信息。

7.4.5 动态主机配置协议 DHCP（Dynamic Host Contribution Protocol）

动态主机配置协议 DHCP 提供了即插即用连网（plug-and-play networking）的机制。

这种机制允许一台计算机加入新的网络和获取 IP 地址而不用手工参与。DHCP 是扩展了的 BOOTP，DHCP 与 BOOTP 是向后兼容的，并且它们所使用的报文格式都很相似。DHCP 使用客户/服务器方式。DHCP 协议的传输过程如图 7-13 所示。

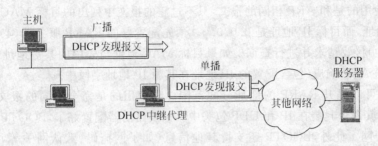

图 7-13　DHCP 协议传输过程

　　需要 IP 地址的主机在启动时就向 DHCP 服务器广播发送发现报文,这时该主机就成为 DHCP 客户。本地网络上所有主机都能收到此广播报文,但只有 DHCP 服务器才回答此广播报文。DHCP 服务器先在其数据库中查找该计算机的配置信息。若找到,则返回找到的信息;若找不到,则从服务器的 IP 地址池中取一个地址分配给该计算机。DHCP 服务器的回答报文叫做提供报文。

　　还有一种叫 DHCP 中继代理(relay agent)的方式,因为并不是每个网络上都有 DHCP 服务器,这样会使 DHCP 服务器的数量太多。现在是每一个网络至少有一个 DHCP 中继代理,它配置了 DHCP 服务器的 IP 地址信息。

　　当 DHCP 中继代理收到主机发送的发现报文后,就以单播方式向 DHCP 服务器转发此报文,并等待其回答。收到 DHCP 服务器回答的提供报文后,DHCP 中继代理再将此提供报文发回给主机。DHCP 中继代理以单播方式转发发现报文。

7.4.6　RARP、BOOTP 和 DHCP 的区别

　　RARP 在功能上有点类似于 DHCP 协议,确切地说 DHCP 是 BOOTP 协议的升级,而 BOOTP 在某种意义上又是 RARP 协议的升级。BOOTP 和 RARP 的区别在于 RARP 是在数据链路层实现的,而 BOOTP 是在应用层实现的,作为 BOOTP 的升级版 DHCP 也是在应用层实现的。这种实现层面的差别也从 RARP 和 BOOTP/DHCP 的报文封装格式的差别上体现出来了,RARP 直接封装在以太网帧中,协议类型置为 0x0800 以标识这个报文是 ARP/RARP 报文,BOOTP/DHCP 报文是直接封装在 UDP 报文中,作为 UDP 的数据段出现的。

　　从功能上说,RARP 只能实现简单的从 MAC 地址到 IP 地址的查询工作,RARP Server 上的 MAC 地址和 IP 地址是必须事先静态配置好的。但 DHCP 却可以实现除静态分配外的动态 IP 地址分配以及 IP 地址租期管理等相对复杂的功能。

　　RARP 是早期提供的通过硬件地址获取 IP 的解决方案,但它有自己的局限性,比如 RARP 客户与 RARP 服务器不在同一网段,中间有路由器等设备连接,这时候利用 RARP 就显得无能为力,因为 RARP 请求报文不能通过路由器,BOOTP/DHCP 提供了很好的解决方法。

　　RARP、BOOT 和 DHCP 都是动态学习 IP 地址的协议。起初,客户端主机要发送一个广播以启动发现进程,有一台专门的服务器负责监听这些请求并提供 IP 地址给客户端主机。

RARP 使用的是和 ARP 相同的报文,只不过它的报文中列出的目标 MAC 地址是其自己的 MAC 地址,而目标 IP 地址是 0.0.0.0。预先配置好的 RARP 服务器(必须处于客户端同一子网中)接收请求并进行查询。如果目标 MAC 地址与表中的某一地址匹配,RARP 服务器就发送 ARP 响应(包含配置的 IP 地址在其源 IP 地址字段中)。

BOOTP 可以提升 RARP 的地址分配范围。它使用的是完全不同的报文集(在 RFC 951 中定义),其命令封装在 IP 和 UDP 包头中。只要路由器配置好了,BOOTP 报文包可以转发到其他子网。此外,BOOTP 还支持其他信息(如子网掩码、默认网关等)的分配。不过,BOOTP 仍然没有解决 RARP 的配置负担,它还是需要为每个客户端定义 MAC 地址和 IP 地址的映射。

DHCP 大大减轻了配置工作,因为它是动态分配的。在 DHCP 中,不需要预先配置 MAC 地址,RARP、BOOTP 和 DHCP 的比较见表 7-5。用户只需要配置一个地址池,DHCP 会动态地在地址池中选择地址进行分配。

表 7-5　RARP、BOOTP 和 DHCP 的比较

特　　性	RARP	BOOTP	DHCP
依赖于服务器来分配 IP 地址	是	是	是
报文封装在 IP 和 UDP 中,所以它们可以转发到远端服务器	否	是	是
客户端可发现自己的掩码、网关、DNS 和下载服务器	否	是	是
由 IP 地址池动态分配地址,而不需要知道客户端的 MAC 地址	否	否	是
允许 IP 地址的临时租用	否	否	是
包含注册客户端主机的扩展功能	否	否	是

7.5　FTP、TFTP、Telnet 和 SNMP 协议

7.5.1　文件传送协议 FTP(File Transfer Protocol)

在网络环境中经常需要将一个文件从一台计算机中复制到另一台计算机中(可能相距很远),但这往往是很困难的。困难的原因不是传输距离远,而是由于众多的计算机厂商研制出的文件系统多达数百种,有的差别非常大,有时甚至在一个厂家生产的两种不同的文件系统之间都很难进行文件的复制。经常遇到的问题是:

(1) 计算机存储数据的格式不同;

(2) 文件的命名规定不同;

(3) 对于相同的功能,操作系统使用的命令不同;

(4) 为防止非法读取文件而采取的措施不同。

文件传送协议 FTP 是 TCP/IP 体系中的一个重要协议,它并没有试图解决每一种文件在网络环境中的传送,因此 FTP 就比较简单和容易使用,它只提供文件传送的一些基本的服务。FTP 并没有定义到用户的接口,因此用户的应用程序必须提供用户到 FTP 的接口。FTP 使用 TCP 可靠的运输服务。

FTP 的主要功能就是减少或消除在不同操作系统下处理文件的不兼容性。例如,列文件目录是文件管理中的一个内容。设主机 A 的用户要在自己的屏幕上列出另一个主机

B 的文件目录。假定某一主机 A 运行 DOS 操作系统，其目录列表的命令是 DIR，而另一主机 B 运行 UNIX 操作系统，其目录列表命令是 LS。当主机 A 的用户输入 DIR 命令时，主机 A 中的 FTP 客户进程就将 DIR 命令转换成网络标准命令 LIST。LIST 就作为 TCP PDU 中的数据，传送到主机 B。主机 B 中的进程 FTP 服务器将 LIST 命令再转换为 UNIX 操作系统能识别的 LS 命令。

FTP 在 Client/Server 模式下工作，一个 FTP 服务器可同时为多个客户提供服务，FTP 服务器总是等待客户系统向它提出服务请求。但服务器要比客户复杂得多，因为服务器必须能够同时处理多个客户的并发请求。一般来说，服务器由两大部分组成：一个主进程，负责接收新的请求；若干从属进程，负责处理单个的请求。主进程的工作步骤如下：

（1）打开熟知端口，使客户能够连接上；

（2）等待客户发出连接请求；

（3）启动从属进程来处理客户发来的请求，从属进程对客户的请求处理完毕后即终止，而不再等待别的客户发出新的请求；

（4）回到等待状态，继续接收客户发来的请求，与从属进程的处理并发地进行。

7.5.2　简单文件传送协议 TFTP(Trivial File Transfer Protocol)

TFTP 一个很小且易于实现的文件传送协议，使用客户服务器方式，其下层的传输层协议使用 UDP 数据报，因此 TFTP 需要有自己的差错改正措施。TFTP 只支持文件传输而不支持交互，没有一个庞大的命令集，没有列目录的功能，也不能对用户进行身份鉴别，它的特点就是简单。

TFTP 的主要特点如下：

（1）每次传送的数据 PDU 中有 512B 的数据，但最后一次可不足 512B。

（2）数据 PDU 也称为文件块，每个块按序编号，从 1 开始。

（3）支持 ASCII 码或二进制传送。

（4）可对文件进行读或写。

（5）使用很简单的首部。

TFTP 的工作很像停止等待协议：发送完一个文件块后就等待对方的确认，确认时应指明所确认的块编号。发完数据后在规定时间内收不到确认就要重发数据 PDU。发送确认 PDU 的一方若在规定时间内收不到下一个文件块，也要重发确认 PDU。这样就可保证文件的传送不致因某一个数据报的丢失而告失败。

在一开始工作时，TFTP 客户进程发送一个读请求 PDU 或写请求 PDU 给 TFTP 服务器进程，其熟知端口号码为 69。TFTP 服务器进程要选择一个新的端口和 TFTP 客户进程进行通信。若文件长度恰好为 512B 的整数倍，则在文件传送完毕后，还必须在最后发送一个只含首部而无数据的数据 PDU。若文件长度不是 512B 的整数倍，则最后传送数据 PDU 的数据字段一定不满 512B，这正好可作为文件结束的标志。

TFTP 协议更适合嵌入式网络的数据文件传输。

7.5.3　远程登录协议 Telnet(Remote Login Protocol Telnet)

远程登录协议 Telnet 是简单的。Telnet 能将用户的击键传到远地主机，同时也能将远地主机的输出通过 TCP 连接返回到用户屏幕。这种服务是透明的,双方都感觉到好像键盘和显示器是直接连在远地主机上。

虽然 Telnet 并不复杂,但它的应用却很广。Telnet 也使用 Client/Server 模式,在本地系统运行 Telnet 客户进程,而在远地主机则运行 Telnet 服务器进程。和 FTP 的情况相似,服务器中的主进程等待新的请求,并产生从属进程来处理每一个连接。

为了使 Telnet 能够在许多不同系统之间进行互操作,就必须适应许多计算机和操作系统的差异。为了适应这种差异,Telnet 定义了数据和命令应怎样通过 Internet。这些定义就是所谓的网络虚拟终端(network virtual terminal,NVT)。客户软件将用户的击键和命令转换成 NVT 格式并送服务器。服务器软件将收到的数据和命令从 NVT 转换成远地系统所需的格式。向用户返回数据时,服务器将远地系统格式转换成 NVT 格式,本地客户再从 NVT 格式转换到本地系统所需的格式。

Telnet 是一个简单的远程终端协议,也是因特网的正式标准。用户用 Telnet 就可在其所在地通过 TCP 连接注册(即登录)到远地的另一个主机上(使用主机名或 IP 地址)。

Telnet 能将用户击键传到远地主机,同时也能将远地主机的输出通过 TCP 连接返回到用户屏幕。这种服务是透明的,因为用户感觉到好像键盘和显示器是直接连在远地主机上。

7.5.4 简单网络管理协议 SNMP(Simple Network Management Protocol)

1. 网络管理的基本概念

网络管理包括对硬件、软件和人力的使用、综合与协调,以便对网络资源进行监视、测试、配置、分析、评价和控制,这样就能以合理的价格满足网络的一些需求,如实时运行性能、服务质量等。网络管理常简称为网管,可以看出网络管理并不是指对网络进行行政上的管理。网络管理的一般模型如图 7-14 所示。

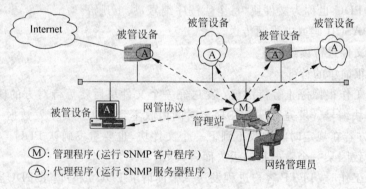

图 7-14　网络管理的一般模型

2. 网络管理模型中的主要构件

管理站也常称为网络运行中心(network operations center,NOC),是网络管理系统的核心。管理程序在运行时就称为管理进程。管理站(硬件)或管理程序(软件)都可称为管理者(manager),管理者不是指人而是指机器或软件。网络管理员(administrator)指的是人。大型网络往往实行多级管理,因而有多个管理者,而一个管理者一般只管理本地网络的设备。

3. 被管对象

网络的每一个被管设备中可能有多个被管对象。被管设备有时可称为网络元素或网元。在被管设备中也会有一些不能被管的对象。

4. 网络管理协议

网管协议就是管理程序和代理程序之间进行通信的规则。需要注意的是，并不是网管协议本身来管理网络。网络管理员利用网管协议通过管理站对网络中被管设备进行管理。

5. OSI 的五个管理功能域

（1）故障管理——对网络中被管对象故障的检测、定位和排除。

（2）配置管理——用来定义、识别、初始化、监控网络中的被管对象，改变被管对象的操作特性，报告被管对象状态的变化。

（3）计费管理——记录用户使用网络资源的情况并核收费用，同时也统计网络的利用率。

（4）性能管理——在用最少网络资源和最小时延的前提下，网络能提供可靠、连续的通信能力。

（5）安全管理——保证网络不被非法使用。

6. 简单网络管理协议 SNMP

若要管理某个对象，就必然会给该对象添加一些软件或硬件，但这种"添加"必须对原有对象的影响尽量小些。SNMP 发布于 1988 年，IETF 在 1990 年制定的网管标准 SNMP 是因特网的正式标准，以后有了新版本 SNMPv2 和 SNMPv3。

7. 管理信息库 MIB（management information base）

管理信息库 MIB 是一个网络中所有可能的被管对象的集合的数据结构，只有在 MIB 中的对象才是 SNMP 所能够管理的。SNMP 的管理信息库采用和域名系统 DNS 相似的树形结构，它的根在最上面，根没有名字。

7.6　SMTP、POP3 和 IMAP 邮件协议

7.6.1　简单邮件传送协议 SMTP（Simple Mail Transfer Protocol）

使用 SMTP 时，收信人可以是和发信人连接在同一个本地网络上的用户，也可以是 Internet 上其他网络的用户，或者是与 Internet 相连但不是 TCP/IP 网络上的用户。

SMTP 没有规定发信人应如何将邮件提交给 SMTP，以及 SMTP 应如何将邮件投递给收信人。全于邮件内部的格式，SMTP 也未做出规定。SMTP 所规定的就是在两个相互通信的 SMTP 进程之间应如何交换信息。SMTP 也使用 Client/Server 模式。因此，负责发送邮件的 SMTP 进程就是 SMTP 客户，而负责接收邮件的 SMTP 进程就是 SMTP 服务器。

在 SMTP 客户和 SMTP 服务器之间的工作过程可分为以下三个步骤。

（1）连接建立

发信人先将要发送的邮件送到邮件暂存区。SMTP 客户每隔一定时间（例如 30min）对邮件暂存区扫描一次，如发现有邮件，就使用 SMTP 的熟知端口号码（25）与目的主机的

SMTP 服务器建立 TCP 连接,然后 SMTP 客户发送 HELLO 命令给 SMTP 服务器,附上发送方的主机名。SMTP 服务器再返回一个回答,表示有能力接收邮件。回答信息和 FTP 的情况相似,由一个三位数代码和后面附上的少量文字组成。例如:"250 OK"表示已准备好接收。如在一定时间内(例如三天)发送不了邮件,则将邮件退还发信人。

上面所说的连接并不是在发送人和收信人之间建立的,连接是在发送主机的 SMTP 客户和接收主机的 SMTP 服务器之间建立的。发信人和收信人都可以在其主机上做自己的工作,而 SMTP 客户和服务器是在后台工作。

(2) 邮件传送

邮件的传送从 MAIL 命令开始。MAIL 命令后面有发信人的地址(和使用 FTP 的情况相似)。如:MAIL FROM:<zhangsx@cncai.net>,下面跟着一个或多个 RCPT 命令,取决于将同一个邮件发送给一个或多个收信人,其格式为 RCPT TO:<收信人地址>。每发送一个命令,都有相应的信息返回,如:"250 OK"或"550 No such user here"。

再下面就是 DATA 命令,表示要开始传送邮件的内容了。SMTP 服务器返回的信息是"354 Start mail input;end with<CR,LF>,<CR,LF>"。后面是 SMTP 客户发送邮件的内容。发送完毕后,再发送<CR,LF>,表示邮件内容结束。SMTP 服务器返回信息"250 OK"。

(3) 连接释放

最后 SMTP 客户应发送 QUIT 命令释放 TCP 连接,SMTP 服务器返回"250 OK",邮件传送的全部过程就结束了。

SMTP 只能传送可打印的 ASCII 码邮件,要传送非 ASCII 码邮件,可使用"多用途互联网扩展邮件"(multipurpose Internet mail extensions,MIME)。MIME 在其邮件首部中说明了邮件的数据类型(如文本、声音、图像、视像等),在一个 MIME 邮件中可以同时传送多种类型的数据,这在多媒体通信的环境下是非常有用的。

7.6.2 POP3 协议

POP 的全称是 Post Office Protocol ,即邮局协议,用于电子邮件的接收,它使用 TCP 的 110 端口,现在常用的是第三版,所以简称为 POP3。POP3 仍采用 Client/Server 工作模式。当客户机需要服务时,客户端的软件(OutlookExpress 或 FoxMail)将与 POP3 服务器建立 TCP 连接,此后要经过 POP3 协议的三种工作状态:首先是认证过程,确认客户机提供的用户名和密码;在认证通过后便转入处理状态,在此状态下用户可收取自己的邮件或作邮件的删除,在完成响应的操作后客户机便发出 quit 命令;此后便进入更新状态,将作删除标记的邮件从服务器端删除掉。到此为止整个 POP 过程完成。

7.6.3 IMAP 协议

IMAP 是 Internet Message Access Protocol 的缩写,顾名思义,它主要提供的是通过 Internet 获取信息的一种协议。IMAP 像 POP 那样提供了方便的邮件下载服务,让用户能进行离线阅读,但 IMAP 能完成的却远远不只这些。IMAP 提供的摘要浏览功能可以让用户在阅读完所有的邮件到达时间、主题、发件人、大小等信息后才作出是否下载的决定,它的功能更为强大。

　　IMAP 是一种用于邮箱访问的协议,使用 IMAP 协议可以在客户端管理服务器端的邮箱,它与 POP 协议不同,邮件是保留在服务器上而不是下载到本地,在这一点上 IMAP 是与 Webmail 相似的。但 IMAP 有比 Webmail 更好的地方,它比 Webmail 更高效和安全,可以离线阅读等,例如 Windows 中的 Outlook,只要配好一个账号,将"我的邮件接收服务器"设置为 IMAP 服务器就可以了。

　　下面将 IMAP 与 POP3 协议进行简单比较。

　　POP3 作为 Internet 上邮件的第一个离线协议标准,允许用户从服务器上把邮件下载到本地主机上,同时删除保存在邮件服务器上的邮件,从而使用户不必长时间地与邮件服务器连接,很大程度上减少了服务器和网络的整体开销。但 POP3 有其天生的缺陷,即当用户接收电子邮件时,所有的信件都从服务器上清除并下载到客户机。在整个收信过程中,用户无法知道邮件的具体信息,只有照单全收入硬盘后,才能慢慢浏览和删除。这使用户几乎没有对邮件接收的控制决定权。一旦碰上邮箱有比较大的邮件,用户不能通过分析邮件的内容及发信人地址来决定是否下载或删除,从而造成系统资源的浪费。而 IMAP 协议不但可以克服 POP3 的缺陷,而且还提供了更强大的功能。

7.7　现场总线应用层协议(Field Bus Application Layer Protocol)

　　现场总线的应用研究日益广泛,在众多的现场总线中,其中 CAN 总线以其易于掌握、易于开发等优点,成为一种很有应用前景的现场总线。但 CAN 不是一种完整的网络协议,缺少应用层和网络管理部分。CANopen 是最初由从事工业控制的 CiA(CAN in automation)会员开发的针对工业系统,并基于 CAN 通信协议的应用层协议。CANopen 在包括海上电子设备、汽车电子、医疗设备以及铁路系统等多个领域都有广泛的应用。

7.7.1　CANopen 协议结构(CANopen Protocol Structure)

　　CANopen 协议的结构定向根据 ISO 11898 国际标准,以开放系统互联网络 OSI 为参考模型,结构如图 7-15 所示。

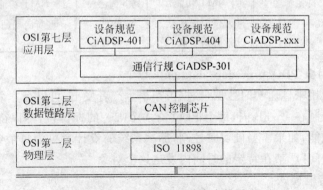

图 7-15　CANopen 通信参考模型

　　在数据链路层,具有 CAN 控制芯片,遵循 CAN 2.0A/B 协议,物理层规定执行

ISO11898 国际标准,数据链路层和物理层都由硬件实现。数据链路层的设备称为 CAN 控制器,物理层的设备称为 CAN 收发器。

CANopen 标准制定的设备规范,使得制造商可以按照其规范生产标准的通用设备,不再需要特殊的软件来把不同厂家的网络设备组建起来。基本的网络操作由明确的、强制的设备规范所保证。CiA 提供了包括 CiA-401 的 I/O 模型,以及 CiA-404 的用于测量设备和闭环控制的规程,这些规程都由一个叫做"对象字典"的标准化数据库来实现。对象字典可以用一个 16 位的索引进行存取,该字典也描述了设备的全部应用对象。

7.7.2 CANopen 通信对象(CANopen Communication Objective)

CANopen 通信标准规定了四种通信对象(报文),通过通信标识符或 CAN 标识符来表示区分。

1. 网络管理报文 NMT(network management)

网络管理报文提供网络管理服务,例如初始化、错误控制和设备状态控制,所有这些功能都是基于主-从结构概念上的。

(1) NMT 对象

NMT 对象映像到一个单一的带有 2B 数据长度的 CAN 帧,它的标识符为"0"。第一个字节包含命令说明符,第二个字节包含必须执行此命令的设备节点标识符,当节点标识符为"0"时,所有的从节点必须执行此命令。由 NMT 主站发送的 NMT 对象强制节点转换成另一个状态。

(2) NMT 节点保护

节点保护对象是由 NMT 主站节点远程请求的具有一个字节的 CAN 帧。数据字节主要包含节点的状态,节点保护时间在对象定期发送,节点保护时间也在对象字典中作了规定。此外还规定了保护时间寿命,在该时间区内 NMT 主站必须保护一个 NMT 从站,这就确保了即使在主站不存在的情况下,节点仍能以用户指定的方式做出反应。表 7-6 显示了 NMT 功能和特定命令字的关系。

表 7-6　NMT 功能命令字

NMT 功能	特定命令字	NMT 功能	特定命令字	NMT 功能	特定命令字
启动远程节点	01H	进入预定操作状态	80H	重新启动通信	82H
停止远程节点	02H	重新启动节点	81H		

2. 过程数据对象 PDO(procedure data object)

过程数据对象用来传递实时数据,数据由一个生产者发出,可以有一个或多个消费者接收。数据传输被限制在 1～8B 内,每个 PDO 有一个唯一的标识符,标识符具有高优先级以确保良好的实时性能,如果需要硬实时控制,那么系统的设计者可为每个 PDO 组态一个禁止时间,该"禁止时间"严禁在特定的时间内发送这个对象。

PDO 有三种传输模式:

(1) 事件或定时器触发 PDO 模式

此种传输模式又叫做异步 PDO 模式。当设备内的特别设备或特别制造商事件发生时 PDO 被传送,这些事件如应用数值的改变,例如数字输入的改变、温度的改变等。使用这种传输模式对网络带宽的要求最低。

（2）远程请求触发 PDO 模式

PDO 消费者可以通过发送一个 CAN 远程帧，相应的 PDO 生产者将对远程帧做出反应。由于不同 CAN 控制器的远程帧行为不同，所以在正常运作时这种传输模式是不允许的。此外，相比事件或定时器触发 PDO 模式，此传输模式对带宽有更高的要求。

（3）同步触发 PDO 模式

同步 PDO 模式由 Sync（同步）报文触发，负责发送同步报文的是同步生产者（sync producer），同步生产者可以存在于如简单的输入输出设备、驱动器和复杂的过程控制设备中。

3. 服务数据对象 SDO（service data object）

服务数据对象用于建立两个 CANopen 设备的点对点通信，这种连接是基于客户/服务器机理的。SDO 服务器是对要求连接设备提供对象字典的设备，SDO 客户是想连接特定设备的对象字典的设备。SDO 服务是基于具有两个不同标识符的 CAN 报文之上的，一个报文由 SDO 服务器使用，另外一个由 SDO 客户使用。一个 SDO 客户可以有最多 127 个通道，也就意味着一个 SDO 客户可以同时和最多 127 个不同设备连接。

4. 预定报文或特殊功能对象

CANopen 还定义了三个特定对象：同步、时间标记和应急对象。

（1）同步对象

同步对象通过外部事件同步所有设备。在网络上有一个设备是同步发生器，它的唯一功能就是产生同步信号，网络上的任何设备在接收到同步信号后都必须同步。同步信号是一个短报文，它只是一个 CAN 报文，而没有任何数据，但它可具有多达 8B 的用户专用数据。

（2）时间标记对象

时间标记对象利用系统时钟同步本地时钟。一个通用的时间帧参考提供给设备，它包含一个时间和日期的值，相关的 CAN 帧有标识符“256”和一个 6B 长度的数据字段。

（3）应急对象

应急对象被用来传递应用设备的状态信息，由设备内部出现致命错误来触发。因此应急对象适用于中断类型的报警信号，每个“错误事件”只能发送一次应急对象，只有当设备发生新的应急事件时，才可以再发送应急对象。CANopen 通信标准规定了应急错误代码，它是一个单一的具有 8 个数据字节的 CAN 帧。

7.7.3　标识符的地址分配（Address Allocation of Identifier）

为了简化网络管理工作，CANopen 定义了强制性的默认标识符地址分配表，这些标识符在初始化后可以在预操作状态中获得，默认 ID 分配表包括一个功能部分和一个模块 ID 部分，标识符规定了其对象的优先级别。

预定义主/从连接集的 11 位 CAN 标识符包含一个 4 位功能代码和一个 7 位节点 ID。功能代码用来设定服务类型，节点 ID 将报文明确地与设备对应起来。CANopen 报文类型如表 7-7 所示。

表 7-7 CANopen 报文类型

通信对象	功能代码	CAN 标识符	相应的对象字典
广播同步报文	0001B	080H	1005H/1006H/1007H/1028H
点对点紧急报文	0001B	081H~0FFH	1014H~1015H

功能代码为 0001B 的网络管理指令,具有最高优先级,并且只限于 NMT 主机发送。为了让设备同步时间更精确,可以给同步报文设置第二高的优先级。

这些 ID 分配表允许单一主设备与多达 127 个从设备进行点对点(peer-to-peer)通信,也支持非确认的 NMT 广播、同步和时间标定对象以及节点保护。预定的主/从连接集支持 1 个应急对象、1 个 SDO,最多 4 个接收 PDO 和 4 个发送 PDO 和节点保护对象。

预定主/从连接集定义了一些 CAN 标识符,而其他的是开放的,可以由设计者定义。NMT(0)、默认 SDO(1405~1535 和 1537~1663)、NMT 错误控制报文(1793~1919)这些标识符是固定不可改变的。

总之,CANopen 为客户提供了标准的 CAN 的应用层协议,非常灵活的应用层协议和许多可供选择的特性都有利于嵌入式网络设计者设计出更有竞争力的产品。此外,已经有很多通用的管理工具及软件,客户可以根据自己的需要设计特定的网络设备。随着对现场总线研究的深入,CANopen 将会在更多领域得到广泛应用。

习 题 7

7.1 简述 P2P 及其主要特征。

7.2 解释 DNS 名称解析过程中的查询顺序。

7.3 为什么要安装次域名服务器?

7.4 ARP 和 DNS 是否有些相似? 它们有何区别?

7.5 RARP、BOOTP 和 DHCP 的区别是什么?

7.6 FTP 服务和 TFTP 服务之间的主要区别是什么?

7.7 使用哪种协议可以在 WWW 服务器和 WWW 浏览器之间传输信息?

7.8 HTML5 增加了哪些功能?

7.9 FTP 服务和 TFTP 服务之间的主要区别是什么?

7.10 什么是动态文档?

7.11 解释以下名词。各英文缩写词的原文是什么?
WWW URL HTTP HTML CGI SE
浏览器 超文本 超媒体 超链接页面 活动文档 搜索引擎

7.12 说明在 SNMP 协议中,管理员和代理分别所起的作用。

7.13 什么是管理信息库(MIB)?

7.14 假定要从已知的 URL 获得一个万维网文档。若该万维网服务器的 IP 地址开始时并不知道。试问:除 HTTP 外,还需要什么应用层协议和传输层协议?

7.15 搜索引擎可分为哪两种类型? 各有什么特点?

7.16 POP 协议与 IMAP 协议有何区别?

7.17 工业控制采用嵌入式 Web 技术，具有什么优势？

7.18 什么是 CANopen 协议？

7.19 说明 CAN 和 CANopen 之间的关系。

7.20 CANopen 通信标准规定了哪四种通信对象（报文）？

实验指导 7-1 网络服务器管理实验

一、实验目的

要求掌握 Linux 服务器的基本使用，Linux 下的网络配置和管理，FTP 知识及 FTP 服务器的建立、管理和使用。

二、实验原理

FTP 文件传输服务是 Internet 中最早提供的服务功能之一，FTP 服务提供了在 Internet 的任意两台计算机之间相互传输文件的机制，它是广大用户获得丰富的 Internet 资源的重要方法之一。实验采用开启 Linux 操作系统 ftp 服务的一种简单方法。

三、实验内容

Linux 环境下 FTP 服务器的安装和配置。

四、实验方法与步骤

1. FTP 服务器的安装和启动

（1）软件安装

（2）FTP 服务操作命令

启动服务： # service vsftpd start

重启服务： # service vsftpd restart

停止服务： # service vsftpd stop

查看服务状态：# service vsftpd status

2. FTP 服务器的配置

```
Vsftpd.ftpusers
Vsftpd.user_list
Vsftpd.conf
```

3. FTP 服务器的功能测试

（1）匿名用户访问；

（2）本地用户和特权访问。

五、实验要求

1. 记录 Linux 网络配置过程。

2. 记录 Linux FTP 服务器安装和配置过程。

六、实验环境

Linux 操作系统。

实验指导 7-2　　HTML 设计实验

一、实验目的

1. 掌握 HTML 设计方法。

2. 了解网站设计的基本过程。

二、实验原理

HTML5 是公认的下一代 Web 语言,极大地提升了 Web 在富媒体、富内容和富应用等方面的能力。Canvas 为 HTML5 的新标签,Canvas 意为画布,是通过 javascript 来做的,提供了一些常用的绘图接口。

二次贝塞尔曲线 quadraticCurveTo(cpx,cpy,x,y),cpx、cpy 表示控制点的坐标,x,y 表示终点坐标,数学公式表示如下:

$$B(t)=(1-t)^2P_0+2t(1-t)P_1+t^2P_2, t\in[0,1]$$

二次方贝兹曲线的路径由给定点 P_0、P_1、P_2 的函数 $B(t)$ 追踪,如图 7-16 所示。

图　7-16

三、实验内容

1. 阅读 HTML4 和 HTML5 协议的相关内容。

2. 读懂源代码。

3. 在 PC 上使用网页开发工具和浏览器测试 Web 服务器的功能。

四、实验方法与步骤

1. 阅读 HTML4 和 HTML5 标准的基本内容。

2. 看懂源程序。

3. 启动 Visual Studio 集成开发环境。

4. 新建 ASP. Net 空网站。

5. 添加新项"Visual C♯空页"文件:default. cshtml。

6. 输入 HTML5 代码:

```
<!DOCTYPE html>
<html>
    <head>
        <meta charset="utf-8">
        <title>canvas直线</title>
        <meta name="Keywords" content="">
        <meta name="Description" content="">
```

```
    <style type="text/css">
        body,h1{margin:0;}
        canvas{margin: 20px;}
    </style>
</head>
<body onload="draw()">
    <h1>贝塞尔曲线</h1>
        <canvas id="canvas" width=200 height=200
            style="border: 1px solid #ccc;">
        </canvas>
    <script>
        function draw() {
                var canvas=document.getElementById('canvas');
                var context=canvas.getContext('2d');
                //绘制起始点、控制点、终点
                context.beginPath();
                context.moveTo(20,170);
                context.lineTo(130,40);
                context.lineTo(180,150);
                context.stroke();
                //绘制 2 次贝塞尔曲线
                context.beginPath();
                context.moveTo(20,170);
                context.quadraticCurveTo(130,40,180,150);
                context.strokeStyle="red";
                context.stroke();
            }
    </script>
    </body>
</html>
```

7. 生成网站。

8. 观察在浏览器中的显示结果。

五、实验要求

1. 在浏览器的显示结果中显示自己的学号和姓名。

2. 记录网站设计调试过程。

六、实验环境

硬件：PC。

软件：Windows XP/7；支持 HTML5 的浏览器版本；Visual Studio 2012 集成开发环境。

实验指导 7-3　嵌入式 Web 服务器实验

一、实验目的

掌握基于 ARM 的嵌入式系统中实现一个简单 Web 服务器的过程。

二、实验原理

1. 嵌入式系统建立 TCP 类型的 Socket 在 80 端口进行监听连接请求，接收到连接请求，将请求传送给连接处理模块处理，并继续进行监听。

2. 运行于客户端的浏览器首先要与嵌入式 Web 服务器端建立连接，打开一个套接字虚拟文件，此文件建立标志着 Socket 连接建立成功。然后客户端浏览器通过套接字 Socket 以 GET 或者 POST 参数传递方式向 Web 服务器提交请求，Web 浏览器提交请求后，通过 HTTP 协议传送给 Web 服务器。

3. Web 服务器接到请求后，根据请求的不同进行事务处理，返回 HTML 文件或者通过 CGI 调用外部应用程序，返回处理结果。服务器通过 CGI 与外部应用程序和脚本之间进行交互，根据客户端浏览器在请求时所采用的方法，服务器会搜集客户所提供的信息，并将该部分信息发送给指定的 CGI 扩展程序，CGI 扩展程序进行信息处理并将结果返回给服务器，然后服务器对信息进行分析，并将结果发送回客户端在浏览器上显示出来。

三、实验内容

1. 阅读 HTTP 协议的相关内容，读懂有关实现 HTTP 协议的源代码。
2. 在 PC 上使用浏览器测试嵌入式 Web 服务器的功能。

四、实验方法与步骤

1. 看懂源程序，阅读 Web 服务器 HTTP 协议的基本内容。
2. 编译源代码。
3. 使用 NFS 服务方式将协议实验程序下载到 ARM 系统中，并复制到测试用的网页进行调试。
4. 观察在客户机的浏览器中的连接请求结果。

五、实验要求

记录程序调试过程。

六、实验环境

硬件：ARM 嵌入式开发板、JTAG 仿真器、PC。
软件：ARM 集成开发环境。

第8章

嵌入、移动和物联网（Embedded，Mobile & IOT）

互联网的飞速发展需要在现有的软硬件基础上进行创新。人们提出许多解决方案，如云计算、物联网、三网融合、智慧计算、移动互联、IPv6协议等，这些技术一起构成了计算机网络的发展方向。云计算是一种商业计算模型，它将计算任务分布在大量计算机构成的资源池上，使各种应用系统能够根据需要获取计算、存储空间和信息服务。网络的另外一个方面影响来自物联网，物联网通过大量的传感器和解决方案将人与人、人与物、物与物联系起来。

嵌入式网络、移动网络和计算机网络都是云计算、物联网和三网融合的基础，本章将重点介绍嵌入式和移动网络不同于计算机互联网络的一些特点。

8.1 嵌入式网络（Embedded Access Network）

嵌入式系统以应用为中心，以计算机技术为基础，软件硬件可裁剪，适应了各种应用系统中对功能、可靠性、成本、体积、功耗等的严格要求，有着巨大的市场，在应用数量上远远超过了通用计算机。嵌入式系统接入Internet是随着计算机网络技术的普及而发展起来的一项新兴概念和技术，它通过为现有嵌入式系统增加因特网接入能力来扩展其功能，一般指设备通过嵌入式模块而非PC系统直接接入Internet，以Internet为介质实现信息交互的过程，是一种非PC接入。

嵌入式网络的一种应用是在环境比较恶劣的工业生产现场，因此在以下几个方面有其自身独特的要求：

(1) 实时性

生产设备内部多个分布式子系统信息耦合通常比较紧密，对实时性要求很高，这就要求所用的网络协议具有可确定的实时性能，即极坏情况下的响应时间是确定的。另外在网络节点数比较多，或者有些节点对实时响应要求特别高时，网络协议还应支持优先级调度，以提高时间紧迫型任务的信息传输可确定性。

(2) 可靠性

嵌入式网络本身的可靠性直接影响设备的成品率和生产效率，要求网络能动态增加/删除节点；生产现场比较恶劣的电磁环境要求嵌入式网络本身具有很强的抗干扰能力、检错和纠错能力以及快速恢复能力。

(3) 通信效率

嵌入式网络通信的特点之一是子系统之间通信非常频繁，但每次通信的信息长度很短，因此要求嵌入式网络协议尽量采用短帧结构，且帧头和帧尾尽可能短，从而提高通信效率和带宽的利用率。

（4）双重混合支持

不同工作环境的巨大差异决定了嵌入式网络应具有灵活的介质访问协议,不但支持多种介质(双绞线、同轴电缆、光缆),而且支持混合拓扑结构(星型、环型和总线型),有时甚至要求同一个嵌入式网络能同时使用多种介质和多种网络拓扑。如在噪声环境中,系统中一部分连接需要使用光缆,其他部分则使用双绞线或同轴电缆。同轴电缆适于采用总线拓扑,而光纤则更适于环型或星型拓扑,这就要求网络协议具有双重混合支持。

（5）实现难度和造价

嵌入式系统通常需要针对实际需求进行专门设计与制造,这就要求其中的网络系统软硬件容易实现,并与子系统控制部分集成,有关元器件商品化程度高,造价较低。

（6）开放性

嵌入式网络必须具有良好的开放性,一方面能通过企业 Intranet 连接到 Internet 中,实现企业生产管理的管控一体化;另一方面应具有公开透明的开发界面,资料完备,实现系统硬件、软件的自主开发和集成。

此外,嵌入式网络系统必须配置灵活、维护简便。

通常,嵌入式网络就覆盖范围而言属于局域网。因此,嵌入式网络主要研究物理层和数据链路层。数据链路层在具体实现上可划分成两个子层:介质访问控制子层(MAC 子层)和逻辑链路控制子层(LLC 子层)。MAC 子层包括物理层接口硬件和实现介质访问协议的通信控制器;通常 LLC 子层由软件实现(用户自主开发)。因此,嵌入式系统设计中网络通信协议选择的核心是介质访问协议 MAC 的选择。

8.1.1　嵌入式系统的组成（Form of Embedded Access Network）

目前嵌入式系统接入 Internet 通常有以下两种主要方式:

（1）采用高速的 32 比特微控制器直接实现 TCP/IP 协议

这种方法的实现框图如图 8-1 所示。这种方式可以使嵌入式系统直接与 Internet 相连,有很大的灵活性。缺点是占用的系统资源较多,对微控制器的要求也很高。

（2）使用嵌入式网关来实现

如图 8-2 所示,各个嵌入式系统首先和网关进行通信,通信方式可采用传统的 RS-232、RS-485 等,也可采用 CAN 等新型现场总线,也有采用工业以太网的;然后由嵌入式网关负责实现 TCP/IP 协议,完成嵌入式系统的信息与 Internet 的信息交互。这种方案解决了以低速 8/32 比特微控制器为核心的嵌入式系统接入 Internet 的问题。缺点是需要一个专门的嵌入式网关,而且和各个嵌入式系统之间的通信同样受到速度和距离的限制,这种方法的实现成本将会增加。

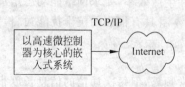

图 8-1　直接实现 TCP/IP 系统

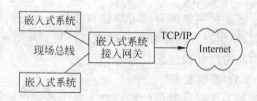

图 8-2　使用嵌入式网关方式

　　嵌入式系统包括硬件和软件两部分。硬件包括微处理器、存储器及外设器件和 I/O 端口、图形控制器等。软件部分包括操作系统软件（要求实时和多任务操作）和应用程序。嵌入式系统的核心是嵌入式微处理器。嵌入式互联的目标是嵌入式设备工作在以网络为中心的环境中，把"孤立的目标系统"相互连接起来。为适应嵌入式分布处理结构和应用上网需求，嵌入式系统必须配有一种或多种网络通信接口，使嵌入式微控制器不仅能执行传统的控制功能，而且还能执行与连接因特网相关的功能，从而把标准网络技术（如 TCP/IP）一直扩展到嵌入设备，由嵌入式系统自身实现 Web 服务器功能，这是解决嵌入式 Internet 问题的最佳方案。

　　原则上，讲嵌入式设备接入 Intranet/Internet 只要实现 TCP/IP 网络协议就可以。针对嵌入式设备连接涉及的两个关键问题是传送信息的媒质和采用的协议。最常用的连接模式是以太网通信介质的有线连接与 TCP/IP 协议，其网络体系结构与协议分层如图 8-3 所示。利用网络接口控制器（NIC）来实现物理层和链路层协议，同时微处理器运行嵌入式 TCP/IP 协议通信模块来实现与 Intranet/Internet 的连接。一旦这个目标得以实现，就能在网络环境下在

图 8-3　嵌入式网络的协议功能划分

任何时间从任何地点对位于任何其他地方的系统中的微控制器进行监控，利用传统的 Web 和因特网机制远程监视数据和运行情况控制，还能在合适的条件下对系统进行调试、升级和维护。

　　嵌入式系统的技术难点分析：

　　（1）发送数据的封装

　　把一组数据发送到基于 TCP/IP 协议的网络上，首要条件是产生符合 TCP/IP 协议的数据格式。如果与嵌入式系统的通信只是局限于局域网之中，在物理帧的数据域内可以直接放置要发送的数据。如果需要和其他的网络进行通信，在物理帧的数据域中需要封装更高层的协议，嵌入式系统发送的数据应该封装在高层协议的数据域内。这些数据的层层封装和物理帧的形成对于速度没有特殊的要求，普通的低速微控制器完全可以实现。

　　（2）发送数据的发送

　　以 100Mbps 以太网为例说明，发送数据时应该做的工作是首先对待发送的数据进行曼彻斯特编码，使发送的数据适合在 100Mbps 以太网上传输，最后把处理好的数据以 100Mbps 的速度发送到以太网上。同时，为了保证数据的有效发送，系统还应具有冲突检测和重发的功能。

　　从以上的发送过程可以看出，直接用 8 位的单片机是困难的，应该考虑用其他的方法实现，如 32 位的嵌入式系统。

8.1.2　以太网和 CAN 现场总线比较（Ethernet and CAN Comparison）

　　此处所说的以太网指工业以太网。

　　1. 以太网的优势及存在的问题

　　（1）优势

　　基于 TCP/IP 的以太网是一种标准开放式的网络，由其组成的系统兼容性和互操作性好，资源共享能力强，可以很容易地实现将控制现场的数据与信息系统上的资源共享；数据

的传输距离长、传输速率高；易与 Internet 连接，低成本、易组网，与计算机、服务器的接口十分方便，得到了广泛的技术支持。

（2）存在问题

以太网采用的是带有冲突检测的载波侦听多路访问协议（CSMA/CD），无法保证数据传输的实时性要求，是一种非确定性的网络系统；安全可靠性问题，以太网采用超时重发机制，单点的故障容易扩散，造成整个网络系统的瘫痪；对工业环境的适应能力问题，目前工业以太网的鲁棒性和抗干扰能力等都是值得关注的问题，很难适应环境恶劣的工业现场；本质安全问题，在存在易燃、易爆、有毒等环境的工业现场必须采用安全防爆技术；总线供电问题，在环境恶劣及危险场合，总线供电和本质安全具有十分重要的意义。

2. CAN 现场总线的特点及局限性

（1）特点

CAN 现场总线的数据通信具有突出的可靠性、实时性和灵活性。主要表现在 CAN 可以工作在多主方式，CAN 总线的节点分成不同的优先级，采用非破坏仲裁技术，报文采用短帧结构，数据出错率极低，节点在错误严重的情况下可自动关闭输出。

（2）局限性

CAN 现场总线作为一种面向工业底层控制的通信网络，其局限性也是显而易见的。首先，它不能与 Internet 直接相连，不能实现远程信息共享；其次，它不易与上位控制机直接接入，现有的 CAN 接口卡与以太网网卡相比大都价格昂贵。CAN 现场总线无论是其通信距离还是通信速率都无法和以太网相比。

3. 工业以太网和 CAN 现场总线的网络协议规范比较

工业以太网和 CAN 现场总线的网络协议规范都遵循 ISO/OSI 参考模型的基本层次结构。工业以太网采用 IEEE 802 参考模型，相当于 OSI 模型的最低两层，即物理层和数据链路层，其中数据链路层包含介质访问控制子层（MAC）和逻辑链路控制子层（LLC）。CAN 现场总线的 ISO/OSI 参考模型也是分为两层，并与工业以太网的分层结构完全相同，但是二者在各层的物理实现及通信机理上却有很大的差别。工业以太网和 CAN 现场总线的各层在具体网络协议实现上的比较如表 8-1 所示。

表 8-1　工业以太网和 CAN 现场总线的网络协议比较

项　目	工业以太网	CAN 现场总线
物理层传输介质	非屏蔽双绞类线、屏蔽双绞线、同轴电缆、光纤、无线传输等	双绞线、同轴电缆、光纤传输等
编码	同步 NRZ，曼彻斯特编码	异步 NRZ
接插件	RJ-45，AUI，BNC	各种防护等级的工业级插件
总线供电和本质安全	无	有
传输速率	10Mbps，100Mbps 等	5kbps～1Mbps
数据链路层介质访问控制子层	介质访问方式采用 CSMA/CD，很难满足工业网络通信的实时性和确定性要求，在网络负载很重的情况下可能出现网络瘫痪的情况	负责报文分帧、仲裁、应答、错误检测和标定。采用非破坏总线仲裁技术及短帧传送数据，满足控制实时性和确定性要求，而且在网络负载很重的情况下也不会出现网络瘫痪的情况
逻辑链路控制子层	组帧、处理传输差错、调整帧流速	报文滤波、过载通知及恢复管理

4. 混合工业以太网和现场总线的网络结构

这种结构实际上就是信息网络和控制网络的一种典型的集成形式。以太网正在逐步向现场设备级深入发展，并尽可能的和其他网络形式走向融合，但以太网和 TCP/IP 原本不是面向控制领域的，在体系结构、协议规则、物理介质、数据、软件和运行环境等诸多方面并不成熟，而现场总线能完全满足现代企业对底层控制网络的基本要求，实现真正的全分布式系统。因此，在企业信息层采用以太网，而在底层设备级采用现场总线，通过通信控制器实现两者的信息交换。以太网控制器在这里充当了通用计算机网络和现场各类设备之间的一个桥梁。管理者通过 Web 浏览器对现场工况进行实时远程监控、远程设备调试和远程设备故障诊断和处理。实现的最简单方法就是采用独立的以太网控制器，连接具有 TCP/IP 界面的控制主机以及具有 RS-232、RS-485 或 CAN 接口的现场设备。

工业以太网技术的研究近几年才引起国内外工控专家的关注。而现场总线经过十几年的发展，在技术上日渐成熟，在市场上也开始了全面推广，并且形成了一定的市场。工业以太网技术的发展将与现场总线相结合，具体表现在：

（1）物理介质采用标准以太网连线，如双绞线、光纤等；

（2）使用标准以太网连接设备（如交换机等），在工业现场使用工业以太网交换机；

（3）采用 IEEE 802.3 物理层和数据链路层标准、TCP/IP 协议组；

（4）应用层（甚至是用户层）采用现场总线的应用层、用户层协议；

（5）兼容现有成熟的传统控制系统，如 DCS，PLC 等。

一个典型的以太网结合现场总线的嵌入式网络控制器如图 8-4 所示。

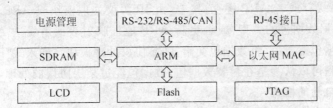

图 8-4 基于 ARM 核的嵌入式网络控制器的硬件结构

8.1.3 嵌入式 TCP/IP 协议栈（Embedded TCP/IP Protocol Stack）

嵌入式系统中的网络应用也越来越广泛，几乎所有设备均需要有 Internet 连接能力。支持嵌入式系统上网的标准大部分仍然是 TCP/IP 协议，包括 TCP、IP、ARP 等协议。但是传统的 TCP/IP 协议在实现实时性方面做得不够好，它把大量的精力花在保证数据传送的可靠性以及数据流量的控制上，而在实时性要求比较高的嵌入式领域中，传统的 TCP/IP 不能满足其实时要求。因此研究并改进嵌入式 TCP/IP 协议栈以满足嵌入式系统的高性能要求具有重要的现实意义。

1. 嵌入式 TCP/IP 协议栈的特征

传统 TCP/IP 协议栈的实现过于复杂，需占用大量系统资源，而嵌入式应用系统的资源往往有限。因此，需要将传统的 TCP/IP 协议栈在不违背协议标准的前提下加以改进，使其实现性得到提高，占用的存储空间尽可能少，以满足嵌入式应用的要求。通常为了解决存储能力不足的问题，采取在嵌入式系统的缓冲区内开辟较少字节的固定存储空间，而不是动态分配,若一旦出现大流量数据包时就会导致缓冲区溢出。因此在设计嵌入式 TCP/IP 协议栈时要合理地控制中断处理程序大小,使运行时间尽可能地缩短。

2. 嵌入式 TCP/IP 协议栈体系结构

按照 OSI 层次结构思想,在标准的 TCP/IP 协议栈中有很多处理协议,如 ARP、IP、ICMP、TCP 和 UDP 等。在设计过程中考虑到嵌入式设备资源有限和对网络要求程度不高,经设计简化后的嵌入式 TCP/IP 协议栈体系结构如图 8-5 所示。整个协议栈采用模块化设计思想,主要模块是 ARP 协议处理模块、IP 协议处理模块和 TCP 协议处理模块等。同时为每个模块设计良好的通信接口,保证上层、下层协议的系统调用。

由图 8-5 可知,TCP/IP 协议栈及以太网中数据传送的层次关系为:当在应用程序(一般应用有 HTTP、FTP 等协议)中将应用数据(包括用户数据和应用首部)向网络传送,它首先到达 TCP 层,TCP 协议根据应用层的要求在 TCP 首部填写好各个字段,如端口号、序号、标志等。重要的是填写数据校验和的字段,然后将包括 TCP 首部的段向协议栈的下一层即 IP 层传送。IP 层则与 TCP 层一样,填写 IP 首部的各个字段,如地址、协议类型等,然后将在头部包括 IP 首部和 TCP 首部的整个数据报(数据包在 IP 协议层称为数据报)向下传送以太网驱动程序,继续进行封装工作,将以太网首部和以太网尾部添加到从 IP 层传下来的数据报上。

3. 嵌入式 TCP/IP 协议处理流程

嵌入式 TCP/IP 协议接收数据包的实现过程就是解析数据包。对于应用于嵌入式系统的以太网来说,首先由以太网帧处理模块解析数据包,根据其类型,去掉以太网帧首部的数据包将分配到 IP 缓存或者 ARP 缓存;接着,由 IP 协议处理模块或 ARP 处理模块继续解析。ARP 协议根据数据包的类型,或者更新 ARP 地址映射表或者发送 ARP 应答。IP 协议处理模块对数据包解析后,将数据包交给 TCP 协议处理模块。嵌入式 TCP/IP 协议发送数据包的实现过程可以认为是在封装数据包,数据包经过某层协议的处理,将上层协议传来的数据包封装成自己的格式。

按照改进后的嵌入式 TCP/IP 协议体系结构,其协议的具体处理流程如图 8-6 所示。

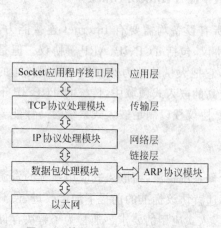

图 8-5　简化后的协议栈体系结构

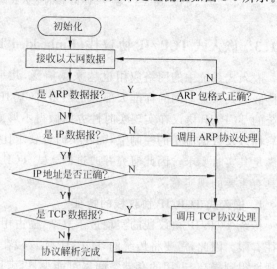

图 8-6　改进后的 TCP/IP 协议处理流程图

　　下面进一步对嵌入式协议栈中的 TCP 协议处理模型进行简化，通过 Socket 编程就可以在嵌入式操作系统中实现。

　　传输控制协议 TCP 是对 IP 协议进行功能扩展，在发送端与接收端之间提供高可靠性的数据通信。TCP 协议是一个面向连接的通信协议，在通信开始时建立连接；在通信结束时切断该连接。在 TCP 协议中根据 IP 协议的载荷能力和物理网络最大传输单元（MTU）来决定数据段大小，这些数据段称为 TCP 数据报报文。它由数据报头和数据两部分组成，数据报头携带了该数据报所需的标志及控制信息，包括 20B 的固定部分和一个不固定长度的可选项部分。

　　在对嵌入式网络的设计中，一般考虑系统网络数据量较小，使用 10Mbps 的以太网传输也不会导致阻塞。以太网上的主机有足够的能力处理数据报，因此可以绑定超时与重传的时间为 5s；所使用的网络控制器上一般有较大的接收缓冲区（例如，有两个 1500B 大小），一般的嵌入式系统信息量较小，可以固定接收窗口为 1400B；采用一般的 TCP 服务就可以满足应用要求，可以忽略紧急指针和选项及填充字段的值。因此对复杂的 TCP 协议进行了合理的改进，改进后的格式如图 8-7 所示。

源端口(16b)					目的端口(16b)			
序列号(32b)								
确认号(32b)								
包头长度(4b)	保留(6b)	URG	ACK	PSH	PST	SYN	FIN	固定窗口
数据(可变长)								

图 8-7　改进后的 TCP 协议数据报文格式

　　对于嵌入式 TCP/IP 协议栈的设计采用基于事件驱动的程序模型。当一个事件到达时（如一个新的连接请求或一个新的数据包到达等），应用程序就会被调用，并由应用程序根据所发生的事件做出处理。此部分可以由具体的进程来实现。

　　（1）建立连接

　　① 当客户机请求对端接入时，随机地选送一个初始序号；

　　② 服务器选送一个自己的初始序号，作为对客户机送来序号的应答号返送给客户机；

　　③ 客户机向服务器再发出应答段（ACK），作为握手信号来保证数据被可靠地接收，而应答段本身不再需要应答，避免应答陷入无穷的嵌套。

　　（2）验证进程

　　采取相应的措施消除传输中的错误，以保证数据传输的可靠性，如持续跟踪已发出数据段的应答是否返回来判断数据是否丢失；利用序列号解决通信时重复、失序的问题；利用校验和解决数据误码问题等。

　　（3）流量控制进程

　　设置一个缓冲区作为固定窗口。ACK 和窗口号指明在正确收到最后一个数据包之后还可接收的序列号范围，由此对流量进行控制。

　　（4）关闭连接

　　① 客户机向服务器发出关闭段，此时客户机不再发出数据，仅可接收数据；

② 服务器向客户机发出关闭-应答段,此时,服务器还可以向客户机发送数据,即接入处于"半关闭"状态;

③ 服务器向客户机发出关闭段,服务器不能再发送数据;

④ 客户机为响应服务器的关闭,向服务器发出关闭-应答段。

根据嵌入式 TCP/IP 协议栈的设计模型,其实现主要是基本协议,如 TCP、IP 和 ARP 协议等。其余的像 PPP 那样的链路层协议需要在嵌入式 TCP/IP 协议栈下面的设备驱动程序中实现,而像 HTTP、FTP 这样的应用层协议则要在嵌入式 TCP/IP 协议栈上面的应用层中实现。

8.1.4　嵌入网络的上位机通信(Communication of Embedded Network With PC)

现代工业控制系统通常以 PC 为上位机,嵌入式系统为下位机,上位机的数据来源于下位机,上位机也可以发出指令控制下位机。

上位机用来发出操作命令和显示监测的数据,而下位机用于监控设备的运行,因此上位机和下位机需要实时的通信。上位机是指:人可以直接发出操控命令的计算机,一般是 PC,屏幕上显示各种信号变化(如电流、压力、水位和温度等)。下位机是直接控制设备获取设备状况的计算机,一般是 MCU/PLC 等。上位机发出的命令首先给下位机,下位机再根据此命令解释成相应时序信号直接控制相应设备。下位机不时地读取设备状态数据(一般为模拟量),转化成数字信号并处理后反馈给上位机。上下位机都需要编程,都有专门的开发系统。另外,上位机和下位机是通过通信连接的"物理"层次不同的计算机,是相对而言的。一般下位机负责前端的"测量、控制"等处理,上位机负责"管理"处理。下位机是接收到主设备命令才执行的执行单元,即从设备。但是,下位机也能直接智能化处理测控执行,而上位机不参与具体的控制,仅仅进行管理(数据的储存、显示、打印、……、人-机界面等方面)。常见的 DCS"集中-分散系统"是上位机集中、下位机分散的系统。

在设计基于现场总线的分布式嵌入式网络通信协议时,上位机呼叫下位机地址之后可以有两种机制。一种是面向握手的,即每发出一帧,总是要等待确认帧,否则将认为是通信出错。这是一种可靠的通信方式,适合传输系统命令和一些非常重要的系统参数。另一种是无握手的,即发送方假设接收方总是接收正确,从而无须等待确认帧就不停地发送,适合大量前端采集数据的发送。这种机制的优点是发送过程简单、快速,缺点是不能保证传输过程的可靠性。

另外,接收方倘若在规定的时间内不能接收到数据,则可以发送复位帧,同时接收方的程序回到通信程序的开始,并清空缓冲区的数据;而发送方收到复位帧后也回到通信程序的开始,并清空缓冲区中的数据。然后,双方重新同步。

设计良好的上位机和下位机通信协议,不仅简化了通信程序的设计,而且保证了通信的高效和可靠。下位机负责现场的电力量的采样和存储,上位机负责循环呼叫下位机,以了解现场情况是否正常,并且每帧一定时间收集下位机存储的数据,并对数据进行分析管理。上位机收集下位机数据的程序流程如图 8-8 所示。

因为传输数据数量比较大,所以通信过程采用了无握手方式,以简化程序设计,提高通信速度。通信双方在接收时使用了复位帧,以保证在失去同步后及时恢复。

随着网络技术的发展,上下位机的通信越来越多地采用工业以太网,以提高通信速率和降低成本。

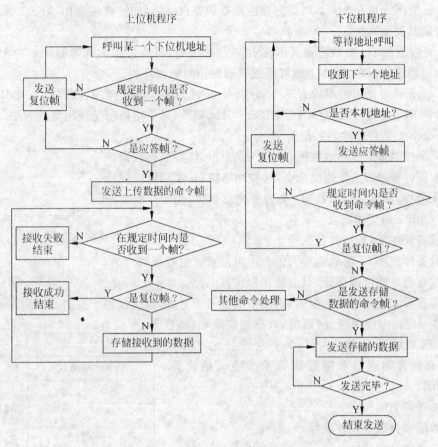

图 8-8　上位机收集下位机存储数据流程

8.2　无线传感器网络——ZigBee（Wireless Sensor Network—ZigBee）

8.2.1　ZigBee 概述（ZigBee Introduction）

ZigBee 是一种新兴的短距离、低功耗、低数据速率、低成本、低复杂度的无线网络技术；它在 IEEE 802.15.4 的基础上，又规定了逻辑网络、网络安全和应用层。其技术特点为：

（1）数据传输速率低：只有 10～250KB/s，专注于低传输应用。

（2）功耗低：在低耗电待机模式下，两节普通 5 号干电池可使用 6 个月到 2 年，免去了充电或者频繁更换电池的麻烦，绿色节能也是 ZigBee 的支持者所一直引以为豪的独特优势。

（3）成本低：因为 ZigBee 数据传输速率低，协议简单，所以大大降低了成本。且 ZigBee 协议免收专利费。

（4）网络容量大：每个 ZigBee 网络最多可支持 255 个设备，也就是说，每个 ZigBee 设备可以与另外 254 台设备相连接。

（5）时延短：通常时延都在 15～30ms 之间。

(6) 安全：ZigBee 提供了数据完整性检查和鉴权功能，加密算法采用 AES-128，同时可以灵活确定其安全属性。

(7) 有效范围小：有效覆盖范围在 10～75m 之间，具体依据实际发射功率的大小和各种不同的应用模式而定，基本上能够覆盖普通的信号监控环境。

ZigBee 无线可使用的频段有 3 个，分别是 2.4GHz 的 ISM 频段、欧洲的 868MHz 频段以及美国的 915MHz 频段，在中国采用 2.4GHz 频段，是免申请和免使用费的频率。

(1) ZigBee 适合传输的数据类型

- 周期性数据：传感器数据，水电气表数据，仪器仪表数据。
- 间断性数据：工业控制命令，远程网络控制，家用电器控制。
- 反复性、低反应时间数据：如鼠标键盘数据，操作杆的数据。

(2) ZigBee 的应用场合

- 设备成本低，传输的数据量小。
- 设备体积小，不便放置较大的充电电池或者电源模块。
- 没有充足的电源支持，只能使用一次性电池。
- 需要较大范围的通信覆盖，网络中的设备非常多，但仅仅用于检测或控制。

ZigBee 协议由应用层、网络层、数据链路层和物理层组成。网络层以上协议由 ZigBee 联盟制定，IEEE 802.15.4 负责物理层和链路层标准。协议结构如图 8-9 所示。

图 8-9　ZigBee 协议结构

1. 物理层功能

- 激活和休眠射频收发器；
- 信道能量检测；
- 检测接收数据包的链路质量指示；
- 空闲信道评估；
- 收发数据。

2. 数据链路层功能

- 协调器产生并发送信标帧，普通设备根据协调器的信标帧与协议器同步；
- 支持 PAN 网络的关联和取消关联操作；
- 支持无线信道通信安全；
- 使用 CSMA-CA 机制访问信道；
- 支持时槽保障机制；
- 支持不同设备的 MAC 层间可靠传输。

3. 网络层功能

ZigBee 网络层的主要功能就是提供一些必要的函数，确保 ZigBee 的 MAC 层（IEEE 802.15.4—2003 标准）正常工作，并且为应用层提供合适的服务接口。

为了向应用层提供其接口，网络层提供了两个必需的功能服务实体，它们分别为数据服务实体和管理服务实体。

(1) 网络层数据实体通过网络层数据实体服务接入点提供数据传输服务；

(2) 网络层管理实体通过网络层管理实体服务接入点提供网络管理服务，网络层管理实体利用网络层数据实体完成一些网络的管理工作，并且网络层管理实体完成对网络信息库的维护和管理。

4. 应用汇聚层功能

该层主要负责把不同的应用映射到 ZigBee 网络上，具体而言包括：

- 安全与鉴权；
- 多个业务数据流的汇聚；
- 设备发现；
- 服务发现。

8.2.2　ZigBee 设备节点（ZigBee Device Node）

ZigBee 定义了 3 种类型的设备，每种设备都有自己的功能要求：

（1）ZigBee 协调器，是启动和配置网络的一种设备，是网络的中心节点，一个 ZigBee 网络只允许有一个 ZigBee 协调器；

（2）ZigBee 路由器，是一种支持关联的设备，能够将报文转发到其他设备，ZigBee 网络或树形网络可以有多个 ZigBee 路由器，ZigBee 星型网络不支持 ZigBee 路由器；

（3）ZigBee 终端设备，是执行具体功能的设备。

以上 3 种设备可根据功能完整性分为全功能设备（full function device, FFD）和半功能设备（reduced function device, RFD）。其中，全功能设备可作为协调器、路由器或终端设备，而半功能设备只能作为终端设备。一个 FFD 可与多个 RFD 或多个其他的 FFD 通信，而一个 RFD 只能与一个 FFD 通信。

协调节点启动时，根据定义的搜索频道和网络标识 PID（PAN ID）建立网络；如果 PID 定义为 0xFFFF，则随机产生 PID。

路由节点和终端节点启动后，搜索指定的 PID 网络，并加入网络。如果 PID 定义为 0xFFFF，则可加入其他网络。

每个设备节点都包括以下的两种地址。

（1）IEEE MAC 地址：这是一种 64 位的地址，地址由 IEEE 组织进行分配，用于唯一的标识设备，全球没有任何两个设备具有相同的 MAC 地址。在 ZigBee 网络中，有时也称 MAC 地址为扩展地址。

（2）16 位短地址：用于在本地网络中标识设备和在网络中发送数据，所以如果是处于不同的网络中有可能具有相同的短地址。当一个节点加入网络的时候将由它的父节点给它分配的短地址。协调器的短地址是"0"。

每个设备节点可定义 240 个不同的应用对象，每个对象用一个端口来对应，从 1 到 240。此外还定义了两个额外的端口：端口 0 和端口 255。端口 0 保留给 ZDO（ZigBee device object, ZigBee 设备对象）的数据接口，端口 255 用于向所有应用对象广播数据。端口 241～254 保留。

8.2.3　ZigBee 网络拓扑结构（ZigBee Network Topology）

ZigBee 技术具有强大的组网能力，可以形成星型、树型和网状网，可以根据实际项目需要来选择合适的网络结构。

星型拓扑是最简单的一种拓扑形式,如图 8-10 所示。它包含一个协调者(coordinator)节点和一系列的终端(end device)节点。每一个终端节点只能和协调者节点进行通信。如果需要在两个终端节点之间进行通信,必须通过协调者节点进行信息的转发。

这种拓扑形式的缺点是节点之间的数据路由只有唯一的一个路径,协调者有可能成为整个网络的瓶颈。实现星型网络拓扑不需要使用 ZigBee 的网络层协议,因为本身 IEEE 802.15.4 的协议层就已经实现了星型拓扑形式,但是这需要开发者在应用层做更多的工作,包括自己处理信息的转发。

树形拓扑,如图 8-11 所示,包括一个协调者以及一系列的路由器和终端设备节点。协调者连接一系列的路由器和终端设备,其子节点的路由器也可以连接一系列的路由器和终端设备,这样可以重复多个层级。

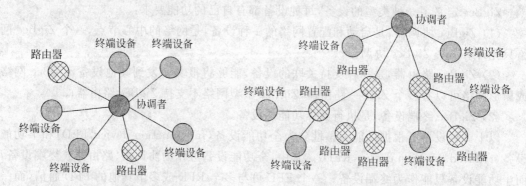

图 8-10　ZigBee 星型拓扑结构　　　　图 8-11　ZigBee 树型拓扑结构

需要注意的是:协调者和路由器节点可以包含自己的子节点,终端设备不能有自己的子节点,有同一个父节点的节点称为兄弟节点,有同一个祖父节点的节点称为堂兄弟节点。

树形拓扑中的通信规则:每一个节点都只能和它的父节点和子节点通信。如果需要从一个节点向另一个节点发送数据,那么信息将沿着树的路径向上传递到最近的祖先节点,然后再向下传递到目标节点。

这种拓扑方式的缺点就是信息只有唯一的路由通道。另外信息的路由是由协议栈层处理的,整个的路由过程对于应用层是完全透明的。

Mesh 拓扑(网状拓扑)包含一个协调者和一系列的路由器和终端设备,这种网络拓扑形式和树形拓扑相同,可参考上面所提到的树形网络拓扑。但是,网状网络拓扑具有更加灵活的信息路由规则,在可能的情况下,路由节点之间可以直接通信。这种路由机制使得信息的通信变得更有效率,而且意味着一旦一个路由路径出现了问题,信息可以自动地沿着其他的路由路径进行传输。网状拓扑的示意图如图 8-12 所示。

通常在支持网状网络的实现上,网络层会提供相应的路由探索功能,这一特性使得网络层可以找到信息传输的最优化的路径。需要注意的是,以上所提到的特性都是由网络层来实现,应用层不需要进行任何的参与。

Mesh 网状拓扑结构的网络具有强大的功能,网络可以通过"多级跳"转接的方式来通信;该拓扑结构还可以组成极为复杂的网络,网络还具备自组织、自愈功能,适合组成无线传感器网络。

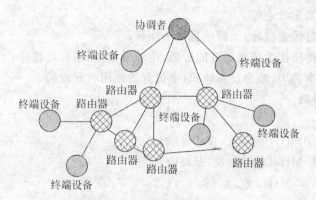

图 8-12 ZigBee 网状拓扑结构

星型和树型网络适合点到多点、距离相对较近的应用。

8.3 蜂窝移动通信（Cellular Mobile Communication）

8.3.1 GSM 蜂窝移动通信（GSM Cellular Mobile Communication）

1. 第一代模拟网络简介

20 世纪 80 年代初开始商用的以模拟技术为主要特征的移动通信系统被称为第一代移动通信系统，当时典型的系统有：AMPS（Advance Mobile Phone System）、NMTS（Nordic Mobile Telephone System）和 TACS（Total Access Communication System）。受制于当时的技术限制，第一代模拟网络存在如下问题：

（1）系统制式混杂，不能实现国际漫游，覆盖有限；

（2）不能提供综合业务数字网（ISDN）业务；

（3）系统设备价格高，手机体积大，电池充电后有效工作时间短；

（4）用户容量受到限制，系统扩容困难，而且信号不好；

（5）系统保密性差、安全性差，易被破解窃听。

2. 第二代数字移动通信系统 GSM

20 世纪 90 年代人们普遍使用以 GSM（Global System for Mobile communication）和 IS-95（Interim Standard，采用 CDMA 技术）为代表的数字移动通信系统，被称为第二代移动通信系统。GSM 是一个泛欧式的移动通信系统，20 世纪 90 年代初期从欧洲发展而来。GSM 是采用 FDMA 与 TDMA 制式相结合的一种通信技术，其网络中所有用户分时使用不同的频率进行通信。在 GSM900 频段，25MHz 的频率范围划分为 124 个不同的信道，每个信道带宽为 200kHz，每个信道含 8 个时隙，即 GSM900M 频段在同一区域内，可同时供近1000 个用户使用。而 CDMA 是采用码分多址技术的一种通信系统，在这个系统中所有用户都使用同一频率，靠不同的码型来区分不同的用户。

GSM 的优点是：

（1）频谱利用率更高，进一步提高了系统容量；

（2）它提供了一种公共标准，便于实现全自动国际漫游，在 GSM 系统覆盖到的地区均可提供服务；

（3）能提供新型非话业务；

（4）信息传输时保密性好，入网信息安全性好；

（5）数字无线传输技术抗衰落性能较强，传输质量高、话音质量好；

（6）可降低成本费用，减小设备体积，电池有效使用时间较长。

3. 主要技术参数

（1）频段

下行：935～960MHz（基站发，移动台收）。

上行：890～915MHz（移动台发，基站收）。

（2）频带宽度：25MHz。

（3）通信方式：全双工。

（4）载频间隔：200kHz。

（5）信道分配：每载频 8 时隙；全速信道 8 个，半速信道 16 个（TDMA）。

（6）信道总速率：270.8kbps。

（7）调制方式：GMSK（Gaussian Minimum Shift Keying，高斯最小频移键控）采用的高斯滤波器带宽与滤波器之比为 0.3。

$$BT = 高斯滤波器带宽/比特率 = 0.3 \tag{8-1}$$

（8）话音编码：RPE-LTP（Regular Pulse Excited-Long Term Prediction，规则脉冲激励长期预测），输出速率为 13kbps。

（9）数据速率：9.6～14.4kbps。

（10）跳频速率：217 跳/s。

（11）每时隙信道速率：33.8kbps。

（12）分集接收，交织信道编码，自适应均衡。

GMSK 是 GSM 系统采用的信号调制方法，它是先对信号进行高斯处理，即用信号频率的上下波动代表"0"和"1"，然后使用最小频移键控器对高斯信号进行处理，使信号的波形最大程度上接近方波。GMSK 是一种特殊的数字 FM 调制方式。给 RF 载波频率加上或者减去 67.708kHz 表示"1"和"0"。使用两个频率表示"1"和"0"的调制技术记作 FSK（频移键控）。

RPE-LTP 编译码器具有如下特性：

（1）取样速率为 8kHz；

（2）帧长为 20ms，每帧编码成为 260b/s，每帧分为 4 个子帧，每个子帧长 5ms；

（3）纯比特率为 13kb/s。

GSM 由 4 个部分组成，分别为网络子系统 NSS（network sub system）、基站子系统 BSS（base station sub system）、操作维护子系统 OSS（operation service system）和移动台子系统 MS（mobile system）。

1. NSS 网络子系统

NSS 网络子系统实现 GSM 系统的交换功能，实现用户数据管理、移动性管理、安全性管理所需的数据库功能；管理 GSM 移动用户间和 GSM 移动用户与其他通信网用户间的通信，是网路交换功能实现的核心。具体完成的电话网络功能如下。

（1）呼叫建立、控制、终止和选路；

（2）业务的提供、计费处理、区内切换；

（3）功能实体间及网络间接口、公共信令等；

（4）用于管理移动用户的数据库，静态数据库；

（5）存储信息：用户的入网信息，注册的有关业务信息，位置信息，分配给移动用户的两个号码——IMSI、MSISDN。

2. BSS 基站子系统

BSS 基站子系统是与无线蜂窝方面关系最直接的基本组成部分，完成的功能如下：

（1）通过无线接口直接与移动台相接，负责无线收发和无线资源管埋；

（2）与网络子系统中的移动业务交换中心相连，实现移动用户间或移动用户与固定网用户间的通信连接，传送系统信号和用户信息。

3. OSS 操作维护子系统

OSS 操作维护子系统包括移动用户管理、移动设备管理及网路操作和维护功能：

（1）网络的监视、操作（告警、处理等）；

（2）无线规划（增加载频、小区等）；

（3）交换系统的管理（软件、数据的修改等）；

（4）性能管理（产生统计报告等）；

（5）移动用户管理：用户数据管理和呼叫计费。

4. MS 移动台子系统

（1）用户使用的设备；

（2）类型：手机、车载台、便携台；

（3）通过无线接口接入 GSM 系统的无线处理功能，提供与使用者间的接口。

用户识别模块（subscriber identity module，SIM）包含所有与用户有关的信息和某些无线接口的信息，其中也包括鉴权和加密信息。处理异常的紧急呼叫时（如 119、110、120、122 等），可以不插入 SIM 卡。

8.3.2　第三代移动通信（3G）

被命名为 IMT-2000（International Mobile Telecommunications-2000）的以智能移动通信技术为主要特征的新一代移动通信系统被称为第三代移动通信系统。与前两代系统相比，3G 系统有更大的容量、更好的通信质量、更高的频带利用率，这些特点使得它能为高速和低速移动用户提供话音、数据、会议电视及多媒体等多种业务。而且用户能在全球范围内无缝漫游。

3G 系统确实给人们展示了一个美好的通信前景，但这些美好前景的实现要以克服 3G 系统所面临的技术难题为前提。这些难题有的是蜂窝移动通信所固有的，有的是 3G 系统所特有的。只有理解了这些问题，才能深刻地理解为解决这些问题而开发出的各种关键技术的意义。

（1）多径衰落

这个问题存在于所有的移动通信系统中。由于无线电波在传播过程中将发生折射、反射和散射，从而产生多条传播路径。不同路径的信号到达接收机时，由于天线的位置、方向和极化不同，使接收信号的幅度、相位起伏变化，产生严重的衰落现象。为了保证通信质量，不得不增加信号功率,这就直接影响了系统的容量。

（2）时延扩展

不同路径的信号有不同的传播时延,当时延超过检测脉冲符号宽度的 10% 时,符号间的干扰就明显存在,从而限制了移动通信的数据速率。

（3）多址干扰

由丁 3G 系统采用码分多址技术,即采用不同的扩频码字来区分用户,这就要求各用户的扩频码具有强的自相关性和弱的互相关性。但实际上各用户间的互干扰不可能完全消失,所以 CDMA 系统是干扰受限系统,就是说来自本小区和邻近小区用户的干扰成了决定系统容量和性能的主要因素。多址干扰是 3G 系统所特有的一种干扰。

（4）远近效应

在各移动台均以相同功率发射信号时,基站接收到的近处移动台发射的信号功率将远大于远处移动台发射的信号功率。远近效应就是指近处大功率信号对远处小功率信号产生的很强的干扰。它也是一类多址干扰,不过在 3G 系统中这种多址干扰表现十分突出。

（5）体制问题

第一代和第二代系统已经被广泛应用,所以,从资源利用的角度来考虑,3G 系统必须兼容前两代系统,而且能在将来平滑地过渡到第四代移动通信系统,甚至个人通信系统的最高目标。

3G 所采用的新技术如下:

（1）多址技术

这里所指的多址技术包括两方面的含义:一是指 CDMA 系统中地址码的研究;二是指各种多址协议的进一步研究。因为 3G 系统采用码分多址技术,所以扩频码的选择至关重要。IS-95 系统中采用了 64 位 Walsh 函数作为扩频码,前向信道的性能可以得到保证,但反向信道性能还不尽如人意。CDMA/PRMA（Packet Reservation Multiple Access,分组预约多址）协议,可以看作是传统分组预约多址协议的扩展,是基于时分多址的帧结构,每个用户在真正有信息输出时,才按照一定允许概率竞争空闲时隙。研究结果表明:CDMA/PRMA 协议与随机接入的 CDMA 相比,在蜂窝环境和仅有话音的情况下,系统容量可提高 68%～84%。

（2）信道编码

虽然扩频技术有利于克服多径衰落以提供高质量的传输信道,但扩频系统存在潜在的频谱效率非常低的缺点。所以,系统中必须采用信道编码技术以进一步改善通信质量。目前,主要采用前向信道纠错编码和交织技术以进一步克服衰落效应。

（3）功率控制

功率控制技术是解决远近效应的有效方法。在上行链路,为了克服宽带 CDMA 系统的远近效应,需要动态范围达 80dB 的功率控制。上行链路功率控制方式分开环和闭环两种,开环功率控制主要用来克服距离衰减,闭环功率控制用于克服多普勒频率产生的衰落,以此保证基站接收到的所有移动台信号具有相同的功率。

（4）智能天线

智能天线也叫自适应阵列天线,它由天线阵、波束形成网络和波束形成算法三部分组成。它通过满足某种准则的算法去调节各阵元信号的加权幅度和相位,从而调节天线阵列的方向图形状，达到增强所需信号、抑制干扰信号的目的。智能天线也可以用空分复用 SDMA（space division multiple access）的概念加以解释，就是利用信号入射方向上的差别，将同频率、同时隙的信号区分开来，从而达到成倍地扩展通信系统容量的目的。

（5）多用户检测

通信系统中的传统检测器都是单用户检测器，它将所需用户的信号当作有用信号，而将其他用户的信号都作为干扰信号对待。但从信息论的角度看，CDMA 系统是一种多输入、多输出的信道。因此单用户检测器不能充分利用信道容量。多用户检测的基本思想就是把所有用户的信号都当作有用信号，而不是干扰信号来处理，这样就可以充分利用各用户信号的用户码、幅度、定时和延迟等信息，从而大幅度地降低多径多址干扰。

（6）切换技术

由于移动通信系统采用蜂窝结构，所以，移动台在跨越空间划分的小区时，必然要进行越区切换，即完成移动台到基站的空中接口的转移，以及基站到网入口和网入口到交换中心的相应的转移。在第一和第二代移动通信系统中都采用越区硬切换方式，硬切换使通信容易中断。3G 系统将在使用相同载波频率的小区间实现软切换，即移动用户在越区时可以与两个小区的基站同时接通，只相应改变扩频码，即可做到"先接通再断开"的交换功能，从而大大改善了切换时的通话质量。

（7）信道结构及上层协议信令

3G 系统的用户数量巨大，且要实现全球范围的漫游，那么各种资源的管理控制必然十分复杂和庞大，这就要求信道结构合理，各种协议信令丰富完善。3G 系统的无线空中接口将采用分层结构及协议，比如：呼叫控制、移动性管理、无线载波控制、无线资源控制等。

8.3.3　TD-SCDMA 技术

1. 物理信道

TD-SCDMA 系统的物理信道采用四层结构：系统帧号、无线帧、子帧、时隙/码，系统使用时隙和扩频码来在时域和码域上区分不同的用户信号。图 8-13 给出了物理信道的层次结构。

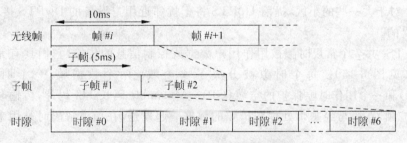

图 8-13　TD-SCDMA 物理信道结构

TD 模式下的物理信道由一个突发（burst）构成，在分配到的无线帧中的特定时隙发射。无线帧的分配可以是连续的，即每一帧的相应时隙都可以分配给某物理信道，也可以是不连续的分配，即仅有部分无线帧中的相应时隙分配给该物理信道。除下行导频和上行接入突发外，其他所有用于信息传输的突发都具有相同的结构：由两个数据部分、一个训练序列码和一个保护时间片组成。数据部分对称地分布于训练序列的两端。一个突发的持续时间就是一个时隙。

2. 帧结构

定义一个 TDMA 帧长度为 10ms。TD-SCDMA 系统为了实现快速功率控制和定时提前校准以及对一些新技术的支持(如智能天线、上行同步等),将一个 10ms 的帧分成两个结构完全相同的子帧,每个子帧的时长为 5ms。每一个子帧又分成长度为 $675\mu s$ 的 7 个常规时隙($TS_0 \sim TS_6$)和 3 个特殊时隙:DwPTS(下行导频时隙)、GP(保护间隔)和 UpPTS(上行导频时隙)。系统的子帧结构如图 8-14 所示。

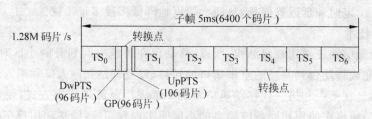

图 8-14 TD-SCDMA 子帧结构

3. 时隙结构

常规时隙用作传送用户数据或控制信息。在这 7 个常规时隙中,TS_0 总是固定地用作下行时隙来发送系统广播信息,而 TS_1 总是固定地用作上行时隙。其他的常规时隙可以根据需要灵活地配置成上行或下行以实现不对称业务的传输,如分组数据。用作上行链路的时隙和用作下行链路的时隙之间由一个转换点分开。每个 5ms 的子帧有两个转换点,第一个转换点固定在 TS_0 结束处,而第二个转换点则取决于小区上下行时隙的配置。

时隙结构也就是突发的结构。TD-SCDMA 系统共定义了 4 种时隙类型,它们是 DwPTS、UpPTS、GP 和 $TS_0 \sim TS_6$。其中 DwPTS 和 UpPTS 分别用作上行同步和下行同步,不承载用户数据,GP 用作上行同步建立过程中的传播时延保护,$TS_0 \sim TS_6$ 用于承载用户数据或控制信息。

GP 是为避免 UpPTS 和 DwPTS 间干扰而设置的,它确保无干扰接收 DwPTS,半径 11.25km。对于大一些的小区,提前 UpPTS 将干扰邻近用户设备的 DwPTS 接收,这是允许和可接受的。

$TS_0 \sim TS_6$ 共 7 个常规时隙被用作用户数据或控制信息的传输,它们具有完全相同的时隙结构(见图 8-15)。每个时隙被分成了 4 个域:两个数据域、一个训练序列域(midamble)和一个用作时隙保护的空域(GP)。Midamble 码长 144 码片,传输时不进行基带处理和扩频,直接与经基带处理和扩频的数据一起发送,在信道解码时被用来进行信道估计。

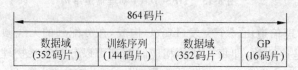

图 8-15 常规时隙结构

数据域用于承载来自传输信道的用户数据或高层控制信息,除此之外,在专用信道和部分公共信道上,数据域的部分数据符号还被用来承载物理层信令。

8.3.4　第四代移动通信的关键技术（4G Key Technology）

第四代移动通信（4G）的概念可称为宽带接入和分布网络,具有非对称的超过 20Mb/s的数据传输能力。它包括广带无线固定接入、广带无线局域网、移动广带系统和互操作的广播网络,集成不同模式的无线通信,移动用户可以自由地从一个标准漫游到另一个标准。

业界对第四代移动通信达成共识的方面有:

(1) 第四代移动通信以数据通信和图像通信为主;

(2) 数据通信的速率比第三代要大大提高,室外移动通信的速率 20Mbps 以上,室内移动通信速率 100Mbps 以上;

(3) 与因特网结合,通信以 IP 协议为基础;

(4) 与一、二、三代不同的网络结构,包括 AdHoc 网——自组织网络。

4G 系统所采用的新技术如下:

1. 正交频分复用 OFDM

OFDM 技术实际上是 MCM(multi-carrier modulation,多载波调制)的一种。其主要思想是:将信道分成若干正交子信道,将高速数据信号转换成并行的低速子数据流,调制在每个子信道上进行传输。正交信号可以通过在接收端采用相关技术来分开,这样可以减少子信道之间的相互干扰。每个子信道上的信号带宽小于信道的相关带宽,因此每个子信道可以看成平坦性衰落,从而可以消除符号间干扰。而且由于每个子信道的带宽仅仅是原信道带宽的一小部分,信道均衡变得相对容易。

OFDM 技术之所以越来越受关注,是因为 OFDM 有很多独特的优点,具体如下:

(1) 频谱利用率很高

频谱效率比串行系统高近一倍,这一点在频谱资源有限的无线环境中很重要。OFDM信号的相邻子载波相互重叠,从理论上讲其频谱利用率可以接近 Nyquist 极限。

(2) 抗衰落能力强

OFDM 把用户信息通过多个子载波传输,在每个子载波上的信号时间就相应地比同速率的单载波系统上的信号时间长很多倍,使 OFDM 对脉冲噪声(impulse noise)和信道快衰落的抵抗力更强。同时,通过子载波的联合编码,达到了子信道间的频率分集的作用,也增强了对脉冲噪声和信道快衰落的抵抗力。因此,如果衰落不是特别严重,就没有必要再添加时域均衡器。

(3) 适合高速数据传输

OFDM 的自适应调制机制使不同的子载波可以按照信道情况和噪声背景的不同使用不同的调制方式;当信道条件好的时候,采用效率高的调制方式;当信道条件差的时候,采用抗干扰能力强的调制方式。OFDM 加载算法的采用,使系统可以把更多的数据集中放在条件好的信道上以高速率进行传送。因此,OFDM 技术非常适合高速数据传输。

(4) 抗码间干扰(ISI)能力强

码间干扰是数字通信系统中除噪声干扰之外最主要的干扰,它与加性的噪声干扰不同,是一种乘性的干扰。造成码间干扰的原因有很多,实际上,只要传输信道的频带是有限的,就会造成一定的码间干扰。OFDM 由于采用了循环前缀,对抗码间干扰的能力很强。

但 OFDM 也有其缺点,例如:对频偏和相位噪声比较敏感,功率峰值与均值比(PAPR)大,导致射频放大器的功率效率较低,负载算法和自适应调制技术会增加系统复杂度。

2. 软件无线电 SDR(software defined radio)

所谓软件无线电,就是采用数字信号处理技术,在可编程控制的通用硬件平台上,利用软件来定义实现无线电台的各部分功能:包括前端接收、中频处理以及信号的基带处理等。即整个无线电台从高频、中频、基带直到控制协议部分全部由软件编程来完成。

其核心思想是在尽可能靠近天线的地方使用宽带的“数字/模拟”转换器,尽早地完成信号的数字化,从而使得无线电台的功能尽可能地用软件来定义和实现。总之,软件无线电是一种基于数字信号处理(DSP)芯片,以软件为核心的崭新的无线通信体系结构。

软件无线电是对无线传输系统的革命,它被称为“无线电世界的个人计算机”。

软件无线电有以下一些特点:

(1)灵活性

工作模式可由软件编程改变,包括可编程的射频频段宽带信号接入方式和可编程调制方式等。所以可任意更换信道接入方式,改变调制方式或接收不同系统的信号;可通过软件工具来扩展业务、分析无线通信环境、定义所需增强的业务和实时环境测试,升级便捷。

(2)集中性

多个信道享有共同的射频前端与宽带 A/D/A 变换器以获取每一信道的相对廉价的信号处理性能。

(3)模块化

模块的物理和电气接口技术指标符合开放标准,在硬件技术发展时,允许更换单个模块,从而使软件无线电保持较长的使用寿命。

也许只有软件无线电全面实现,人类才能实现个人通信的美好愿望。

3. 移动 IP 技术

4G 通信系统选择了采用基于 IP 的全分组的方式传送数据流,因此 IPv6 技术将成为下一代移动网络的核心协议。选择 IPv6 协议主要基于以下几点的考虑:

(1)巨大的地址空间

在可预见的时期内,它能够为所有可以想象出的网络设备提供一个全球唯一地址。

(2)自动控制

IPv6 作为移动 IP 技术还有另一个基本特性,就是它支持无状态和有状态两种地址自动配置的方式。无状态地址自动配置方式是获得地址的关键。在这种方式下,需要配置地址的节点使用一种邻居发现机制获得一个局部连接地址。一旦得到这个地址之后,它使用另一种即插即用的机制,在没有任何人工干预的情况下,获得一个全球唯一的路由地址。有状态配置机制,如 DHCP(动态主机配置协议),需要一个额外的服务器,因此也需要很多额外的操作和维护。

(3)服务质量

服务质量(QoS)包含几个方面的内容。从协议的角度看,IPv6 与目前的 IPv4 提供相同的 QoS,但是 IPv6 的优点体现在能提供不同的服务。这些优点来自于 IPv6 报头中新增加的字段“流标志”。有了这个 20b 长的字段,在传输过程中,中间的各节点就可以识别和分开处理任何 IP 地址流。尽管对这个流标志的准确应用还没有制定出有关标准，但将来它可用于基于服务级别的新计费系统。

（4）移动性

采用移动 IPv6（MIPv6）在新功能和新服务方面可提供更大的灵活性。每个移动设备设有一个固定的家乡地址（home address），这个地址与设备当前接入互联网的位置无关。当设备在家乡以外的地方使用时，通过一个转交地址（care-of address）来提供移动节点当前的位置信息。移动设备每次改变位置，都要将它的转交地址告诉给家乡地址和它所对应的通信节点。在家乡以外的地方，移动设备传送数据包时，通常在 IPv6 报头中将转交地址作为源地址。

4G 与 3G 相比具有通信速度更快、网络频谱更宽、通信更加灵活、智能性能更高、兼容性能更平滑等优点。

8.4 物联网（Internet of Things）

8.4.1 物联网定义（Definition of Internet of Things）

物联网是指通过信息传感设备，按照约定的协议，把任何物品与互联网连接起来，进行信息交换和通信，以实现智能化识别、跟踪、定位、监控和管理。它是在互联网的基础上延伸和扩展的网络。

从物联网的定义中我们可以大概地总结出其具有的几个特征。

（1）全面感知

利用 RFID、二维码、传感器等随时随地获取物体的信息。

（2）可靠传递

通过无线网络与互联网的融合将物体信息实时准确地传递给用户。

（3）智能处理

利用云计算、数据挖掘以及模糊识别等人工智能，对海量的数据和信息进行分析和处理，对物体实施智能化控制。

对物联网有大致了解之后再来说明它的基本框架，这里提供三层和四层的体系框架以供参考，三层结构即感知层、网络层、应用层。三层结构如图 8-16 所示。

为了更好地理解各层的含义，下面对物联网三层结构作以详细说明。

1. 感知层

感知层主要用于采集物理世界中发生的物理事件和数据，包括各类物理量、标识、音频、视频数据。物联网数据采集涉及的技术有多种，主要包括传感器、RFID、多媒体信息采集、实时定位等。传感器网络组网并协同信息处理技术来实现传感器、RFID 等数据采集技术所获取数据的短距离传输、自组织组网以及多个传感器对数据进行处理。

2. 网络层

物联网中的网络层能够实现更加广泛的互联功能。理想的物联网中，网络层可以把感知层感知到的信息无障碍、高可靠性、高安全性地传输。为了实现这一宏伟目标，需要传感器网络与移动通信技术、互联网等技术相融合。经过十几年的发展，移动通信技术、互联网

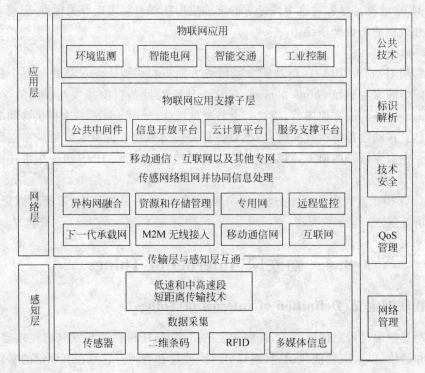

图 8-16 物联网三层技术体系框架

技术都已经比较成熟,基本上可以满足要求。随着技术的发展,这些功能将会更加完善。

3. 应用层

应用层主要包含支撑平台和应用服务。应用支撑平台子层用于支撑跨行业、跨应用、跨系统之间的信息协同、共享、互通的功能。应用服务子层包括智能家居、智能电网、智能交通、智能物流等行业应用。

在以上三层之外,还包括一些公共技术,如网络管理、服务质量管理、技术安全、解析标识等。

还有一些单位或者机构将物联网结构定义为四层,即感知层、网络层、支撑层、应用层。三层结构与四层结构内容基本一致,只是划分不一样,它们的主要区别是四层结构中支撑层在高性能计算机技术的支撑下,将网络内海量的信息资源通过计算整合成一个互联互通的大型智能网络,为上层服务管理和大规模行业应用建立一个高效、可靠、可信的支撑技术平台。

8.4.2 物联网关键技术(Key Technology of Internet of Things)

其核心关键技术主要有 RFID 技术、传感器技术、无线网络技术、人工智能技术和云计算技术等。

1. RFID 技术

这是物联网中"让物品开口说话"的关键技术,物联网中 RFID 标签上存着规范而具有互通性的信息,通过无线数据通信网络把它们自动采集到信息系统中实现物品的识别。

2. 传感器技术

在物联网中传感器主要负责接收物品"讲话"的内容。传感器技术是从自然信源获取信息并对获取的信息进行处理、变换、识别的一门多学科交叉的现代科学与工程技术，它涉及传感器、信息处理和识别的规划设计、开发、制造、测试、应用及评价改进活动等内容。

3. 无线网络技术

物联网中物品要与人无障碍地交流，必然离不开高速、可进行大批量数据传输的无线网络。无线网络既包括允许用户建立远距离无线连接的全球语音和数据网络，也包括近距离的蓝牙技术、红外技术和 ZigBee 技术。

4. 人工智能技术

人工智能是研究用计算机来模拟人的某些思维过程和智能行为（如学习、推理、思考和规划等）的技术。在物联网中人工智能技术主要将物品"讲话"的内容进行分析，从而实现计算机自动处理。

5. 云计算技术

物联网的发展离不开云计算技术的支持。物联网中的终端计算和存储能力有限，云计算平台可以作为物联网的大脑，以实现对海量数据的存储和计算。

物联网的技术难点主要有以下几点：

（1）技术标准问题

世界各国存在不同的标准，需要对物联网的共性总体标准、应用标准、网络标准和感知延伸等标准进行全面的研究和行业标准的制定。

（2）数据安全问题

由于传感器数据采集频繁，基本可以说是随时在采集数据，数据安全必须重点考虑。

（3）IP 地址问题

在物联网中每个物品都需要被寻址，也就是说需要一个地址。物联网中需要更多的 IP 地址，需要 IPv6 来支撑。

（4）终端问题

物联网中的终端除了具有自己的功能外还有传感器和网络接入功能，且不同的行业千差万别，如何满足终端产品的多样化需求，对研究者和运营商都是一个巨大挑战。

习　题　8

8.1　嵌入式网络的协议特点是什么？

8.2　什么是传感器网络？

8.3　嵌入式 TCP/IP 协议栈的基本特征是什么？

8.4　在 ZigBee 中，什么是协调器、路由器和终端设备？

8.5　ZigBee 网络协议是如何分层的？简述各层的功能。

8.6　画出 ZigBee 的 3 种网络结构。

8.7　ZigBee 中的设备节点地址有哪几种？

8.8　什么是移动 IP？

8.9　第一代模拟网络有哪些缺点？

8.10 什么是 GMSK？

8.11 GSM 的安全措施有哪些？

8.12 什么是多径衰落？

8.13 什么是软件无线电？

8.14 第三代移动通信系统中的关键技术有哪些？

8.15 什么是漫游？2G 和 3G 在跨越蜂窝区时的处理有什么不同？

8.16 TD-SCDMA 系统定义了哪几种类型的时隙？

8.17 什么是 OFDM？

8.18 LTE 的主要性能目标有哪些？

8.19 什么是 AdHoc？

8.20 物联网采用哪种 IP 地址更好？为什么？

实验指导 8-1　ZigBee 仿真实验

一、实验目的

1. 熟悉 NS2 环境，学会使用 NS2 工具进行仿真实验。

2. 使用 NS2 进行无线传感器网络仿真。

3. 观察并解释动画。

4. 分析模拟结果。

二、实验原理

为了分析仿真结果，NS2 提供了两种基本数据追踪能力：一是跟踪，生成的.nam 和.tr 文件能够将每个数据包在任何时刻的状态保存到指定文件中，记录包在队列或链路中丢弃、到达和离开等行为；二是监视，用户有选择地记录自己需要的数据，可利用 Gawk、Gnuplot 等工具统计发送包、接收包及丢弃包等结果进行分析。

三、实验内容

MAC 类型采用 IEEE 802.15.4 协议，路由采用 AODV 协议。节点移动场景：20 个节点，分布在 200m×200m 的正方形区域中，每个节点随机选择运动方向和运动速度，最大运动速度为 50m/s，场景持续 50s，利用 Setdest 工具来完成。

流量场景：流量是 cbr，20 个节点，速率为 1.0，利用 Cbrgen 流量产生工具来完成。

四、实验方法与步骤

1. 编写 TCL 脚本，在脚本中定义整个模拟过程，包括网络的拓扑结构以及数据收发过程等内容。

2. 生成 TCL 脚本后，就可以用 NS2 进行模拟了，执行命令：ns example.tcl。打开.nam 的动画模拟图像，观察随机分布的 20 个节点动态的通信过程。执行 Monitor 工具可以监测节点某时刻的具体动作，如收、发包等。

3. 结果分析

.nam 文件动态地、粗略地描述了仿真过程,同时生成的.tr 文件详细记录了运行过程,是分析协议运行的重要依据。.tr 的数据较庞大,抽取其中的一个片断进行分析。

通过以上仿真与分析,验证 IEEE 802.15.4 协议丢包率、延迟等适合无线传感器网络的特点。

五、实验要求

1. 记录网络结构。
2. 记录 TCL 脚本。
3. 复制动画和仿真结果。

六、实验环境

建议操作系统：Linux。

编程工具及集成开发环境：NS2。

附录 A　网络协议分析工具 Wireshark

A.1　什么是 Wireshark

Wireshark 是网络包分析工具。网络包分析工具的主要作用是捕获网络协议包，并显示协议尽可能详细的信息。Wireshark 是一种开源网络分析软件。

1. Wireshark 的应用举例

- 网络管理员用来解决网络问题
- 网络安全工程师用来检测安全隐患
- 开发人员用来测试协议执行情况
- 用来学习网络协议

除了上面提到的，Wireshark 还可以用在其他许多场合。

2. 特性

- 支持 Windows 和 Linux 平台
- 实时捕捉包
- 能详细显示包的详细协议信息
- 可以打开/保存捕捉的包
- 可以导入导出其他捕捉程序支持的包数据格式
- 可以通过多种方式过滤包
- 多种方式查找包
- 通过过滤以多种色彩显示包
- 创建多种统计分析

3. 捕捉多种网络接口

Wireshark 可以捕捉多种网络接口类型的包，包括无线局域网接口。

4. 支持多种其他程序捕捉的文件

Wireshark 可以打开多种网络分析软件捕捉的包。

5. 支持多格式输出

Wireshark 可以将捕捉文件输出为多种其他捕捉软件支持的格式。

6. 对多种协议解码提供支持

可以支持许多协议的解码。

7. 开源软件

Wireshark 是开源软件项目，用 GPL 协议发行。可以免费在任意数量的机器上使用它，不用担心授权和付费问题，所有的源代码在 GPL 框架下都可以免费使用。因为以上原因，人们可以很容易在 Wireshark 上添加新的协议，或者将其作为插件整合到自己的程序里。

8. Wireshark 不具备的功能

- Wireshark 不是入侵检测系统。如果网络发生入侵，Wireshark 不会发出警告。但是如果发生了入侵，Wireshark 可能通过察看来了解入侵的过程。
- Wireshark 不会处理网络事务，它仅仅是监视网络。Wireshark 不会发送网络包或做其他交互性的事情（名称解析除外，但也可以禁止解析）。

A.2 Wireshark 安装

可以在 Windows 平台和 UNIX/Linux 平台安装和运行 Wireshark，可以从网站下载最新版本的 Wireshark，网站：http://www.wireshark.org/download.html。图 A-1 为一个通过 Wireshark 实际捕获的协议簇。

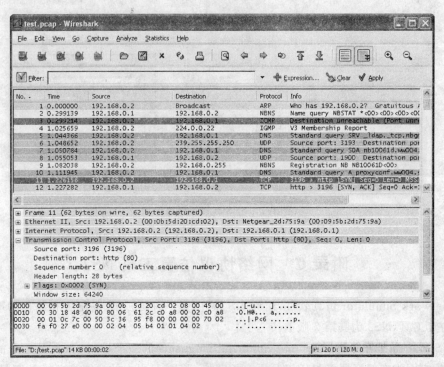

图 A-1 Wireshark 捕捉包

附录 B 路由交换仿真工具 NetSim

NetSim 是一款路由器和交换机模拟程序，它为没有实验设备的网络学习者提供了学习交换机和路由器配置的环境和工具。NetSim 包括三个主要组件，分别是 Network

Designer、Control Panel 和 Lab Navigator。

Network Designer 可让用户构建自己的网络结构或在实验中查看网络拓扑结构,可以通过这个组件搭建自己的免费网络实验室。

Control Panel 是最重要的组件,用户可以选择网络拓扑结构中不同的路由和交换设备并进行配置,输入命令、切换设备都是在 Control Panel 中进行。全部的配置命令均在这个组件中输入。

Lab Navigator 有点类似于 Flash 模拟器,模拟了有代表性的路由交换技术实验。图 B-1 为运行 NetSim 的网络模拟运行界面。

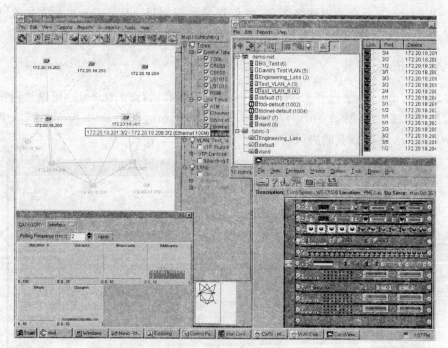

图 B-1　NetSim 模拟网络结构

附录 C　网络协议仿真工具 NS2

Network Simulator 仿真软件,简称 NS 软件,是一种可扩展、易配置和编程的事件驱动网络仿真工具,NS2 为其第 2 版本。

NS 所用仿真语言是 TCL(tool command language)的一个扩展,TCL 是一个简单的脚本语言,它因为有解释器可与任何 C 语言相链接,TCL 最强大的功能是它的 X 工具包(tk),该工具包可以让用户开发具有图形用户界面的脚本,仿真通过 TCL 语言进行定义。利用 NS 命令编写脚本来定义网络拓扑结构、配置网络信息流量的产生和接收以及收集统计信息。软件配有仿真过程动态观察器,可以在仿真运行结束后,动态查看仿真的运行过程,观察跟踪数据。软件还有图形显示器,以显示从仿真中得到的结果数据,直观而清晰。

NS2 主要基于 UNIX/Linux 平台,需要 tcl-8.0.5、tk-8.0.5、otcl-1.0a4、tclcl-1.0b8 和 ns-2.1b6 的支持。在 Windows 平台中运行可通过 Cygwin 仿真 Linux 环境。图 C-1 为

NS2 的网络仿真测试界面。

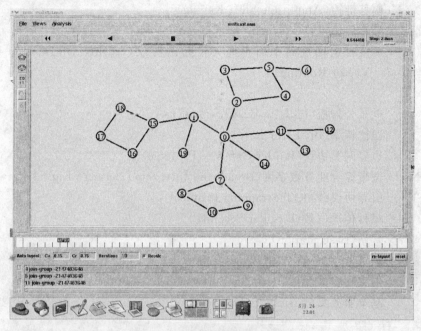

图 C-1　NS2 模拟网络节点通信

　　NS2 仿真软件主要支持下面一些已完成测试的协议：HTTP、telnet 业务流、FTP 业务流、UDP、TCP、RTP、算法路由、分级路由、广播路由、多播路由、静态路由、动态路由和 CSMA/CD MAC 层协议等。

　　NS2 所有相关文件可以在 www. isi. edu/nsnam/ns 网址上找到。

附录 D　网络常见英语缩略词汇

AAA　　　　认证、授权和记账（Authentication，Authorization and Accounting）

ACK　　　　确认（ACKnowledgement）

ACL　　　　访问控制表（Access Control Label）

ADSL　　　非对称数字环路（Asymmetric Digital Subscriber Loop）

AES　　　　高级加密标准（Advanced Encryption Standard）

ANSI　　　美国国家标准协会（American National Standard Institute）

AP　　　　 无线接入点（Access Point）

API　　　　应用程序接口（Application Program Interface）

ARP　　　　地址解析协议（Address Resolution Protocol）

ARPA　　　远景研究规划局（美国）（Advanced Research Project Agency）

ARPANET　阿帕网（美国）（Advanced Research Project Agency Network）

ARQ　　　　自动重发请求（Automatic Repeat reQuest）

AS　　　　　自治系统（Autonomous System）

ASCII　　　美国信息交换标准码（American Standard Code for Information Interchange）

ASIC   专用集成电路(Application Specific Integrated Circuit)

ASK   幅移键控(Amplitude Shift Keying)

ATM   异步传输模式(Asynchronous Transfer Mode)

AODV   无线自组网按需平面距离矢量路由协议(Ad hoc On-Demand Distance Vector Routing)

BBS   电子公告板(Bulletin Board System)

BER   误比特率(Bit Error Rate)

BGP   边界网关协议(Border Gateway Protocol)

B-ISDN   宽带综合业务数字网(Broadband Integrated Services Digital Network)

BOOTP   引导协议(BOOT Strapping Protocol)

bps   每秒传送位数(Bits Per Second)

BS   基站(Base Station)

B/S   浏览器/服务器结构(Browser/Server)

BSD   伯克利软件套件(Berkeley Software Distribution)

BSS   基本服务集(Basic Service Set)

CA   证书认证机构(Certificate Authority)

CAN   控制局域网(Control Area Network)

CATV   公用天线电视(Community Antenna TeleVision)

CCITT   国际电话电报咨询委员会(Consultative Committee for International Telephone and Telegraphy)

CDMA   码分多址(Code Division Multiple Access)

CERN   欧洲粒子物理研究中心(European Organization for Nuclear Research)

CERNET   中国教育科研网(China Education and Research NET)

CGI   公共网关接口(Common Gateway Interface)

CHAP   挑战握手认证协议(Challenge Handshake Authentication Protocol)

CIDR   无类型域间路由(Classless Iinter Domain Routing)

CMIP   公共管理信息协议(Common Management Information Protocol)

CMOS   互补型金属氧化物半导体(Complementary Metal Oxide Semiconductors)

CORBA   公共对象请求代理结构(Common Object Request Broker Architecture)

CPE   用户端设备(Customer Premises Equipment)

CRC   循环冗余码校验(Cyclic Redundancy Check)

CSMA   载波侦听多路访问(Carrier Sense Multi-Access)

C/S   客户机/服务器(Client/Server)

CSS   层叠样式表(Cascading Style Sheets)

CTS   发送请求确认(Clear To Service)

DA   目的地址(Destination Address)

DCE	数据电路端接设备(Digital Circuit-terminating Equipment)
DCS	分布式控制系统(Distributed Control System)
DDN	数字数据网(Digital Data Network)
DDoS	分布式拒绝服务攻击(Distributed Denial of Service)
DES	数据加密标准(Data Encryption Standard)
DHCP	动态主机控制协议(Dynamic Host Control Protocol)
DNS	域名系统(Domain Name System)
DPI	每英寸可打印的点数(Dot Per Inch)
DQDB	分布式队列双总线(Distributed Queue Dual Bus)
DSP	数字信号处理(Digital Signal Processing)
DSSS	直接序列扩频(Direct-Sequence Spread Spectrum)
DTE	数据终端设备(Data Terminal Equipment)
EGP	外部网关协议(Exterior Gateway Protocol)
EIA/TIA	电子和通信工业联合会(美国)(Electronic and Telecommunication Industries Association)
FAQ	常见问题解答(Frequently Answer Question)
FCS	现场总线控制系统(Fieldbus Control System)
FDDI	光纤分布式数据接口(Fiber Distributed Data Interface)
FDM	频分多路复用(Frequency Division Multiplexing)
FEC	前向差错纠正(Forward Error Correction)
FHSS	跳频扩频技术(Frequency Hopping Spread Spectrum)
FIFO	先进先出(First In First Out)
FITL	光纤环路(Fiber In The Loop)
FOIRL	光纤中继器链接(Fiber Optic Inter-Repeater Link)
FSK	频移键控(Frequency Shift Keying)
FTP	文件传输协议(File Transfer Protocol)
FTTC	光纤到楼群(Fiber To The Curb)
FTTH	光纤到户(Fiber To The Home)
GCC	GNU 的 C 编译器(Gnu C Compiler)
GGP	网关-网关协议(Gateway-Gateway Protocol)
GMT	格林尼治标准时间(Greenwich Mean Time)
GPL	通用公共授权(General Public License)
GSM	移动通信全球系统(全球通)(Global Systems for Mobile communications)
GUI	图形用户界面(Graphical User Interface)
HDLC	高级数据链路控制(协议)(High-level Data Link Control)

HDTV　　　数字高清晰度电视（High Definition TeleVision）

HFC　　　　混合光纤同轴（Hybrid Fiber Coax）

HIPPI　　　高性能并行接口（High Performance Parallel Interface）

HTML　　　超文本标记语言（Hyper Text Markup Language）

HTTP　　　超文本传输协议（Hyper Text Transfer Protocol）

IAB　　　　因特网结构委员会（Internet Architecture Board）

IANA　　　互联网地址编码分配机构（Internet Assigned Numbers Authority）

IAP　　　　因特网接入提供商（Internet Access Provider）

ICCB　　　因特网控制与配置委员会（Internet Control and Configuration Board）

ICMP　　　因特网控制信息协议（Internet Control Message Protocol）

ICP　　　　因特网内容提供商（Internet Content Provider）

IDU　　　　接口数据单元（Interface Data Unit）

IEC　　　　国际电工技术委员会（International Electrotechnical Commission）

IEEE　　　电子和电气工程师协会（Institute of Electrical and Electronics Engineers）

IETF　　　因特网工程特别任务组（Internet Engineering Task Force）

IGIP　　　内部网关路由协议（Interior Gateway Routing Protocol）

IGMP　　　因特网组管理协议（Internet Group Management Protocol）

IGP　　　　内部网关协议（Interior Gateway Protocol）

IIS　　　　因特网信息服务（Internet Information Services）

IM　　　　即时通信（Instant Message）

IMAP　　　因特网报文访问协议（Internet Message Access Protocol）

IOT　　　　物联网（Internet of Things）

IP　　　　因特网协议（Internet Protocol）

IPSec　　　网际协议安全（Internet Protocol Security）

IrDA　　　红外数据协会（Infrared Data Association）

IRTF　　　因特网研究特别任务组（Internet Research Task Force）

ISDN　　　综合业务数字网（Integrated Services Digital Network）

ISM　　　　工业、科学和医疗无线频段（Industrial Scientific and Medical band）

ISO　　　　国际标准化组织（International Organization for Standardization）

ISP　　　　因特网服务提供商（Internet Service Provider）

IT　　　　信息技术（Information Technology）

ITU　　　　国际电信联盟（International Telecommunications Union）

JPEG　　　图像专家联合小组（Joint Photographic Experts Group）

KDC　　　　密钥分配中心（Key Distribution Center）

L2F　　　　第二层转发协议（Level 2 Forwarding protocol）

LAN   局域网(Local Area Network)
LANE   局域网仿真(LAN Emulation)
LCP   链路控制协议(Link Control Protocol)
LD   激光二极管(Laser Diode)
LED   发光二极管(Light Emitting Diode)
LLC   逻辑链路控制(Logical Link Control)
LRC   纵向冗余校验(Longitudinal Redundancy Checking)
LTE   长期演进(Long Term Evolution)
LVDS   低压差分信号(Low Voltage Differential Signaling)

MAC   介质访问控制(Media Access Control)
MAN   城域网(Metropolitan Area Network)
MAU   介质访问单元(Medium Access Unit)
MCU   微控制器(Micro Control Unit)
MD   报文摘要(Message Digest)
MIB   管理信息库(Management Information Base)
MII   媒体独立接口(Media Independent Interface)
MIMO   多输入多输出(Multiple Input Multiple Output)
MIPS   每秒百万条指令(Million Instructions Per Second)
MPEG   活动图像专家组(Motion Picture Experts Group)
MPLS   多协议标记语言(Multi Protocol Label Switching)
MPU   微处理器(Micro Processor Unit)
MSS   最大段尺寸(Max Segment Size)
MTBF   平均故障间隔时间(Media Time Between Faults)
MTU   最大传输单元(Maximum Transfer Unit)
MVL   多虚拟数字用户线(Multiple Virtual Line)

NAT   网络地址转换(Network Address Translation)
NCP   网络控制协议(Network Control Protocol)
NCP   网络核心协议(Network Core Protocol)
NFS   网络文件系统(Network File System)
NIC   网卡(Network Interface Card)
NIC   网络信息中心(Network Information Centre)
NRZ   不归零(Non Return to Zero)
NSF   国家科学基金会(美国)(National Science Foundation)
NTSC   美国国家电视系统委员会(National Television System Committee)
NVRAM   非易失随机存储器(Non-Volatile RAM)
NVT   网络虚拟终端(Network Virtual Terminal)

ODBC	开放数据库互连(Open DataBase Connection)
OEM	原始设备制造商(Original Equipment Manufacturer)
OFDM	正交频分复用(Orthogonal Frequency Division Multiplexing)
ORB	对象请求代理(Object Request Broker)
OSF	开放软件基金会(Open Software Foundation)
OSI	开放系统互联(Open System Interconnection)
OSPF	开放最短路径优先(协议)(Open Shortest Path First)
P2P	对等网络(Peer to Peer)
PAM	脉冲幅度调制(Pulse Amplitude Modulation)
PAN	个人区域网(Personal Area Network)
PAP	口令认证协议(Password Authentication Protocol)
PBX	用户交换机(Private Branch Exchange)
PC	个人桌面计算机(Personal Computer)
PCI	外围设备互连接口(Peripheral Component Interconnect)
PCM	脉冲编码调制(Pulse Code Modulation)
PCN	个人通信网络(Personal Communications Network)
PDH	准同步数字系列(Pseudo-synchronous Digital Hierarchy)
PDA	个人数字助理(Personal Digital Assistant)
PDN	公用数据网(Public Data Network)
PDU	协议数据单元(Protocol Data Unit)
PECL	正发射极耦合逻辑(Positive Emitter-Coupled Logic)
PER	分组差错率(Packet Error Rate)
PHY	物理层(PHYsical layer)
PKI	公钥基础设施(Public Key Infrastructure)
PIN	个人识别码(Personal Identification Number)
PIN	光电二极管(Positive Intrinsic Negative)
PLR	分组丢失率(Packet Loss Rate)
PMD	物理媒体相关(子层)(Physical Medium Dependent)
PoE	基于以太网的供电技术(Power over Ethernet)
PON	无源光纤网(Passive Optical Network)
POP3	邮局协议第 3 版(Post Office Protocol 3)
PPP	点到点协议(Point to Point Protocol)
PPPoE	基于以太网的 PPP(PPP over Ethernet)
PPTP	点对点隧道协议(Point to Point Tunneling Protocol)
PSK	相移键控(Phase Shift Keying)
PSN	分组交换节点(Packet Switch Node)
PSDN	分组交换数据网(Packet Switched Data Network)
PSTN	公用电话交换网(Public Switched Telephone Network)

PVC 永久虚电路(Permanent Virtual Circuit)

PVP 永久虚路径(Permanent Virtual Path)

QoS 服务质量(Quality of Service)

QAM 正交振幅调制(Quadrature Amplitude Modulation)

RADIUS 远端授权拨号上网用户服务(Remote Authentication Dial In User Service)

PAL 逐行倒相制式(Phase Alternating Line)

RAM 随机访问存储器(Random Access Memory)

RARP 逆向地址解析协议(Reverse Address Resolution Protocol)

RAS 远程访问服务器(Remote Access Service)

RF 射频(Radio Frequency)

RFC 请求评注(Request For Comments)

RFID 无线射频识别(Radio Frequency Identification Devices)

RIP 路由信息协议(Routing Information Protocol)

PLC 可编程逻辑控制器(Programmable Logic Controller)

RMON 远程网络管理(Remote Monitoring Of Network)

ROM 只读存储器(Read Only Memory)

RPC 远程过程调用(Remote Procedure Call)

RS 推荐标准(Recommend Standard)

RSA 弗斯特、沙米尔和阿德勒曼公开密钥体制(Rivest,Shamir and Adleman PKI)

RSVP 资源预留协议(ReSource reserVation Protocol)

RST 复位(Rest)

RTCP 实时控制传输协议(Real Time Control Protocol)

RTP 实时传输协议(Real Time Protocol)

RTT 往返时间(Round Trip Time)

SAP 业务接入点(Service Access Point)

SATA 串行高级技术连接件(Serial Advanced Technology Attachment)

SDH 同步数字系列(Synchronous Digital Hierarchy)

SDLC 同步数据链路控制(协议)(Synchronous Data Line Control)

SDU 服务数据单元(Service Data Unit)

SDR 软件无线电(Software Defined Radio)

SHA 安全散列算法(Secret Hash Algorithm)

SIM 用户身份识别卡(Subscriber Identity Module)

SK 秘密密钥(Secret Key)

SLIP 串行线路接口协议(Serial Line Interface Protocol)

SMDS 交换式多兆比特数据业务(Switched Multimegabit Data Services)

SMF   单模光纤(Single-Mode Fiber)
SMTP   简单邮件传输协议(Simple Mail Transfer Protocol)
SNA   系统网络体系结构(System Network Architecture)
SNMP   简单网络管理协议(Simple Network Management Protocol)
SNR   信噪比(Signal-Noise Ratio)
SoC   片上系统(System on a Chip)
SONET   同步光纤网络(Synchronous Optical NETwork)
SSID   服务集标识符(Service Set IDentifier)
SSL   加密套接字协议层(Security Socket Layer)
STM   同步传输方式(Synchronous Transfer Mode)
STP   屏蔽双绞线(Shielded Twisted Pair)
SVC   交换虚电路(Switched Virtual Circuit)
SYN   同步(SYNchronisation)

TCP   传输控制协议(Transmission Control Protocol)
TCL   工具命令语言(Tool Command Language)
TDM   时分多路复用(Time Division Multiplexing)
TD-SCDMA   即时分同步的码分多址技术(Time Division Synch Code Division
             Multiple Access)
TFTP   简单文件传输协议(Trivial File Transfer protocol)
ToS   服务类型(Type of Service)
TP   双绞线(Twisted Pair)
TTL   生存时间(Time To Live)
TTL   晶体管晶体管逻辑电路(Transistor-Transistor Logic)

UA   用户代理(User Agent)
UART   通用异步收发传输器(Universal Asynchronous Receiver/Transmitter)
UDP   用户数据报协议(User Datagram Protocol)
UNI   用户-网络接口(User-Network Interface)
URI   统一资源标识符(Universal Resource Identifier)
URL   统一资源定位(Universal Resource Locator)
USB   通用串行总线(Universal Serial Bus)
UTP   非屏蔽双绞线(Unshielded Twisted Pair)

VCC   虚信道连接(Virtual Channel Connection)
VCI   虚拟通信标识符(Virtual Channel Identifier)
VDSL   甚高速数字用户线路(Very high speed Digital Subscriber Loop)
VLAN   虚拟局域网(Virtual LAN)
VLSI   超大规模集成电路(Very Large Scale Integrated circuits)

VLSM   变长子网掩码（Variable Length Subnet Mask）

VoD   点播图像（Video on Demand）

VoIP   互联网协议电话（Voice over Internet Protocol）

VPI   虚路径标识（Virtual Path Identifier）

VPN   虚拟专用网络（Virtual Private Network）

VRML   虚拟现实造型语言（Virtual Reality Modeling Language）

WAN   广域网（Wide Area Network）

WDM   波分多路复用（Wavelength Division Multiplexing）

WIFI   无线网络相容性认证（Wireless Fidelity）

WLAN   无线局域网（Wireless Local Area Network）

WWW   万维网（World Wide Web）

XML   可扩展标记语言（eXtensive Markup Language）

附录 E 网络常用标准

ANSI   美国国家标准协会（American National Standard Institute）

CCITT   国际电话电报咨询委员会（Consultative Committee for International Telephone and Telegraphy）

EIA/TIA 美国电子和通信工业联合会（Electronic and Telecommunication Industries Association）

 RS-232 数据终端设备（DTE）和数据通信设备（DCE）之间串行二进制数据交换接口技术标准

 RS-422 在 RS-232 基础上增加了单机发送、多机接收的单向、平衡传输规范

 RS-485 在 RS-422 基础上增加了多点、双向通信能力

FCC   美国联邦通信委员会（Federal Communications Commission）

GB   中国国家标准（GuoBiao）

IEC   国际电工技术委员会（International Electrotechnical Commission）

IEEE   电子和电气工程师协会（Institute of Electrical and Electronics Engineers）

IEEE 802.1 局域网概述、体系结构、网络管理和性能测量等

  ——802.1d 生成树协议（Spanning Tree）

  ——802.1q 虚拟局域网（Virtual LANs）

  ——802.1w 快速生成树协议（RSTP）

  ——802.1s 多生成树协议（MSTP）

  ——802.1x 基于端口的访问控制（Port Based Network Access Control）

 802.2 逻辑链路控制（LLC）

 802.3 总线网介质访问控制协议（CSMA/CD）及物理层技术规范

  ——802.3u 快速以太网（Fast Ethernet）

  ——802.3z 千兆以太网（Gigabit Ethernet）

——802.3ae　万兆以太网(10Gbit Ethernet)

——802.3af　基于以太网供电(Power On Ethernet)

802.4　令牌环总线(Token-Passing Bus)

802.5　令牌环(Token-Passing Ring)

802.6　城域网(Metropolitan Area Networks)

802.7　宽带技术咨询组

802.8　光纤技术咨询组

802.9　综合话音/数据的局域网(IVD LAN)

802.10　局域网安全技术标准

802.11　无线局域网的介质访问控制协议 CSMA/CA 及其物理层技术规范

——802.11b　2.4GHz,11Mbps

——802.11g　2.4GHz,54Mbps

——802.11n　2.4GHz/5GHz,300～600Mbps

——802.11ac　2.4GHz/5GHz,1750Mbps

802.12　100Mb/s 高速以太网按需优先的介质访问控制协议(100VG-AnyLAN)

802.14　有线电视(CATV)

802.15　无线个域网(WPAN)

802.16　无线城域网(WMAN)

802.17　弹性分组环(Resilient Packct Ring)

IETF　因特网工程特别任务组(Internet Engineering Task Force)

http://www.ietf.org/rfc.html

RFC1009　　Requirements for Internet gateways

RFC1321　　The MD5 Message-Digest Algorithm

RFC1661　　The Point-to-Point Protocol (PPP)

RFC1662　　PPP in HDLC-like Framing

RFC1663　　PPP Reliable Transmission

RFC1771　　A Border Gateway Protocol 4 (BGP-4)

RFC1889　　RTP：A Transport Protocol for Real-Time Applications

RFC1945　　Hypertext Transfer Protocol—HTTP/1.0

RFC2270　　Internet FAQ Archives

RFC2616　　Hypertext Transfer Protocol——HTTP/1.1

RFC3454　　Preparation of Internationalized Strings ("stringprep")

RFC3490　　Internationalizing Domain Names in Applications (IDNA)

RFC3491　　Nameprep：A Stringprep Profile for Internationalized Domain Names (IDN)

RFC3492　　Punycode：A Bootstring encoding of Unicode for Internationalized Domain Names in Applications (IDNA)

ISO　　国际标准化组织(International Organization for Standardization)

ITU　　国际电信联盟(International Telecommunications Union)

TIA　　美国通讯工业协会(Telecommunications Industry Association)

TIA568A-1995 商业大楼通信布线标准

W3C　　万维网联盟(World Wide Web Consortium)

参 考 文 献

[1] 李永忠. 计算机网络理论与应用[M]. 北京：国防工业出版社，2011.

[2] 徐磊. 计算机网络原理与实践[M]. 北京：机械工业出版社，2011.

[3] 怯肇乾. 嵌入式网络通信开发应用（平装）[M]. 北京：北京航空航天大学出版社，2010.

[4] 吴英. 计算机网络应用软件[M]. 北京：机械工业出版社，2010.

[5] 吴功宜. 计算机网络技术教程[M]. 北京：机械工业出版社，2010.

[6] 寇晓蕤. 网络协议分析[M]. 北京：机械工业出版社，2009.

[7] 徐恪. 高等计算机网络[M]. 北京：机械工业出版社，2009.

[8] [美]Kurrose J F. 计算机网络自顶向下方法[M]. 北京：机械工业出版社，2009.

[9] 冯博琴. 计算机网络[M]. 2版. 北京：高等教育出版社，2008.

[10] 谢希仁. 计算机网络[M]. 5版. 北京：电子工业出版社，2008.

[11] 陈鸣. 实用计算机网络实用教程[M]. 北京：机械工业出版社，2007.

[12] 陆魁军. 计算机网络基础实践教程[M]. 北京：清华大学出版社，2005.

[13] [美]Tanenbaum A S. 计算机网络（中文版）[M]. 4版. 北京：清华大学出版社，2005.

[14] 徐雷鸣. NS与网络模拟[M]. 北京：人民邮电出版社，2003.

[15] 古天龙. 网络协议的形式化[M]. 北京：电子工业出版社，2003.

[16] 万彭，杜志敏. LTE和LTE Advanced关键技术综述[J]. 现代电信科技，2009(9).

[17] 董俊岭，史春，张克平. LTE—B3G/4G移动通信系统无线技术[M]. 北京：电子工业出版社，2008.